21 世纪全国高职高专机电系列技能型规划教材

普通机床零件加工

主　编　杨雪青

副主编　高淑娟　于爱武

参　编　孙传兵　贾耀曾

　　　　石艳玲　庞　红

主　审　李世伟

内容简介

本书是工作过程系统化课程教材，根据职业能力培养的要求，以能力为本位，以面向应用为目标，以企业实际加工产品的工作过程为主线来讲解，内容新，可操作性强。本书包括六个学习项目：零件车削加工、零件铣削加工、零件刨削加工、零件磨削加工、零件钻削加工、零件加工综合训练，通过必备专业知识和技能训练实例分析，达到理论知识与技能操作的有机结合。每个项目后面都有与之配套的练习题，以备读者自测自检。

本书可作为高等职业学院、高等专科学校、成人教育学院等机械类专业的教材，也可作为相关工程技术人员和机械加工人员的参考书和自学用书。

图书在版编目(CIP)数据

普通机床零件加工/杨雪青主编. —北京：北京大学出版社，2010.6
(21世纪全国高职高专机电系列技能型规划教材)
ISBN 978-7-301-17148-6

Ⅰ.①普… Ⅱ.①杨… Ⅲ.①机床零部件—金属切削—高等学校：技术学校—教材 Ⅳ.①TG502.3

中国版本图书馆CIP数据核字(2010)第075993号

书　　名： 普通机床零件加工
著作责任者： 杨雪青　主编
策 划 编 辑： 赖　青　张永见
责 任 编 辑： 李嫂婷
标 准 书 号： ISBN 978-7-301-17148-6/TH·0186
出　版　者： 北京大学出版社
地　　　址： 北京市海淀区成府路205号　100871
网　　　址： http://www.pup.cn　http://www.pup6.com
电　　　话： 邮购部62752015　发行部62750672　编辑部62750667　出版部62754962
电 子 邮 箱： pup_6@163.com
印　刷　者： 北京鑫海金澳胶印有限公司
发　行　者： 北京大学出版社
经　销　者： 新华书店
787mm×1092mm　16开本　14.75印张　342千字
2010年6月第1版　2013年8月第2次印刷
定　　　价： 26.00元

前　言

本书根据职业能力培养的要求，引入工作过程系统化的理念，以能力为本位，以面向应用为目标，以能力培养和实践操作为主线来讲解内容。书中内容的选取和安排按照理论必需、够用的原则，侧重普通机床加工技术实际技能的介绍与训练。注重从职业行动能力、工作过程知识和职业素养这三个方面培养学习者的实际就业能力和真实工作经验。

本书是工作过程系统化课程教材，设计思路依照职业成长和认知规律，以工作过程结构不变、学习难度逐步递增、学生自主能力逐步增强的原则划分设计学习项目；每个任务设计参照企业实现加工产品的工作过程，按照“产品零件图的加工工艺性分析→工艺方案设计→编制工艺文件→工艺准备→机床操作加工→加工质量检验→加工结果评估”的工作顺序，将一个实际任务贯穿于整个课程的学习过程。本书划分为六个学习项目，分别为零件车削加工、零件铣削加工、零件刨削加工、零件磨削加工、零件钻削加工、零件加工综合训练。

本书主要特点是：将理论知识与技能操作有机结合。在专业理论知识方面，注重普通机床加工基本理论的阐述和工艺分析能力的培养；内容力求联系实际、重点突出、少而精，图文并茂，通俗易懂；任务实施按“图样分析”、“工艺过程”、“工艺准备”、“加工步骤”、“精度检验”、“误差分析”共六个板块编写，以突出职业技能训练，训练内容安排上注重规范化、通用化及典型化。

本书建议分配课时如下表所列。

序　　号	项目内容	课时分配
1	项目 1　零件车削加工	38
2	项目 2　零件铣削加工	24
3	项目 3　零件刨削加工	4
4	项目 4　零件磨削加工	12
5	项目 5　零件钻削加工	4
6	项目 6　零件加工综合训练	8

本书是针对普通机床加工岗位，适用于职业院校机械制造专业的教材，可作为系列职业技能培训教材，也可作为机械加工人员的参考书和自学用书。

本书由淄博职业学院杨雪青任主编，淄博职业学院高淑娟、于爱武任副主编。淄博职业学院李世伟任主审。本书具体编写分工如下：项目 1 由杨雪青编写；项目 2 由高淑娟编写；项目 3 由淄博职业学院庞红编写，项目 4 由于爱武编写；项目 5 由淄博职业学院孙传兵、漯河职业技术学院贾耀曾编写，项目 6 由淄博柴油机总公司石艳玲编写。

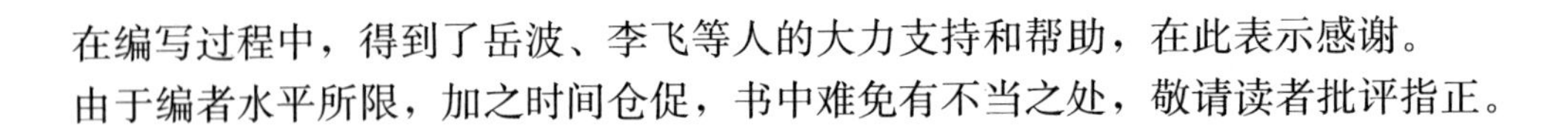

在编写过程中，得到了岳波、李飞等人的大力支持和帮助，在此表示感谢。

由于编者水平所限，加之时间仓促，书中难免有不当之处，敬请读者批评指正。

编　者

2010年4月

目　　录

项目1

零件车削加工

教学目标

最终目标：

能独立操作车床，加工出合格的零件。

促成目标：

1. 能分析车床加工工艺范围；
2. 能识记CA6140车床主要部件结构及作用；
3. 能识记车工文明生产和安全技术；
4. 能识记车床的维护和保养；
5. 能识记常用车刀的分类及选用；
6. 能使用砂轮刃磨车刀；
7. 能使用夹具对零件进行装夹和定位；
8. 能操作车床加工出合格的简单轴、套、螺纹、圆锥等零件；
9. 能使用量具进行零件检验。

引言

车削加工就是在车床上利用工件的旋转运动和刀具的直线运动来改变毛坯的形状和尺寸，如图1.1(a)所示，把它加工成符合图样要求的零件，如图1.1(b)所示。

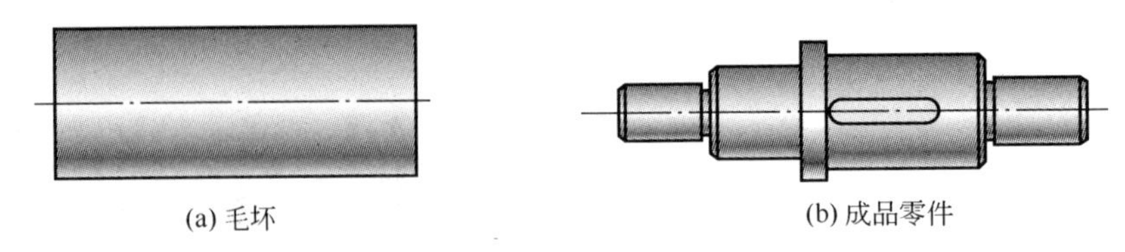

图1.1　车削加工零件

车削的工艺特点及应用如下：

(1) 加工精度较高。对于轴、套、盘类零件，由于各加工面具有同一回转轴线，并与车床主轴回转轴线重合，可在一次装夹中加工出不同直径的外圆、内孔和端面，可保证各加工面间的同轴度和垂直度相等。

(2) 适用于有色金属工件的精加工。对精度较高、表面粗糙度值较小的有色金属工件，若采用磨削，易堵塞砂轮，较难加工。若用金刚石车刀以小的背吃刀量($a_p<$ 0.15mm)和进给量($f<$0.1mm/r)，高的切削速度($v=$5m/s)进行精车，公差等级可达IT5～IT6，粗糙度值可达：Ra0.4～0.2μm；

(3) 生产率高。多数车削过程是连续的，切削层公称横截面积不变(不考虑毛坯余量不均)，切削力变化小，切削过程平稳，可采用高速切削；另外，车床的工艺系统及刀杆刚度好，可采用较大的背吃刀量和进给量，如强力切削等。

(4) 生产成本较低。车刀结构简单，制造、刃磨和安装都比较方便。另外，许多夹具已作为附件生产，使生产准备时间缩短，从而降低成本。

(5) 适应性好。车削加工适应于多种材料、多种表面、多种尺寸和多种精度，在各种生产类型中是不可缺少的加工方法。

车削加工范围广泛，在机械加工的各类机床中，车床几乎要占总数的1/2左右。车削加工在机械工业中占有非常重要的地位和作用。

任务1.1　车削光轴

1.1.1　任务导入

车削加工图1.2所示光轴零件。毛坯材料为45#钢，批量为60件。

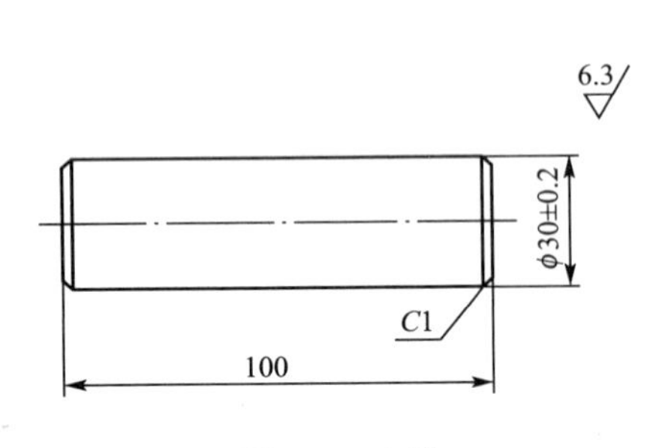

图1.2　光轴

1.1.2　相关知识

1. 车削加工工艺范围

车削加工是机械加工方法中应用最广泛的方法

之一，主要用于回转体零件上回转面的加工，如各轴类、盘套类零件上的内外圆柱面、圆锥面、台阶面及各种成形回转面等。采用特殊的装置或技术后，利用车削还可以加工非圆零件表面，如凸轮、端面螺纹等；借助于标准或专用夹具，在车床上还可完成非回转零件上的回转表面的加工。车削加工的主要工艺范围如图 1.3 所示。

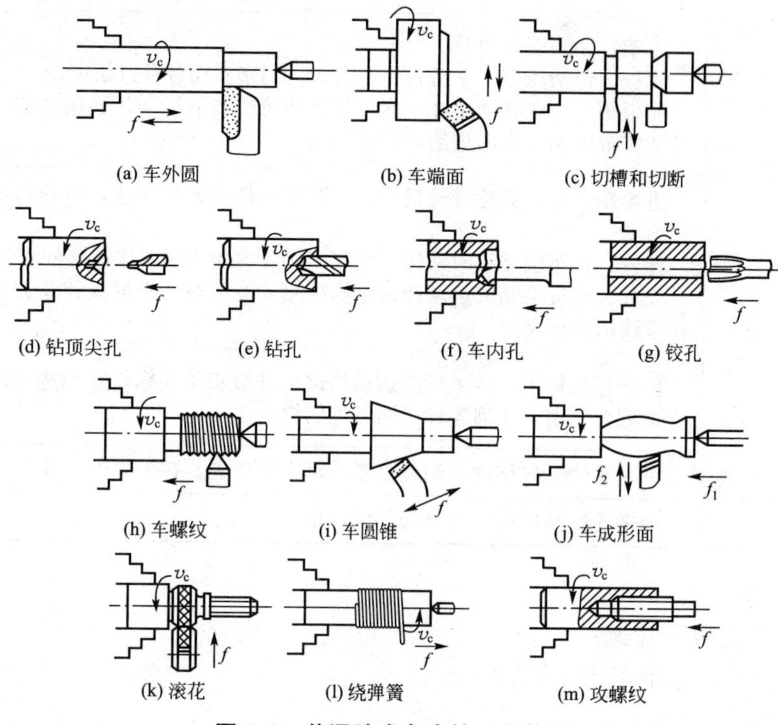

图 1.3　普通卧式车床的工艺范围

2．CA6140 车床的组成

1）车床的组成

图 1.4 是 CA6140 型卧式车床的外形图。表 1-1 所列是 CA6140 型卧式车床的主要部件及功用。

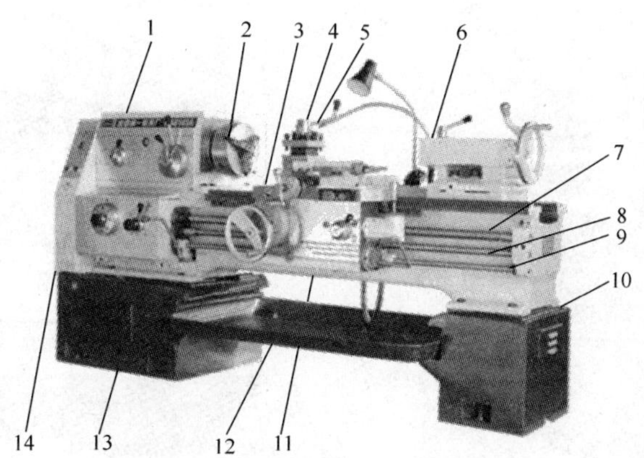

图 1.4　CA6140 型卧式车床外形图

1—主轴箱；2—卡盘；3—溜板；4—刀架；5—冷却管；6—尾座；7—丝杠；8—光杠；9—操纵杆；10—床身；11—溜板箱；12—盛液盘；13—进给箱；14—挂轮箱

表 1-1 CA6140 型卧式车床的主要部件及功用

部件名称	功　　用
主轴箱	用来支撑主轴并通过操纵机构变换主轴正转、反转及转速，主轴通过卡盘带动工件旋转，实现主运动
溜板部分	刀架：用来安装刀具 溜板：包括床鞍、中滑板、小滑板，用来实现各种进给运动 溜板箱：与床鞍固定在一起，将进给箱传来的运动传递给床鞍和中滑板，使刀架实现纵向、横向进给和快速移动
进给部分	进给箱：装有齿轮变速机构，可改变丝杠或光杠转速，以获得不同的螺距和进给量 丝杠：在车削螺纹时使用，使车刀按要求的速度比作精确的直线移动 光杠：将进给箱的运动传递给溜板箱，使床鞍、中滑板和车刀按要求的速度作直线进给运动
交换齿轮	位于挂轮箱内，将主轴的运动传递给进给箱传动轴，并与进给箱的齿轮变速机构配合，用于车削各种不同导程的螺纹
尾座	可沿导轨纵向移动，调整位置，可安装顶尖、钻头、铰刀等
床身、床腿	用来支撑和连接各主要部件的基础构件

2）车床种类

车床主要分为以下几类：

(1) 普通车床及落地车床(图 1.4)。

(2) 立式车床(图 1.5)。

(3) 六角车床。

(4) 多刀半自动车床。

(5) 仿形车床及仿形半自动化车床。

(6) 单轴自动车床。

(a) 单柱式

(b) 双柱式

图 1.5　立式车床外形图

(7) 多轴自动车床及多轴半自动车床。

此外，还有各种专门化机床，例如凸轮机床、曲轴机床、铲齿机床、高精度丝杠车床、车轮车床等。

3. 车床的润滑

为了使车床正常运转，减少磨损，延长车床的使用寿命，车床上所有摩擦部分(除胶带外)都需及时加油润滑。润滑的操作步骤如下：

(1) 操作前应观察主轴箱油标孔，主轴箱油位不应低于油标孔的一半。当机床开动时则从油标窗孔观察是否有油输出，如发现主轴箱油量不足或油窗孔无油输出，应及时通知检修人员检查。

(2) 打开进给箱盖，检查油绳是否齐全，凡有脱落的要重新插好，然后将全损耗系统用油注在油槽内，油槽内储油量约 2/3 油槽深。由于润滑是利用油绳的毛细管作用(图 1.6)，因此一般每周加油一次即可。

(3) 擦干净车床床身和中、小滑板导轨面，用油壶在导轨上浇油润滑。注意油不必浇得太多，并应浇在导轨面上，不要浇在凹槽内。要求在工作开始前和工作结束后都要擦干净加油一次。

(4) 在车床尾座，中、小滑板手柄的转动部位，一般都装有弹子油杯。润滑时要用油壶嘴将弹子向下揿，然后将油注入，如图 1.7 所示。在车床的各滚动或滑动摩擦部位一般都装有弹子油杯供润滑，要熟悉自用车床各油杯位置，做到每班次加油一次，不可遗漏。

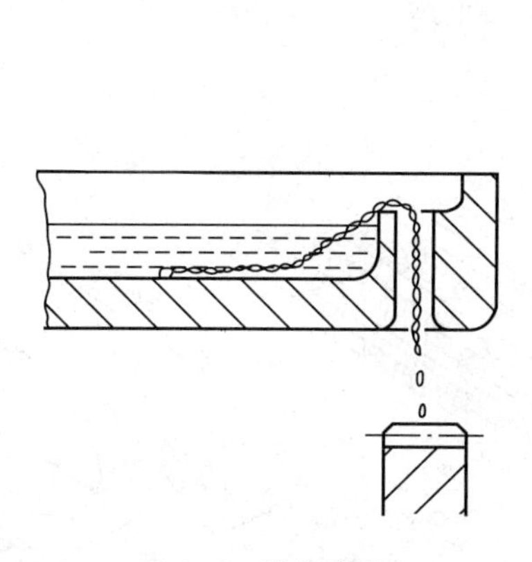

图 1.6　油绳润滑

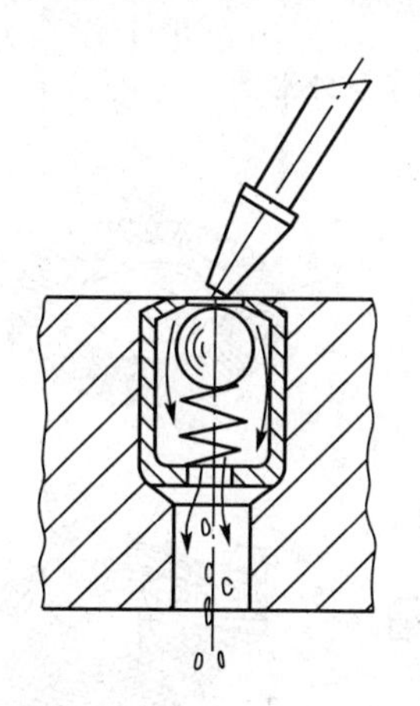

图 1.7　弹子油杯润滑

(5) 丝杠、光杠轴承座上方油孔中加油方法，如图 1.8 所示。由于丝杠、光杠转动速度较快，因此要求做到每班加油一次。

(6) 打开交换齿轮箱盖，在中间齿轮上的油脂杯内装入工业润滑脂，然后将杯盖向里旋进半圈，使润滑脂进入轴承套内，如图 1.9 所示，要求每周加油装满，每班则须将杯盖向里旋进一次。

(7) 刀架和中滑板丝杠用油枪加油。

4. 使用卡盘装夹工件

装夹工件就是将工件在机床或夹具中定位、夹紧的过程。

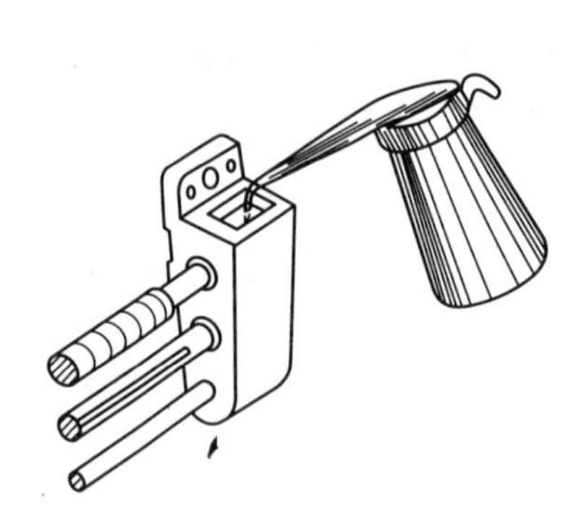

图 1.8　丝杠、光杆轴承润滑

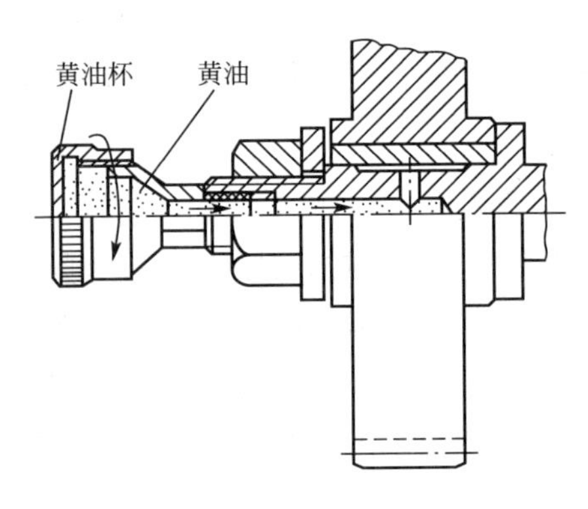

图 1.9　油脂杯润滑

1）三爪卡盘

三爪卡盘外形如图 1.10 所示，其结构如图 1.11 所示。三爪卡盘是用法兰盘安装在车床主轴上的。当扳手方榫插入小锥齿轮 2 的方孔 1 转动时，小锥齿轮 2 就带动大锥齿轮 3 转动。大锥齿轮 3 的背面是一平面螺纹 4，三个卡爪 5 背面的螺纹跟平面螺纹啮合，因此当平面螺纹转动时，就带动三个卡爪同时作向心或离心移动。

图 1.10　三爪卡盘外形图

三爪卡盘三个卡爪背面的螺纹齿数不同，安装时须将爪上的号码 1、2、3 跟卡盘上的号码 1、2、3 对好，按顺序安装。如卡爪上没有号码，可把三个卡爪并排放齐，比较背面螺纹的齿数，多的为 1，其次的为 2，少的为 3，按顺序安装。

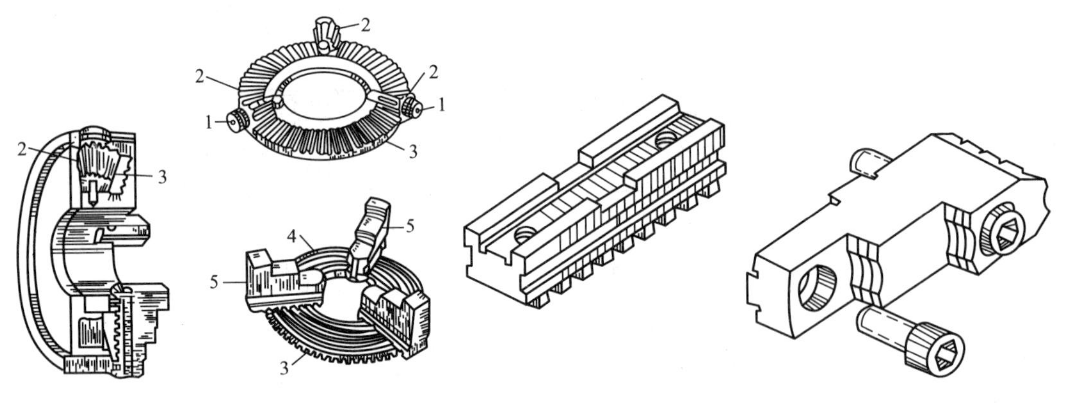

图 1.11　三爪卡盘结构图

1—方孔；2—小锥齿轮；3—大锥齿轮；4—平面螺纹；5—卡爪

三爪卡盘也可装成正爪和反爪，必须注意，用正爪装夹工件时，工件直径不能太大，一般卡爪伸出卡盘圆周不超过卡爪长度的 1/2，否则卡爪跟平面螺纹只有 2～3 牙啮合，受力时容易使卡爪上的牙齿碎裂。所以装夹大直径工件时，尽量采用反爪装夹。较大的空心工件需车外圆时，可使三个卡爪作离心移动，把工件撑住内孔车削。

用三爪自定心卡盘装夹工件 装夹工件时为确保安全，应将主轴变速手柄置于空挡位置。装夹的方法和步骤如下：

(1) 张开卡爪，张开量大于工件直径，把工件安放在卡盘内，在满足加工需要的情况

下，尽量减少工件伸出量。装夹工件时，右手持稳工件，使工件轴线与卡爪保持平行，左手转动卡盘扳手，将卡爪拧紧如图 1.12 所示。

(2) 检查工件的径向圆跳动。三爪卡盘能自动定心，一般不需要校正。但是在装夹稍长的工件时，工件离卡盘夹住部分较远处的中心不一定与车床主轴中心线一致，所以同样要用划针盘或目测校正。再如有时三爪卡盘使用时间较长，失去了应有的精度，在加工同轴度要求较高的工件时，也需逐件校正。

找正工件轴线的方法如图 1.13 所示，将划针尖靠近轴端外圆，左手转动卡盘，右手移动划线盘，使针尖与外圆的最高点刚好未接触到，然后目测外圆与划针尖之间的间隙变化，当出现最大间隙时，用锤子将工件轻轻向划针方向敲击，要求间隙约缩小 1/2。再重复检查和找正，直至跳动量小于加工余量时为止。操作熟练时，可用目测法进行找正。

工件找正后，用力夹紧如图 1.14 所示。

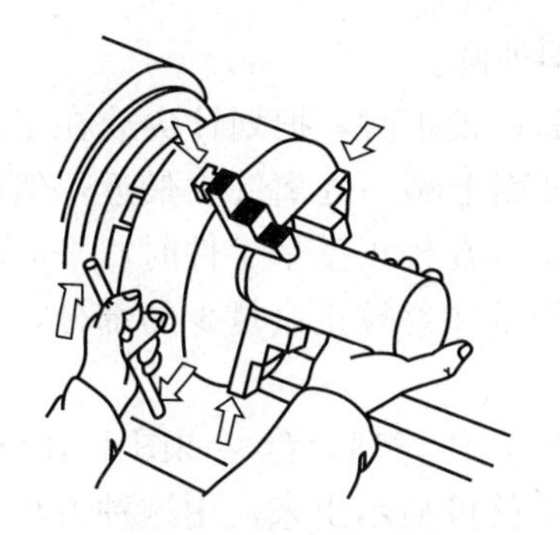

图 1.12　装夹工件

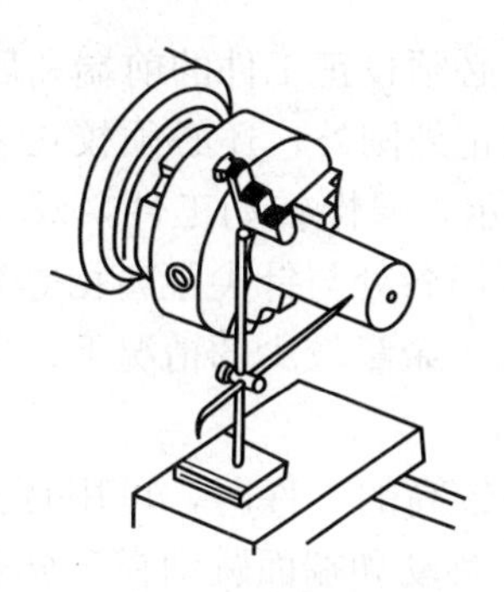

图 1.13　找正工件轴线

图 1.14　夹紧工件的操作姿势

应用三爪卡盘装夹已经过精加工的表面时，被夹住的工件表面应包一层铜皮，以免夹毛工件表面。三爪卡盘的特点是能自动定心，不需花很多时间去校正，安装效率比四爪卡盘高，但夹紧力没有四爪卡盘大。这种卡盘不能装夹形状不规则的工件，只适用于大批量的中小型规则零件的安装，如圆柱形、正三边形、正六边形等工件。

2) 四爪卡盘

四爪卡盘有四个各不相关的卡爪，如图 1.15(a)所示。每个爪的后面有一半瓣内螺纹跟丝杠啮合。丝杠的一端有一方孔，用来安插扳手方榫。用扳手转动某一丝杠时，跟它啮合的卡爪就能单独移动，以适应工件大小的需要。卡盘后面配有法兰盘，法兰盘有内螺纹跟车床主轴螺纹相配合。

在四爪卡盘上装夹工件，每次都必须仔细校正工件的位置，使工件的旋转中心跟车床主轴的旋转中心一致。校正工件的方法如下：

(1) 夹紧工件。先将卡爪张开，使相对两个爪的距离稍大于工件的直径。然后装上工件，先用两个相对的爪夹紧，再用另两个相对的爪夹紧。这时四个卡爪的位置可根据卡盘端面上多圈的圆弧线来初步判定是否相差悬殊。

(2) 用划针盘校正外圆。校正前应做好安全预防措施：在车床导轨上放一木板，以防工件掉下敲坏导轨面。大工件除了放木板以外，还应用尾座活顶针通过辅助工具顶住工件，谨防工件在校正时掉下，产生事故。校正时，先使划针稍离工件外圆，如图 1.15(b)所示，慢慢旋转卡盘，观察工件表面跟针尖之间间隙的大小。然后根据间隙的差异来调整相对卡爪的位置，其调整量约为间隙差异值的一半。经过几次调整，直到工件旋转一周，针尖跟工件表面距离均等为止。在校正中不可急躁。在校正极小的径向跳动时，不要盲目地去松开卡爪，可用将工件高的那个卡爪向下压的方法来做很微小的调整。

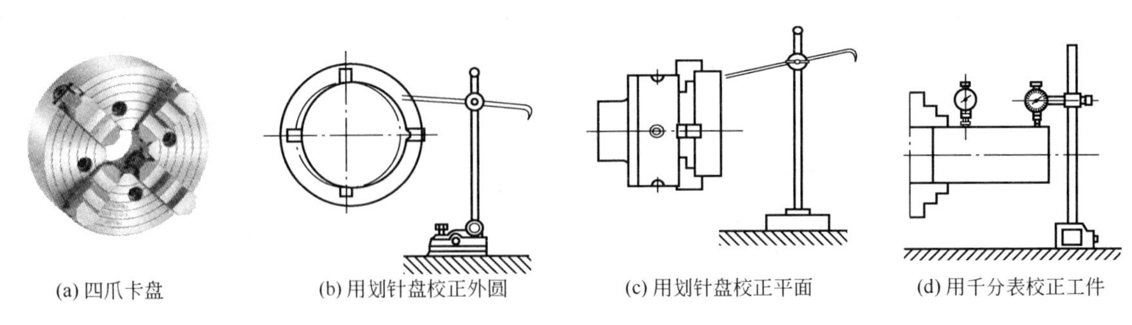

(a) 四爪卡盘　(b) 用划针盘校正外圆　(c) 用划针盘校正平面　(d) 用千分表校正工件

图 1.15　四爪卡盘装夹校正工件

(3) 在加工较长的工件时，必须校正工件的前端和后端外圆。

(4) 在校正短工件时，除校正外圆外，还必须校正平面。校正时，把划针尖放在工件平面近边缘处，如图 1.15(c)所示，慢慢转动工件，观察平面上哪一处离针尖最近，然后用铜锤或木锤轻轻敲击，直到平面各处与针尖距离相等为止。在校正整个工件时，平面和外圆必须同时兼顾。尤其是在加工余量较少的情况下，应着重注意校正余量少的部分，否则会造成毛坯车不出而产生废品。

(5) 在四爪卡盘上校正精度较高的工件时，可用百分表来代替划针盘，如图 1.15(d)所示。用百分表校正工件，径向跳动和端面跳动在千分表上就可显示出来，用这种方法校正工件，精度可达 0.01mm 以内。在校正外圆时，应先校正近卡盘的一端，再校正外端。

四爪卡盘的优点是夹紧力大，缺点是校正比较麻烦。所以适用于装夹大型或形状不规则的工件。

3) 卡盘的装卸

在车床上加工工件时，因工件的形状不同，有时选用三爪卡盘，有时使用四爪卡盘，因此，必须学会卡盘的装卸。

(1) 装卡盘的步骤：

① 装上卡盘以前，必须把卡盘法兰盘和主轴内孔、外圆的螺纹和端面擦干净，并加上润滑油。

② 在主轴下面的导轨面上放一木板，以免卡盘万一掉下来损坏床面。

③ 卡盘旋上主轴时，必须在主轴孔和卡盘中插一长棒料，以防卡盘掉下。当卡盘旋上主轴后，用扳手插入卡盘方孔中向反车方向撞击一下(这时车头箱变速手柄应放在最低挡转速的位置上)，使卡盘旋紧在主轴上。

④ 装上并拧紧卡盘上的保险装置。

(2) 卸下卡盘的步骤：用一根棒料穿过卡盘插入主轴孔内，另一端伸出卡爪外并搁在方刀架上。在卡盘下面的导轨面上放一木板。拆除卡盘保险装置。在操作者对面的卡爪跟导轨面之间放一硬木块(或其他较软的金属棒，但高度必须使卡爪在水平位置)，把变速手柄放到最低速位置，开动电动机，主轴反向旋转，使卡爪撞击硬木块，如图 1.16 所示。卡盘松动后，必须立即关闭电源停车，用手慢慢把卡盘从主轴上旋下。无论装上或卸下卡盘时，都必须关闭电源，尤其是装卡盘时不允许开车进行。

5. 车刀的类型

车刀按其用途不同，可分为外圆车刀、端面车刀、切断刀、内孔车刀、螺纹车刀和成形车刀等，如图 1.17 所示。

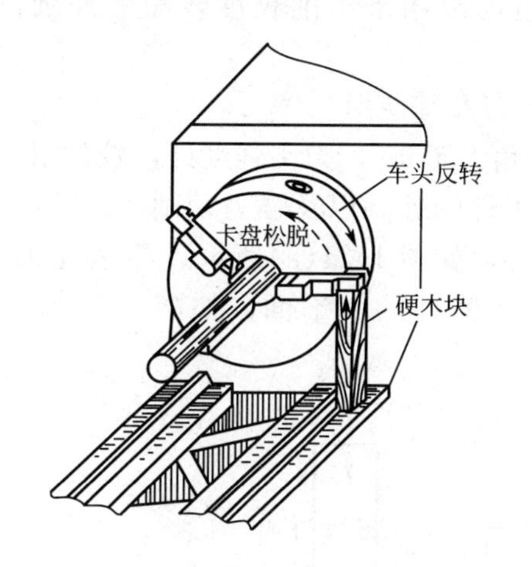

图 1.16　卸下卡盘的方法

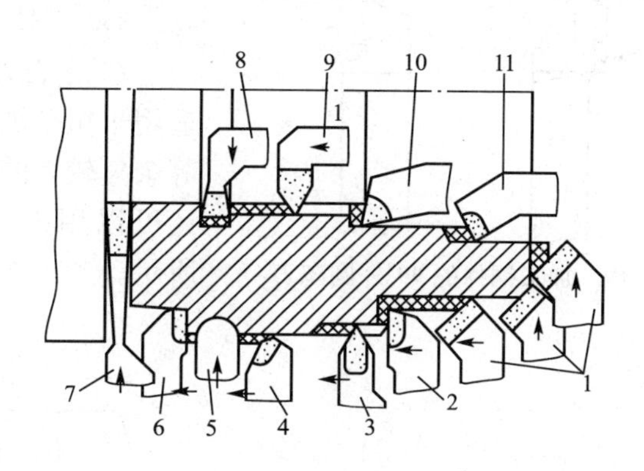

图 1.17　车刀的类型与用途

1—45°端面车刀；2—90°外圆车刀；3—外螺纹车刀；
4—75°外圆车刀；5—成形车刀；6—90°左切外圆车刀；
7—切断刀、切槽车刀；8—内孔车槽车刀；9—内螺纹车刀；
10—95°内孔车刀；11—75°内孔车刀

1) 90°外圆车刀及其使用

90°车刀又称偏刀，按进给方向分右偏刀和左偏刀两种，如图 1.18 所示。

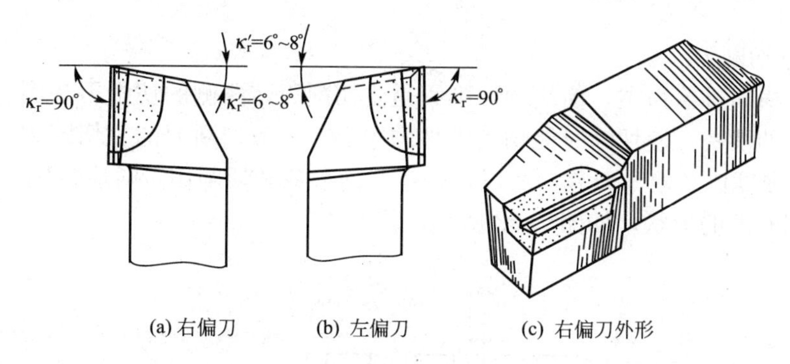

图 1.18　偏刀

右偏刀一般用来车削工件的外圆、端面和右向阶台。因为它的主偏角较大，车外圆时作用于工件半径方向的径向切削力较小，不易将工件顶弯。

左偏刀一般用来车削左向阶台和工件的外圆，也适用于车削直径较大和长度较短的工件的端面。

右偏刀也可用来车削平面，但因车削时用副切削刃切削，如果由工件外缘向中心进给，当切削深度较大时，切削力会使车刀扎入工件，而形成凹面。为防止产生凹面，可改由中心向外缘进给，用主切削刃切削。图 1.19 所示是较典型的加工钢件用的硬质合金精车刀。

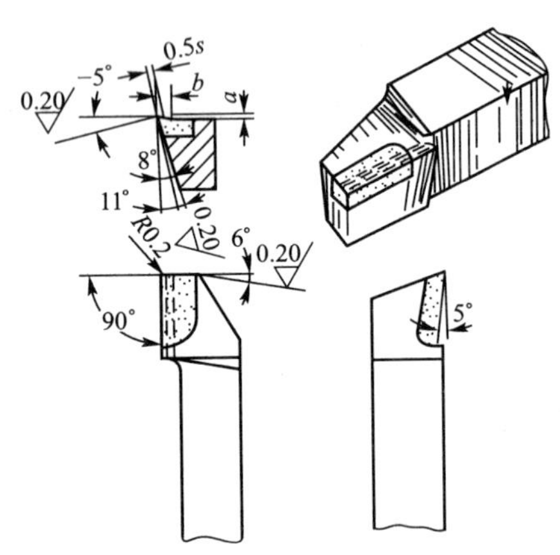

图 1.19　加工钢件的 90°外圆车刀

2）45°外圆车刀及其使用

45°车刀其刀尖角 $\varepsilon_r=90°$，所以刀头强度和散热条件都比 90°车刀好，常用于车削工件的端面和进行 45°倒角，也可以用来车削长度较短的外圆，如图 1.20 所示。

3）75°外圆车刀及其使用

75°车刀刀尖角大于 90°，刀头强度好，较耐用，适用于粗车轴类工件的外圆以及强力切削铸、锻件等余量较大的工件，如图 1.21(a)所示，75°左车刀还可以用来车铸、锻件的大平面，如图 1.21(b)所示。

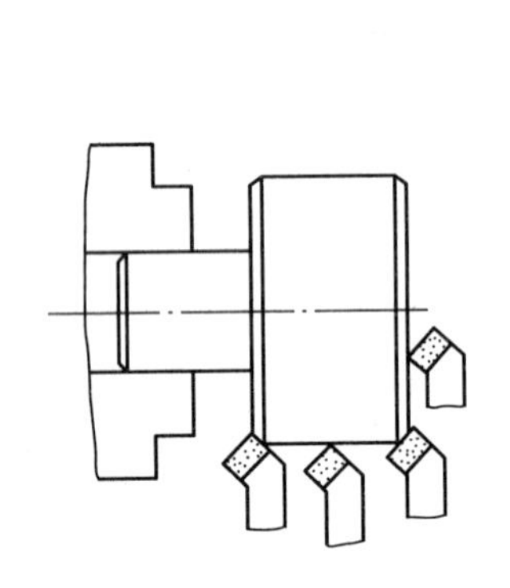

图 1.20　45°车刀的使用

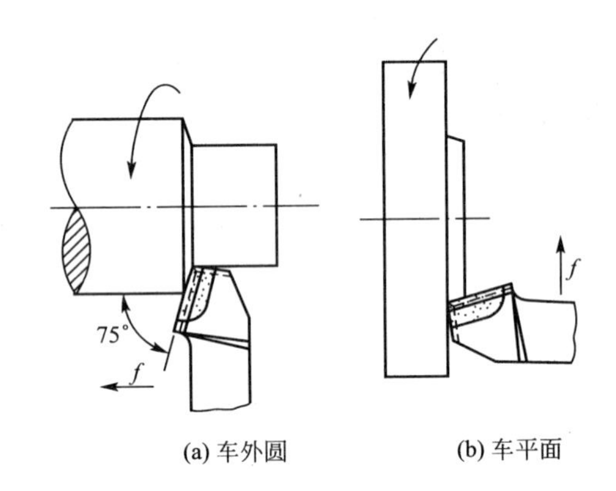

图 1.21　75°车刀的使用

4）高速钢切断刀

切断刀以横向进给为主，前端的切削刃是主切削刃，两侧的切削刃是副切削刃。为了减少工件材料的浪费，使切断时能切到工件的中心，一般切断刀的主切削刃较窄，刀头较长，因此刀头强度比其他车刀差，所以在选择几何参数和切削用量时应特别注意。

高速钢切断刀的形状，如图 1.22 所示。

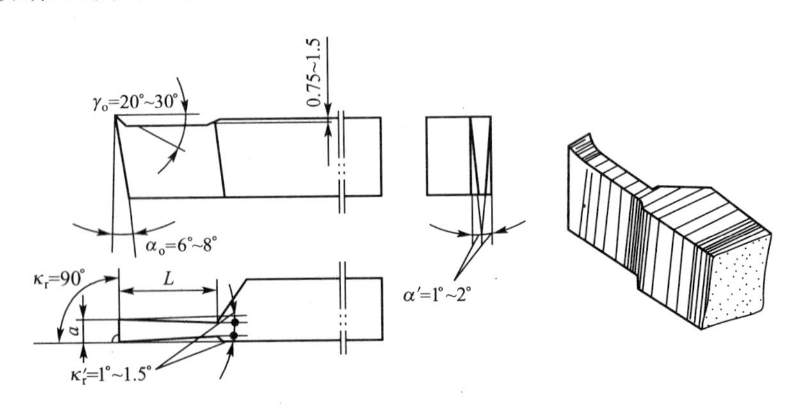

图 1.22　高速钢切断刀

（1）前角。切断中碳钢工件时，$\gamma_o=20°\sim30°$，切断铸铁工件时，$\gamma_o=0°\sim10°$。

(2) 后角。$\alpha_o=6°\sim8°$。

(3) 副后角。切断刀有两个对称的副后角 $\alpha'_o=1°\sim2°$。它们的作用是减少副后刀面和工件的摩擦。考虑到切断刀的刀头狭而长，两个副后角不能太大(因副偏角较小)，副后角习惯上在投影图中标注。

(4) 主偏角。切断刀以横自进给为主，因此 $\kappa_r=90°$。

(5) 副偏角。切断刀的两个副偏角也必须对称。它们的作用是减少副切削刃和工件的摩擦。为了不削弱刀头强度，$\kappa'_r=1°\sim1°30'$。

(6) 主切削刃宽度。主切削刃太宽会因切削力太大而引起振动，并浪费工件材料，太窄又削弱刀头强度，容易使刀头折断。主切削刃宽度 a 可用下面的经验公式计算：

$$a\approx(0.5\sim0.6)\sqrt{d} \tag{1-1}$$

式中　d——工件直径(mm)。

(7) 刀头长度。刀头太长也容易引起振动和使刀头折断。刀头长度 L 可用下式计算：

$$L=h+(2\sim3)\text{mm} \tag{1-2}$$

式中　h——切入深度，如图 1.23 所示。切断实心工件时，切入深度等于工件半径。

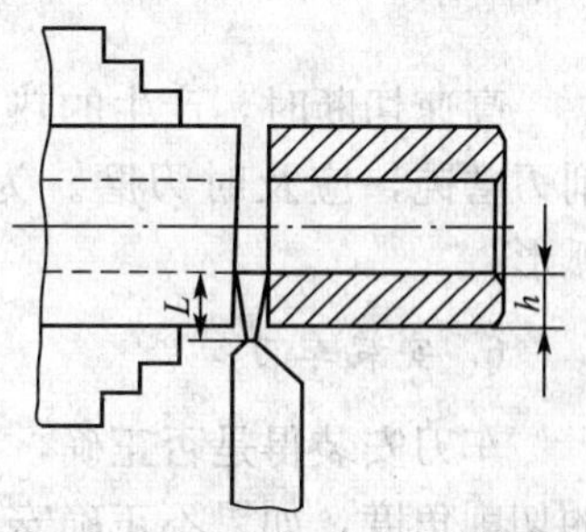

图 1.23　切断刀的刀头强度

例 1.1　切断外径为 36mm，内孔为 16mm 的空心工件，试计算切断刀的主切削刃宽度和刀头长度。

解：根据式(1-1)、式(1-2)

$$a\approx(0.5\sim0.6)\sqrt{d}=(0.5\sim0.6)\sqrt{d}=3\sim3.6\text{mm}$$

$$L=h+(2\sim3)\text{mm}=\frac{36-16}{2}\text{mm}+(2\sim3)\text{mm}=12\sim13\text{mm}$$

特别提示

为了使切削顺利，在切断刀的前刀面上应磨出一个较浅的卷屑槽，一般槽深为 0.75～1.5mm，长度应超过切入深度。卷屑槽过深会削弱刀头强度。

切断时，为了使带孔工件不留边缘，防止切下的工件端面留有小凸头，可以将切断刀的主切削刃略磨斜些(图 1.24)。

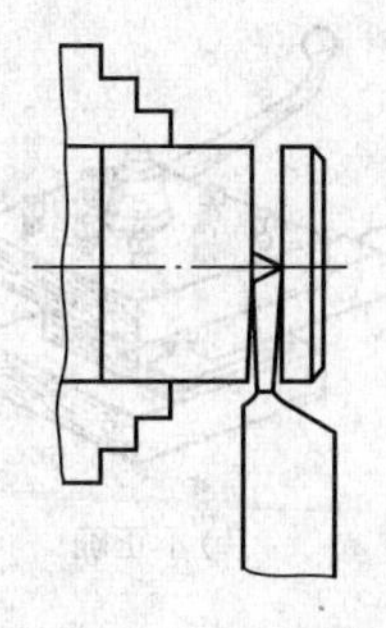

图 1.24　斜刃切断刀

5) 硬质合金切断刀

由于高速切削的普遍采用，硬质合金切断刀的应用也越来越广泛。一般切断时，由于切屑和工件槽宽相等容易堵塞在槽内，为了排屑顺利，可把主切削刃两边倒角或磨成人字形，如图 1.25 所示。

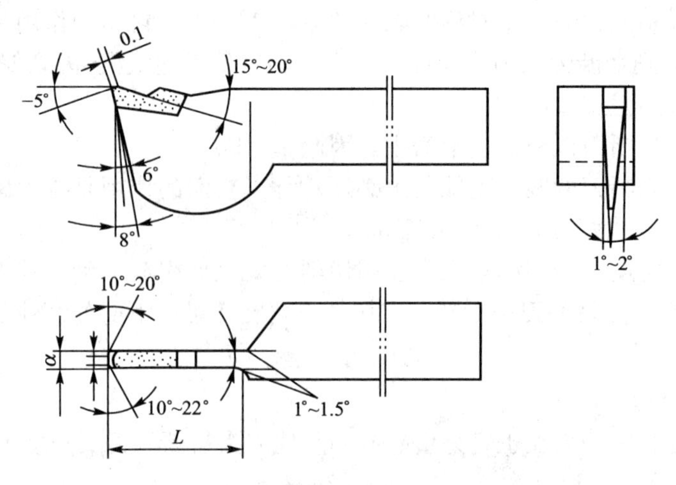

图 1.25　硬质合金切断刀

高速切断时，产生的热量很大，为了防止刀片脱焊，必须浇注充分的切削液，发现切削刃磨钝，应及时刃磨。为了增加刀头的支撑强度，常将切断刀的刀头下部做成凸圆弧形。

6. 安装车刀

车刀安装得是否正确，直接影响切削的顺利进行和工件的加工质量。即使刃磨了合理的切削角度，如果不正确安装，也会改变车刀的实际工作角度。所以，在安装车刀时，必须注意以下几点：

(1) 将刀架位置转正后用手柄锁紧。

(2) 将刀架装刀面和车刀刀柄底面擦清。

(3) 车刀安装在刀架上，其伸出长度不宜太长，在不影响观察的前提下，应尽量伸出短些。否则切削时刀杆刚性相对减弱，容易产生振动，使车出来的工件表面不光洁，甚至使车刀损坏。车刀伸出的长度约等于刀杆厚度的 1.5 倍。车刀下面的垫片要平整，垫片应跟刀架对齐(图 1.26)，而且垫片的片数要尽量少，以防止产生振动。

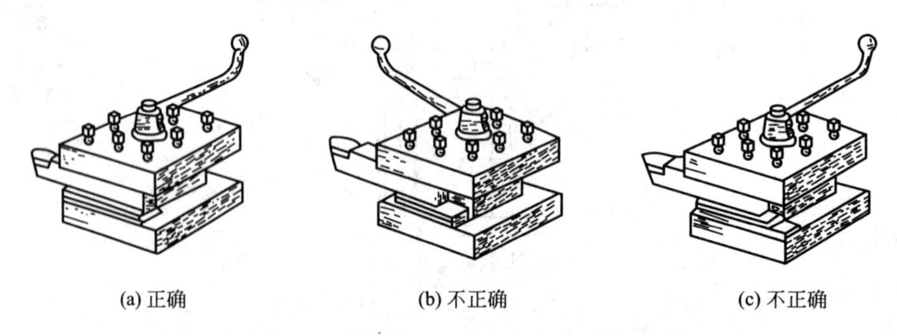

(a) 正确　　(b) 不正确　　(c) 不正确

图 1.26　车刀的安装

(4) 刀尖应装得跟工件中心线一样高，如图 1.27(b)所示。车刀装得太高［图 1.27(a)］，会使车刀的实际后角减小，车刀后面与工件之间的摩擦增大；车刀装得太低(图 1.27(c))，会使车刀的实际前角减小，切削不顺利。

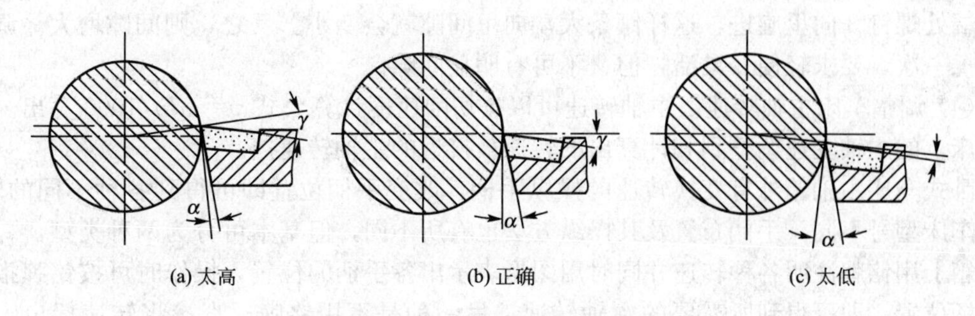

图 1.27　车刀安装的高低

车刀刀尖对准工件中心的方法如下：

① 根据车床的主轴中心高，用钢尺测量装刀，如图 1.28 所示。这种方法比较简便。

② 根据尾座顶针的高低把车刀装准，如图 1.29 所示。

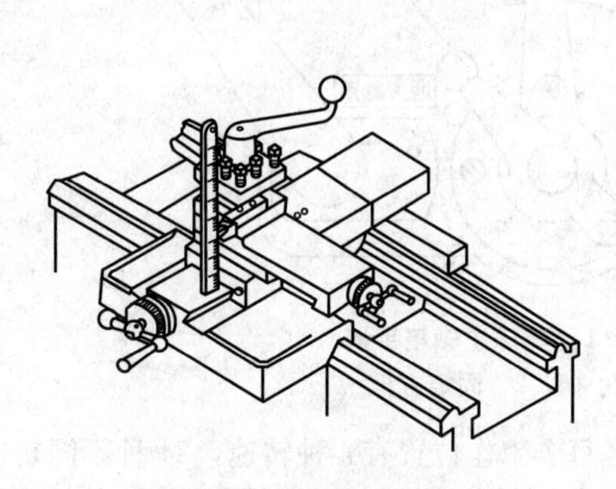

图 1.28　用钢尺量中心高

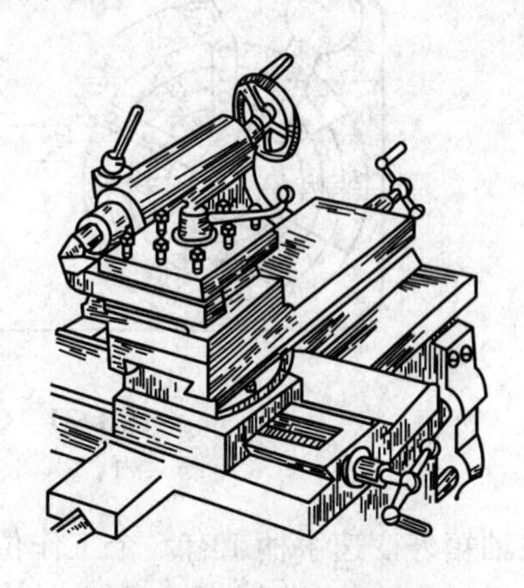

图 1.29　根据顶尖装车刀

③ 把车刀靠近工件端面用目测估计车刀的高低，然后紧固车刀，试车端面。再根据端面的中心装准车刀。

(5) 安装车刀时，刀杆轴线应跟工件表面垂直，否则会使主偏角和副偏角的数值发生变化。

(6) 车刀至少要用两个螺钉压紧在刀架上，并轮流逐个拧紧。拧紧时不得用力过大而使螺钉损坏。

7. 操作车床

1) 调整车床

(1) 将机床电源开关关闭，以防止因操作不熟练造成动作失误，损坏机床。

(2) 擦干净机床外表面及各手柄。

(3) 调整中、小滑板镶条间隙。中、小滑板手柄摇动的松紧程度要适当，过紧或过松都须进行调整，中、小滑板镶条调整方法相同。图 1.30 所示为中滑板镶条的调整方法示意。调整时应先看清镶条大、小端的方向，如镶条间隙太大，可将小端处螺钉 1 松开，

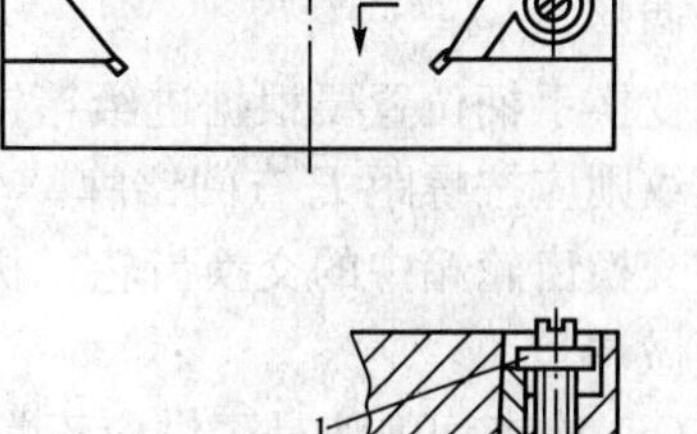

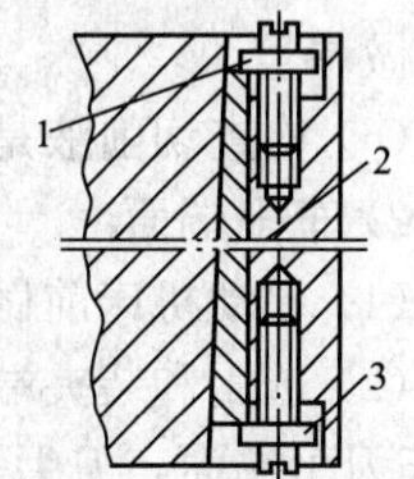

图 1.30　中滑板镶条的调整方法示意

1、3—螺钉；2—镶条

将大端处螺钉 3 向里旋进，这样镶条大端向里间隙就会变小。反之，则间隙增大。调整后要试摇一次，要求轻便、灵活，但又不可有明显间隙。

（4）调整车床主轴转速。主轴转速可以按切削速度计算公式 $v=\pi dn/1000$ 算出。然后将车床上的主轴变速调整到和计算出的转速最接近的主轴转速挡。

卧式车床主轴箱外有变换转速的操纵手柄，改变手柄位置即可得到各种不同的转速。由于车床型号不同，手柄布置及其操纵方法也有所不同，但基本可分为两种类型，一种是主轴箱上用铭牌注明各种转速并同时用图形表示出各手柄的位置，操作时可按铭牌指示变换手柄位置，即可得到所需要的主轴转速。另一种是不用铭牌，直接将转速标出，例如 C620－1 型车床，如图 1.31 所示。

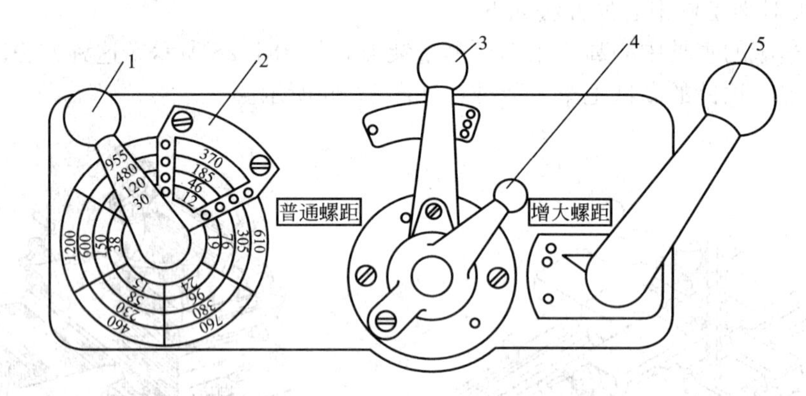

图 1.31　C620－1 型车床主轴箱手柄

1、3、4、5—手柄；2—固定方框

主轴箱外变速手柄 1 有 6 个工作位置，每个工作位置有 4 种转速，24 种不同转速都标注在与手柄相连接的圆盘上，圆盘的右上方有一固定方框 2，方框的两边各有 4 组不同颜色的小圆点。转动手柄 1 圆盘也随之转动，将所选定的转速转入方框内，即可根据所对应的圆点颜色变换手柄 3 和手柄 5 的位置。

变换主轴转速时，转动手柄的力不可过大，若发现手柄转不动或转不到位，主要是主轴箱内齿轮不能啮合，可用手转动卡盘，使齿轮的圆周位置改变，手柄即能扳动。

（5）调整进给量。根据所选定的进给量，从车床的铭牌上查出调进给量手柄的位置并进行调整。

变换手柄位置要根据进给箱铭牌的指示，如机动进给要根据进给量 f 查阅铭牌，如米制螺纹则应按螺距 P 查阅铭牌。车螺纹除调整进给箱外的手柄位置之外，还应按铭牌指示调整交换齿轮箱中的交换齿轮，机动进给由于 f 值不要求精确，因此一般情况下交换齿轮可不做调整。

（6）检查切削液是否供应正常。

2）车削端面

（1）起动机床前做安全检查。用手转动卡盘一周，检查有无碰撞处。

（2）选用和装夹端面车刀。常用端面车刀有 45°车刀和 90°车刀，如图 1.32 所示。用 45°车刀车端面，刀尖强度较好，车刀不容易损坏。用 90°车刀车端面时，由于刀尖强度较差，常用于精车端面。车端面时要求车刀刀尖严格对准工件中心，高于或低于工件中心都会使端面中心处留有凸台，并损坏车刀刀尖，如图 1.33 所示。

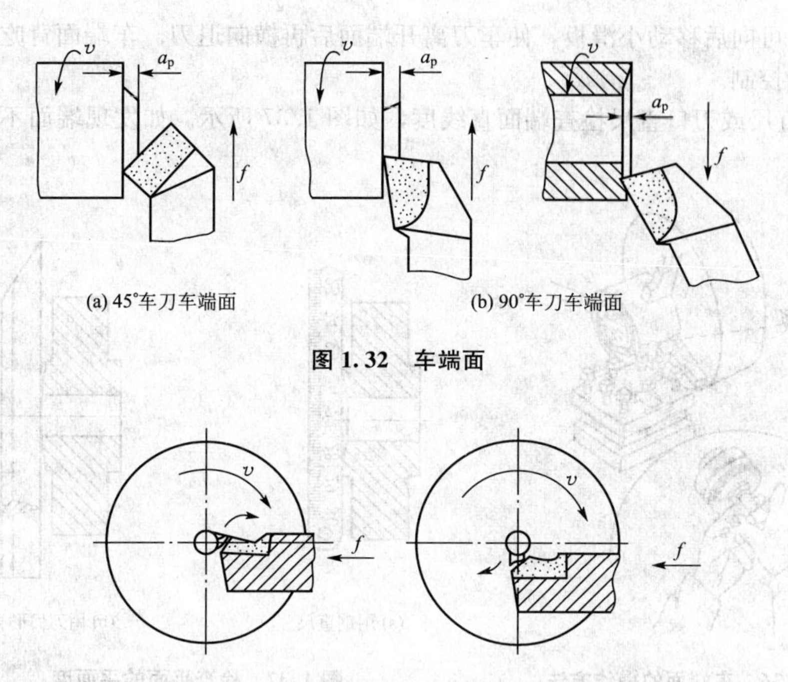

(a) 45°车刀车端面　　(b) 90°车刀车端面

图 1.32　车端面

图 1.33　车刀刀尖不对准工件中心使刀尖崩碎

(3) 车端面的操作步骤：

① 移动床鞍和中滑板，使车刀靠近工件端面后，将床鞍上螺钉扳紧，使床鞍位置固定，如图 1.34 所示。

② 测量毛坯长度，确定端面应车去的余量，一般先车的一面尽可能少车，其余余量在另一面车去。车端面前可先倒角，尤其是铸件表面有一层硬皮，如先倒角可以防止刀尖损坏，如图 1.35 所示。

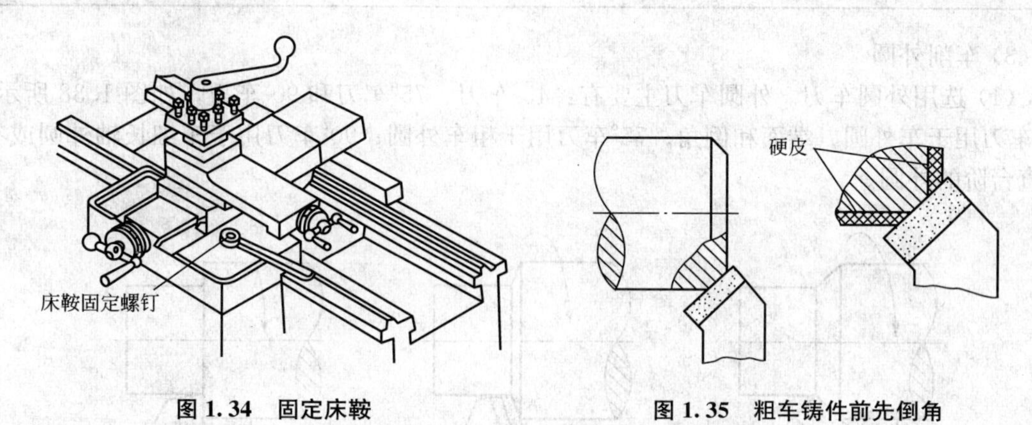

图 1.34　固定床鞍　　**图 1.35　粗车铸件前先倒角**

车端面和外圆时，第一刀背吃刀量一定要超过硬皮层，否则即使已倒角，但车削时刀尖还是要碰到硬皮层，很快就会磨损。

③ 双手摇动中滑板手柄车端面，手动进给速度要保持均匀，操作方法如图 1.36 所示。

当车刀刀尖车到端面中心时，车刀即退回。如精加工的端面，要防止车刀横向退出时将端面拉毛，可向后移动小滑板，使车刀离开端面后再横向退刀。车端面背吃刀量，可用小滑板刻度盘控制。

④ 用钢直尺或刀口直尺检查端面直线度，如图 1.37 所示。如发现端面不平，原因如表 1－2 所列。

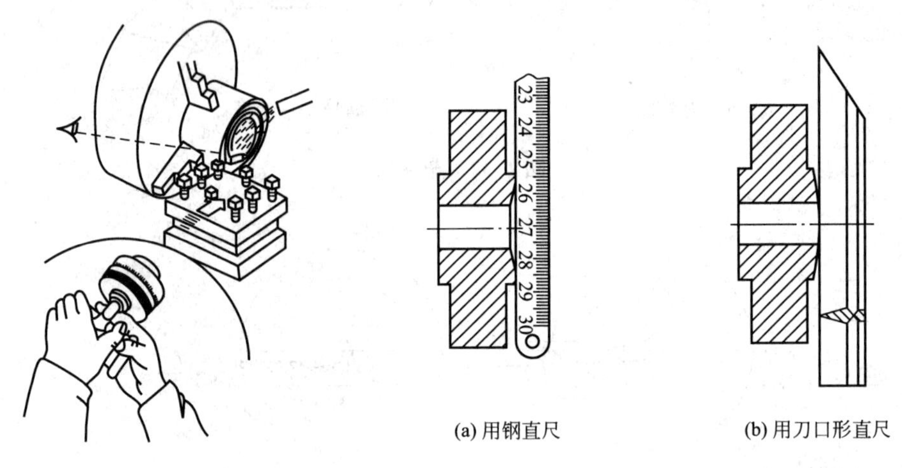

(a) 用钢直尺　　(b) 用刀口形直尺

图 1.36　车端面的操作方法　　**图 1.37　检查平面的平面度**

表 1－2　CA6l40 车削端面不平原因

问　　题	产　生　原　因
工件端面有凸台	车刀刀尖未对准工件中心
端面平面度差(凹或凸)	① 用 90°车刀由外向里车削，背吃刀量过大，车刀磨损 ② 床鞍未固定而移动，小滑板间隙大 ③ 刀架或车刀未紧固等

3）车削外圆

（1）选用外圆车刀。外圆车刀主要有：45°车刀、75°车刀和 90°车刀，如图 1.38 所示。45°车刀用于车外圆、端面和倒角；75°车刀用于粗车外圆；90°车刀用于车细长轴外圆或有垂直台阶的外圆。

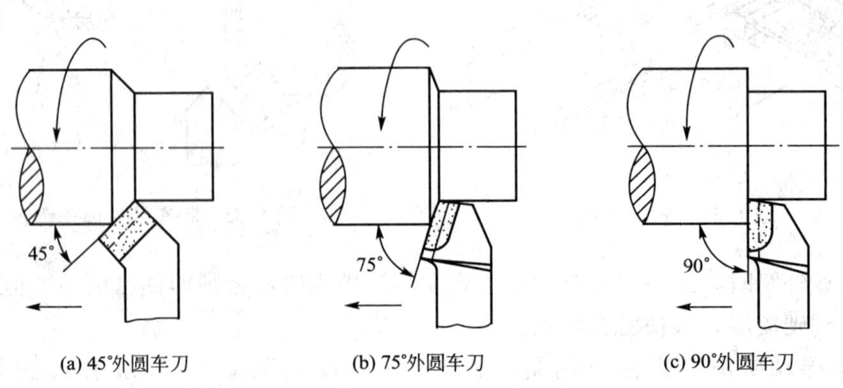

(a) 45°外圆车刀　　(b) 75°外圆车刀　　(c) 90°外圆车刀

图 1.38　外圆车刀

(2) 车外圆的操作步骤：

① 检查毛坯直径，根据加工余量确定进给次数和背吃刀量。

② 划线痕，确定车削长度。先在工件上用粉笔涂色，然后用内卡钳在钢直尺上量取尺寸后，在工件上划出加工线，划线方法如图 1.39 所示。

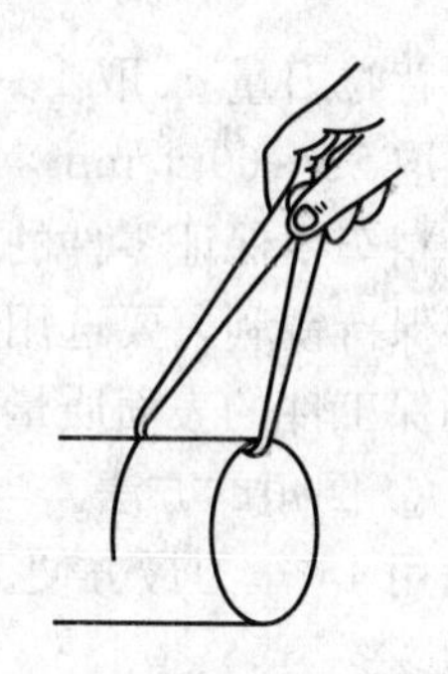

图 1.39 划线痕

③ 车外圆要准确地控制背吃刀量，这样才能保证外圆的尺寸公差。通常采用试切削方法来控制背吃刀量，试切的操作步骤如表 1-3 所列。

表 1-3 车削外圆的试切操作步骤

步骤	简 图	说 明	步骤	简 图	说 明
1		起动机床，移动床鞍和中滑板，使车刀刀尖与工件表面轻微接触	4		移动床鞍试切外圆，试切长度约 2mm
2		移动床鞍，退出车刀	5		向右移动床鞍，退出车刀，进行测量
3		转动中滑板刻度盘，使零位对准后，横向进给就可利用刻度值控制背吃刀量	6		根据测量尺寸调整背吃刀量

步骤 1～6 是试切的一个循环，如果试切尺寸不符合要求，要自步骤 6 重新进行试切，尺寸符合要求后，就可纵向进给车外圆。试切尺寸，粗车可用外卡钳或游标卡尺测量，精车用千分尺测量。

④ 手动进给车外圆的操作方法。操作者应站在床鞍手轮的右侧，双手交替摇动手轮，手动进给速度要求均匀。当车削长度到达线痕标记处时，停止进给，摇动中滑板手柄，退出车刀，床鞍快速移动回复到原位。

车外圆一般分粗、精车。粗车目的是尽快地从工件上切去大部分余量，为精加工留 0.1～1mm 余量，对车削表面要求较低，因此应选用较大的背吃刀量和进给量，切削速度选用中等或中等偏低的数值。

粗车切削用量推荐数值如下：

背吃刀量 a_p 取 1～4mm；进给量 f 取 0.3～0.8mm/r；切削速度 v：硬质合金车刀车钢件取 50～60m/min，车铸件取 40～50m/min。

精车要保证零件的尺寸公差和较细的表面粗糙度，因此试切尺寸一定要测量正确，刀具要保持锐利，要选用较高的切削速度($v \geqslant 60$m/min)，进给量要适当减小(约 0.1mm/r)，以确保工件的表面质量。

⑤ 倒角的方法。当工件精车完毕，外圆与端面交界处的锐边要用倒角的方法去除。倒角用 45°车刀最方便。倒角的大小按图样规定尺寸，如图样上未标注的一般按 0.5×45°倒角。

(3) 接刀车外圆。利用卡盘装夹车削等直径轴，在没有装夹余量的情况下，外圆只能采用接刀的方法完成。接刀时为方便找正，一般采用四爪单动卡盘装夹。装夹时要在工件已加工表面与卡爪间垫铜片，以防夹伤工件。夹持长度要短，一般取 10～15mm，卡爪不能依次拧紧，应相对两卡爪分别拧紧。

工件轴线的找正，要找正外圆上 A 和 B 两点如图 1.40 所示，先找正 A 点外圆，后找正 B 点外圆，找正 A 点外圆应调整卡爪，找正 B 点外圆则用锤子或铜棒轻轻地敲击。一般要经过几次的反复，才能将工件的轴线找正。

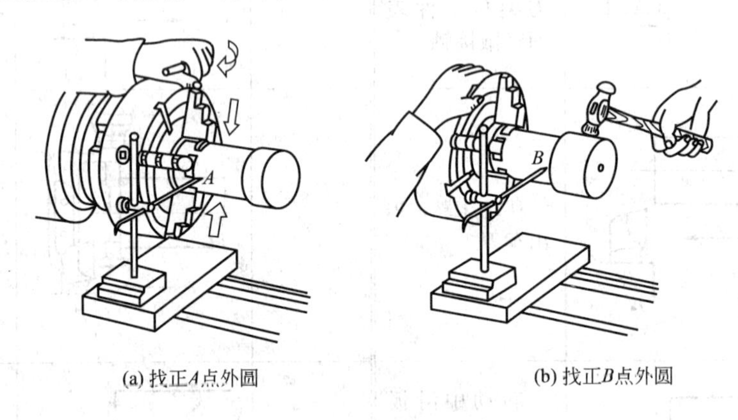

(a) 找正A点外圆　　(b) 找正B点外圆

图 1.40　找正外圆轴线

接刀车外圆，找正的误差越小，接头时偏差也越小，一般先用划线盘进行粗找正，再用百分表进行精确找正。

接刀车外圆要以已加工外圆为基准，两者大小一致，接刀才能达到平整。接刀车外圆的步骤如下：

① 用外卡钳或千分尺测量已加工外圆的直径尺寸。

② 接刀车外圆时，由于工件的伸出量较长，为防止车削时工件跳动而导致中心移动，一般选取较小的背吃刀量，适当多车几刀，以减小切削力。精车时为使接刀处外圆与已加工外圆接平，要控制试切直径尺寸，可用外卡钳在已加工外圆上做比较测量，也可用千分尺测量，要求试切尺寸与已加工外圆直径间的差值小于 0.03mm。试切尺寸符合后，就可手动进给精车外圆，当刀尖超出接刀位置时退刀。

接刀车外圆，如发现外圆接不平，一般由两种情况造成：一种是工件轴线未找正，使接刀外圆与已加工外圆的轴线不重合，造成交接处两外圆偏位；另一种是两端外圆尺寸不一致，过大、过小都会使外圆接不平。

4）切断的方法

切断的方法有直进法、左右借刀法和反切法，如图 1.41 所示。

直进法切断，车刀横向连续进给，一次将工件切下，如图 1.41(a)所示，操作十分简便，工件材料也比较节省，因此应用最广泛。左右借刀法切断，如图 1.41(b)所示，车刀横向和纵向须轮番进给，因费工费料，一般用于机床、工件刚性不足的情况下。反切法切断，车床主轴反转，车刀反装进行切断，如图 1.41(c)所示。这种方法切削比较平稳，排屑也较顺利，但卡盘必须有保险装置，小滑板转盘上两边的压紧螺母也应锁紧，否则机床容易损坏。

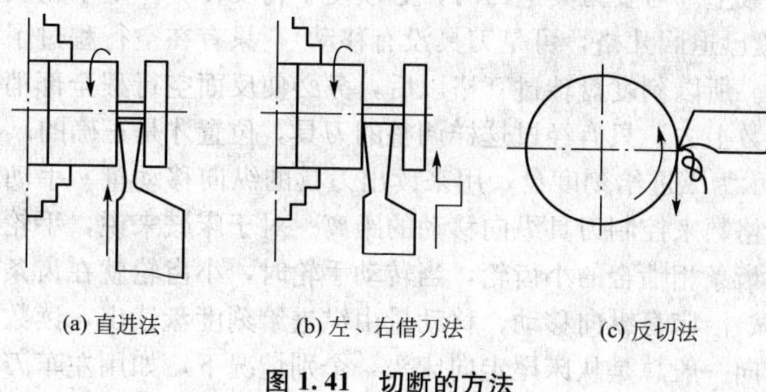

(a) 直进法　(b) 左、右借刀法　(c) 反切法

图 1.41　切断的方法

拓展阅读

切断刀的安装

(1) 切断刀伸出长度切断刀不宜伸出过长，主切削刃要对准工件中心，高或低于中心，都不能切到工件中心。如用硬质合金切断刀，中心高或低则都会使刀片崩裂。

(2) 装刀时检查两侧副偏角。检查切断刀两侧副偏角的方法有两种：一种是将 90°角尺靠在工件已加工外圆上检查，如图 1.42(a)所示。另一种方法是，如外圆为毛坯则可将副切削刃紧靠在已加工端面上，刀尖与端面接触，副切削刃与端面间有倾斜间隙，要求间隙最大处约 0.5mm，如图 1.42(b)所示。两副偏角基本相等后，可将车刀紧固。

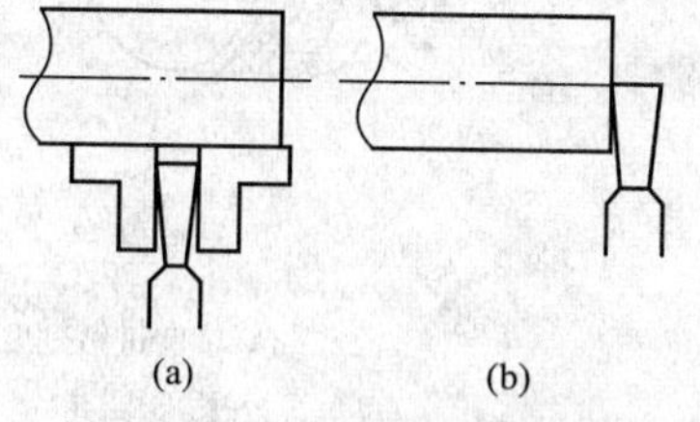

(a)　(b)

图 1.42　检查切断刀副偏角

特别提示

切断注意事项

(1) 机床各部分间隙尽可能小。例如，床鞍，中、小滑板导轨的间隙和机床主轴轴承间隙等尽可能小。

(2) 工件用卡盘装夹，伸出长度要加上切断刀宽度和刀具与卡爪间的间隙约 5～6mm，工件要用力夹紧。切断刀离卡盘的距离一般应小于被切工件的直径。

(3) 选择主轴转速，用高速钢刀切断铸铁材料，切削速度约 15～25m/min；切断碳钢材料，切削速度约 20～25m/min；用硬质合金刀切断，切削速度约 45～60m/min。

(4) 切断时移动中滑板，进给的速度要均匀而不间断，如发现车刀产生切不进现象，应立即退出，检查车刀刀尖是否对准工件中心，以及是否锐利，不可强制进给，以防车刀折断。如工件的直径较大或长度较长，一般不切到中心，约留 2～3mm，将车刀退出，停车后用手将工件扳断。

5）车床刻度盘的使用

在车床上，车刀的移动量可以从有关刻度上的刻线读出。对应于小、中滑板，床鞍，都各有一个刻度盘，其使用方法是相同的。各个滑板的移动，靠转动相应的手轮来实现。

在横向进给刻度盘上可以读出车刀横向移动量，如图 1.43(a)所示。当调整好背吃刀量时，便可用这个刻度盘来读出背吃刀量。使用刻度盘时，总是慢慢地转动手轮，在快转动到所需尺寸时，只能用手轻轻敲击手轮，以防止转过格。如果不小心多转了几格时，则必须多退回更多的格数(消除手轮轴前端丝杠与中滑板上螺母接触面的间隙)，然后重新把手轮转到所需的格数上。若要刀具退回时，必须使手轮反转。但是手轮反转后首先会产生一段空行程(刻度盘已退回几格，可是刀具没有移动)，只有在空行程过了以后，刀具才随手轮一起反向运动。所以刻度盘转过 0 格以后，务必使反面空行程全部消除以后，再把手轮转到所需要的格数上去，只有经过这样调整的刀具，位置才是正确的。

图 1.43(b)所示为纵进给刻度盘，用来读出刀具的纵向移动量。手动进给时，可利用这个刻度盘转过的格数来控制刀具纵向移动的距离。对于床鞍来说，手轮前端的轴上固定着一个与床身上的齿条相啮合的小齿轮，当转动手轮时，小齿轮就在齿条上滚动，小齿轮的轴线(也就是床鞍)沿床身纵向移动，移动量由纵进给刻度盘读出，读数原理和横向刻度盘相同。纵进给方向一般总是从床尾走向床头，个别情况下，如用左车刀切削时才应反向进给。

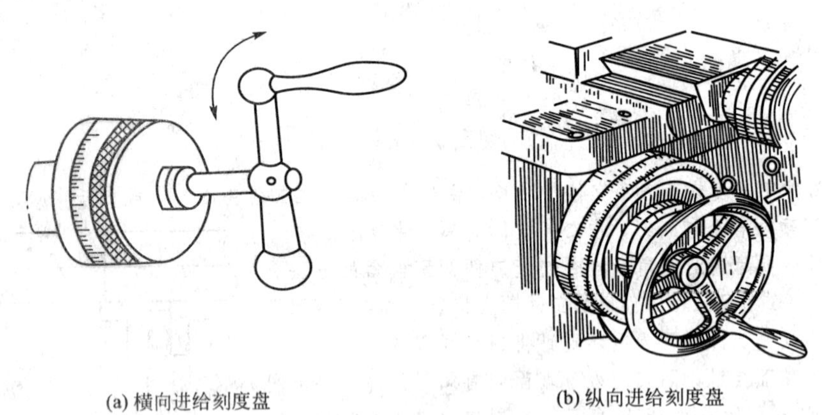

(a) 横向进给刻度盘　　(b) 纵向进给刻度盘

图 1.43　车床进给刻度盘

8. 车床的维护和常规保养

车床保养得好坏，直接影响零件的加工质量和生产效率。为了保证车床的工作精度和延长使用寿命，必须对车床进行合理的保养，主要内容有清洁、润滑和进行必要的调整。

当车床运转 500h 以后，需进行一级保养。保养工作以操作工人为主，维修工人配合进行。保养时，必须首先切断电源，然后进行工作，具体保养内容和要求如表 1－4 所列。

表 1－4　车床保养内容和要求

保养内容	保　养　要　求
外保养	① 清洗机床外表及各罩盖，要求内外清洁，无锈蚀、无油污 ② 清洗长丝杠、光杠和操纵杆，清洗机床附件 ③ 检查并补齐螺钉、手柄等

（续）

保养内容	保 养 要 求
主轴箱	① 清洗滤油器和油箱，使其无杂物 ② 检查主轴，并检查螺母有无松动；紧固螺钉应锁紧 ③ 调整摩擦片间隙及制动器
溜板	① 清洗刀架，调整中、小滑板镶条间隙 ② 清洗并调整中、小滑板丝杠螺母间隙
交换齿轮箱	① 清洗齿轮、轴套并注入新油脂 ② 调整齿轮啮合间隙 ③ 检查轴套有无晃动现象
尾座	清洗，保持内外清洁
润滑系统	① 清洗冷却泵、过滤器、盛液盘 ② 清洗油绳、油毡，保证油孔、油路清洁畅通 ③ 检查油质是否良好，油杯要齐全，油窗应明亮
电器部分	① 清扫电动机、电器箱 ② 电器装置应固定，并清洁整齐

特别提示

车工文明生产

(1) 开车前，应检查车床各部分机构是否完好，有无防护设备。各转动手柄是否放在空挡位置，变速齿轮的手柄位置是否正确，以防开车时突然撞击而损坏机床。启动后应使主轴空转1～2min，使润滑油供至需要润滑的部位，然后再进行车削作业。

(2) 变速时必须停车，变换进给箱手柄位置要在低速时进行，使用电器开关的车床不准用反车做紧急停车，以免打坏齿轮。

(3) 为了保持丝杠的精度，除车螺纹外，不得使用丝杠自动进刀。

(4) 不允许在卡盘上、车床导轨上敲击或校直工件。

(5) 装卡较重的工件时，应该用木板保护床面，下班时如工件不卸下，应使用千斤顶支撑。

(6) 车刀磨损后应及时刃磨，否则会增加车床的负荷，甚至损坏机床。

(7) 车削铸铁和气割下料的工件，导轨上的润滑油要擦去，工件上的砂型杂质应去除，以免磨坏床面导轨。

(8) 用切削液时，要在车床导轨上涂上润滑油，冷却泵的冷却液应定期调换。

(9) 下班前，应清除车床上及车床周围的切屑和切削液，擦净后按规定在加油部位加上润滑油。

(10) 下班时，将大托板摇至床尾一端，各转动手柄放到空挡位置，关闭电源。

9. 车工安全生产规范

(1) 工作时应穿工作服、戴套袖。留长发的操作者应戴工作帽，头发应塞在工作帽内。

(2) 工作时，头与工件不应靠得太近，以防切屑飞入眼中，必要时应戴眼镜。

(3) 工作时，必须集中精力，不允许擅自离开机床或做与车床工作无关的事，手和身体不得靠近旋转的工件(或车床卡盘)。

(4) 工件和车刀必须装卡牢固，否则会飞出伤人。卡盘必须装有保险装置。

(5) 车床开动时不得测量工件。

(6) 不能用手清除铁屑，要备有专用的工具清理，以防划伤皮肤。

(7) 工件装卡后，应取下卡盘扳手，以防飞出伤人。

(8) 棒料在主轴的后端不要伸出过长，如果过长，应用料架支撑(图 1.44)。料架孔的高度应与机床主轴孔同高，且距棒料的末端不大于半米。如果料长太大，也可以加两个支架。

(9) 车工不准戴手套操作。

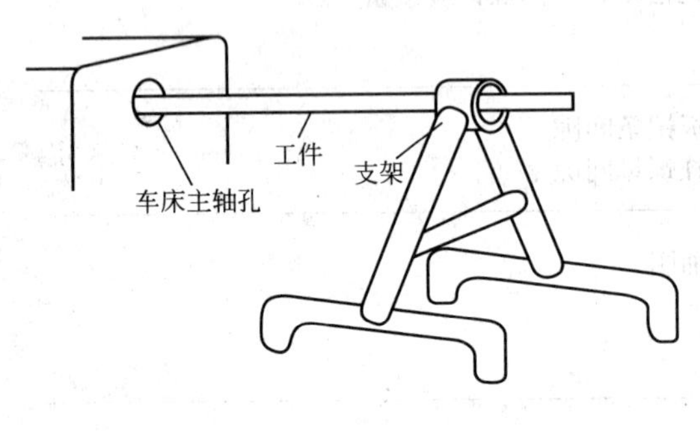

图 1.44　车长棒料用的支撑

1.1.3　任务实施

1. 图样分析

该零件为圆柱形光轴，虽是光轴，却有两种配合的要求：轴的两端与连杆孔是过盈配合，而中间部分则与滚针轴承配合。工件直径为 30mm±0.2mm，总长度 100mm，表面粗糙度 Ra 全都为 6.3μm。两端倒角均为 $C1$。

2. 工艺过程

(1) 下料。

(2) 粗车端面——粗车外圆——精车端面——精车外圆——倒角——预切断——倒角——切断。

(3) 检查。

3. 工艺准备

(1) 材料准备：$45^{\#}$ 圆钢 ϕ35mm 棒料。

(2) 设备准备：CA6140 普通车床。

(3) 刃具准备：45°端面车刀、90°外圆车刀、3mm 切槽刀。

(4) 量具准备：150mm 游标卡尺、外卡钳、100mm 钢板尺。

4. 加工步骤

车削光轴加工步骤如表 1－5 所列。

表 1－5　车削光轴加工步骤

步　骤	加　工　内　容	示　意　图
1. 装夹	棒料从 CA6140 主轴箱后端中放入，穿过主轴孔，伸出长 110mm，用三爪卡盘夹紧	

（续）

步　　骤	加 工 内 容	示 意 图
2. 粗车端面	用45°端面车刀，车平端面	
3. 粗车外圆	90°外圆车刀，粗车外圆，直径到 ϕ31mm，长度到105mm	
4. 精车端面	用45°端面车刀，车平端面，保证粗糙度 Ra 为6.3μm	
5. 精车外圆	用90°外圆车刀，精车 ϕ31mm 外圆，直径到 ϕ30mm ± 0.2mm，长度到105mm，粗糙度 Ra 为6.3μm	
6. 倒角	用45°端面车刀，车轴头倒角 $C1$	
7. 检查	用游标卡尺检查外圆尺寸	
8. 预切断	用切断刀切槽深5mm，保证长度为100mm	
9. 倒角	用45°端面车刀，车轴头倒角 $C1$	
10. 切断	用切断刀，使工件从棒料上切除	

5. 精度检查

加工完成的产品零件，如图1.45所示。

(1) 测量外圆时，使用游标卡尺在圆周面上要同时测量两点，长度上测量两端。

(2) 长度测量可选用游标卡尺或钢板尺。

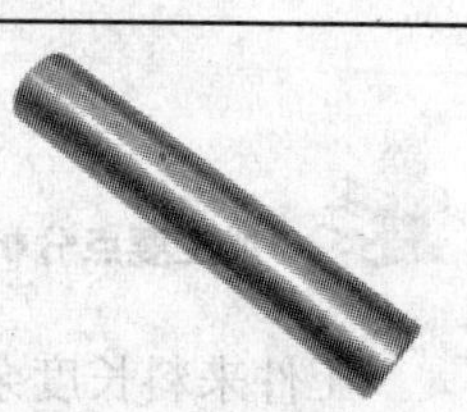

图1.45　光轴产品零件

6. 误差分析

光轴常见问题及产生原因如表 1－6 所列。

表 1－6　车光轴常见问题及产生原因

问　题	产　生　原　因
毛坯车不到尺寸	① 毛坯余量不够 ② 毛坯弯曲没有校正 ③ 工件安装时没有校正
达不到尺寸精度	① 未经过试切和测量，盲目吃刀 ② 没掌握工件材料的收缩规律 ③ 量具误差大或测量不准
表面粗糙度达不到要求	① 各种原因引起的振动，如工件、刀具伸出太长，刚性不足，主轴轴承间隙过大，转动件不平衡，刀具的主偏角过小 ② 车刀后角过小，车刀后面和已加工面摩擦 ③ 切削用量选得不当
产生锥度	① 卡盘装夹时，工件悬伸太长，受力后末端让开 ② 床身导轨和主轴轴线不平行 ③ 刀具磨损
产生椭圆	① 余量不均，没分粗、精车 ② 主轴轴承磨损，间隙过大

1.1.4　拓展训练

车削加工图 1.46 所示光轴零件。材料为 HT200，毛坯为 ϕ55mm×125mm 铸件棒料。件数为 10 件。试编制加工步骤。

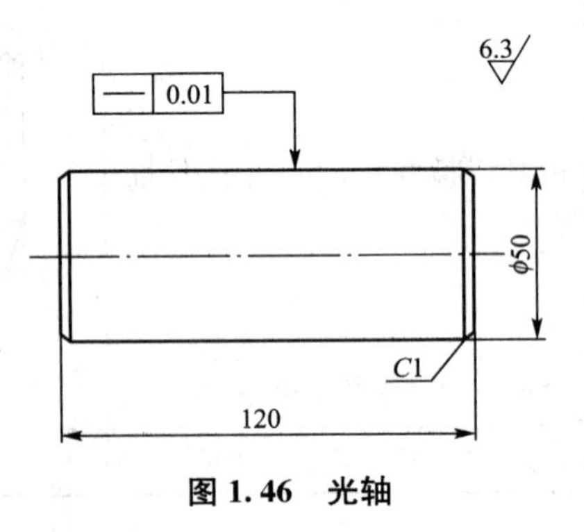

图 1.46　光轴

加工要点分析

工件来料长度余量较少或一次装卡不能完成切削的光轴，通常采用调头装卡，再用接刀法车削。调头接刀车削的工件，一般表面有接刀痕迹，对表面质量和美观程度有影响。

因而工件装卡时，找正必须要严格，否则会造成工件表面出现接刀偏差，而影响到工件质量。

通常的做法：在车削工件的第一端时，车的长一些，调头装卡时，两点间的找正距离应大一些，如图1.47所示。在工件的第一端精车至最后一刀时，车刀不能直接碰到台阶，应稍离台阶处停刀，以防车刀碰到台阶后突然增加切削量，产生扎刀现象。在调头精车时，车刀要锋利，最后一刀的精车余量要少。

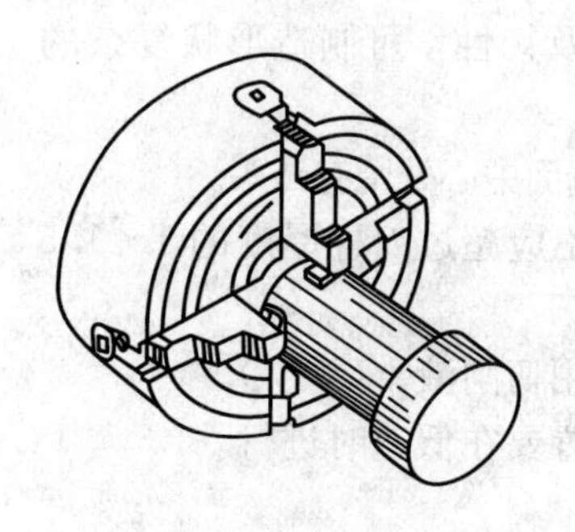

(a) 用四爪卡片装夹工具

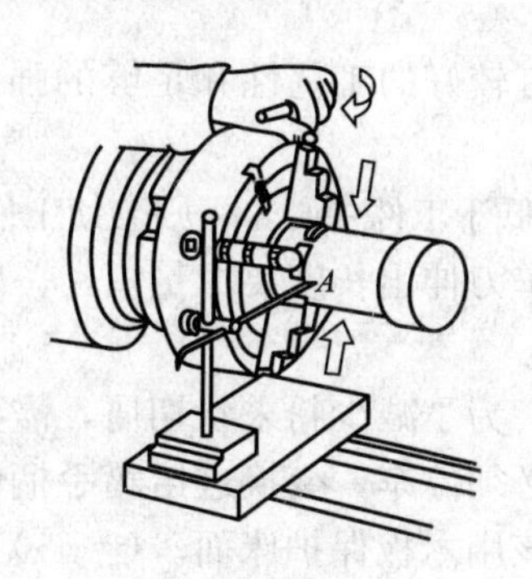

(a) 找正A点外圆

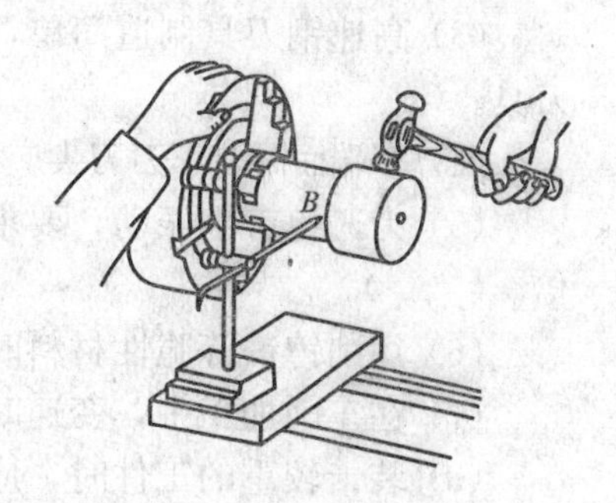

(c) 找正B点外圆

图1.47　找正位置

1.1.5　练习与思考

1. 选择题

(1) 为了增加刀头强度，断续粗车时采用(　　)值的刃倾角。

A. 正　　B. 零　　C. 负

(2) 由外圆向中心处横向进给车端面时，切削速度是(　　)。

A. 不变　　B. 由高到低　　C. 由低到高

(3) 车外圆时，切削速度计算式中的直径 D 是指(　　)直径。

A. 待加工表面　　B. 加工表面　　C. 已加工表面

(4) 切削用量中(　　)对刀具磨损影响最大。

A. 切削速度　　B. 背吃刀量　　C. 进给量

(5) 粗车时为了提高生产率，选用切削用量时，应首先取较大的(　　)。

A. 切削速度　　B. 背吃刀量　　C. 进给量

(6) 用高速钢刀具车削时，应降低(　　)，保持车刀的锋利，减少表面粗糙度值。

A. 切削速度　　B. 进给量　　C. 背吃刀量

(7) 用硬质合金车刀精车时，为减小工件表面粗糙度值，应尽量提高(　　)。

A. 切削速度　　B. 进给量　　C. 背吃刀量

(8) CA6140普通车床床身的最大回转直径为(　　)(主参数折算系数为0.1)。

A. 40mm　　B. 400mm　　C. 4mm　　D. 140mm

(9) 经过精车以后的工件表面，如果还不够光洁，可以用砂布进行(　　)。

A. 研磨　　B. 抛光　　C. 修光

(10) 使用砂布抛光工件时，(　　)。

A. 移动速度要均匀，转速应低些　　B. 移动速度要均匀，转速应高些
C. 移动速度要慢，转速应高些

2. 判断题

(1) 开机前，在手柄位置正确情况下，需低速运转 2min 后，才能进行车削。(　　)

(2) 使用硬质合金刀具切削时如用切削液，必须一开始就连续充分的浇注，否则，硬质合金刀片会因骤冷而产生裂纹。(　　)

(3) 高速钢刀具制造简单，有较好的工艺性和足够的强度及韧性，可制造形状复杂的刀具。(　　)

(4) 车端面时，车刀刀尖应稍低于工件中心，否则会使工件端面中心处留有凸头。(　　)

(5) 为避免产生振动，要求车刀伸出长度要尽量短，一般不应超过刀杆厚度的 1～1.5 倍。(　　)

(6) 切削铸铁等脆性材料时，为了减少粉末状切屑，需要用切削液。(　　)

(7) 在车削加工中，变速时必须停车，变换进给箱手柄位置要在低速时进行。(　　)

(8) 装卡较重的工件时，应该用木板保护床面。(　　)

(9) 一般情况下，YG3 用于粗加工，YG8 用于精加工。(　　)

(10) 一般情况下，YT5 用于粗加工，YT30 用于精加工。(　　)

3. 简述题

(1) 车削加工工艺范围如何?

(2) 简述车工文明生产规范。

(3) 简述车工安全生产规范。

(4) CA6140 车床由哪几部分组成?

(5) 车床的润滑方法有哪些?

(6) 车床如何进行维护和常规保养?

(7) 怎样正确安装车刀?

(8) 三爪卡盘装夹工件的步骤如何?

(9) 用四爪卡盘装夹工件，需要找正的目的是什么?

(10) 简述车外圆的方法。

(11) 简述车端面的方法。

(12) 简述切断的方法。

任务 1.2　车削台阶轴

引言

轴是各种机器中最常见的零件之一。轴类工件一般由圆柱面、阶台、端面和沟槽构成。圆柱面一般用作支撑传动零件(如带轮、齿轮等)和传递扭矩，端面和阶台一般用来确定装在轴上的零件的轴向位置，沟槽的作用一般是使磨削外圆或车螺纹时退刀方便，并使零件装配时有一个正确的轴向位置。因此，车削轴类工件时，除了要保证图样上标注的尺

寸和表面粗糙度要求外，一般还应注意形状和位置精度的要求。例如加工后工件圆柱部分的正截面应是一个圆，纵向截面内两条素线要相互平行。各阶台外圆必须绕同一轴线旋转，阶台面和端面必须与工件轴线垂直等。

1.2.1　任务导入

车削加工图 1.48 所示的台阶轴零件。材料为 $45^{\#}$ 钢棒料，加工数量为 10 件。调质处理 220～250HBS。

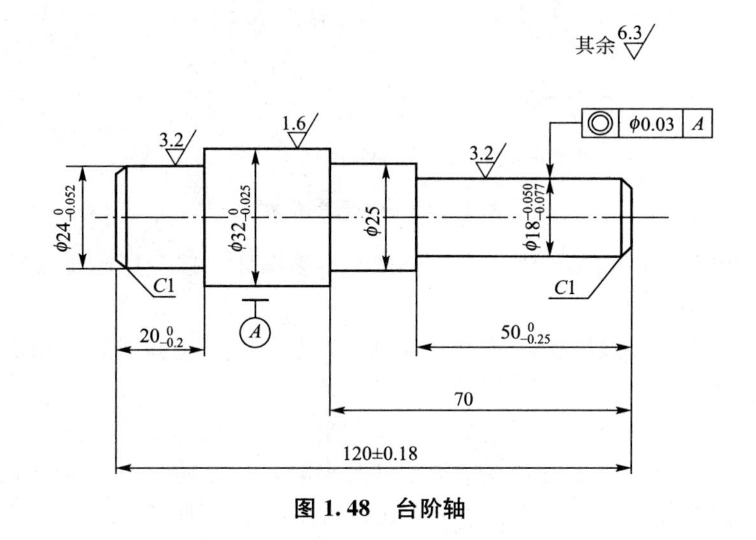

图 1.48　台阶轴

1.2.2　相关知识

1. 轴类零件的装夹

由于工件的形状、大小和加工数量不同，装夹的方式也不同。可采用以下几种装夹方法。

1）三爪卡盘装夹

三爪卡盘能自动定心，装夹工件方便；但定心精度不是很高，传递的扭矩也不大，适用于夹持表面光滑的圆柱形、六角形等工件。

2）四爪卡盘装夹

四爪卡盘不能自动定心，每次都必须仔细校正工件的位置，使工件的旋转中心跟车床主轴的旋转中心一致，装夹效率较低。但四爪卡盘夹紧力大，适宜于装夹毛坯、方形、椭圆形以及一些不规则的工件。

3）在两顶尖间装夹工件

两顶尖装夹工件，虽经多次安装，但轴心线的位置不会改变，不须找正，装夹精度高。用两顶尖装夹工件，必须在工件端面钻出中心孔。

(1) 中心孔的类型。国家标准 GB/T 145—2001 规定中心孔有 A 型(不带护锥)、B 型(带护锥)、C 型(带螺孔)和 R 型(弧形)四种，如图 1.49 所示。

(2) 各种类型中心孔的用途：

A 型中心孔由圆柱孔和圆锥孔组成。圆锥孔用来和顶尖配合，锥面是定中心、夹紧、承受切削力和工件重力的表面。圆柱孔一方面用来保证顶尖与锥孔密切配合，使定位正确；另一方面用来储存润滑油。因此，圆柱孔的深度是根据顶尖尖端不可能和工件相碰来确定的。定位圆锥孔的角度一般为 60°，重型工件用 90°。

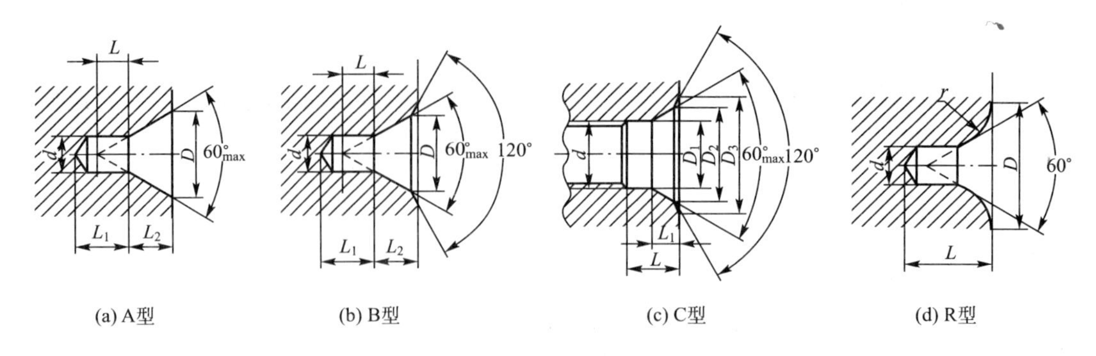

图 1.49　中心孔的形状

B 型中心孔带有 120°的保护锥孔，定位锥面不易碰坏，以免影响加工精度。常用在需要多次装夹加工的工件上。

C 型中心孔的内部有螺纹孔，是为了在轴加工完毕后，能够把需要和轴固定在一起的其他零件固定在轴线上。

R 型中心孔的形状与 A 型中心孔相似，只是将 A 型中心孔的 60°圆锥改成圆弧面。这样与顶尖锥面的配合变成线接触，在轴类工件装夹时，能自动纠正少量的位置偏差。

(3) 钻中心孔的方法。在车床上钻中心孔，常用以下两种方法：

① 在工件直径小于车床主轴内孔直径的棒料上钻中心孔。这时应尽可能把棒料伸进主轴内孔中去，用来增加工件的刚性。经校正、夹紧后把端面车平；把中心钻装夹在钻夹头中夹紧，当钻夹头的锥柄能直接和尾座套筒上的锥孔结合时，直接装入便可使用。如果锥柄小于锥孔，就必须在它们中间增加一个过渡锥套才能结合上。中心钻安装完毕，开车使工件旋转，均匀摇动尾座手轮来移动中心钻实现进给。待钻到所需的尺寸后，稍停留，使中心孔得到修光和圆整，然后退刀，如图 1.50 所示。

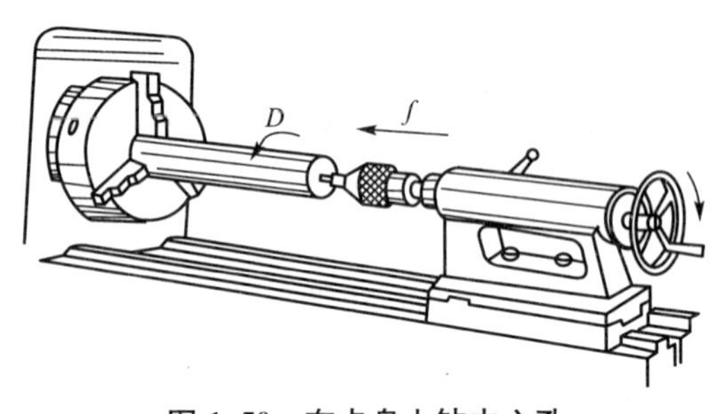

图 1.50　在卡盘上钻中心孔

特别提示

钻中心孔时应注意勤退刀，由于中心钻的排泄功能不佳，这样可以及时清除切屑，并能对钻头进行充分冷却润滑。

一端中心孔钻好后，将工件调头、装夹，校正后再钻另一端的中心孔。

② 在工件直径大于车床主轴内孔直径，并且长度又较大的工件上钻中心孔。这时只靠一端用卡盘夹紧工件，不能可靠地保证工件的位置正确。要使用中心架来车平端面和钻中心孔。钻中心孔的操作方法和前一种方法相同，如图 1.51 所示。

(4) 钻中心孔注意事项：

① 钻夹头柄必须擦干净后放入尾座套筒内并用力插入使圆锥面结合。中心钻装入钻夹头内，伸出长度要短些，用力拧紧钻夹头将中心钻夹紧。

② 套筒的伸出长度要求中心钻靠近工件面时，伸出长度为50～70mm。

③ 工件端面车平后，才能钻中心孔，否则中心钻易折断。钻中心孔主轴转速要高，$n>1000\mathrm{r/min}$，进给速度要低。

④ 控制圆锥 D 尺寸，A 型 $D\approx2.1d$，B 型 $D\approx3.1d$。当中心孔钻到尺寸时，先停止进给，再停机，利用主轴惯性将中心孔表面修圆整。

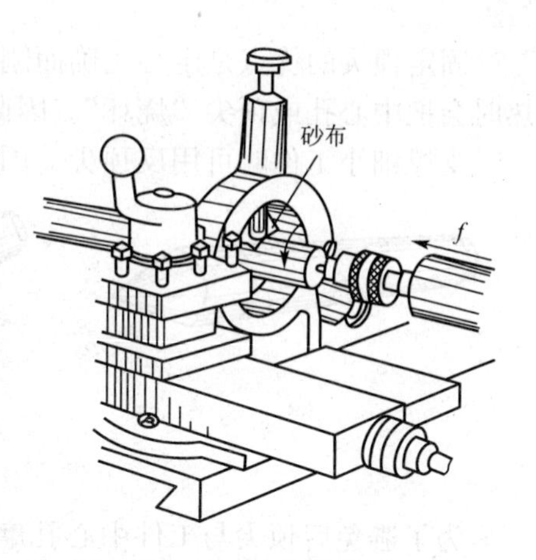

图 1.51　在中心架上钻中心孔

(5) 顶尖。顶尖的作用是定中心、承受工件的重量和切削力。顶尖分前顶尖和后顶尖两类：

① 前顶尖。插在主轴锥孔内与主轴一起旋转的叫前顶尖，如图 1.52(a)所示。前顶尖随同工件一起转动，与中心孔无相对运动，不发生摩擦。使用时须卸下卡盘，换上拨盘来带动工件旋转。插入主轴孔的前顶尖在每次安装时，必须把锥柄和锥孔擦干净，以保证同轴度。拆下顶尖时可用一根棒料从主轴孔后稍用力顶出。

有时为了操作方便和确保精度，也可以在三爪自定心卡盘上夹一段钢材，车成60°顶尖来代替前顶尖，如图 1.52(b)所示。

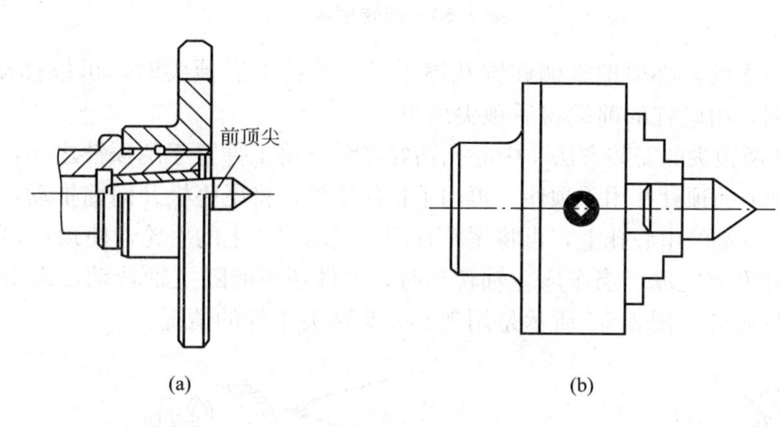

图 1.52　前顶尖

该前顶尖在卡盘上拆下后，当再应用时，必须再将锥面车一刀，以保证顶尖锥面旋转轴线与车床主轴旋转轴线重合。三爪自定心卡盘装夹顶尖，卡盘还起到了拨盘带动工件旋转的作用。

② 后顶尖。插入车床尾座套筒内的称为后顶尖。后顶尖又分固定顶尖(图 1.55)和回转顶尖(图 1.56)两种。

在车削中，固定顶尖与工件中心孔产生滑动摩擦而发生高热。在高速切削时，碳钢顶尖和高速钢顶尖［图 1.53(a)］往往会退火。因此，目前多数使用镶硬质合金的顶尖［图 1.53(b)］。

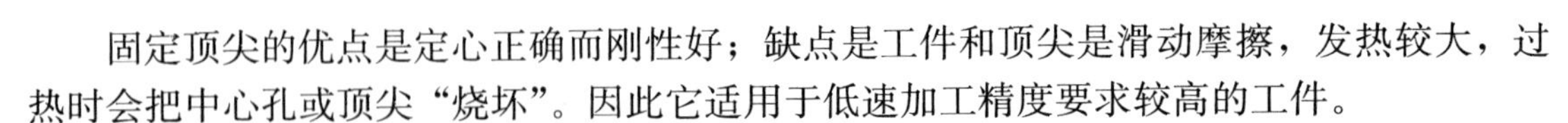

固定顶尖的优点是定心正确而刚性好；缺点是工件和顶尖是滑动摩擦，发热较大，过热时会把中心孔或顶尖“烧坏”。因此它适用于低速加工精度要求较高的工件。

支撑细小工件时可用反顶尖[图 1.53(c)]。

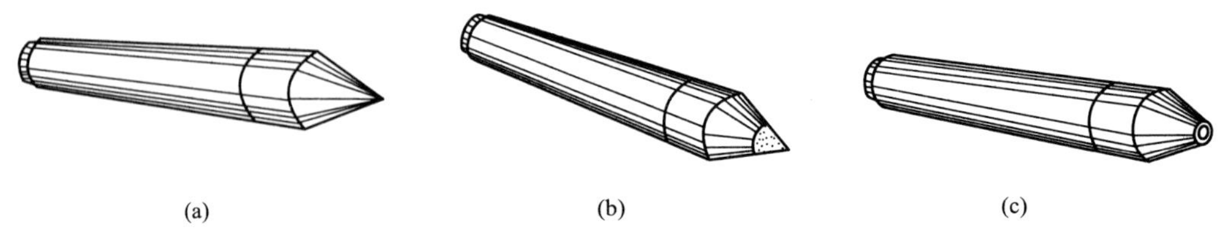

(a) (b) (c)

图 1.53　固定顶尖

为了避免后顶尖与工件中心孔摩擦，常使用回转顶尖，如图 1.54 所示。这种顶尖把顶尖与工件中心孔的滑动摩擦改成顶尖内部轴承的滚动摩擦，能承受很高的旋转速度，克服了固定顶尖的缺点，因此目前应用很广。但回转顶尖存在一定的装配累积误差，以及当滚动轴承磨损后，会使顶尖产生径向摆动，从而降低加工精度。

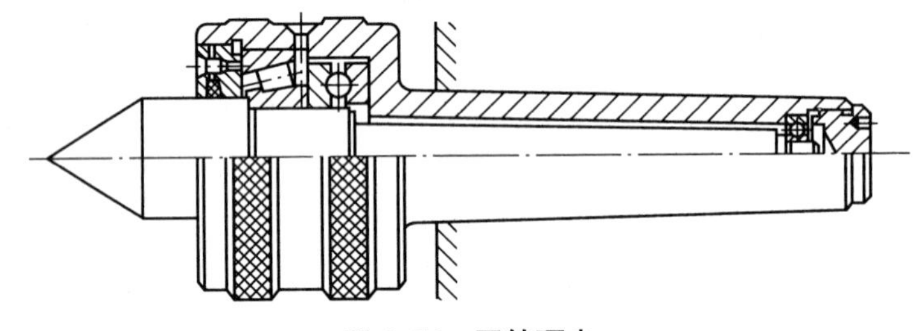

图 1.54　回转顶尖

后顶尖安装之前，必须把锥柄和锥孔擦干净。要拆下后顶尖时，可以摇动尾座手轮，使尾座套筒缩回，由丝杠的前端将后顶尖顶出。

(6) 工件在两顶尖的安装方法。中心孔钻好之后，将工件置于两顶针之间，先将一端的中心孔对准主轴上的顶针并用手顶住；再用手扶住工件，将尾座松开向前推动，使尾座上的顶针顶在工件另一端的中心孔上，再将尾座紧固；摇动尾座上的手轮，使顶针顶紧工件。

此时装夹并没有完成，当车床主轴转动时，工件还不能随主轴转动，需要通过拨盘和鸡心夹带动工件旋转。图 1.55 所示是用鸡心夹头装夹工件的情况。

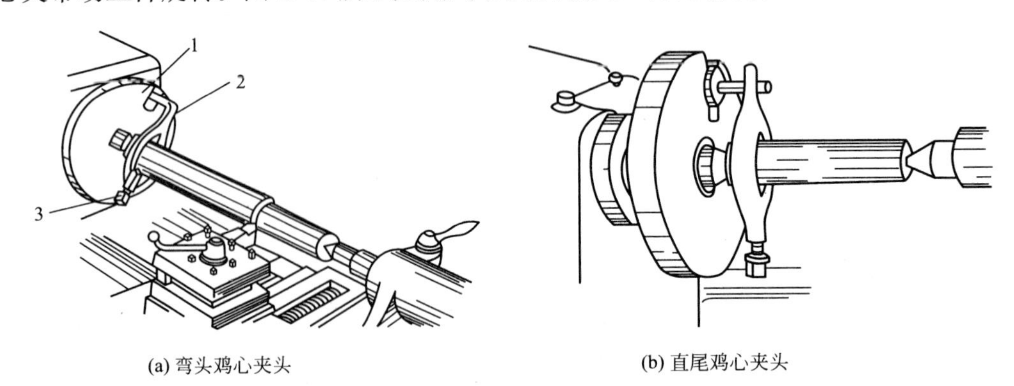

(a) 弯头鸡心夹头　　(b) 直尾鸡心夹头

图 1.55　用鸡心夹头传动工件

1—拨盘；2—鸡心夹头；3—方头螺钉

(7) 两顶针间装夹工件的注意事项：

① 必须使前后顶针与主轴中心线同轴，否则将出现锥度。调整时，可先把尾座推向车头，使用顶尖接触，检查它们是否对准。然后装上工件，车一刀后再测量工件两端的直径，根据直径的差别来调整尾座的横向位置。如果工件右端直径大，左端小，那么尾座应向操作者方向偏移；反之，向相反方向偏移。

偏移时最好用百分表来测量，如图 1.56 所示。测量时以百分表触头接触工件右端。如果两端直径相差 0.1mm，那么尾座应偏移 0.1mm÷2＝0.05mm，这个偏移量可以从百分表中读出。

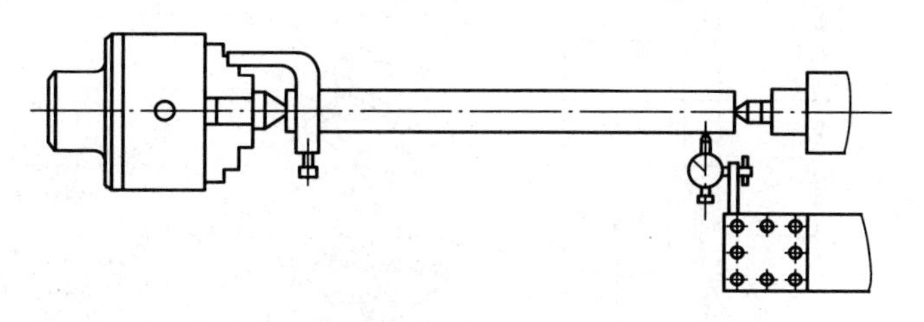

图 1.56　用百分表测量尾座的偏移量

② 尾座套筒尽量伸出短些，但要注意不得影响车削。

③ 中心孔的形状要正确、光洁，不得留有切屑。尾座上最好不要装死顶针。

④ 顶针的松紧度应适宜，不要过松或太紧。

4）一夹一顶安装工件

一夹一顶安装工件对于质量较大、加工余量也较大的工件，如果再采用在两顶尖间安装的方法来加工，就无法提高切削用量，缩短加工时间。此时可采取前端用卡盘夹紧，后端用后顶尖顶住的装夹方法。为了防止工件轴向窜动，工件应该轴向定位，即在卡盘内部装一个限位支撑；也可以利用工件上的台阶限位，如图 1.57 所示。这种装夹方法比较安全，能承受较大的轴向切削力，因此应用得很广泛。

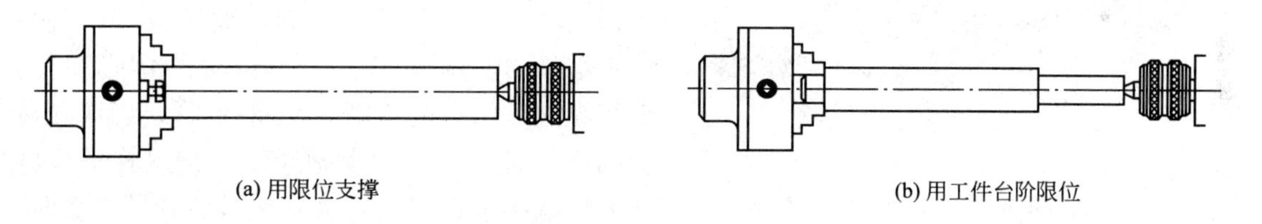

(a) 用限位支撑　　(b) 用工件台阶限位

图 1.57　一夹一顶装夹工件

2. 车削台阶轴

车台阶轴时，既要车外圆，又要车环形端面，因此既要保证达到外圆尺寸精度，又要保证台阶长度尺寸。

车削相邻两个直径相差不大的台阶时，可用 90°偏刀车外圆，利用车削外圆进给到所控制的台阶长度终点位置，自然得到台阶面。用这种方法车台阶时，车刀安装后的主偏角必须等于 90°，如图 1.58(a)所示。

如果相邻两个台阶直径相差较大，就要用两把刀分几次车出。可先用一把 75°的车刀粗车，然后用一把 90°偏刀使安装后的 κ_r＝93°～95°分几次清根。清根时应该留够精车时外圆和端面的加工余量。精车外圆到台阶长度后，停止纵向进给，手摇横进给手柄使车刀慢慢地均匀退出，把端面精车一刀。至此，一个台阶加工完毕，如图 1.58(b)所示。

准确地控制被车台阶的长度是台阶车削的关键。控制台阶长度的方法有多种：

(1) 用刻线控制。一般选最小直径圆柱的端面作统一的测量基准，用钢直尺、样板或内卡钳量出各个台阶的长度(每个台阶的长度应从同一个基准计算)。然后使工件慢转，用车刀刀尖在量出的各个台阶位置处，轻轻车出一条细线。以后车削各个台阶时，就按这些刻线控制各个台阶的长度，如图 1.59 所示。

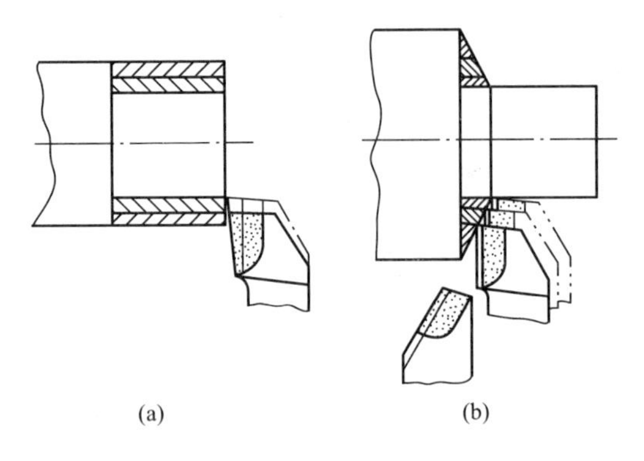

图 1.58　台阶车削法

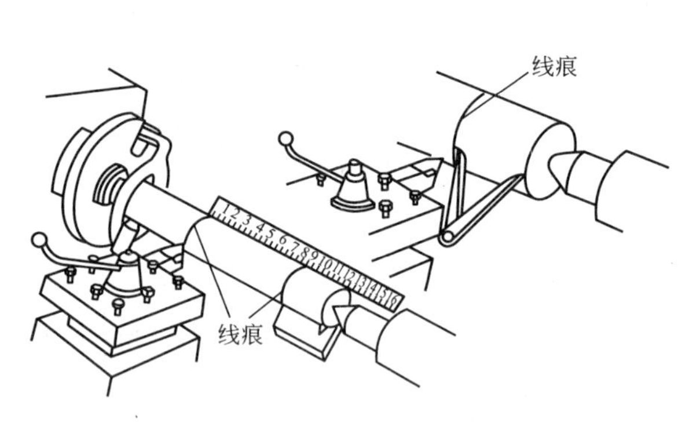

图 1.59　用刻线法车台阶

(2) 用挡铁定位。在车削数量较多的台阶轴时，为了迅速、正确地掌握台阶的长度，可以采用挡铁定位来控制被车台阶的长度。用这种方法加工控制长度准确，如图 1.60 所示。挡铁 1 固定在床身导轨的某一个适当位置上，例如和图上的台阶 a_3 的台阶面轴向位置一致。挡铁 2 和 3 的长度分别等于台阶 a_3 和 a_2 的长度。开始车削时，首先车长度为 a_1 的台阶，当床鞍向左进给碰到挡铁 3 时，说明 a_1 已车出；拿去挡铁 3，调好车下一个台阶的背吃刀量，继续纵向进给车削长度为 a_2 的台阶，当床鞍碰上挡铁 2 时，a_2 台阶就被车出。按这样的步骤和方法继续进行下去，直到床鞍碰到挡铁 1 时，工件上的台阶就全部车好了。

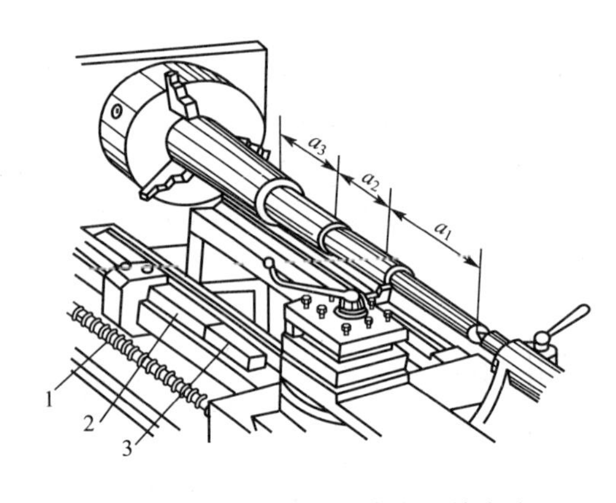

图 1.60　用挡铁定位车台阶的方法

1、2、3—挡铁

这种加工方法可以省去大量的测量时间，用挡铁控制台阶长度的精度可达 0.1～0.2mm，生产率较高。为了准确地控制尺寸，在车床主轴锥孔内必须装有限位支撑，使工件无轴向位移。

这种用挡铁控制进给长度的方法，只能在进给系统具有过载保护机构的车床上才能够使用，否则会使车床损坏。

(3) 用床鞍刻度控制。台阶长度尺寸也可利用床鞍的刻度盘来控制。例如，车削台阶 a_3 (如图 1.60 所示的工件)时，把床鞍摇到车刀刀尖刚好接触工件端面时，调整床鞍刻度盘的零线，纵向进给在床鞍刻度盘上所显示的长度等于 $a_1+a_2+a_3$；a_3 外圆车至尺寸后，用同样的方法车削 a_2 外圆，这时刻度盘显示的长度是 a_1+a_2；当 a_2 外圆车至尺寸后，再车 a_1 外

圆，这时刻度盘显示的长度应是 a_1。这样利用床鞍的刻度盘就可以控制台阶的长度尺寸。

C6140A 车床床鞍的刻度盘 1 格等于 1mm，车削时的长度误差一般在 0.3mm 左右。

台阶轴的各外圆直径尺寸，可利用中滑板刻度盘来控制，其方法与车削外圆时相同。

3. 车削外圆沟槽

常见外圆沟槽如图 1.61 所示。

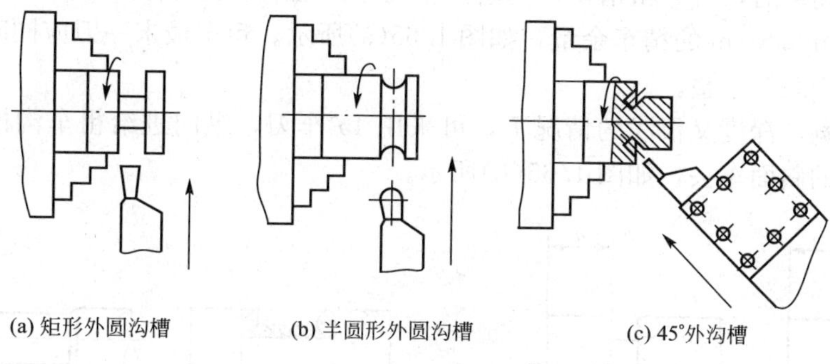

(a) 矩形外圆沟槽　(b) 半圆形外圆沟槽　(c) 45°外沟槽

图 1.61　常见外圆沟槽

1）车轴肩沟槽

采用等于槽宽的车槽刀，沿着轴肩将槽车出。具体操作步骤如下：

(1) 开机，移动床鞍和中滑板，使车刀靠近沟槽位置。

(2) 左手摇动中滑板手柄，使车刀主切削刃靠近工件外圆，右手摇动小滑板手柄，使刀尖与台阶面轻微接触，如图 1.62 所示。车刀横向进给，当主切削刃与工件外圆接触后，记下中滑板刻度或将刻度调至零位。

(3) 摇动中滑板手柄，手动进给车外沟槽，当刻度进到槽深尺寸时，停止进给，退出车刀。

(4) 用游标卡尺检查沟槽尺寸。

2）车非轴肩沟槽

沟槽不在轴肩处，确定车槽正确位置的方法有两种：一种是直接用钢直尺测量车槽刀的工作位置，如图 1.63(a)所示，将钢直尺的一端靠在尺寸基准面上，车刀纵向移动，使左侧的刀尖与钢直尺上所需的长度对齐。另一种方法是利用床鞍或小滑板的刻度盘控制车槽的正确位置，如图 1.63(b)所示。操作的方法是：将车槽刀刀尖轻轻靠向基准面，当刀尖与基准面轻微接触后，将床鞍或小滑板刻度调至零位，车刀纵向移动。

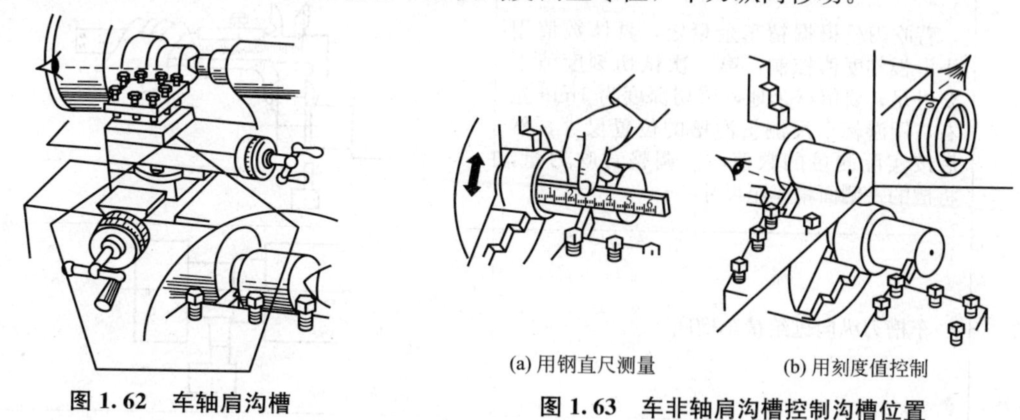

图 1.62　车轴肩沟槽

(a) 用钢直尺测量　(b) 用刻度值控制

图 1.63　车非轴肩沟槽控制沟槽位置

3）车宽矩形沟槽

车槽前，要先确定沟槽的正确位置。常用的方法有刻线痕法，即在槽的两端位置上用车刀刻出线痕作为车槽时的标记，如图 1.64(a)所示。另一种方法是用钢直尺直接量出沟槽位置，如图 1.64(b)所示。这种方法操作比较简便，但测量时必须弄清楚是否要包括刀宽尺寸。

沟槽位置确定后，可分粗精车将沟槽车至尺寸，粗车一般要分几刀将槽车出，槽的两侧面和槽底各留 0.5mm 的精车余量，如图 1.65(a)所示。粗车最末一刀应同时在槽底纵向进给一次，将槽底车平整。

如沟槽很宽，深度又很浅的情况下，可采用 45°车刀，纵向进给粗车沟槽，然后再用车槽刀将两边的斜面车去，如图 1.65(b)所示。

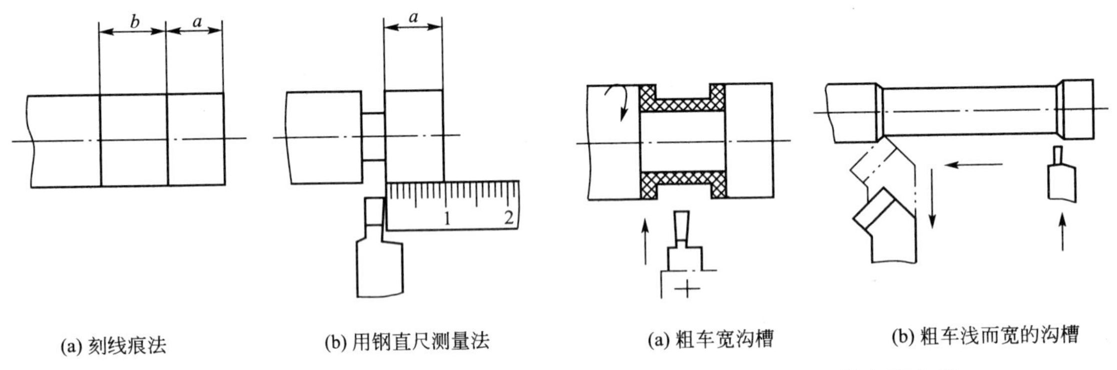

(a) 刻线痕法　(b) 用钢直尺测量法

图 1.64　车宽槽确定沟槽位置

(a) 粗车宽沟槽　(b) 粗车浅而宽的沟槽

图 1.65　粗车宽沟槽

精车宽沟槽应先车沟槽的位置尺寸，然后再车槽宽尺寸，具体车削方法如表 1－7 所列。

表 1－7　精车宽沟槽的步骤

步骤	说　　明	简　　图
1	移动床鞍和中滑板，使车刀靠近槽侧面，开动车床，再使刀尖与槽侧面相接触，车刀横向退出，小滑板刻度调零	
2	背吃刀量根据精车余量定，具体数值用小滑板刻度值控制，第一次试切刻度值不要进足，要留有余地，试切深度为 1mm 左右，用游标卡尺测量沟槽的位置尺寸，然后按实际测量的数值，再调整背吃刀量，将槽的一侧面精车至尺寸	
3	车槽刀纵向进给精车槽底	

（续）

步骤	说　　明	简　　图
4	用中滑板刻度控制背吃刀量，沟槽的直径尺寸用千分尺测量	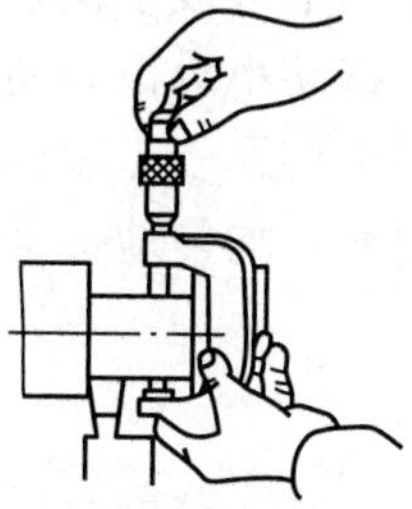
5	精车槽宽尺寸，试切削后，用样板检查槽宽，符合要求后，车刀横向进给，车槽侧面至清角时止。停机，退出车刀	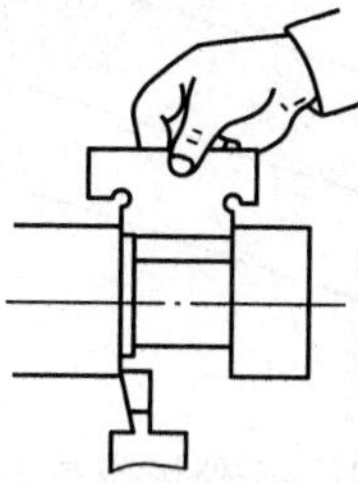
6	用卡板插入槽内，检查槽宽尺寸。卡板通常有通端和止端，通端应全部进入槽内，止端不可进入	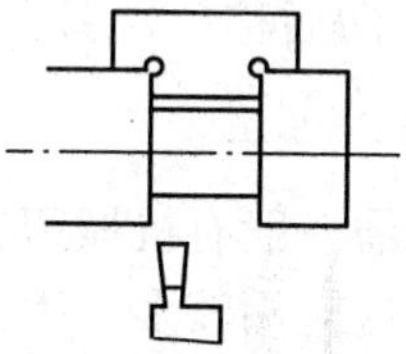

半圆形外沟槽车刀几何形状如图 1.66 所示，两侧副后刀面与切断刀基本相同，所不同的是：主切削刃是根据沟槽圆弧半径大小，磨成相应的圆弧切削刃。

装刀时，车刀刀尖对准工件中心，并目测圆弧半径与工件外圆柱面垂直。车槽方法如图 1.67 所示。

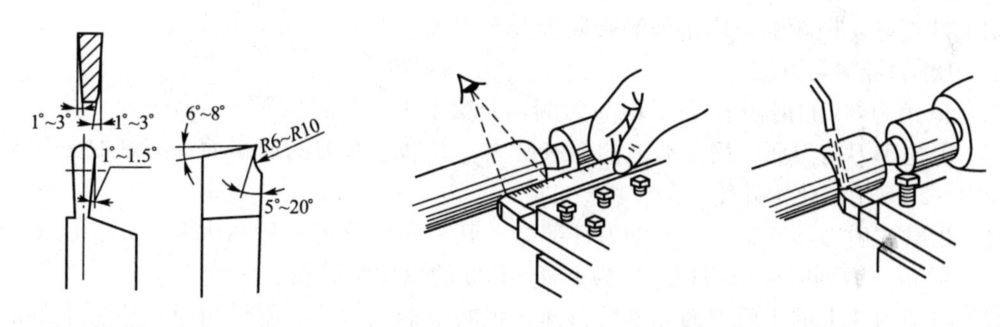

图 1.66　圆头沟槽车刀

图 1.67　车半圆形外沟槽

4）车 45°外沟槽

（1）车刀的几何角度。车刀的几何角度与矩形车槽刀相同，主切削刃宽度等于槽宽，所不同的是，左侧的副后刀面应磨成圆弧状，如图 1.68 所示。

（2）45°外沟槽的车削方法：

① 将小滑板转盘的压紧螺母松开，按顺时针方向转过 45°后用螺母锁紧。刀架位置不

必转动，使车槽刀刀头与工件成45°角。

② 移动床鞍，使刀尖与台阶端面有微小间隙。

③ 向里摇动中滑板手柄，使刀尖与外圆间有微小间隙。

④ 开机，移动小滑板，使两刀尖分别切入工件的外圆和端面，如图1.69(a)所示，当主切削刃全部切入后，记下小滑板刻度。

⑤ 加切削液，均匀地摇动小滑板手柄直到刻度到达所要求的槽深时止，如图1.69(b)所示。

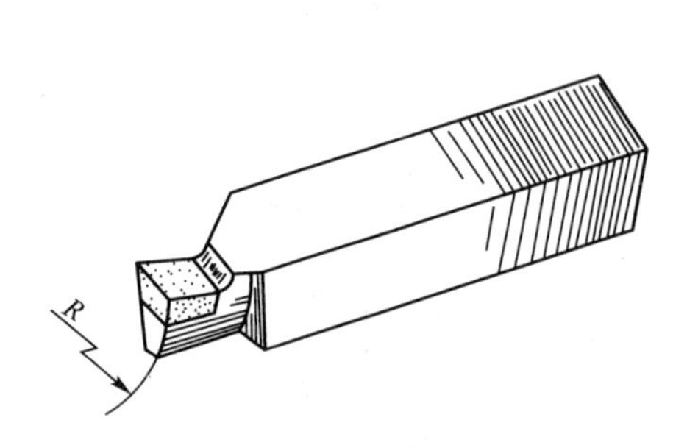

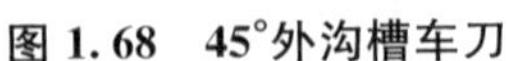
图1.68　45°外沟槽车刀

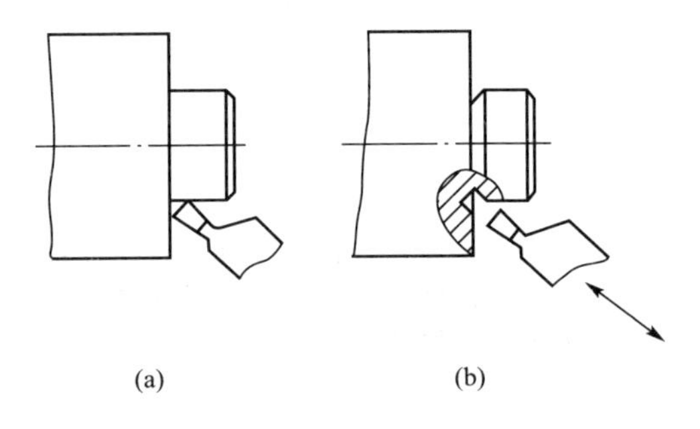

图1.69　车45°外沟槽

⑥ 小滑板向后移动，退出车刀，检查沟槽尺寸。

4. *刃磨车刀方法*

车刀的刃磨一般有机械刃磨和手工刃磨两种。机械刃磨效率高、质量好、操作方便，在有条件的工厂应用较多。手工刃磨灵活，对设备要求低，目前仍普遍采用。对于一个车工来说，手工刃磨是基础，是必须掌握的基本技能。

1）砂轮的选择

目前工厂中常用的磨刀砂轮有两种：一种是氧化铝砂轮，另一种是绿色碳化硅砂轮。刃磨时必须根据刀具材料来决定砂轮的种类。氧化铝砂轮的砂粒韧性好，比较锋利，但硬度稍低，用来刃磨高速钢车刀和硬质合金车刀的刀杆部分。绿色碳化硅砂轮的砂粒硬度高，切削性能好，但较脆，用来刃磨硬质合金车刀。

2）刃磨的步骤与方法

以主偏角为90°的钢料车刀(YT15)为例，介绍手工刃磨的步骤：

(1) 先把车刀前刀面、后刀面上的焊渣磨去，并磨平车刀的底平面。磨削时采用粒度号为F24～F36的氧化铝砂轮。

(2) 粗磨主后刀面和副后刀面的刀杆部分。其后角应比刀片后角大2°～3°。以便刃磨刀片上的后角。磨削时应采用粒度号为F24～F36的氧化铝砂轮。

(3) 粗磨刀片上的主后刀面和副后刀面。粗磨出的主后角、副后角应比所要求的后角大2°左右，刃磨方法如图1.70所示。刃磨时采用粒度号为F36～F60的绿色碳化硅砂轮。

(4) 磨断屑槽。为使切屑碎断，一般要在车刀前面磨出断屑槽。断屑槽有3种形状，即直线形、圆弧形和直线圆弧形。如刃磨圆弧形断屑槽的车刀，必须先把砂轮的外圆与平面的交角处用修砂轮的金钢石笔(或用硬砂条)修整成相适应的圆弧。如刃磨直线形断屑槽，砂轮的交角就必须修整得很尖锐。刃磨时，刀尖可向下或向上移动，如图1.71所示。

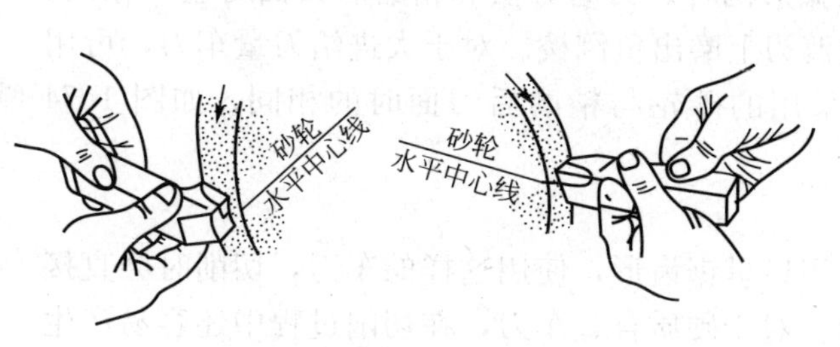

图 1.70　粗磨主后角和副后角

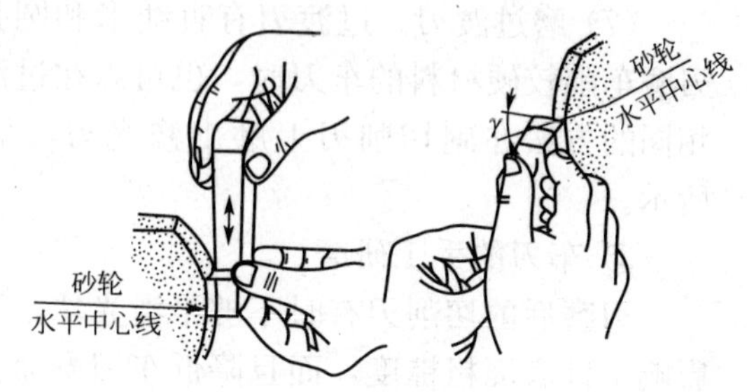

图 1.71　刃磨断屑槽的方法

特别提示

刃磨断屑槽的注意事项

① 磨断屑槽的砂轮交角处应经常保持尖锐或具有很小的圆角。当砂轮上出现较大的圆角时，应及时用金刚石笔修整砂轮。

② 刃磨时的起点位置应跟刀尖、主切削刃离开一小段距离。决不能一开始就直接刃磨到主切削刃和刀尖上，而使刀尖和切削刃磨坍。

③ 刃磨时，不能用力过大。车刀应沿刀杆方向上下平稳移动。

④ 磨断屑槽可以在平面砂轮和杯形砂轮上进行。对尺寸较大的断屑槽，可分粗磨和精磨，尺寸较小的断屑槽可一次磨削成形。精磨断屑槽时，有条件的可在金刚召砂轮上进行。

(5) 精磨主后刀面和副后刀面。刃磨的方法如图 1.72 所示。

刃磨时，将车刀底平面靠在调整好角度的搁板上，并使切削刃轻轻靠住砂轮的端面，车刀应左右缓慢移动，使砂轮磨损均匀，车刀刃口平直。精磨时采用粒度为 180～200 的绿色碳化硅杯形砂轮或金刚石砂轮。

(6) 磨负倒棱。为使切削刃强固，加工钢料的硬质合金车刀一般要磨出负倒棱，倒棱的宽度一般为 $b=(0.5\sim0.8)f$；负倒棱前角为 $\gamma_o=-5°\sim-10°$。

磨负倒棱的方法如图 1.73 所示。用力要轻微，车刀要沿主切削刃的后端向刀尖方向摆动。磨削方法可以采用直磨法和横磨法。为保证切削刃质量，最好用直磨法。采用的砂轮与精磨后刀面时相同。

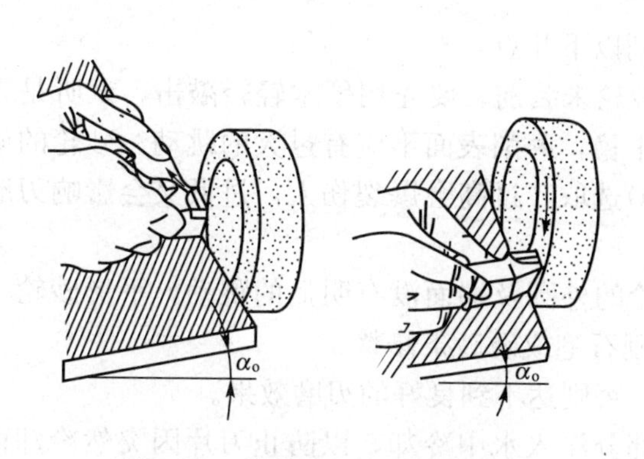

图 1.72　精磨主后角和副后角

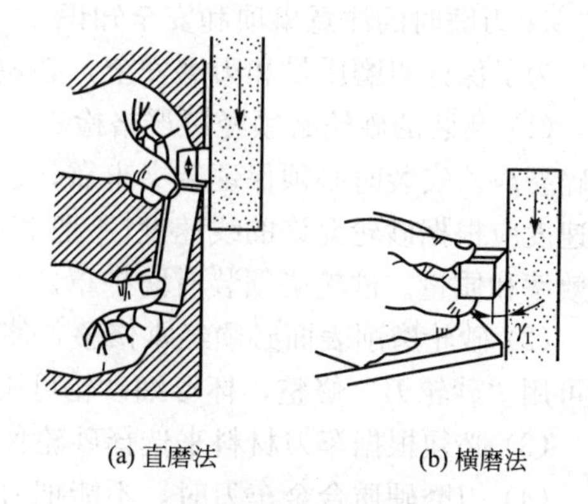

图 1.73　磨负倒棱

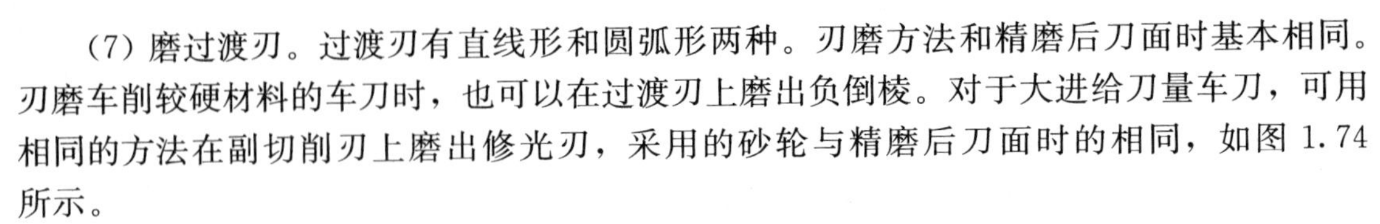

(7) 磨过渡刃。过渡刃有直线形和圆弧形两种。刃磨方法和精磨后刀面时基本相同。刃磨车削较硬材料的车刀时，也可以在过渡刃上磨出负倒棱。对于大进给刀量车刀，可用相同的方法在副切削刃上磨出修光刃，采用的砂轮与精磨后刀面时的相同，如图 1.74 所示。

3) 车刀的手工研磨

刃磨后的切削刃有时不够平滑光洁，刃口呈锯齿形，使用这样的车刀，切削时会直接影响工件表面粗糙度，而且降低车刀寿命。对于硬质合金车刀，在切削过程中还容易产生崩刃现象。所以，对手工刃磨后的车刀，用磨石进行研磨，研磨后的车刀，应消除刃磨后的残留痕迹。

用磨石研磨车刀时，手持磨石要平稳，如图 1.75 所示。磨石跟车刀被研磨表面接触时，要贴平需要研磨的表面平稳移动，推时用力，回来时不用力。研磨后的车刀，应消除刃磨的残留痕迹，刃面的表面粗糙度应达到要求。

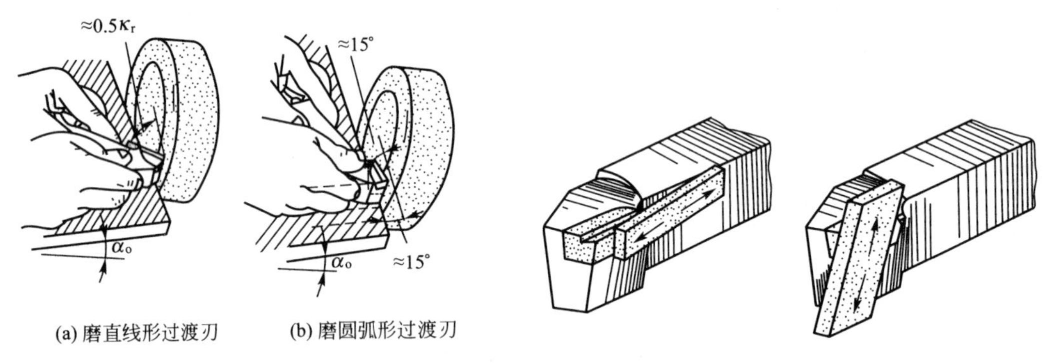

(a) 磨直线形过渡刃　(b) 磨圆弧形过渡刃

图 1.74　磨过渡刃

图 1.75　用磨石研磨车刀

4) 切断刀的刃磨

切断刀刃磨前，应先把刀杆底面磨平。在刃磨时，先磨两个副后面，保证获得完全对称的两侧副偏角、两侧副后角和主切削刃的宽度。其次磨主后面，获得主后角，必须保证主切削刃平直。最后磨前角和卷屑槽。为了保护刀尖，可在两边尖角处各磨出一个圆弧过渡刃。

5) 刃磨时的注意事项和安全知识

为了保证刃磨质量和刃磨安全，必须做到以下几点：

(1) 新装的砂轮必须经过严格检查。新砂轮未装前，要先用硬木轻轻敲击，试听是否有碎裂声。安装时必须保证装夹牢靠，运转平稳，磨削表面不应有过大的跳动。砂轮的旋转速度应根据砂轮允许的线速度(一般 35m/s)选取，过高会爆裂伤人，过低又会影响刃磨的效率和质量。砂轮必须装有防护罩。

(2) 砂轮磨削表面必须经常修整，使砂轮的外圆及端面没有明显的跳动。平形砂轮一般可用“砂轮刀”修整，杯形细砂轮可用金刚石笔或硬砂条修整。

(3) 必须根据车刀材料来选择砂轮种类，否则达不到良好的刃磨效果。

(4) 刃磨硬质合金车刀时，不能把刀头部分浸入水中冷却，以防止刀片因突然冷却而破裂。刃磨高速钢车刀时，不能过热，应随时用水冷却，以防止切削刃退火。

(5) 刃磨时，砂轮旋转方向必须是刃口向刀体方向转动，以免造成切削刃出现锯齿形缺陷。

(6) 在平行砂轮上磨刀时，应尽量避免使用砂轮的侧面；在杯形砂轮上磨刀时，不要使用砂轮的外圆或内圆。

(7) 刃磨时，手握车刀要平稳，压力不能过大，以防打滑磨伤手指，要不断作左右移动，一方面使刀具受热均匀，防止硬质合金刀片产生裂纹或高速钢车刀退火；另一方面使砂轮不致因固定磨某一处，而在表面出现凹槽。

(8) 角度导板必须平直，转动的角度要求正确。

(9) 磨刀结束后，应随手关闭砂轮机电源。

(10) 磨刀时，操作者应尽量避免正面对着砂轮，应站在砂轮的侧面，这样可以防止砂粒飞入眼内或万一砂轮碎裂飞出伤人。磨刀时最好戴好防护眼镜，如果砂粒飞入眼中，不能用手去擦，应立即去卫生室清除。

5. 测量车刀角度

车刀刃磨后，必须测量角度是否合乎要求。测量方法一般有两种：

(1) 用样板测量。用样板测量车刀角度的方法如图 1.76 所示。先用样板测量车刀的后角(α_o)，然后检验楔角(β_o)，如果这两个角度已合乎要求，那么前角(γ_o)也就正确了，这是因为：$\gamma_o=90°-(\alpha_o+\beta_o)$

(2) 用车刀量角仪测量。角度要求准确的车刀，可以用车刀量角仪进行测量，测量方法如图 1.77 所示。

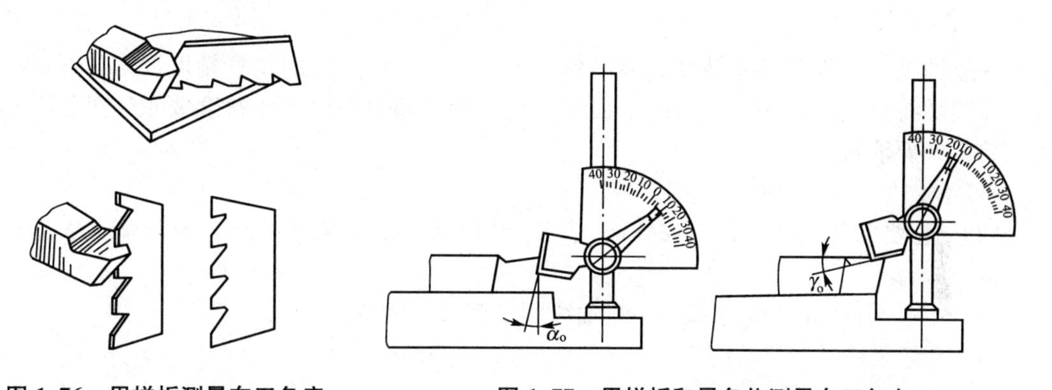

图 1.76　用样板测量车刀角度　　图 1.77　用样板和量角仪测量车刀角度

图 1.78 是用车刀量角仪的测量车刀角度的主视图和俯视图。其中角度板可以借助丝杠螺母来升降，也可以绕立柱任意旋转，靠板可以绕轴 A 旋转。

① 前角(γ_o)的测量：先把车刀放在量角仪上，旋转角度板，如图 1.78(a)俯视图中的主切削刃和角度板的投影成 90°；再旋转螺母，调整角度尺的高度，使靠板的下刃和前刀面重合无缝，这时在角度板上可以读出前角(γ_o)的数值。

② 后角(α_o)的测量：测量方法基本上与前角一样，如图 1.78(b)所示。所不同的是，测量后角时，要让靠板的测刃紧靠在后刀面上，这时在角度板上可以读出前角(α_o)的数值。

车刀的刃倾角、主偏角、副偏角、副后角也可以使用上述量角仪测量出来。

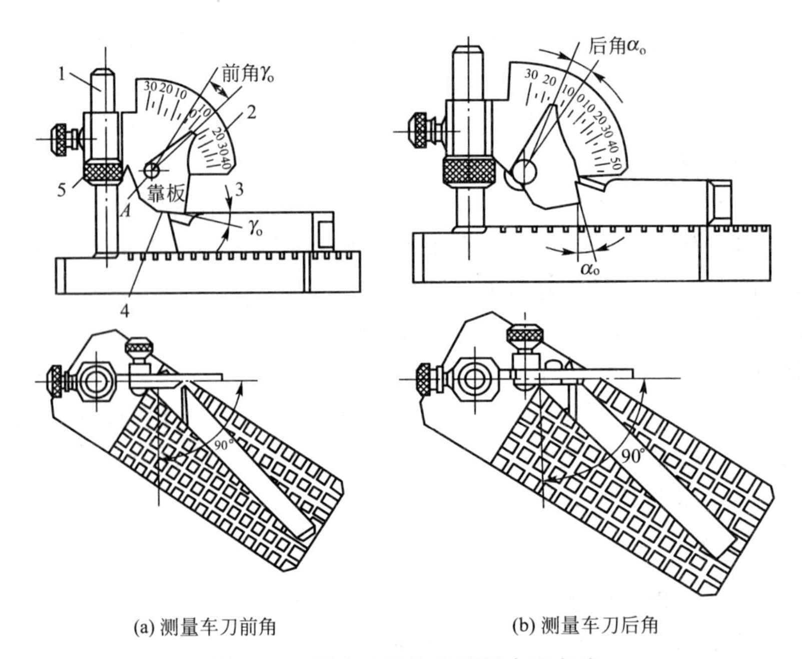

图 1.78　用车刀量角仪测量车刀角度

1—立柱；2—样板；3—测刃；4—下刃；5—螺母

1.2.3　任务实施

1. 分析图样

一般轴类零件既有尺寸精度和表面粗糙度要求，也有一定的位置精度要求，主要是各台阶外圆轴线要同轴，外圆与台阶平面要垂直，台阶面的平面度要符合要求，外圆与台阶面的结合处要清根。

(1) $\phi 32_{-0.025}^{\ 0}$mm 为基准外圆。

(2) 主要尺寸 ϕ18mm、ϕ24mm 表面粗糙度均为 Ra3.2μm，ϕ32mm 表面粗糙度 Ra1.6μm。

(3) 外圆 ϕ18mm 轴线对基准外圆轴线同轴度公差为 ϕ0.03mm。

(4) 毛坯采用 45# 热轧圆钢。

2. 工艺过程

(1) 下料：45# 钢 ϕ35mm×125mm。

(2) 材料调质。

(3) 车端面——钻中心孔——粗车外圆——精车外圆——倒角——调头粗车外圆——精车外圆——倒角。

(4) 检验。

3. 工艺准备

(1) 材料准备：材料 45# 热轧圆钢，规格 ϕ35mm×125mm。

(2) 设备准备：CA6140 普通车床。

(3) 刃具准备：45°端面车刀，90°外圆车刀，A2.5 中心钻。

(4) 量具准备：150mm 游标卡尺，25～50mm 外径千分尺，百分表，磁力座。

(5) 辅具准备：三爪卡盘、后顶尖，钻夹头。

4. 加工步骤

车削加工台阶轴步骤如表 1 - 8 所列。

表 1 - 8　车削加工台阶轴步骤

序号	加　工　内　容	简　　图
1	在三爪自定心卡盘上夹住 ϕ35mm 毛坯外圆，伸出 110mm 左右。必须先找正外圆 ① 车端面，用 45°端面车刀，车平即可 ② 钻中心孔，在尾架上安装 A2.5 中心钻	
2	一夹一顶装夹工件 ① 粗车 ϕ32mm 外圆、ϕ25mm 外圆及 ϕ18mm 外圆留精车余量 0.5～1mm ② 精车 $\phi32_{-0.025}^{\ 0}$ mm 外圆至尺寸，$\phi18_{-0.077}^{-0.050}$ mm 外圆至尺寸。为保证 ϕ32mm 外圆对 ϕ18mm 外圆的同轴度公差为 0.03mm 要求，必须一次装夹加工完成 ③ 用千分尺检验外圆尺寸 ④ 用 45°外圆车刀倒角 C1，锐边倒钝	
3	调头夹住 ϕ25mn 外圆靠住端面(表面包一层铜皮夹住圆柱面)，校正工件 ① 车端面，取总长 120mm±0.18mm ② 粗车 ϕ24mm 外圆，留精车余量 0.5～1mm ③ 精车 $\phi24_{-0.052}^{\ 0}$ mm 外圆至尺寸，长度 $20_{-0.2}^{\ 0}$ mm ④ 倒角 C1、锐边倒钝	

5. 精度检验

零件加工完成的实物如图 1.79 所示。

(1) 测量外圆时用千分尺，在圆周面上要同时测量两点，在长度上要测量两端。

(2) 端面的要求最主要的是平直、光洁。端面是否平直，最简单的方法是用钢板尺来检查。

(3) 台阶长度尺寸可以用钢尺、内卡钳、深度千分尺和游标卡尺来测量，如图 1.80(a)、(b)、(c)所示。对于批量较大的工件，可以用样板测量，如图 1.80(d)所示。

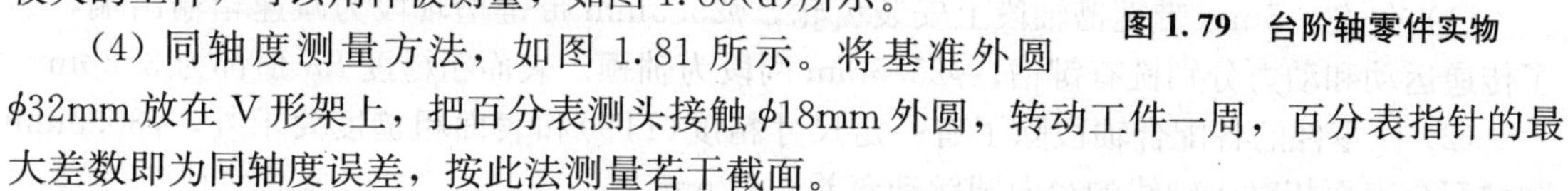

图 1.79　台阶轴零件实物

(4) 同轴度测量方法，如图 1.81 所示。将基准外圆 ϕ32mm 放在 V 形架上，把百分表测头接触 ϕ18mm 外圆，转动工件一周，百分表指针的最大差数即为同轴度误差，按此法测量若干截面。

6. 误差分析

车台阶轴常见问题及产生原因如表 1 - 9 所列。

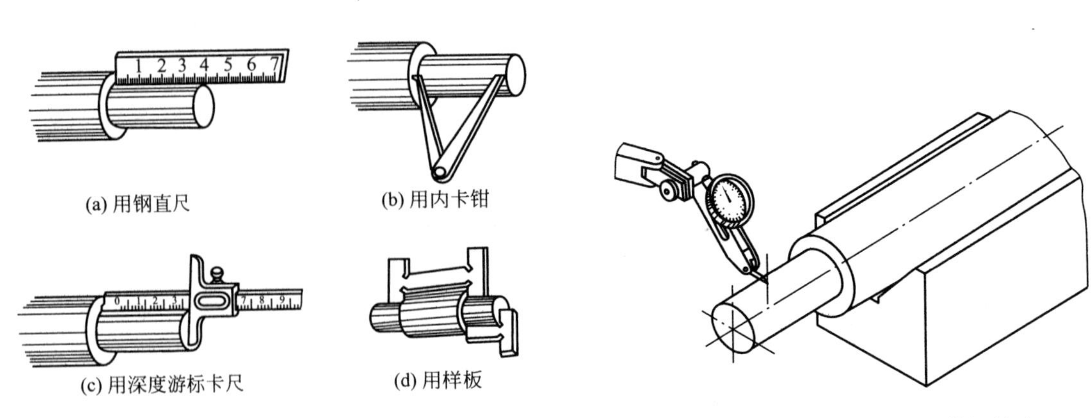

(a) 用钢直尺　(b) 用内卡钳　(c) 用深度游标卡尺　(d) 用样板

图 1.80　测量台阶的长度方法

图 1.81　用百分表检查工件同轴度

表 1-9　车台阶轴常见问题及产生原因

常见问题	产　生　原　因
毛坯车不到尺寸	① 毛坯余量不够 ② 毛坯弯曲没有校正 ③ 工件安装时没有校正
达不到尺寸精度	① 未经过试切和测量，盲目吃刀 ② 刻度盘使用不当 ③ 量具误差大或测量不准
表面粗糙度达不到要求	① 各种原因引起的振动，如工件、刀具伸出太长，刚性不足，主轴轴承间隙过大，转动件不平衡，刀具的主偏角过小 ② 车刀后角过小，车刀后面和已加工面摩擦 ③ 切削用量选得不当
产生锥度	① 卡盘装夹时，工件悬伸太长，受力后末端让开 ② 床身导轨和主轴轴线不平行 ③ 刀具磨损
产生椭圆	① 余量不均，没分粗、精车 ② 主轴轴承磨损，间隙过大

1.2.4　拓展训练

加工图 1.82 所示的变速箱输出轴。试编制工艺准备和加工步骤。

零件各主要部分的功用和技术要求如下：

(1) 在 $\phi30.5$mm 带键槽轴段上安装齿轮，$\phi25.5$mm 带键槽轴段为减速箱输出端，为了传递运动和动力分别铣有键槽；$\phi25.5$mm 两段为轴颈。表面粗糙度 Ra 值都为 3.2μm。

(2) 该零件的各配合轴段除了有一定尺寸精度(IT9)和表面粗糙度要求外，$\phi30.5$mm 圆柱配合表面相对于轴线的径向圆跳动允差 0.02mm。

(3) 工件材料选用 45# 钢，并经调质处理，布氏硬度 235HBS。

(4) 加工数量为 10 件。

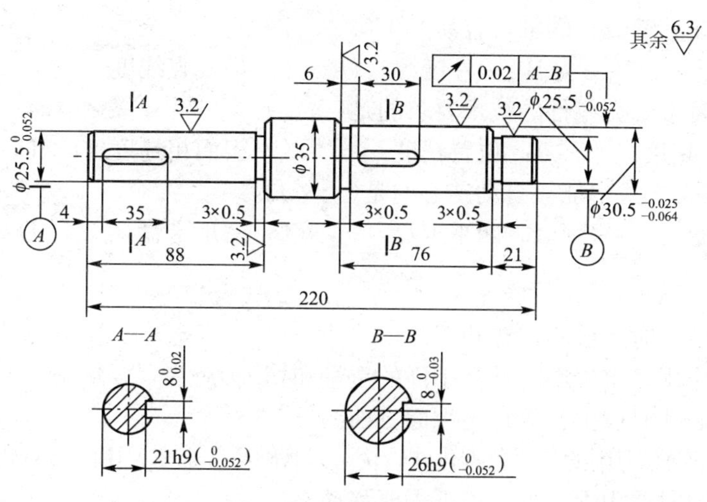

图 1.82　变速箱输出轴

加工要点分析

ϕ30.5mm 对外圆 A、B 轴心线的径向跳动为 0.02mm，精车时，应装夹在两顶尖间。但粗车时，为了增加装夹刚性，提高切削用量，同时用限位支撑作轴向定位，使台阶长度容易控制，所以用一夹一顶装夹方法。取总长、钻中心孔时，为提高刚性，可搭中心架。

1.2.5　练习与思考

1. 选择题

(1) 同轴度要求较高，工序较多的长轴用(　　)装夹较合适。

A. 四爪单动卡盘　B. 三爪自定心卡盘　C. 两顶尖

(2) 用一夹一顶装夹工件时，若后顶尖轴线不在车床主轴轴线上，会产生(　　)。

A. 振动　B. 锥度　C. 表面粗糙度达不到要求

(3) 台阶的长度尺寸不可以用(　　)来测量。

A. 钢直尺　B. 三用游标卡尺　C. 千分尺　D. 深度游标卡尺

(4) 用两顶尖安装车一光轴，测量尺寸时，尾座端尺寸比主轴端小 0.16mm，调整尾座时，须将尾座向背离操作者方向移动(　　)mm 方可调至要求。

A. 0.16　B. 0.32　C. 0.08

(5) 钻中心孔时，如果(　　)就不易使中心钻折断。

A. 主轴转速较高　B. 工件端面不平

C. 进给量较大　D. 主轴与尾座不同轴

(6) 精度要求高时，工序较多的轴类零件，中心孔应选用(　　)型。

A. A　B. B　C. C　D. R

(7) 中心孔在各工序中(　　)。

A. 能重复使用，其定位精度不变　B. 不能重复使用

C. 能重复使用，但其定位精度发生变化

(8) 用卡盘夹悬臂较长的轴，容易产生(　　)误差。

A. 圆度　　B. 圆柱度　　C. 母线直线度

(9) 下列不属于轴类零件的技术要求的是(　　)。

A. 尺寸精度　　B. 位置精度　　C. 表面粗糙度　　D. 废品率

(10) 下列装夹方式中能够自动定心的是(　　)。

A. 花盘　　B. 四爪卡盘　　C. 三爪卡盘　　D. 顶尖

2. 判断题

(1) 两顶尖装夹时一般不需要找正。(　　)

(2) 顶尖的作用是定中心，承受工件的重量和切削力。(　　)

(3) 在钻中心孔时应把其放在车端面之前。(　　)

(4) 刃磨高速钢车刀用的是绿色碳化硅砂轮，刃磨硬质合金车刀用的是氧化铝砂轮。(　　)

(5) 刃磨车刀时要用力，但车刀不需要移动。(　　)

(6) 刃磨硬质合金车刀时，车刀发热可以直接放入水中冷却，高速钢车刀不能放入水中冷却。(　　)

(7) 因三爪卡盘有自动定心作用，故对高精度工件的位置可不必校正。(　　)

(8) 在四爪单动卡盘上校正较长的外圆时，只要对工件前端外圆校正就可以。(　　)

(9) 钻中心孔时不宜选择较高的机床转速。(　　)

(10) 用两顶尖装夹车光轴，经测量尾座端直径尺寸比主轴端大这时应将尾座向操作者方向调整一定的距离。(　　)

3. 简述题

(1) 一次进给将 ϕ60mm 的轴车到 ϕ56mm，选用切削速度 100m/min，计算背吃刀量及车床的主轴转速。

(2) 车削 ϕ50mm 的轴，选用车床主轴转速为 500r/min。如果用相同的切削速度车削 ϕ25mm 的轴，求主轴转速。

(3) 车床上工件定位的方法有哪些？夹紧时应注意哪些问题？

(4) 常用的车刀材料牌号有哪些？各种牌号的特点是什么？

(5) 刃磨高速钢车刀和硬质合金车刀时，选用的砂轮是什么？

(6) 硬质合金外圆车刀的刃磨方法与步骤是什么？

(7) 车轴类零件时，工件的装夹方法有哪些？各适合在什么条件下使用？

(8) 中心孔有几种类型？选用方法是什么？

(9) 钻中心孔时，防止中心钻折断的方法是什么？

(10) 简述控制台阶长度的三种方法。

任务 1.3　车削轴套

引言

在机器上的各种轴承套、齿轮、带轮等，因支撑和连接配合的需要，一般做成带圆柱

孔的。为了论述方便，把以上带孔的零件称为套类零件。

套类零件总是由内孔、外圆、平面等组成，除了孔本身的尺寸精度和表面粗糙度要求外，还要求它们之间的相互位置精度。经常碰到的是内、外圆的同轴度，端面与内孔的垂直度，以及两平面的平行度等。

套类零件上作为配合的孔，一般都要求较高的尺寸精度(IT7～IT8)，较小的表面粗糙度(Ra1.6μm～Ra0.2μm)和较高的形位精度。

1.3.1 任务导入

加工图1.83所示的轴套零件，材料为45#钢，件数为2件，调质处理。

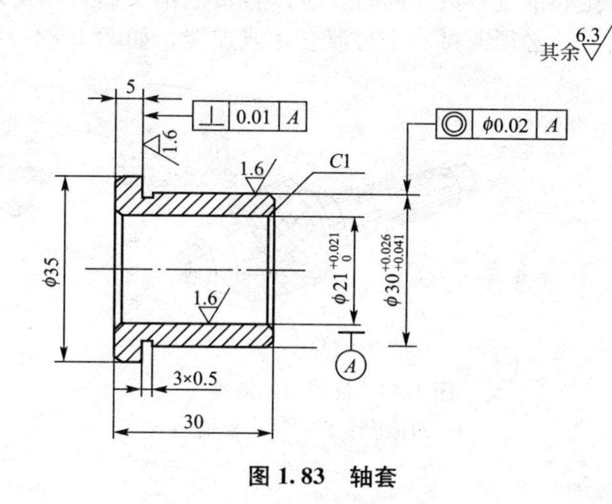

图1.83 轴套

1.3.2 相关知识

1. 套类零件的加工特点

1) 套类零件在车床上的加工方法

套类零件的加工根据使用的刀具不同，可分为钻孔(包括扩孔、锪孔、钻中心孔)、车孔和铰孔等。

钻孔是低精度孔(一般孔)的基本加工方法，如螺纹底孔，供穿过螺钉、铆钉等的连接孔。车孔是应用较为广泛的一种孔的加工方法，车孔既可做铰孔前的半精加工，也可在单件小批生产中对尺寸较大的高精度孔做精加工。因此，车孔经常是高精度孔加工的重要手段。铰孔在大批量生产中用于对尺寸不大的高精度孔做精加工。

2) 套类零件的加工特点

套类零件主要是圆柱孔的加工，比车削外圆要困难得多，原因有以下几点：

(1) 孔加工是在工件内部进行的，观察切削情况很困难，尤其是孔小而深时，根本无法观察。

(2) 刀杆尺寸由于受孔径和孔深的限制，不能做得太粗，又不能太短，因此刚性很差，特别是加工孔径小、长度长的孔时，更为突出。

(3) 排屑和冷却困难。

(4) 圆柱孔的测量比外圆困难。

2. 钻孔

钻孔是在实心材料上加工孔的方法，使用的刀具通常是麻花钻。钻孔能达到的尺寸精度等级为公差 IT11～IT12 级，表面粗糙度为 $Ra12.5\mu m$。

1）麻花钻的装夹

直柄麻花钻［图 1.84(a)］通过辅助工具——钻夹头装夹后再装到机床上。钻夹头的前端有三个可以张开和收缩的卡爪，用来夹持钻头的直柄。卡爪的张开和收缩靠拧动滚花套来实现。钻夹头的后端是锥柄，将它插入车床尾座套筒的锥孔中来实现钻头和机床的连接，如图 1.84(b)所示。锥柄麻花钻可以直接地或通过过渡套和机床连接。当钻头锥柄的锥度号数和尾座套筒锥孔的锥度号数相同时，可以直接把钻头插入，实现它们的连接；如果它们的锥度号数不同，就必须通过一个过渡套才能连接，如图 1.84(c)所示。

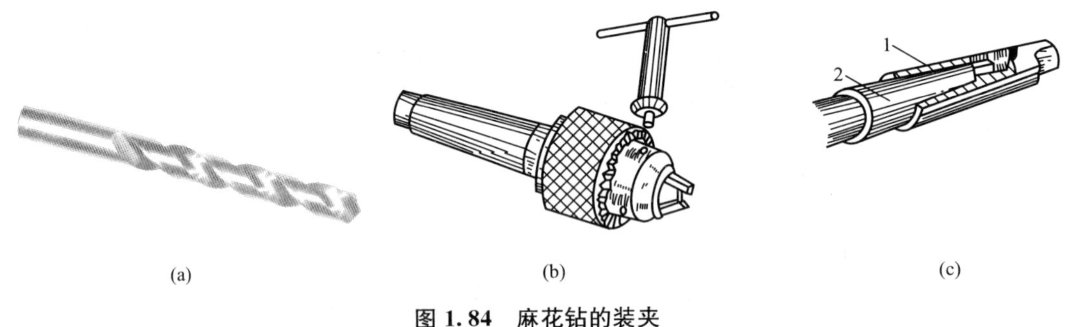

图 1.84　麻花钻的装夹

1—过渡套；2 一钻头套柄

2）钻孔操作注意事项

(1) 在钻孔前，必须把端面车平，工件中心处不允许留有凸头，否则钻头不能定心，甚至使钻头折断。

(2) 钻头装入尾座套筒后，必须检查钻头轴线是否和工件的旋转轴线重合。如果不重合，则会使钻头折断。

(3) 当使用细长钻头钻孔时，为了不把孔钻歪，事前应该用中心钻钻出一个定心孔。

(4) 钻较深的孔时，要经常把钻头退出清除切屑，这样做可以防止因为切屑堵塞把钻头折断。

(5) 钻通孔快要钻透时，要减少进给量，这样做可以防止钻头的横刃被“咬住”，使钻头折断。因为钻头轴向进给时钻头的横刃用较大的轴向力对材料进行挤压，当孔快要钻透时，横刃会突然把和它接触的那一块材料挤压掉，在工件上形成一个不规则的通孔；与此同时，钻头的横刃进入该孔中，就不再参加切削了。钻头的切削刃也进入了那个孔中，切削厚度突然增加许多，钻头所承受的转矩突然增加，容易使钻头折断。

(6) 钻钢料时，必须浇注充分的切削液，使钻头冷却。钻铸铁时可以不用切削液。

(7) 钻了一段深度以后，应该把钻头退出，停机测量孔径，用这个方法可防止把孔径扩大，使工件报废。

(8) 把钻头引向工件端面时，引入力不可过大，否则会使钻头折断。

(9) 当钻长度较大但是要求不高的通孔时，可以调头钻孔，就是钻到大于孔长的一半以后，把工件调头安装，校正后再钻孔，一直将孔钻通。

3）钻孔时的切削用量

（1）背吃刀量(a_p)。钻孔时的背吃刀量是钻头直径的一半。因此它是随钻头直径大小而改变的。

（2）切削速度(v_c)。钻孔时切削速度可按下式计算：

$$v_c=\pi Dn/1000$$

式中　v_c——切削速度(m/min)；

D——钻头的直径(mm)；

n——工件转速(r/min)。

用高速钢钻头钻钢料时，切削速度一般为20～40m/min。钻铸铁时应稍低些。

（3）进给量（f）。在车床上，钻头的进给量是用手慢慢转动车床尾座手轮来实现的。使用小直径钻头钻孔时，进给量太大会使钻头折断。用直径30mm的钻头钻钢料时，进给量选0.1～0.35mm/r：钻铸铁时，进给量选0.15～0.4mm/r。

4）钻孔用的切削液

钻削钢料时，为了不使钻头过热，必须加注充分的切削液。钻削时，可以用煤油；钻削铸铁、黄铜、青铜时，一般不用切削液，如果需要，也可用乳化液；钻削镁合金时，切忌用切削液，因为用切削液后会起氧化作用(助燃)而引起燃烧，甚至爆炸，只能用压缩空气来排屑和降温。

由于在车床上钻孔时，切削液很难深入到切削区，所以在加工过程中应经常退出钻头，以利排屑和冷却钻头。

5）钻孔时常见的问题

钻孔时常见的问题如表1-10所列。

表1-10　钻孔常见问题

问　　题	产　生　原　因
孔扩大	钻头的顶角(2ϕ角)刃磨不正确；钻头的轴线和工件轴线不重合
孔歪斜	工件端面不平或与工件轴线不垂直；钻头刚性差，进给量过大
孔错位	顶角(2ϕ角)不等，且顶点不在钻头轴线上；尾座偏离中心

3. 扩孔

扩孔有专用扩孔钻，但车床上扩孔一般作为粗加工，因此扩孔钻也可用普通麻花钻代用。

当扩台阶孔和不通孔时，往往需要将孔底扩平，一般就将麻花钻磨成平头钻(图1.85)作为扩孔钻使用。

1）扩台阶孔

扩台阶孔时，由于平头钻不能很好定心，扩孔开始阶段容易产生摆动而使孔径扩大，所以选用平头钻扩孔，钻头直径应偏小些，以留有余地。扩孔的切削速度一般应略低于钻孔的切削速度。

扩孔前先钻出台阶孔的小孔直径，如图1.86(a)所示。开动车床，当平头钻与工件端面接触时，记下尾座套筒上标尺读数，然后慢慢均匀进给，直至标尺上刻度读数到达所需深度时退出。

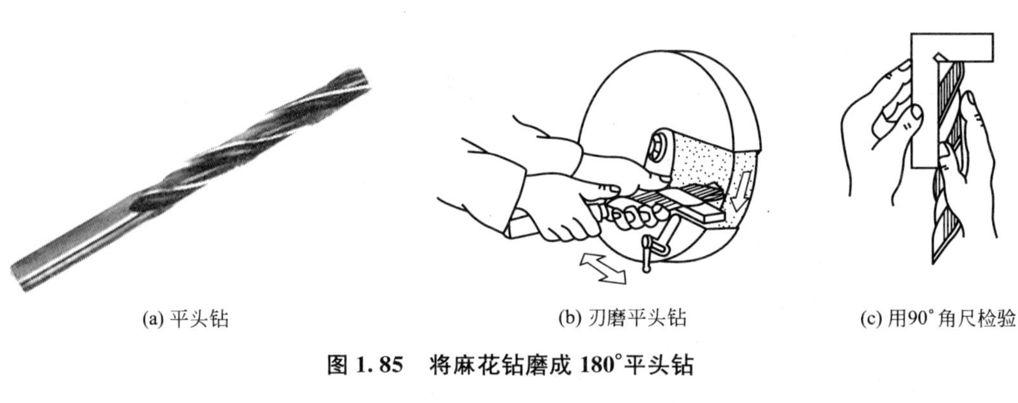

(a) 平头钻　　(b) 刃磨平头钻　　(c) 用90°角尺检验

图 1.85　将麻花钻磨成 180°平头钻

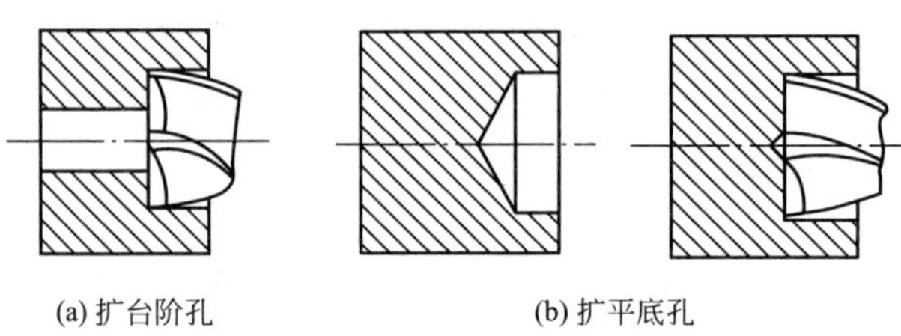

(a) 扩台阶孔　　(b) 扩平底孔

图 1.86　用平头钻扩孔

2）扩不通孔

按不通孔的直径和深度钻孔，将孔钻出。注意：钻孔深度应从钻尖算起，并比所需深度浅 1～2mm。然后用与钻孔直径相等的平等的平头钻再扩平孔底面，如图 1.86(b)所示。

控制不通孔深度的方法。用一薄钢板，紧贴在工件端面上，向前摇动尾座套筒，使钻头顶紧钢板，记下套筒上的标尺读数，当扩孔到终点时，在标尺读数上应加上钢板的厚度和不通孔的深度。

4．车孔

车内孔是一种常用的孔加工方法。车孔就是把预制孔如铸造孔、锻造孔或钻、扩出来的孔再加工到更高的精度和更低的表面粗糙度。车孔既可做半精加工，也可做精加工。用车孔方法加工时，可加工的直径范围很广。车孔精度一般可达 IT7～IT8，表面粗糙度 $Ra3.2$～$0.8\mu m$，精细车削可达到更小($Ra<0.8\mu m$)。

1）内孔车刀

按被加工孔的类型，内孔车刀可分为通孔车刀［图 1.87(a)］和不通孔车刀［图 1.87(b)］两种。

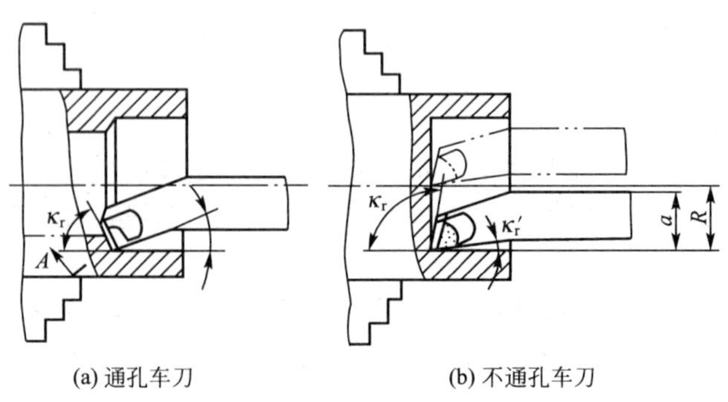

(a) 通孔车刀　　(b) 不通孔车刀

图 1.87　内孔车刀

内孔车刀是加工孔的刀具，其切削部分的几何形状基本上与外圆车刀相似。但是，内孔车刀的工作条件和车外圆有所不同，所以内孔车刀又有自己的特点。

内孔车刀的结构：把刀头和刀杆做成一体的整体式内孔车刀。这种刀具因为刀杆太短，只适合于加工浅孔。加工深孔时，为了节省刀具材料，常把内孔车刀做成较小的刀头，然后装夹在用碳钢合金做成的、刚性较好的刀杆前端的方孔中，在车通孔的刀杆上，刀头和刀杆轴线垂直，如图 1.88 所示。在加工不通孔用的刀杆上，刀头和刀杆轴线安装成一定的角度。图 1.88 所示的刀杆的悬伸量是固定的，刀杆的伸出量不能按内孔加工深度来调整。图 1.89 所示为方形刀杆，能够根据加工孔的深度来调整刀杆的伸出量，可以克服悬伸量是固定的那类刀杆的缺点。

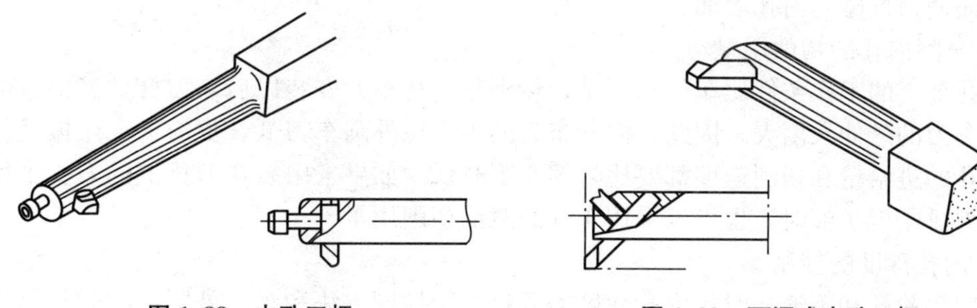

图 1.88　内孔刀杆　　　**图 1.89　可调式内孔刀杆**

2）车孔的关键技术

车孔的关键技术是解决内孔车刀的刚性和排屑问题。增加内孔车刀的刚性主要采取以下几项措施：

(1) 尽量增加刀杆的截面积，一般的内孔车刀有一个缺点，刀杆的截面积小于孔截面积的 1/4，如图 1.90(a)所示。如果让内孔车刀的刀尖位于刀杆的中心线上，这样刀杆的截面积就可达到最大程度，如图 1.90(b)所示。

(2) 刀杆的伸出长度尽可能缩短，如果刀杆伸出太长，就会降低刀杆刚性，容易引起振动。因此，为了增加刀杆刚性，刀杆伸出长度只要略大于孔深即可。在选择内孔车刀的几何角度时，应该使径向切削力 F 尽可能小些。一般通孔粗车刀主偏角取 $K_r=65°\sim75°$，不通孔粗车刀和精车刀主偏角取 $K_r=92°\sim95°$，内孔粗车刀的副偏角 $K_r'=15°\sim30°$，精车刀的副偏角 $K_r'=4°\sim6°$。

(3) 为了使内孔车刀的后面既不和工件表面发生干涉和摩擦，也不使内孔车刀的后角磨得过大时削弱刀尖强度，内孔车刀的后面一般磨成两个后角的形式，如图 1.91 所示。

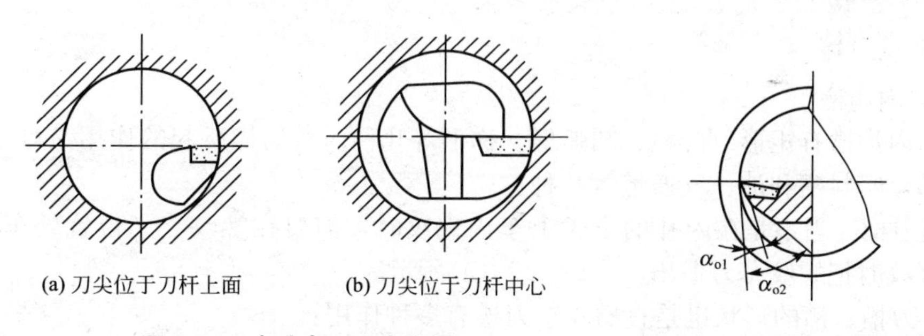

图 1.90　内孔车刀刀尖位置　　　**图 1.91　内孔车刀两个后角**

(4) 为了使已加工表面不至于被切屑划伤，通孔的内孔车刀最好磨成正刃倾角，切屑

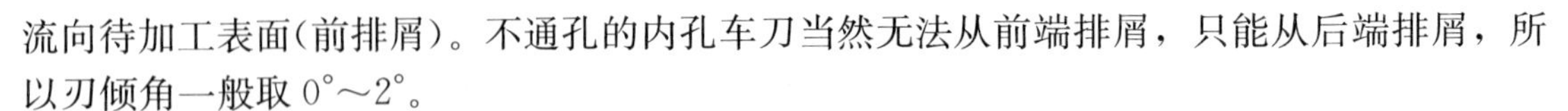

流向待加工表面(前排屑)。不通孔的内孔车刀当然无法从前端排屑，只能从后端排屑，所以刃倾角一般取 0°～2°。

3）内孔车刀的安装

内孔车刀安装后，必须和工件的中心等高或稍高，以便增大内孔车刀的后角。从理论上讲，内孔车刀的刀尖不应低于工件的中心，否则在切削力作用下刀尖会下降，使孔径扩大。

应按被加工的孔径大小选用适合的刀杆，刀杆的伸出量应尽可能小，以使刀杆具有最大的刚性。一般比被加工孔长 5～10mm。

内孔车刀安装后，在开机车内孔以前，应先在毛坯孔内试走一遍，以防车孔时刀杆装得歪斜而使刀杆碰到内孔表面。

4）车削内孔的切削用量

内孔加工的工作条件比车外圆困难，特别是内孔车刀安装以后，刀杆的悬伸长度经常比外圆车刀的悬伸长度大。因此，内孔车刀的刚性比外圆车刀低，更容易产生振动。于是车削内孔的进给量和切削速度都要比外圆车削时低。如果采用装在刀排上的刀头来加工内孔，当刀排刚度足够时，也可以采用车外圆时的切削用量。

5）内孔深度的控制

车削台阶孔和不通孔时，内孔深度需要控制。控制方法和车削外圆台阶时控制长度的方法相同，即用纵进给刻度盘或用纵向死挡铁和定位块；也可用在刀杆上作记号等方法来进行控制。

6）内孔车削常见的问题

内孔车削常见的问题如表 1－11 所列。

表 1－11　内孔车削常见问题

问　　题	产　生　原　因
内孔不圆	主轴承间隙过大；加工余量不均，没有分粗、精车；薄壁零件夹紧变形
内孔有锥度	刀具磨损；主轴轴线歪斜，需要校正主轴轴线和导轨平行；工件没有校正；刀杆刚性差，产生让刀；刀尖轨迹和主轴轴线不平行；刀杆过粗和工件内壁相碰
内孔不光	切削用量不当；车刀磨损；刀具振动；车刀几何角度不合理；刀尖低于工件中心

5. 车削内沟槽

1）常见内沟槽

常见的内沟槽有矩形(直槽)、圆弧形、梯形等几种。按沟槽所起的作用又可分为退刀槽，空刀槽，密封槽和油、气通道等几种。

(1) 退刀槽。当不是在内孔的全长上车内螺纹时，需要在螺纹终了位置处车出直槽，以便车削螺纹时把螺纹车刀退出，如图 1.92(a)所示。

(2) 空刀槽。槽的形状也是直槽。空刀槽有多种作用：

① 在内孔车削或磨削内台阶孔时，为了能消除内圆柱面和内端面连接处不能得到直角的影响，通常需要在靠近内端面处车出矩形空刀槽来保证内孔和内端面垂直，如图 1.92(a)

所示。

② 当利用较长的内孔作为配合孔使用时，为了减少孔的精加工时间，使孔在配合时两端接触良好，保证有较好的导向性，常在内孔中部车出较宽的空刀槽。这种形式的空刀槽，常用在有配合要求的套筒类零件上，如各种套装工刀具、圆柱铣刀、齿轮滚刀等，如图 1.92(b)所示。

③ 当需要在内孔的部分长度上加工出纵向沟槽时，为了断屑，必须在纵向沟槽终了的位置上车出矩形空刀槽。图 1.92(c)所示是为了插内齿轮牙齿而车出的空刀槽。

(3) 密封槽。一种密封槽截面形状是梯形，可以在它的中间嵌入油毡来防止润滑滚动轴承的油脂渗漏，如图 1.92(a)所示。另一种是圆弧形的，用来防止稀油渗漏，如图 1.92(d)所示。

(4) 油、气通道。在各种油、气滑阀中，多用矩形内沟槽作为油、气通道。这类内沟槽的轴向位置有较高的精度要求，否则，油、气应该流通时不能流通，应该切断时不能切断，滑阀不能工作，如图 1.92(e)所示。

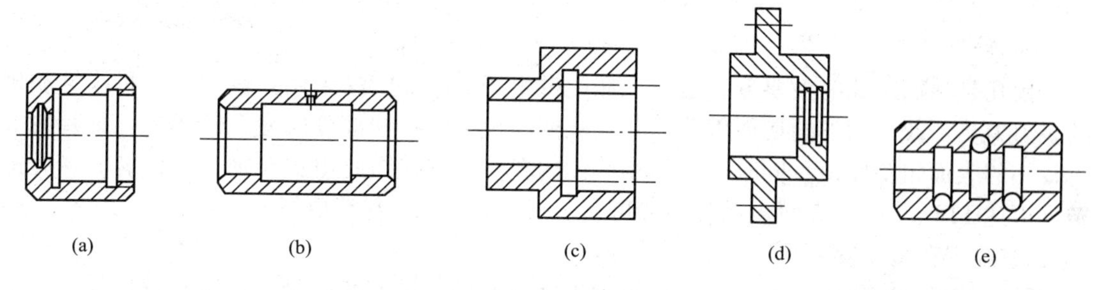

图 1.92　常见内孔沟槽

2) 选用内沟槽车刀

内沟槽车刀有整体式和装夹式两种。如图 1.93(a)所示，整体式用于孔径尺寸较小时，而装夹式则用于孔径尺寸较大时。使用装夹式应正确选择刀柄直径，刀头伸出长度应大于槽深 1～2mm，同时要保证刀头伸出长度，加刀柄直径应小于内孔直径，如图 1.93(b)所示。

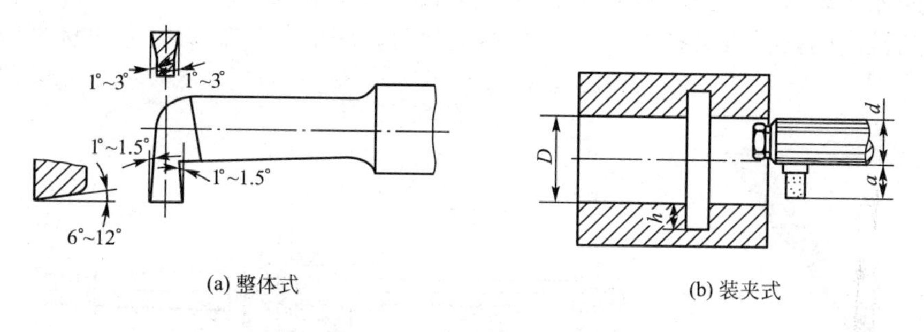

图 1.93　内孔沟槽车刀

3) 内沟槽车刀的装夹

(1) 主切削刃应与内孔素线平行，否则会使槽底歪斜，原因与车外沟槽相同。装夹时先用刀架螺钉将车刀轻轻固定，然后摇动床鞍手轮，使车刀进入孔口，摇动中滑板手柄，使主切削刃靠近孔壁，目测主切削刃与内孔素线是否平行，不符合要求可轻轻敲击刀杆使其转动，达到平行后，即可拧紧刀架螺钉，将车刀固定。

(2) 摇动床鞍手轮使沟槽车刀在孔内试移动一次，检查刀杆与孔壁是否相碰。

4) 车内沟槽

内沟槽车削方法基本与车外沟槽相似，窄沟槽可利用主切削刃宽度一次车出，如图 1.94(a)所示。沟槽宽度大于主切削刃则可分几刀将槽车出，如图 1.94(b)所示。如沟槽深度很浅，宽度又很宽时，可采用纵向进给的车削方法，如图 1.94(c)所示。

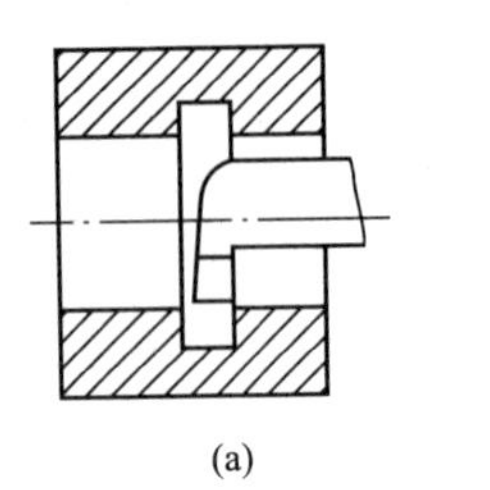
(a)

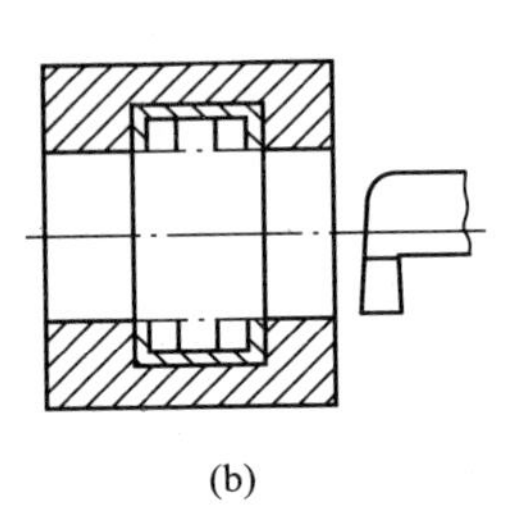
(b)

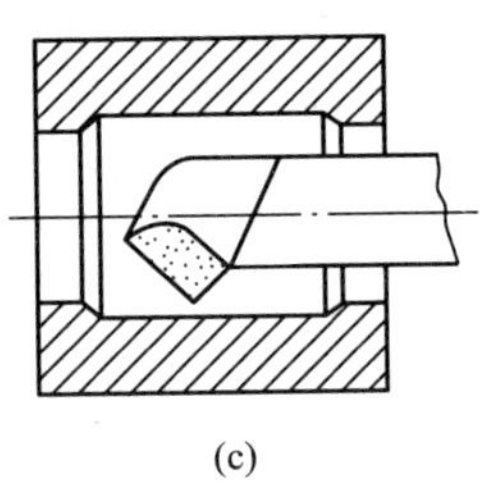
(c)

图 1.94　内沟槽车削方法

6. 铰孔

铰孔是精加工孔的主要方法之一，在成批生产中已被广泛采用。铰刀是一种尺寸精确的多刃刀具，铰刀切下的切屑很薄，并且孔壁经过它的圆柱部分修光，铰出的孔既精确又有较小的表面粗糙度值。同时铰刀的刚性比内孔车刀好，因此更适合加工小深孔。铰孔的精度可达 IT7～IT9，表面粗糙度一般可达 $Ra1 \sim 2.5\mu m$，甚至更细。

1) 选用和装夹铰刀

铰孔的尺寸精度和表面粗糙度在很大程度上取决于铰刀的质量，所以在选用铰刀时应检查刃口是否锋利和完好无损。铰刀圆柱柄也应平整、光滑和无毛刺。铰刀柄部一般有精度等级标记，选用时要与被加工孔的精度等级相符。

大于 ϕ12mm 的圆柱柄机用铰刀如图 1.95(a)所示，一般采用浮动套筒装夹，浮动套筒锥柄再装入尾座套筒的锥孔内，如图 1.95(b)所示。小于 ϕ12mm 机用铰刀一般圆柱上无锥孔，要用钻夹头装夹，注意装夹的长度在不影响夹紧的前提下尽可能短。锥柄铰刀通过过渡套筒插入车床尾座套筒的锥孔中。这种安装方法要求铰刀的轴线和工件旋转轴线严格重合，否则铰出的孔径将会扩大。当它们不重合时，一般总是靠调尾座的水平位置来达到重合。

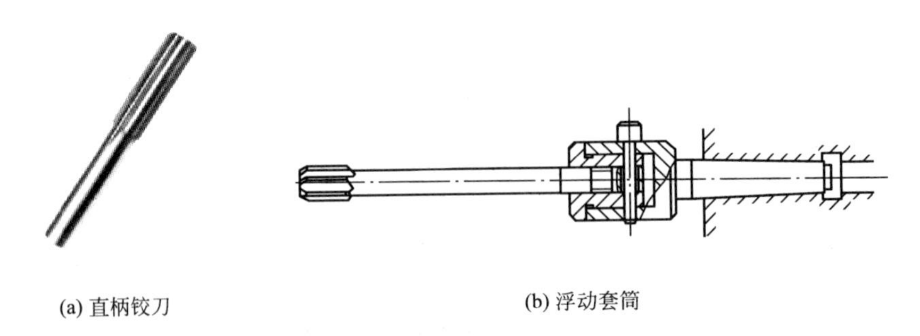
(a) 直柄铰刀　　(b) 浮动套筒

图 1.95　铰刀的安装

2) 内孔留铰削余量

铰孔前内孔要进行半精加工，半精加工目的就是为铰孔留合适的铰削余量，铰削余量

一般为0.08～0.15mm，用高速钢铰刀铰削余量取小值，用硬质合金铰刀则取大值。铰孔前孔径表面不可过于粗糙，表面粗糙度 $Ra<6.3\mu m$。

铰孔前的半精加工有两种常用方法。一种是用车孔的方法留铰削余量，这种方法能弥补钻孔所带来的轴线不直或径向跳动等缺陷，使铰孔达到同轴度和垂直度的要求。另一种是当孔径尺寸小于 ϕ12mm 时，用车孔的方法留铰削余量就比较困难，通常采用扩孔的方法作为铰孔前的半精加工，由于扩孔本身不能修正钻孔造成的缺陷，因此在钻孔时要采取定中心措施。例如，用钻中心孔的方法作为钻头导向或用挡铁支顶等。总之，要尽可能地减少钻头的摆动量。铰孔前工件孔口要先倒角，这样容易使铰刀切入。

3）铰孔切削用量

铰孔的切削速度一般小于5m/min。根据选定的切削速度和孔径大小调整车床主轴转速。进给量可选大一些，因为铰刀有修光部分，铰钢件时，$f=0.2\sim1.0$mm/r，铰铸铁或有色金属时，进给量还可以再大一些。背吃刀量 a_p 是铰孔余量的一半。

4）铰孔用切削液

铰钢件孔一般加注乳化液，铰铸件孔加煤油或不加切削液。

5）铰孔时的注意事项

(1) 铰孔前先用试棒和千分表把尾座中心调整到与车头主轴旋转中心重合。

(2) 铰孔时切削刃超出孔末端约3/4时，即反向摇动尾座手轮，将铰刀从孔内退出。注意机床主轴仍保持顺转不变，切不可反转，以防损坏铰刀刃口。

(3) 孔的精度和光洁度是由铰刀的刀刃来保证的，所以铰刀的刀刃必须很好保护，不准碰毛。

(4) 铰刀用钝以后，应到工具磨床上去修磨，不要用油石去研磨刃带。

(5) 铰刀用毕以后要擦清，涂上防锈油。

6）铰孔常见的问题

铰孔常见的问题如表1-12所列。

表1-12　铰孔常见问题

问　　题	产　生　原　因
孔径扩大	① 铰刀直径过大 ② 铰刀刃有径向跳动 ③ 切削速度过高产生积屑瘤 ④ 冷却不充分
内孔表面粗糙度达不到要求	① 铰刀刃不锋利 ② 铰孔前粗糙度不高，切削液选用不恰当 ③ 铰孔余量过大或过小，切削速度过高，产生积屑瘤

7. 安装套类零件

套类零件加工除保证尺寸精度外，还须同时保证图样规定的各项形位公差，其中同轴度和垂直度是套类零件加工中最常见的，通常采用下列3种加工方法可以保证其位置精度。

(1) 在一次装夹中完成工件的内、外圆和端面。对于尺寸不大的套筒零件，可用棒料毛坯，在一次装夹下完成外圆、内孔和端面的加工。这样能够保证外圆和内孔的同轴度和外圆内孔与端面的垂直度等精度要求。这是单件小批生产中常用的一种加工方法。但是，要多次换用不同的刀具和相应的切削用量，故生产率不高，如图 1.83 所示。

（2）以内孔为基准保证位置精度。中小型的套、带轮、齿轮等零件，一般可用心轴，以内孔作为定位基准来保证工件的同轴度和垂直度。心轴由于制造容易，使用方便，因此在工厂中应用得很广泛。常用的心轴有下列几种：

① 实体心轴。实体心轴有不带台阶和带台阶的两种。不带台阶的实体心轴有 1∶1000～1∶5000 的锥度，又称小锥度心轴，如图 1.96(a)所示。这种心轴的特点是制造容易，加工出的零件精度较高。缺点是轴向无法定位，承受切削力小，装卸不太方便。图 1.96(b)所示是台阶式心轴，它的圆柱部分与零件孔保持较小的间隙配合，工件靠螺母来压紧。优点是一次可以夹多个零件，缺点是精度较低。如果装上快换垫圈，装卸工件就很方便。

② 胀力心轴。胀力心轴依靠材料弹性变形所产生的胀力来固定工件，由于装卸方便，精度较高，工厂中用得很广泛。可装在机床主轴孔中的胀力心轴如图 1.96(c)所示。根据经验，胀力心轴塞的锥角最好为 30°左右，最薄部分壁厚 3～6mm。为了使胀力保持均匀，槽子可做成三等分，如图 1.96(d)所示，临时使用的胀力心轴可用铸铁做成，长期使用的胀力心轴可用弹簧钢(65Mn)制成。这种心轴使用最方便，得到广泛采用。

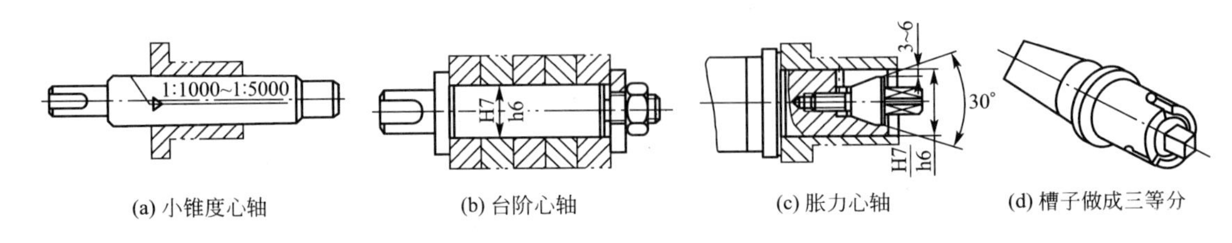

(a) 小锥度心轴　(b) 台阶心轴　(c) 胀力心轴　(d) 槽子做成三等分

图 1.96　各种常用心轴

用心轴是一种以工件内孔为基准来达到相互位置精度的方法，其特点是：设计制造简单；装卸方便；比较容易达到技术要求。但当加工内孔很小、外圆很大，定位长度较短的工件时，应该采用外圆为基准保证技术要求。

（3）以外圆为基准保证位置精度。工件以外圆为基准保证位置精度时，零件的外圆和一个端面必须在一次装夹中精加工，然后作为定位基准。

以外圆为基准车削薄壁套筒时，要特别注意夹紧力引起的工件变形，如图 1.97(a)所示，为工件夹紧后会略微变成三角形，但车孔后所得的是一个圆柱孔。当松开卡爪拿下后，它就弹性复原，外圆圆柱形，而内孔则变成弧形三边形，如图 1.97(b)所示。如用内径千分尺测量时，各个方向直径 D 仍相等，但已变形，因此称为等直径变形。

为减少薄壁零件的变形，一般采用下列方法：

① 工件分粗、精车，粗车时夹紧力大些，精车时夹紧力小些，这样可以减少变形。

② 应用开缝套筒。由于开缝套筒接触面大，夹紧力均匀分布在工件外圆上，不易产生变形。这种方法还可以提高三爪自定心卡盘的安装精度，能达到较高的同轴度，如图 1.98 所示。

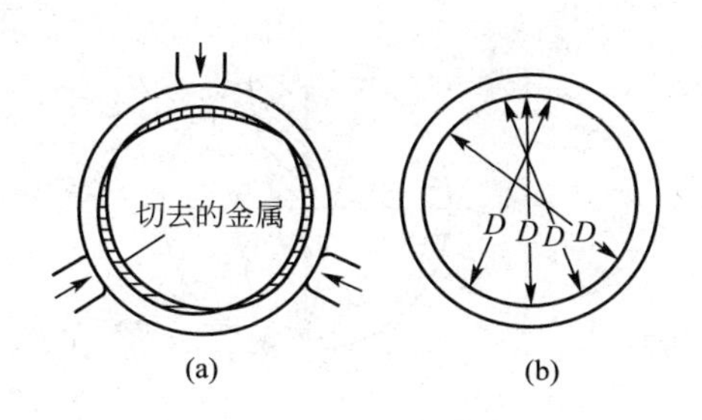

图 1.97　薄壁工件的变形

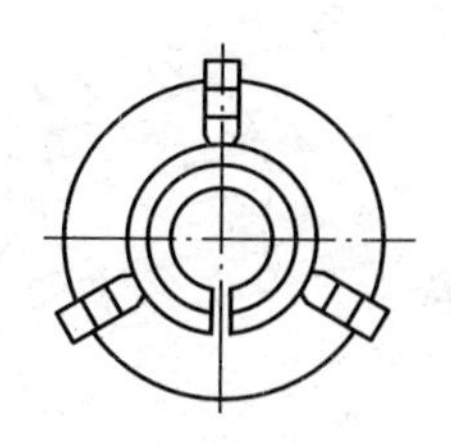

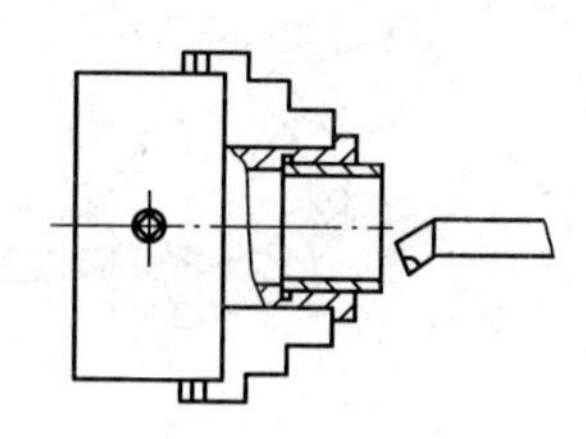

图 1.98　应用开缝套筒装夹薄壁工件

③ 应用软爪卡盘装夹工件。软卡爪是用未经淬火的钢料(45 钢)制成的。这种卡爪可以自己制造，就是把原来的硬卡爪前半部拆下，如图 1.99(a)所示。换上软卡爪 2，用两只螺钉 3 紧固在卡爪的下半部 1 上，然后把卡爪车成所需要的形状，工件 4 就可夹在上面。如果卡爪是整体式的，在旧卡爪的前端焊上一块钢料也可制成软卡爪，如图 1.99(b)所示。

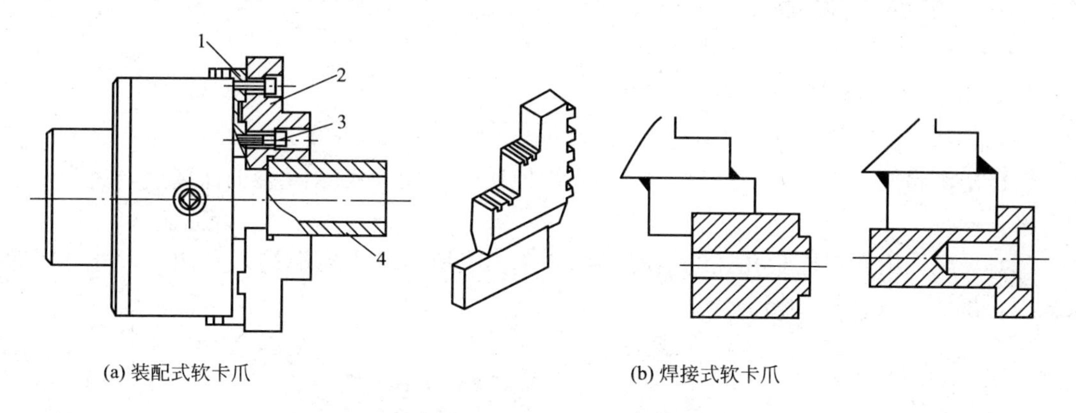

(a) 装配式软卡爪　　(b) 焊接式软卡爪

图 1.99　应用软卡爪装夹工件

1—卡爪的下半部；2—软卡爪；3—螺钉；4—工件

软卡爪的最大特点是工件虽经几次装夹，仍能保持一定的相互位置精度(一般在 0.05mm 以内)，可减少大量的装夹找正时间。其次，当装夹已加工表面或软金属工件时，不易夹伤工件表面，又可根据工件的特殊形状相应地车制软爪，以装夹工件。软卡爪在工厂中已得到越来越广泛的使用。

8. 套类零件的检验方法

圆柱孔检验的内容包括尺寸、形状和位置精度等。

1) 尺寸精度的检验

孔的尺寸精度要求较低时，可采用钢直尺、内卡钳或游标卡尺测量。精度要求较高时，可以用以下几种方法：

(1) 内卡钳。在孔口试切削或位置狭小时，使用内卡钳显得灵活方便。内卡钳与外径千分尺配合使用也能测量出较高精度(IT7～IT8)的内孔。这种检验孔径的方法是生产中最常用的一种方法。

如要求测量 $\phi 40^{0}_{0.039}$ mm 的孔的孔径，测量计算可参照图 1.100 来进行。

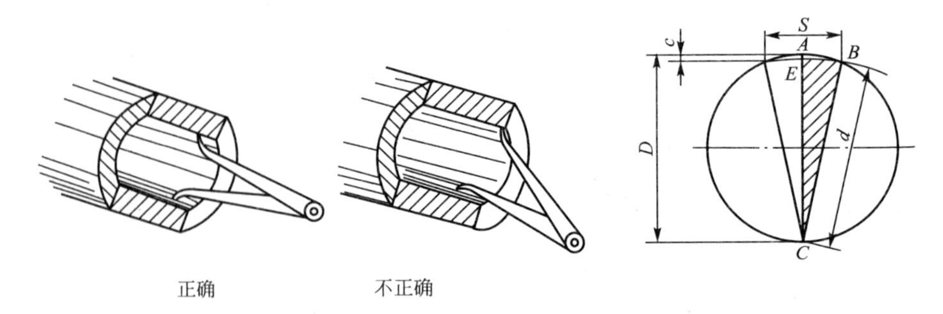

图 1.100　用内卡钳测量孔径

先把内卡钳两只脚的张开尺寸 d 调到孔的最小极限尺寸，即令 $d=40\text{mm}$，d 值用外径千分尺量得。把内卡钳的两只脚一起伸进孔中，令一只脚固定在 C 点，另一只脚在孔中左右摆动，可以按下式计算出允许的摆动距离 S，即

$$S=\sqrt{8dE} \tag{1-3}$$

式中　d——孔的最小极限尺寸(mm)；

E——孔的上偏差(mm)。

在本例中 $E=0.039\text{mm}$，$d=40\text{mm}$。

代入式(1-3)后得，$S=\sqrt{8dE}=\sqrt{8\times40\text{mm}\times0.039\text{mm}}=3.53\text{mm}$

估计出测量时卡钳的摆动距离后，和允许值比较，如果实测值小于计算值，就说明孔径合格。

(2) 塞规。用塞规检验孔径的情况，如图 1.101 所示。当通端进入孔内，而止端不进入孔内，说明工件孔径合格。

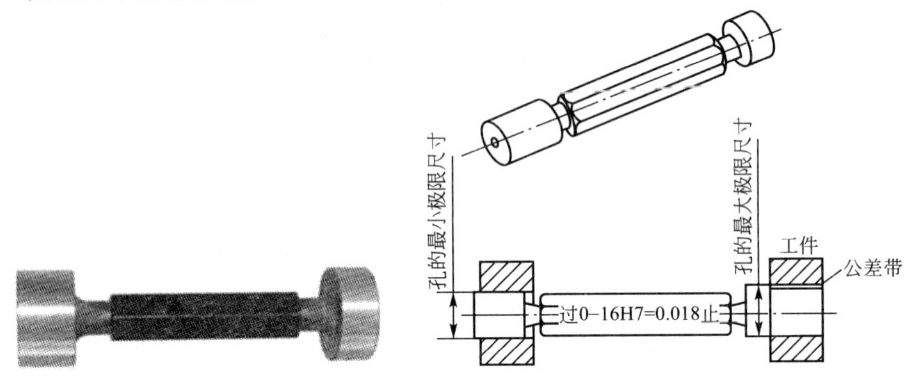

图 1.101　塞规的使用方法

测量不通孔用的塞规，为了排除孔内的空气，在塞规的外圆上(轴向)开有排气槽。

(3) 内径千分尺。内径千分尺的使用方法如图 1.102 所示，测量时，内径千分尺应在孔内摆动，在直径方向应找出最大尺寸，轴向应找出最小尺寸，这两个重合尺寸就是孔的实际尺寸。

2) 形状精度的检验

在车床上加工的圆柱孔，其形状精度一般仅测量孔的圆度和圆柱度(一般测量锥度)两项形状偏差。当孔的圆度要求不是很高时，在生产现场可用内径百分(千分)表在孔的圆周上各个方向去测量，测量结果的最大值与最小值之差的一半即为圆度误差。

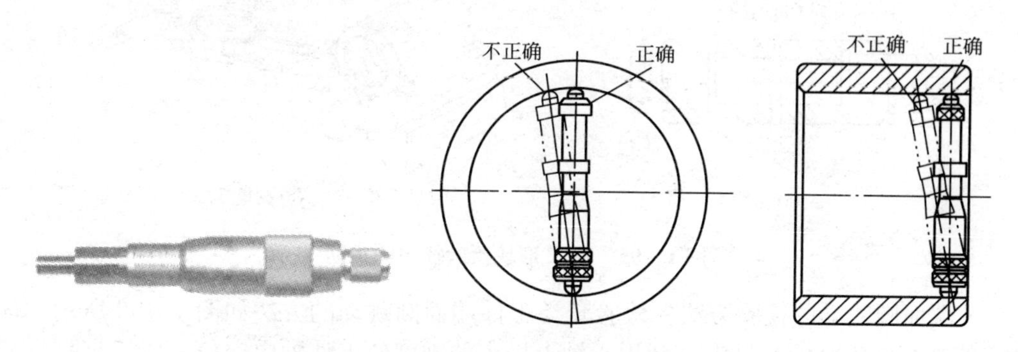

图 1.102　内径千分尺的使用方法

使用内径百分表测量是属于比较测量法。测量时必须摆动内径百分表，如图 1.103 所示。所得的最小尺寸是孔的实际尺寸。在生产现场，测量孔的圆柱度时，只要在孔的全长上取前、后、中几点，比较其测量值，其最大值与最小值之差的一半即为孔全长上圆柱度。

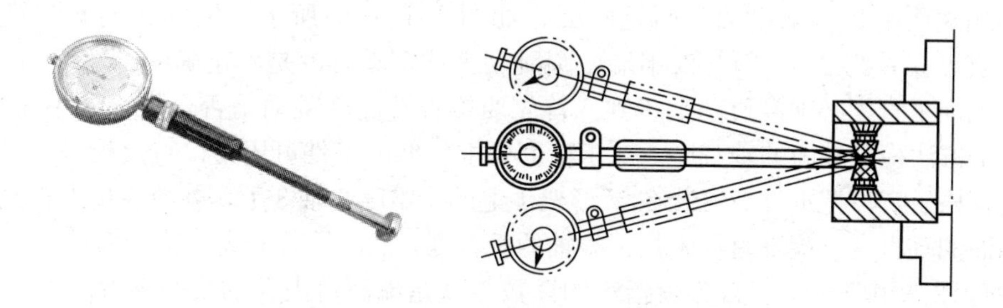

图 1.103　内径百分表的使用方法

内径百分表也可以测量孔的圆度。测量时，只要在孔径圆周上变换方向，比较其测量值。

内径百分表与外径千分尺或标准套规配合使用，也可以比较出孔径的实际尺寸。

3）位置精度的检验

（1）径向圆跳动的检验方法。一般套类工件测量径向圆跳动时，都可以用内孔作基准，把工件套在精度很高的心轴上，用百分表(或千分表)来检验，如图 1.104 所示。百分表在工件转一周中的读数差，就是径向圆跳动误差。

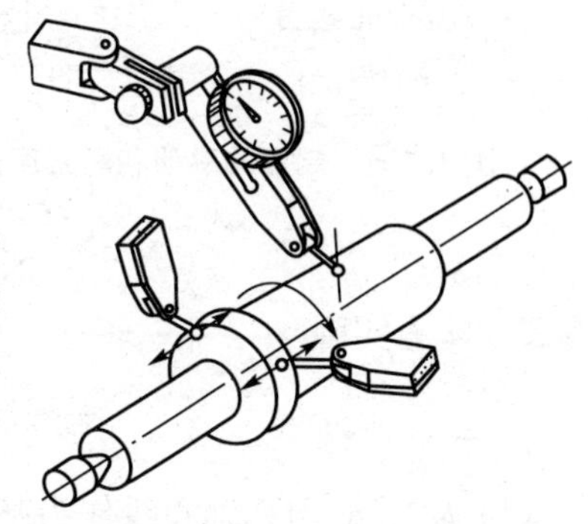

图 1.104　用百分表检验径向圆跳动

对于某些外形比较简单而内部形状比较复杂的套筒，如图 1.105(a)所示。不能安装在心轴上测量径向圆跳动时，可把工件放在 V 形架上轴向定位，如图 1.105(b)所示，以外圆为基准来检验；测量时，用杠杆式百分表的测杆插入孔内，使测杆圆头接触内孔表面，转动工件，观察百分表指针跳动情况。百分表在工件旋转一周中的读数差，就是工件的径向圆跳动误差。

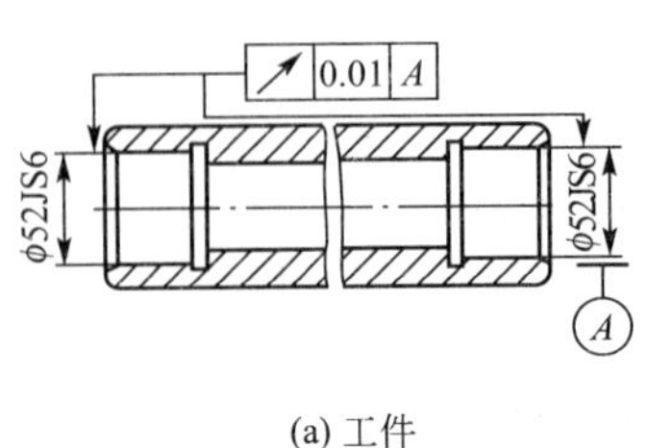

(a) 工件

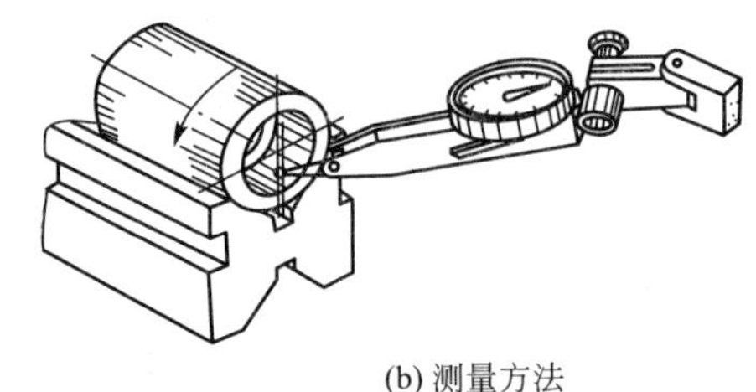
(b) 测量方法

图 1.105　用 V 形块检验径向圆跳动

(2) 端面圆跳动的检验方法。检验套类工件端面圆跳动的方法如图 1.106 所示。先把工件安装在精度很高的心轴上，利用心轴上极小的锥度使工件轴向定位，然后把杠杆式百分表的圆测头靠在所需要测量的端面上，转动心轴，测得百分表的读数差就是端面圆跳动误差。

(3) 端面对轴线垂直度的检验方法。端面圆跳动是当工件绕基准轴线无轴向移动回转时，所要求的端面上任一测量直径处的轴向跳动 Δ。垂直度是整个端面的垂直误差，如图 1.106(a)所示的工件。当端面是一个平面时，其端面圆跳动量为 Δ，垂直度也为 Δ，两者相等。如端面不是一个平面，而是凹面，如图 1.106(b)所示。虽然其端面圆跳动量为零，但垂直度误差为 ΔL。因此仅用端面圆跳动来评定垂直度是不正确的。

检验端面垂直度必须经过两个步骤。首先要检查端面圆跳动是否合格，如果符合要求，再用第二个方法检验端面的垂直度。对于精度要求较低的工件可用刀口直尺检查。当端面圆跳动检查合格后，再把工件 2 安装在 V 形架 1 上的小锥度心轴 3 上，并放在精度很高的平板上检查端面的垂直度。检查时，先找正心轴的垂直度，然后用百分表 4 从端面的最里一点向外拉出，如图 1.107 所示。百分表指示的读数差就是端面对内孔轴线的垂直度误差。

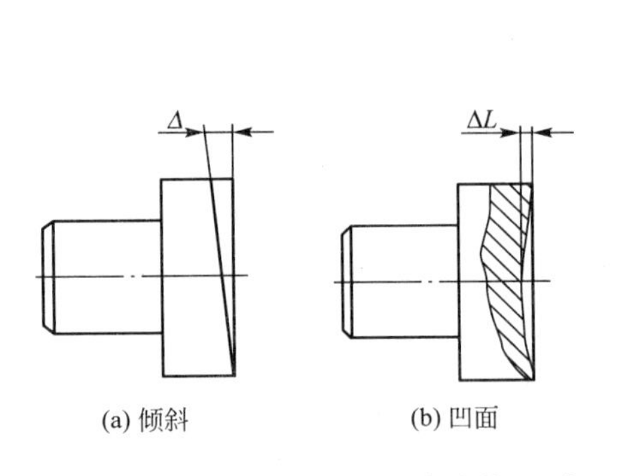

(a) 倾斜　(b) 凹面

图 1.106　端面圆跳动和垂直度的区别

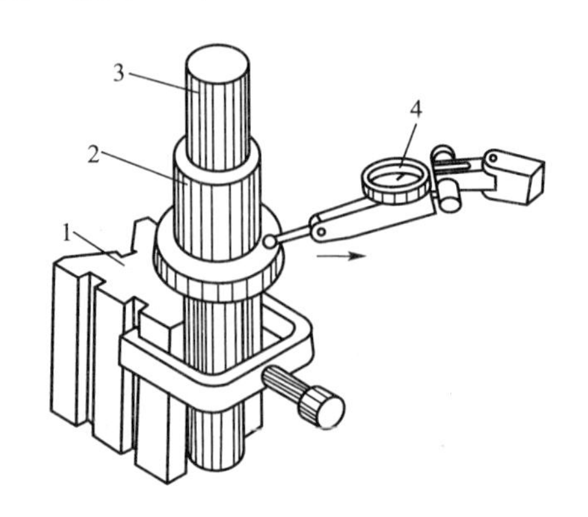

图 1.107　检验工件端面垂直度的方法

1—V 形架；2—工件；3—心轴；4—百分表图

1.3.3　任务实施

1. 分析图样

(1) ϕ21mm 内孔轴心线作为基准线。

(2) 主要尺寸 ϕ30mm 外圆和 ϕ21mm 内孔，表面粗糙度均为 Ra1.6μm。

(3) 外圆 ϕ30mm 轴线对内孔 ϕ21mm 轴线的同轴度为 ϕ0.02mm，右端面对基准轴线的

垂直度为0.01mm。

2. 工艺过程

(1) 落料。

(2) 调质。

(3) 车端面——打中心孔——钻孔——粗车外圆——精车外圆——车内孔——倒角——铰孔——切断——调头车端面——倒角。

(4) 检查。

3. 工艺准备

(1) 材料准备：材料45# 热轧圆钢，规格 ϕ40mm×75mm。

(2) 设备准备：CA6140普通车床。

(3) 刃具准备：45°外圆车刀，90°外圆车刀，3mm车槽刀，A型 ϕ3mm中心钻，45°内孔车刀，麻花钻 ϕ18mm以及 ϕ21mmH7机用铰刀。

(4) 量具准备：游标卡尺，外径千分尺，塞规。

(5) 辅具准备：三爪卡盘，选用硬爪与软爪装夹，钻头夹。

4. 加工步骤

车削加工轴套步骤如表1-13所列。

表1-13　车削加工轴套步骤

步骤	加工内容	简图
1	三爪自定心卡盘装夹 ① 车端面，用45°外圆车刀，车平即可 ② 钻中心孔，在尾架上安装A3中心钻 ③ 钻孔，在尾架上安装 ϕ18mm麻花钻 ④ 粗车 ϕ35mm外圆，长度大于30mm。粗车 ϕ30mm外圆至尺寸，留余量0.5～1mm ⑤ 精车 ϕ30mm外圆至尺寸要求 ⑥ 车槽3×0.5 ⑦ 车内孔 ϕ21mm留铰削余量0.08～0.12mm，内孔深度约33mm，内外倒角 C1 ⑧ 铰孔至尺寸 ⑨ 用切断刀切断，长度尺寸为31mm	
2	调头用三爪卡盘夹住 ϕ30mm外圆，包铜皮 ① 车端面至总长尺寸 ② 内外圆倒角 C11	

5. 精度检验

加工完成的产品零件如图1.108所示。因为轴套零件是在一次装夹中完成工件的内外

图 1.108 轴套产品零件

圆和端面加工的，一般情况下零件的形位公差能够保证。测量要点如下：

(1) 外圆测量用外径千分尺，要测量圆周两点。

(2) 内孔测量用塞规检验。

(3) 长度用游标卡尺检验。

(4) 垂直度用百分表检验，如图 1.107 所示。

6. 误差分析

轴套常见问题及产生原因如表 1－14 所列。

表 1－14 轴套常见问题及产生原因

常见问题	产 生 原 因
尺寸精度达不到要求	① 操作者粗心大意，看错图样 ② 没有进行试切削 ③ 内孔铰不出，孔径尺寸超出，主要是留铰余量太少、尺寸已经车大；孔径超差主要是铰刀公差本身已经大于零件公差，机床尾座没有对准零位线 ④ 量具有误差或测量不正确
表面粗度达不到要求	① 切削用量选择不当 ② 车刀几何角度刃磨不正确，或车刀已磨损 ③ 车床刚性差，滑板镶条过松或主轴太松引起振动等 ④ 铰刀本身已拉毛或铰刀已磨损
形位公差达不到要求	① 零件在车削时没有夹紧，造成松动 ② 车削内孔时，刀杆碰孔壁而造成内外圆本身已不同轴 ③ 车削端面时，吃刀量太大，造成工件走动，使垂直度达不到要求

1.3.4 拓展训练

(1) 加工图 1.109 所示的衬套零件，材料为 $45^{\#}$ 钢，件数：2 件。试编制工艺准备和加工步骤。

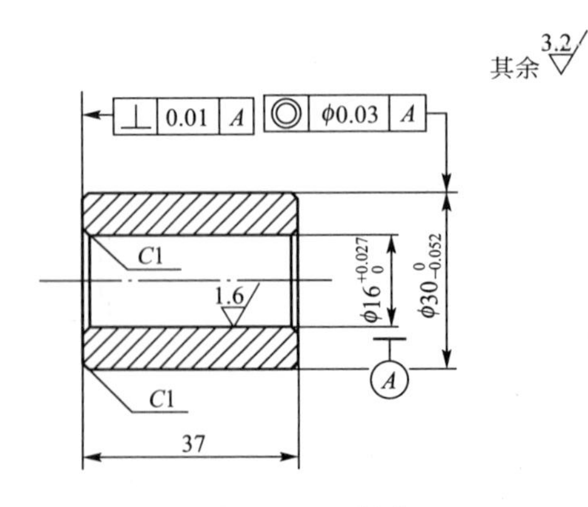

图 1.109 衬套

加工要点分析

该零件尺寸较小，可用棒料毛坯，在一次装夹下完成外圆、内孔和端面的加工。调头装夹时，可采用软卡爪。

(2) 加工图 1.110 所示的齿轮坯零件，材料为 45# 钢，件数为 10 件，调质 35～40HRC，倒角 *C*1。试编制工艺准备和加工步骤。

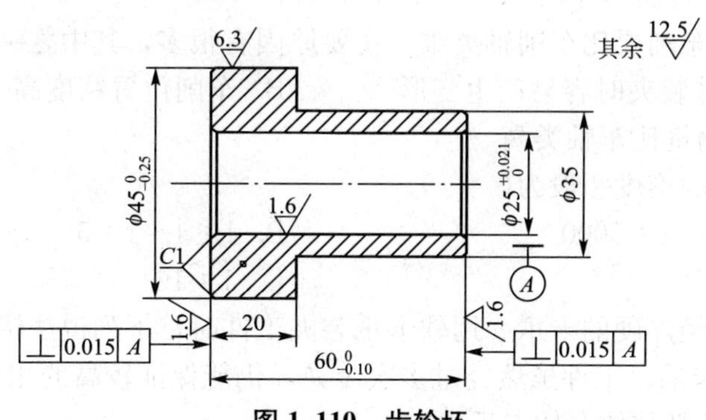

图 1.110　齿轮坯

加工要点分析

该零件两端面对中心线都有垂直度要求，在一次装夹中不能加工出来。要保证位置精度，在精车时采用心轴装夹，同时车两端面，如图 1.111 所示。

(3) 加工图 1.112 所示的轴承套零件，材料为 45# 钢，件数为 10 件，调质 35～40HRC。试编制工艺准备和加工步骤。

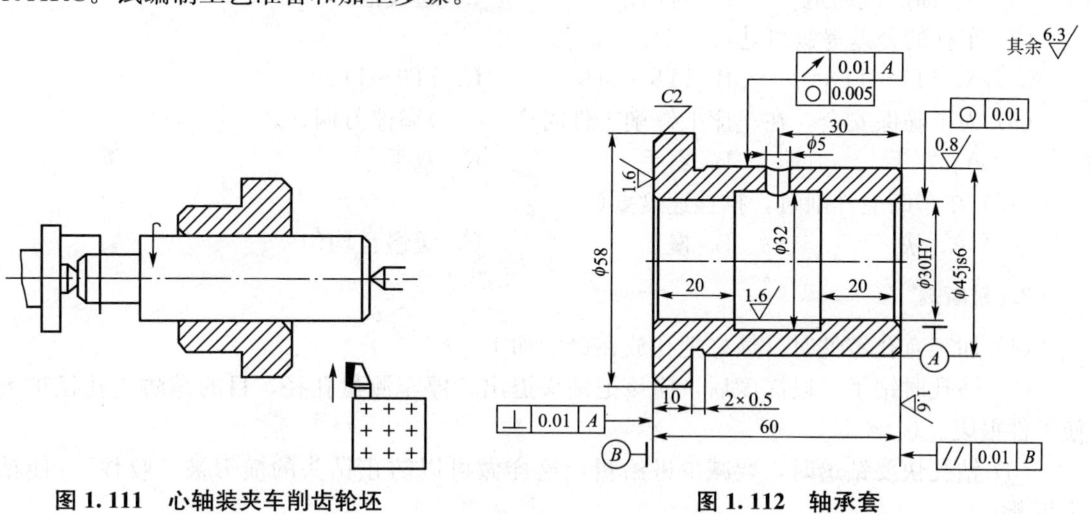

图 1.111　心轴装夹车削齿轮坯　　　　图 1.112　轴承套

加工要点分析

该零件精度要求较高，内孔 ϕ30mm 铰削后，用心轴装夹，精车外圆和两端面，保证垂直度和圆跳动要求。

1.3.5 练习与思考

1. 选择题

(1) 在装夹不通孔车刀时，刀尖(　　)，否则车刀容易折碎。

A. 应高于工件旋转中心　　B. 与工件旋转中心等高

C. 应低于工件旋转中心

(2) 套类工件的车削要比车削轴类难，主要原因有很多，其中之一是(　　)。

A. 套类工件装夹时容易产生变形　　B. 车削位置精度高

C. 其切削用量比车轴类高

(3) 小锥度心轴的锥度一般为(　　)。

A. 1∶1000～1∶5000　　B. 1∶4～1∶5

C. 1∶20　　D. 1∶16

(4) 软卡爪是未经淬硬的卡爪。用软卡爪装夹工件时，下列说法错误的是(　　)。

A. 使用软卡爪，工件虽然经过多次装夹，仍能保证较高的相互位置精度

B. 定位圆柱必须放在软卡爪内

C. 软卡爪的形状与硬卡爪相同

(5) 车削同轴度要求较高的套类工件时，可采用(　　)。

A. 台阶式心轴　　B. 小锥度心轴　　C. 软卡爪

(6) 车孔后的表面粗糙度可达 Ra(　　)μm。

A. 0.8～1.6　　B. 1.6～3.2　　C. 3.2～6.3

(7) 内沟槽按作用分有退刀槽，空刀槽，密封槽和(　　)等几种。

A. 油、气通道　　B. 排屑槽　　C. 通气槽

(8) 车孔的公差等级可达(　　)。

A. IT7～IT8　　B. IT8～IT9　　C. IT9～IT10

(9) 为了确保安全，在车床上锉削工件时应(　　)握锉刀柄。

A. 左手　　B. 右手　　C. 双手

(10) 在车床上锉削时，推挫速度要(　　)。

A. 快　　B. 慢　　C. 缓慢且均匀

2. 判断题

(1) 加工有孔零件时，最好把孔放在最后加工。(　　)

(2) 钻孔时钻了一段深度后，应该把钻头退出，停车测量孔径，目的是防止孔径扩大使工件报废。(　　)

(3) 钻孔快要钻透时，要减少进给量，这样做可以防止钻头的横刃被“咬住”，使钻头折断。(　　)

(4) 直柄钻头不能直接装在尾座套筒内。(　　)

(5) 麻花钻可以在实心材料上加工内孔，不能用来扩孔。(　　)

(6) 用麻花钻扩孔时，由于横刃不参加工作，轴向切削力减小，因此可加大进给量。(　　)

(7) 不通孔车刀的主偏角应小于 90°。(　　)

(8) 解决车孔时的刀杆刚性问题，一是尽量增加刀杆截面积，二是刀杆的伸出长度尽可能缩短。(　　)

(9) 铰孔时，切削速度越高，工件表面粗糙度越细。(　　)

(10) 铰孔结束后，铰刀最好从孔的另一端取下，不要从孔中退出来，更不允许工件倒转退出。(　　)

3. 简述题

(1) 钻孔时应注意哪些事项？

(2) 保证套类工件的同轴度、垂直度的方法有哪些？

(3) 不通孔车刀与通孔车刀的区别是什么？

(4) 常用的心轴种类有哪些？各适合用在什么场合？

(5) 车削内孔时产生锥度的原因是什么？

(6) 铰孔的余量怎样决定？

(7) 铰孔时要采用浮动刀杆的原因是什么？

任务 1.4　车削螺纹

引言

螺纹有很多种，它主要作为连接件和传动件。常用螺纹都有国家标准，标准螺纹有很好的互换性和通用性。但也有少量非标准螺纹，如矩形螺纹等。

螺纹的种类按用途可分为连接螺纹和传动螺纹；按牙型可分为三角形、矩形、梯形、锯齿形和圆形等；按螺旋线方向可分为右旋和左旋；按螺旋线线数可分为单线和多线螺纹；按螺纹母体形状可分为圆柱螺纹和圆锥螺纹。

常见螺纹的加工方法有车削螺纹、攻螺纹、套螺纹、滚压螺纹、铣削螺纹和磨削螺纹。

1.4.1　任务导入

加工图 1.113 所示的双头螺栓和图 1.114 所示的滚花螺母。材料分别为 35# 钢和 45# 钢，毛坯采用热轧圆钢，加工数量都是 10 件，滚花螺母调质 235HBS。

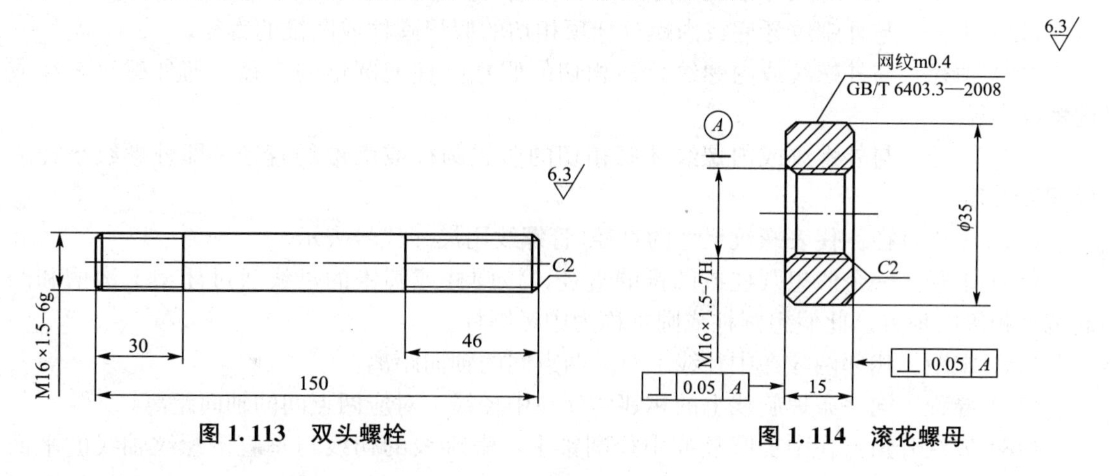

图 1.113　双头螺栓　　　图 1.114　滚花螺母

1.4.2 相关知识

1. 螺纹术语

车工常用螺纹术语如下：

(1) 螺旋线。沿着圆柱或圆锥表面运动的点的轨迹，该点的轴向位移和相应的角位移成定比，如图 1.115 所示。

(2) 螺纹。在圆柱或圆锥表面上，沿着螺旋线所形成的具有规定牙型的连续凸起称为螺纹，如图 1.116 所示。

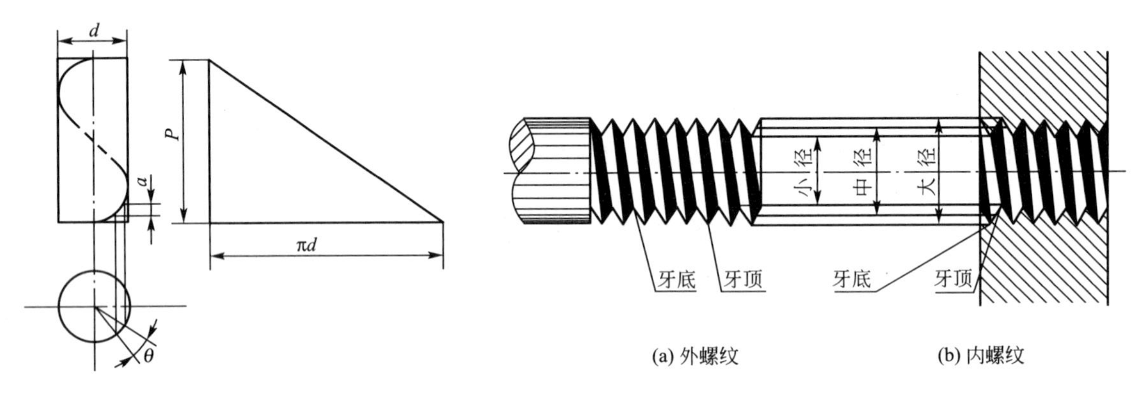

图 1.115 螺旋线

图 1.116 内螺纹和外螺纹

(3) 单线螺纹。沿一条螺旋线所形成的螺纹。

(4) 多线螺纹。沿两条或两条以上的螺旋线所形成的螺纹，该螺旋线在轴向等距分布。

(5) 牙型角。在螺纹牙型上，两相邻牙侧间的夹角。

(6) 牙型半角。牙型角的一半。

(7) 牙型高度。在螺纹牙型上，牙顶到牙底在垂直于螺纹轴线方向上的距离。

(8) 牙顶高。在螺纹牙型上，由牙顶沿垂直于螺纹轴线方向到中径线的距离。

(9) 牙底高。在螺纹牙型上，由牙底沿垂直于螺纹轴线方向到中径线的距离。

(10) 大径。与外螺纹牙顶或内螺纹牙底相切的假想圆柱或圆锥的直径。

(11) 小径。与外螺纹牙底或内螺纹牙顶相切的假想圆柱或圆锥的直径。

(12) 顶径。与外螺纹或内螺纹牙顶相切的假想圆柱或圆锥的直径，即外螺纹大径或内螺纹小径。

(13) 底径。与外螺纹或内螺纹牙底相切的假想圆柱或圆锥的直径，即外螺纹小径或内螺纹大径。

(14) 公称直径。代表螺纹尺寸的直径(管螺纹用尺寸代号表示)。

(15) 中径。一个假想圆柱或圆锥的直径，该圆柱或圆锥的母线通过牙型上沟槽和凸起宽度相等的地方。此假想圆柱或圆锥称为中径圆柱。

(16) 螺距。相邻两牙在中径线上对应两点间的轴向距离。

(17) 导程。同一条螺旋线上的相邻两牙在中径线上对应两点间的轴向距离。

(18) 螺纹升角。在中径圆柱或中径圆锥上，螺旋线的切线与垂直于螺纹轴线的平面

的夹角，如图 1.117 所示。

2. 普通螺纹的尺寸计算

三角形螺纹因其规格及用途不同，分普通螺纹、英制螺纹和管螺纹(包括 55°密封管螺纹、55°非密封管螺纹和 60°圆锥管螺纹)3 种。

普通螺纹是我国应用最广泛的一种三角形螺纹，牙型角为 60°，普通螺纹的基本牙型是在螺纹的轴截面上，在原始的等边三角形基础上，削去顶部和底部所形成的螺纹牙型。该牙型具有螺纹的基本尺寸，普通螺纹的基本牙型如图 1.118 所示。

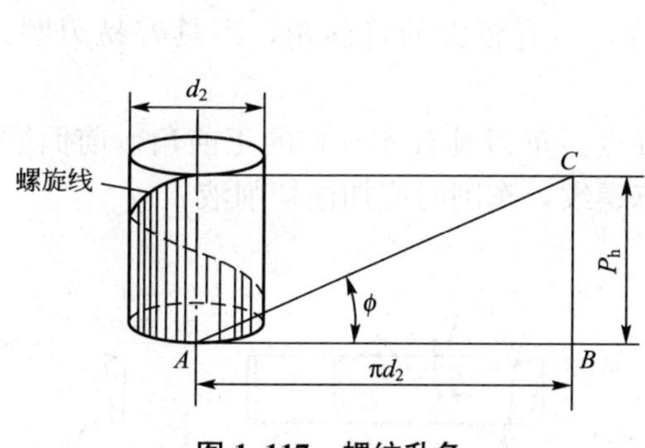

图 1.117　螺纹升角

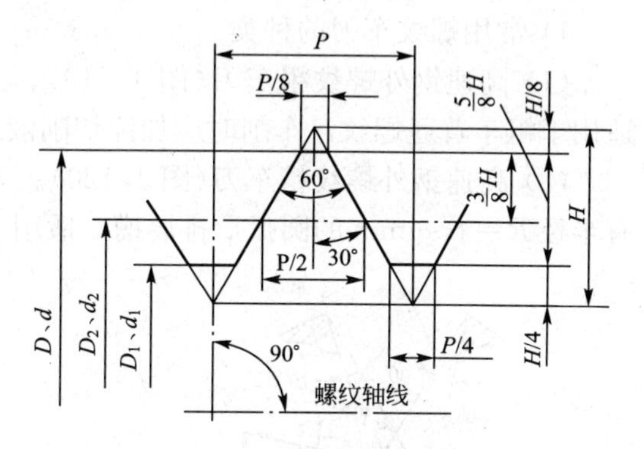

图 1.118　普通螺纹的基本牙型

1) 螺纹常用计算公式

(1) 螺纹的公称直径是大径的基本尺寸(D 或 d)。

(2) 原始三角形高度(H)

$$H=(\sqrt{3}/2)P=0.866P \qquad (1-4)$$

(3) 中径(d_2、D_2)

$$d_2=D_2=d-0.6495P \qquad (1-5)$$

(4) 削平高度外螺纹牙顶和内螺纹牙底均在 $H/8$ 处削平。外螺纹牙底和内螺纹牙顶均在 $H/4$ 处削平。

(5) 牙型高度(h_1)

$$h_1=(5/8)H=0.5143P \qquad (1-6)$$

(6) 外螺纹小径(d_1)

$$d_1=d-1.0825P \qquad (1-7)$$

(7) 内螺纹小径(D_1)。内螺纹小径的基本尺寸与外螺纹小径相同($D_1=d_1$)。

(8) 螺纹接触高度(h)。螺纹接触高度与牙型高度的基本尺寸 h_1 相同($h=h_1$)。

例 1.2　试计算 M16 螺纹的中径和小径尺寸。

解：已知 $D=d=16\text{mm}$　查表得 $P=2\text{mm}$

$$d_2=D_2=d-0.6495P=16\text{mm}-0.6495\times 2\text{mm}=14.701\text{mm}$$

$$d_1=D_1=d-1.0825P=16\text{mm}-1.0825\times 2\text{mm}=13.835\text{mm}$$

2) 普通螺纹代号

普通螺纹代号用字母“M”表示，单线螺纹的尺寸代号为“公称直径×螺距”，如 M24×1.5，如果是粗牙螺纹，可以省略标注其螺距，如 M24。

多线螺纹的尺寸代号为“公称直径×P_h 导程 P 螺距”，如果要进一步表示螺纹的线

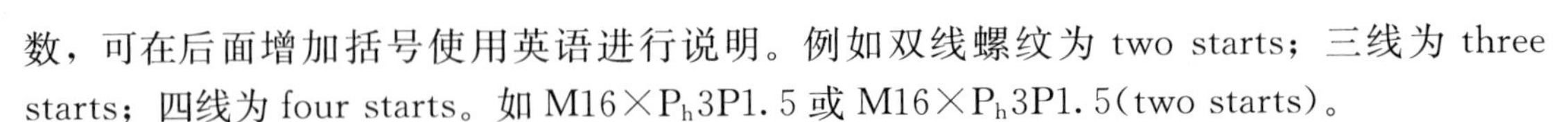

数，可在后面增加括号使用英语进行说明。例如双线螺纹为 two starts；三线为 three starts；四线为 four starts。如 M16×P_h3P1.5 或 M16×P_h3P1.5(two starts)。

对左旋螺纹，应在旋合长度代号之后标注“LH”代号。旋合长度代号与旋向代号间用“-”号分开。右旋螺纹不标注旋向代号，如 M24×1.5LH；M6×0.75-5h6h-S-LH。

螺纹公差带代号包含中径公差带代号和顶径公差带代号。中径公差带代号在前，顶径公差带代号在后。如果中径公差带代号与顶径公差带代号相同，则应只标注一个公差带代号。

3. 螺纹车刀

1）常用螺纹车刀的种类

(1) 高速钢外螺纹粗车刀(图 1.119)。刀具特点：有较大的背前角，刀具容易刃磨，适用于粗车普通螺纹，车削时应加注切削液。

(2) 高速钢外螺纹精车刀(图 1.120)。刀具特点：车刀具有 4°～6°的正前角，前面磨有半径 $R=4\sim6$mm 的圆弧形排屑槽，适用于精车螺纹，车削时应加注切削液。

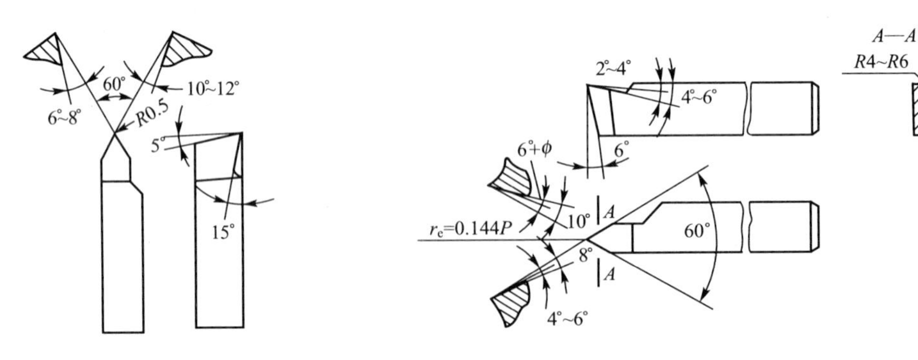

图 1.119　高速钢外螺纹粗车刀　　　图 1.120　高速钢外螺纹精车刀

(3) 硬质合金外螺纹车刀(图 1.121)。刀具特点：刀片材料为 YT15，刀尖角为 59°30′，适用高速切削螺纹。车刀两侧刀刃上具有 0.2～0.4mm 宽、$\gamma_o=-5°$的倒棱，并磨有 1mm 宽的刃带，起修光作用和增强刀头强度，可车削较大的螺距($P>2$mm)的螺纹。

(4) 硬质合金三角内螺纹车刀(图 1.122)。刀具特点：与硬质合金三角形外螺纹车刀基本相同，刀杆的粗细与长度应根据螺纹孔径决定。

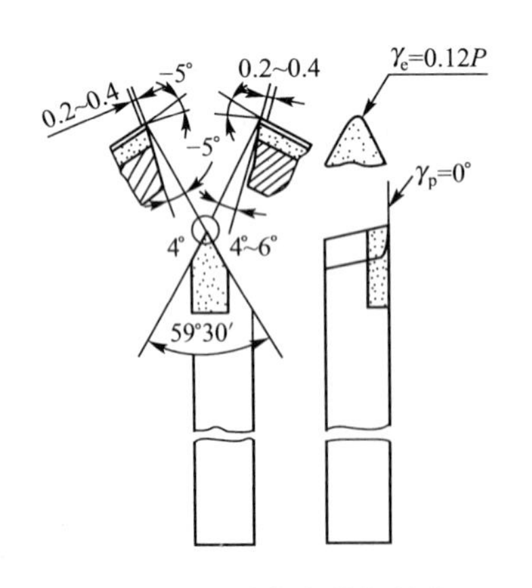

图 1.121　硬质合金外螺纹车刀

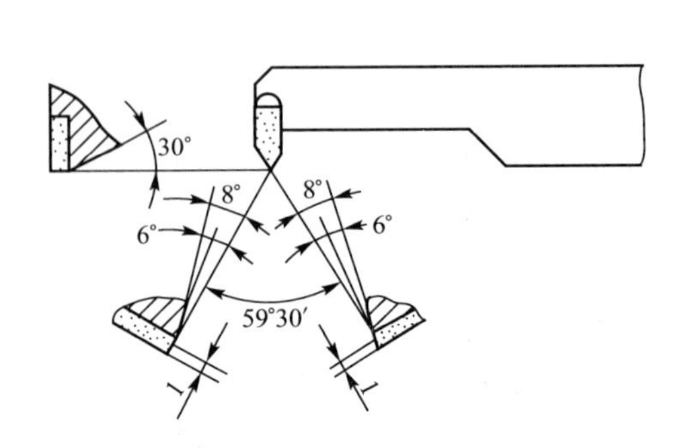

图 1.122　硬质合金内螺纹车刀

2）螺纹车刀的刃磨

要车好螺纹，必须正确刃磨螺纹车刀，图 1.123 所示是刃磨高速钢三角形外螺纹车刀的方法，刃磨步骤如下：

(1) 粗磨后面。车刀材料为高速钢，应使用氧化铝粗粒度砂轮刃磨。刃磨时，先磨左侧后面，方法双手握刀，使刀柄与砂轮外圆水平方向呈 30°、垂直方向倾斜约 8°～10°，如图 1.123(a)所示。车刀与砂轮接触后稍加压力，并均匀慢慢移动磨出后面，即磨出牙型半角及左侧后角。

右侧后面的刃磨方法与左侧后面相同，如图 1.123(b)所示，即磨出牙型角及右侧后角。

(2) 粗磨前面。刃磨时将车刀前面与砂轮平面水平方向作倾斜约 10°～15°，同时垂直方向作微量倾斜使左侧切削刃略低于右侧切削刃，如图 1.123(c)所示。前面与砂轮接触后稍加压力刃磨，逐渐磨至靠近刀尖处，即磨出背前角。

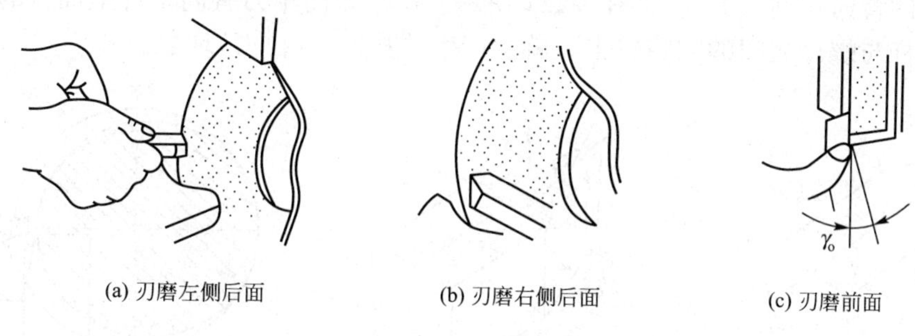

图 1.123　刃磨外螺纹车刀

(3) 精磨。选用 80 粒度氧化铝砂轮。精磨两侧后面及前面的方法与粗磨相同，精磨后螺纹车刀应达到以下几点要求：

① 车刀的刀尖角应等于牙型角，如车削普通螺纹时，刀尖角应等于 60°。

② 车削大螺距螺纹时，车刀的后角因受螺纹升角的影响应刃磨得不同。

③ 车刀的左右切削刃应平直。

(4) 磨刀尖圆弧。车刀刀尖对准砂轮外圆，后角保持不变，刀尖移向砂轮，当刀尖处碰到砂轮时，作圆弧形摆动，按要求磨出刀尖圆弧。

螺纹车刀刃磨是否正确，一般可用样板做透光检查，如图 1.124 所示。

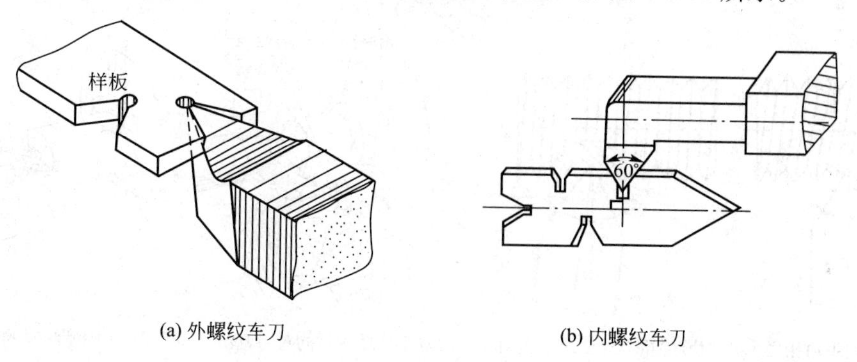

图 1.124　用螺纹样板检查刀尖角

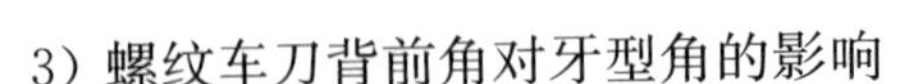

3）螺纹车刀背前角对牙型角的影响

在实际工作中，用高速钢车刀低速车螺纹时，如果采用背前角 γ_p 等于零度的车刀，如图 1.125 所示，切屑排出困难，就很难把螺纹齿面车光。因此，可采用磨有 5°～15°背前角的螺纹车刀，如图 1.126 所示，但是当车刀有了背前角后，牙型角就会产生变化，这时应用修正刀尖角的办法来补偿牙型角误差。

有背前角的螺纹车刀，切削比较顺利，并可以减少积屑瘤现象，能车出表面粗糙度较细的螺纹。但由于切削刃不通过工件轴线，因此被切削的螺纹牙型(轴向剖面)不是直线，而是曲线，这种误差对一般要求不高的螺纹来说，可以忽略不计，但这时对牙型角的影响较大，特别是具有较大背前角的螺纹车刀，其刀尖角必须修正。在车削三角形螺纹时，磨有 10°～15°的背前角螺纹车刀，其刀尖角应减小 40′～1°40′。

如果精车精度要求较高的螺纹时，背前角应取得较小(0°～5°)，才能车出正确的牙型。

必须指出，具有较大背前角的螺纹车刀，除了产生螺纹牙型变形以外，车削时还会产生一个较大的背向切削力 F_p，如图 1.127 所示。这个力使车刀有向工件里面拉的趋势，如果中滑板丝杠与螺母之间的间隙较大，就会产生“扎刀”(拉刀)现象。

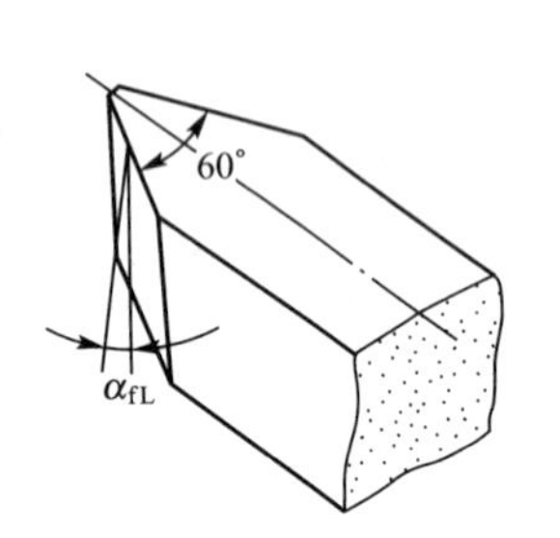

图 1.125　前角等于零度螺纹车刀

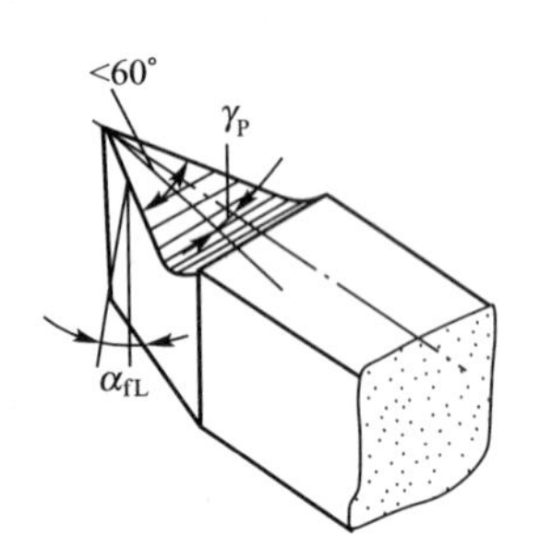

图 1.126　有背前角螺纹车刀

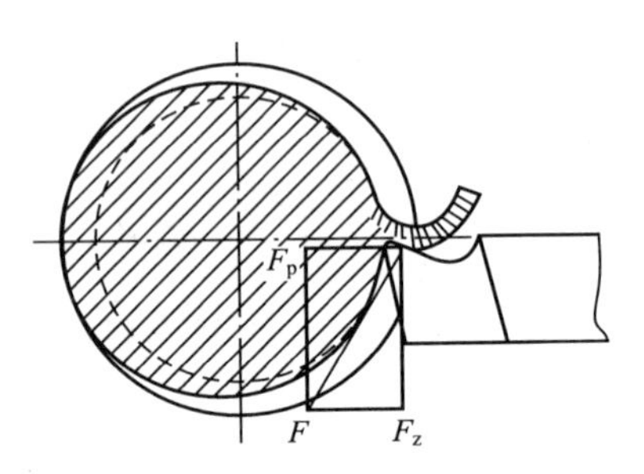

图 1.127　背向力使车刀有扎入工件的趋势

4）螺纹车刀的装刀要求

车螺纹时，为了保证牙型正确，对装刀提出了较严格的要求。装刀时刀尖高低应对准工件轴线，车刀刀尖角的中心线必须与工件轴线严格保持垂直，这样车出的螺纹，其两牙型半角相等，如图 1.128(a)所示。如果把车刀装歪，就会产生牙型歪斜，如图 1.128(b)所示。车螺纹时的对刀方法如图 1.129 所示。

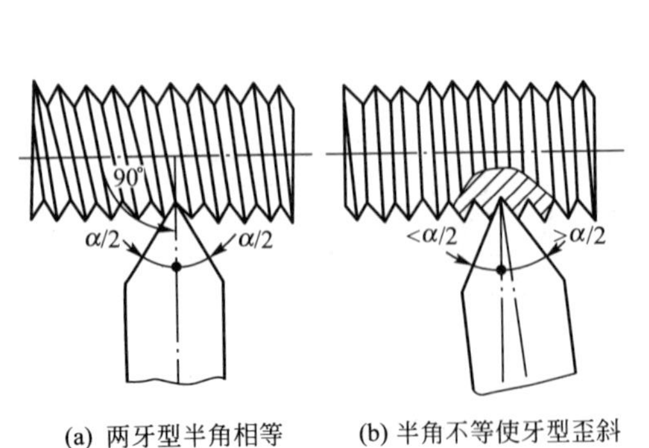

(a) 两牙型半角相等　(b) 半角不等使牙型歪斜

图 1.128　车螺纹时对刀要求

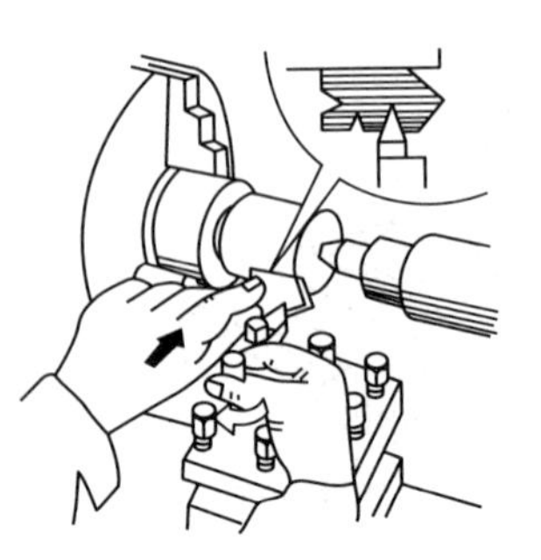

(a) 车外螺纹时的对刀方法

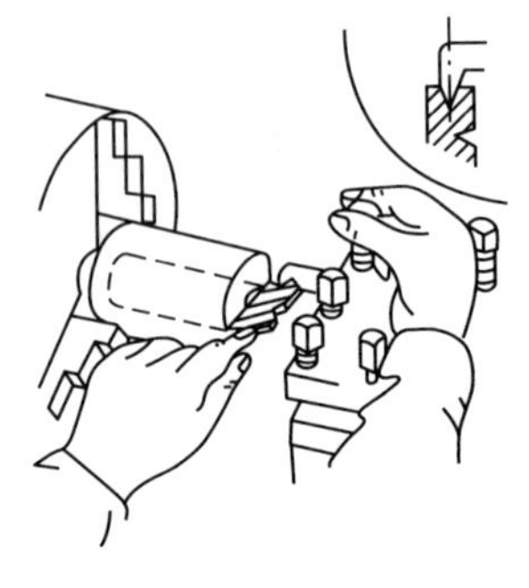

(b) 车内螺纹时的对刀方法

图 1.129　车螺纹时对刀方法

4. 车螺纹

1) 车螺纹方法

车削螺纹时，一般可采用低速车削和高速车削两种方法。低速车削螺纹可获得较高的精度和较细的表面粗糙度，但生产效率很低；高速车削螺纹比低速车削螺纹生产效率可提高10倍以上，也可以得较细的表面粗糙度，因此现在工厂中已广泛采用。

(1) 低速车削螺纹的方法。低速车削三角形螺纹时，为了保证螺纹车刀的锋利状态，车刀材料最好用高速钢制成，并且把车刀分成粗、精车刀并进行粗、精加工。车螺纹主要有以下三种进刀方法：

① 直进法车螺纹时，只利用中滑板进给［图1.130(a)］，在几次工作行程中车好螺纹，这种方法称为直进法车螺纹。直进法车螺纹可以得到比较正确的牙型。但车刀切削刃和刀尖全部参加切削［图1.130(d)］，螺纹齿面不易车光，并且容易产生“扎刀”现象。因此，只适用于螺距$P<1.5$mm的螺纹。

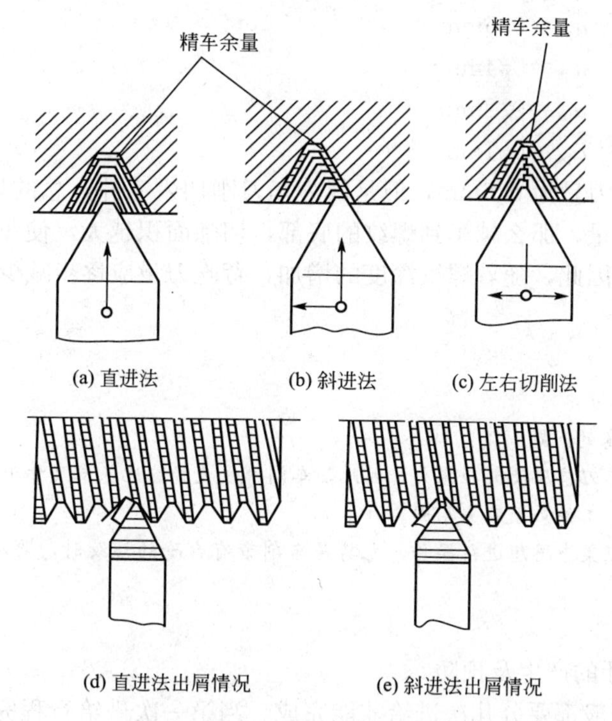

图1.130　车螺纹的进刀方法

螺距较大的螺纹(一般情况下$P>1.5$mm)粗车用斜进法，精车用左右切削法。

② 斜进法车削时，开始1～2刀用直进法车削，以后用中、小滑板交替进给，如图1.130(b)所示，小滑板切削量约为中滑板的1/3。粗车螺纹约留0.2mm作精车量。当螺距较大，粗车时可用这种方法切削，因为车刀是单面切削的(图1.130(d))，同样可以防止产生“扎刀”现象。

③ 左右切削法车削时，除了用中滑板进给外，同时利用小滑板的刻度把车刀左、右微量进给，这样重复切削几次工作行程，直至螺纹的牙型全部车好，这种方法叫做左右切削法(图1.130(c))。车削时，由于车刀是单面切削的(图1.130(e))，所以不容易产生

“扎刀”现象，精车时选用 v_c＜5m/min 的切削速度，并加注切削液，可以获得很小的表面粗糙度值。但背吃刀量不能过大，一般 a_p＜0.05mm，否则会使牙底过宽或凹凸不平。在实际工作中，可用观察法控制左右进给量；当排出切屑很薄时，车出的螺纹表面粗糙度一定是很细的。

(2) 高速车螺纹的方法。高速车螺纹时，最好使用 YT15(车钢料)牌号的硬质合金螺纹车刀，切削速度取 $v_c=50\sim100$m/min。车削时只能用直进法进刀，使切屑垂直于轴线方向排出或卷成球状，较为理想。如果用左右切削法，车刀只有一个切削刃参加切削，高速排出的切屑会把另外一面拉毛。如果车刀刃磨得不对称或倾斜，也会使切屑侧向排出，拉毛螺纹表面或损坏刀头。

用硬质合金车刀高速车削螺距为 1.5～3mm，材料为中碳钢或中合金钢的螺纹时，一般只要 3～5 次工作行程就可完成。横向进给时，开始深度大些，以后逐步减少，但最后一次不要小于 0.1mm。

例如螺距 $P=2$mm，总切入深度 $a_p=0.65P=1.3$mm，背吃刀分配情况如下：

第一次背吃刀量　$a_{p1}=0.6$mm

第二次背吃刀量　$a_{p2}=0.4$mm

第三次背吃刀量　$a_{p3}=0.2$mm

第四次背吃刀量　$a_{p4}=0.1$mm

虽然第一次背吃刀量为 0.6mm，但是因为车刀刚切入工件，总的切削面积是不大的。如果用相同的背吃刀量，那么越车到螺纹的底部，切削面积越大，使车刀刀尖负荷成倍增大，容易损坏刀头。因此，随着螺纹深度的增加，背吃刀量应逐步减少。

特别提示

高速车螺纹时应注意的问题如下：

(1) 因工件材料受车刀挤压使大径胀大，因此，车削螺纹大径应比基本尺寸小(0.15～0.2)P。

(2) 因切削力较大，工件必须装夹牢固。

(3) 因转速很高，应集中思想进行操作，尤其是车削带有台阶的螺纹时，要及时把车刀退出，以防碰伤工件或损坏机床。

2) 车螺纹时乱牙的产生及预防

车削螺纹时，一般都要分几次进给才能完成。当第一次进给行程完毕后，如果退刀时采取打开开合螺母的方法，在车刀退到原来位置按下开合螺母再次进给时，车刀刀尖可能不在前一次工作行程的螺旋槽内，而是偏左、偏右或在牙顶中间，使螺纹车乱，这种现象称为乱牙。产生乱牙的原因主要是，工件转数不是车床丝杠转数的整数转。判断车螺纹时是否会产生乱牙，可用下式计算，即

$$i=P_1/P_{丝}=n_{丝}/n_1 \tag{1-8}$$

式中　i——传动比；

P_1——工件螺距；

$P_{丝}$——车床丝杠螺距；

$n_{丝}$——车床丝杠转数；

n_I——工件转数。

例 1.3　车床丝杠螺距为12mm，车削工件螺距为8mm，求是否会产生乱牙现象。

解：根据式(1－8)有

$$i=8/12=1/1.5=n_{丝}/n_I$$

即丝杠转1转，工件转了1.5转，再次按下开合螺母时，可能车刀刀尖在工件已车出螺纹的1/2螺距处，它的刀尖正好切在牙顶处，使螺纹车乱。

例 1.4　车床丝杠螺距为6mm，加工螺距为1.5mm，求是否会产生乱牙现象。

解：根据式(1－8)有

$$i=1.5/6=1/4=n_{丝}/n_I$$

即丝杠转1转时，工件转过4转，只要按下开合螺母，刀尖总是在原来的螺旋槽处，不会产生乱牙。

预防车螺纹时乱牙的方法常用的是开倒顺车法。开倒顺车防止乱牙的方法是每一次工作行程以后，立即横向退刀，不提起开合螺母，开倒车，使车刀退回原来的位置，再开顺车，进行下一次工作行程，这样反复来回车削螺纹。因为车刀与丝杠的传动链没有分离过，车刀始终在原来的螺旋槽中倒顺运动，这样就不会产生乱牙。

开倒顺车车螺纹的具体操作方法如下：

(1) 车削前应检查卡盘与主轴间的保险装置是否完好，以防反转时卡盘脱落。开合螺母操纵手柄上最好吊上重锤块，以使开合螺母与丝杠配合间隙保持一致。

(2) 开动机床，一手提起操纵杆，另一手握中滑扳手柄，当刀尖离轴端约3～5mm处，操纵杆即刻放在中间位置，使主轴停止转动。用中滑板刻度控制背吃刀量。

(3) 操纵杆向上提起，车床主轴正转，此时车刀刀尖切入外圆，并迅速向前移动，在外圆上切出浅浅一条螺旋槽。当刀尖离退刀位置约2～3mm时，要做好退刀准备，操纵杆开始向下，此时主轴由于惯性作用仍在做顺向转动，但车速逐渐下降，当刀尖进入退刀位置时，要快速摇动中滑板手柄将车刀退出。当刀尖离开工件时，操纵杆迅速向下推，使主轴做反转，床鞍后退至车刀离工件轴端约3～5mm时，操纵杆放在中间位置使主轴停止转动。

3) 车床上交换齿轮的计算

车削的螺纹的螺距在铭牌上没有时，就必须通过下式求出所需的交换齿轮，才能车削。

$$i_{新}=nP_I/nP_{铭}\times i_{原}=z_1/z_2\times z_3/z_4 \tag{1-9}$$

式中　$i_{新}$——新的交换齿轮传动比；

nP_I——所要车削的工件导程；

$nP_{铭}$——在铭牌上所选取的导程；

$i_{原}$——铭牌上原交换齿轮传动比；

z_1、z_2、z_3、z_4——新选用的交换齿轮的齿数。

例 1.5　在C618车床上要车削螺纹的螺距为3.5mm(铭牌中未注出)，试计算交换齿数。

解：已知$nP_I=3.5$mm，按铭牌标注选$nP_{铭}=3$mm，并查出原有交换齿轮$i_{新}=48/96\times 45/90$，根据式(1－9)有

$$i_{新}=nP_I/nP_{铭}\times i_{新}=3.5/3\times 48/96\times 45/90=3.5/3\times 1/4=70/120\times 48/96$$

以上所算出的交换齿轮，都是该车床所备有的。

5. 套螺纹和攻螺纹

除了车螺纹外，对于直径和螺距较小的螺纹，还可以用板牙或丝锥来加工。

板牙和丝锥是一种成形、多刃螺纹切削工具。使用板牙、丝锥加工螺纹，操作简单，可以一次切削成形，生产效率较高。

1）套螺纹

用板牙套螺纹，一般用于不大于 M16 或螺距小于 2mm 的螺纹。

（1）板牙的结构形状如图 1.131 所示。板牙上的排屑孔可以容纳和排出切屑，排屑孔的缺口与螺纹的相交处形成前角 $\gamma_o=15°\sim20°$ 的切削刃，在后面磨有 $\alpha_o=7°\sim9°$ 的后角，切削部分的 $2\kappa_r=50°$。板牙两端都有切削刃，因此正反面都可以使用。

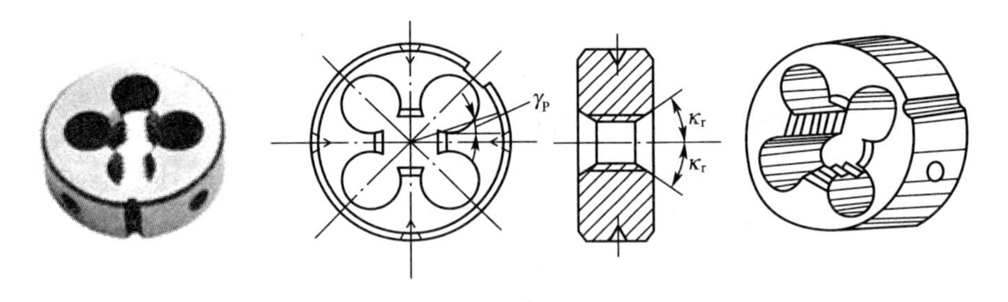

图 1.131　板牙的结构形状

（2）套螺纹工具如图 1.132 所示。在工具体 2 左端孔内可装夹板牙，螺钉 1 用于固定板牙，套筒 4 上有长槽，套螺纹时工具体 2 可自动随着螺纹向前移动。销钉 3 用来防止工具体切削时转动。

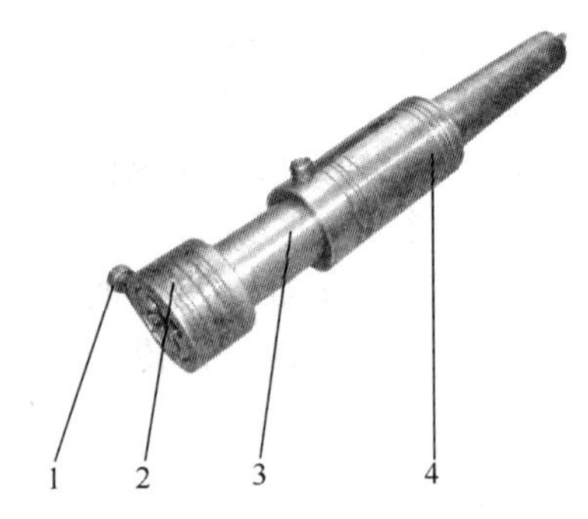

图 1.132　车床套螺纹工具

1—螺钉；2—工具体；3—销钉；4—套筒

（3）套螺纹前的要求。为保证套螺纹时牙型正确（不乱牙）、齿面光洁，套螺纹前的要求如下：

① 螺纹大径应车到下偏差，保证在套螺纹时省力，且板牙齿部不易崩裂。

② 工件的前端面应倒小于 45°的倒角，直径小于螺纹的小径，使板牙容易切入。

③ 装夹在套螺纹工具上的板牙的两平面应与车床主轴轴线垂直。

④ 尾座套筒轴线与主轴轴线应同轴，水平偏移不应大于 0.05mm。

（4）套螺纹方法。套螺纹时，先把螺纹大径车至要求，并倒角，接着把装有套螺纹工具的尾座拉向工件，不能跟工件碰撞，然后固定尾座，开动车床，转动尾座手柄，当工件进入板牙后，手柄就停止转动，由工具体自动轴向进给。当板牙切削到所需要的长度尺寸时，主轴迅速倒转，使板牙退出工件，螺纹加工即完成。

套螺纹时切削速度的选择：钢件为 2～4m/min；铸铁、黄铜为 4～6m/min。在套螺纹时，正确选择切削液，可提高螺纹齿面的表面粗糙度和螺纹精度，钢件一般用乳化液或硫化切削油；铸铁可使用煤油。

2）攻螺纹

用丝锥加工工件的内螺纹，称攻螺纹。直径较小或螺距较小的内螺纹可以用丝锥直接

攻出来。

（1）丝维的结构形状。丝锥是加工内螺纹的标准刀具。常用的丝锥有手用丝锥、机用丝锥、螺母丝锥和圆锥管螺纹丝锥等。

图 1.133 所示是常用的三角形牙型丝锥的结构形状。丝锥上面开有容屑槽，这些槽形成了丝锥的切削刃，同时也起排屑作用。它的工作部分由切削锥与校准部分组成。切削锥是切削部分，铲磨成有后角的圆锥形，它担任主要切削工作。校准部分有完整齿形，用以控制螺纹尺寸参数。

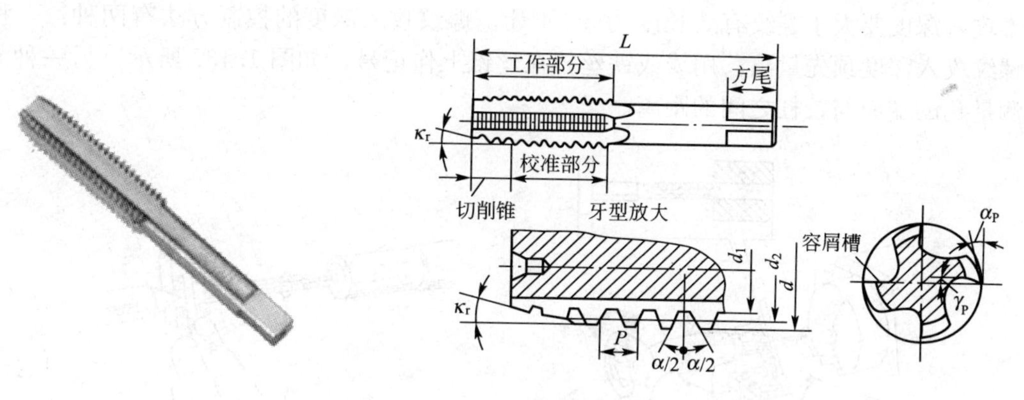

图 1.133　丝锥结构图

（2）机用丝锥攻螺纹。将丝锥装夹在套螺纹工具上。攻螺纹工具与套螺纹工具相似，只要将中间工具体改换成能装夹丝锥的工具体即可，如图 1.134 所示。

在车床上攻螺纹前，先进行钻孔，孔口倒角要大于内螺纹大径尺寸，如图 1.135 所示。并找正尾座套筒轴线与主轴轴线同轴，移动尾座向工件靠近，根据攻螺纹长度，在丝锥上作好长度标记。开车攻螺纹时，转动尾座手柄，使套筒跟着丝锥前进，当丝锥已攻进数牙时，手柄可停止转动，让攻螺纹工具自动跟随丝锥前进直到需要尺寸，然后开倒车退出丝锥即可。

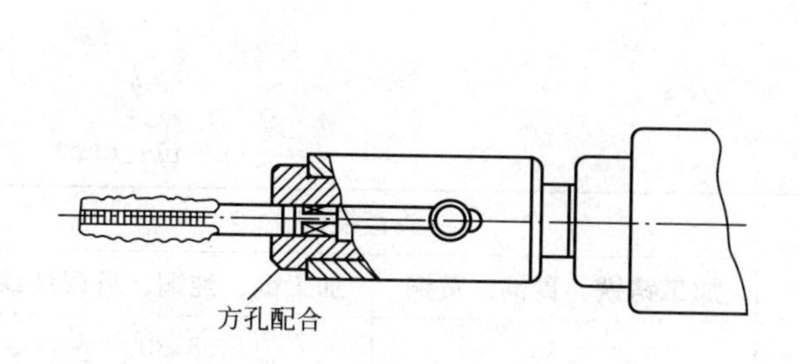

图 1.134　攻螺纹工具

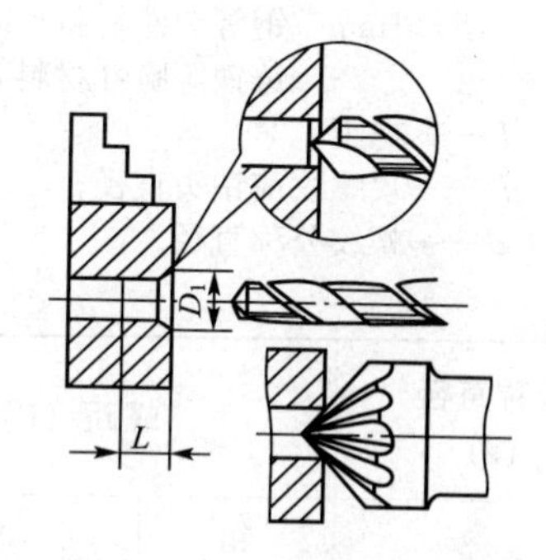

图 1.135　钻螺纹孔和孔口倒角

（3）手用丝锥攻螺纹。手用丝锥在车床上攻螺纹时，一般分头攻、二攻，要依次攻入螺纹孔内。其操作方法如下：

① 用铰杠套在丝锥方榫上锁紧，如图 1.136 所示，用顶尖轻轻顶在丝锥尾部的中心孔内，使丝锥前端圆锥部分进入孔口。

② 将主轴转速调整至最低速，以使卡盘在攻螺纹时不会因受力而转动。

③ 攻螺纹时，用左手扳动铰杠带动丝锥作顺时针转动，同时右手摇动尾座手轮，使顶尖始终与丝锥中心孔接触(不能太紧或太松)，以保持丝锥轴线与机床轴线基本重合。攻入1～2牙后，用手逆时针扳铰杠半周左右以进行断屑，然后继续顺时针扳转攻螺纹，顶尖则始终随进随退。随着丝锥攻进的深度增加而应该逐渐增加反转丝锥断屑的次数，直至丝锥攻出孔口1/2以上，再用二攻重复攻螺纹至中径尺寸。攻螺纹时应加注切削液润滑，以减小螺纹的表面粗糙度值。

④ 如果攻不通孔内螺纹，则由于丝锥前端有段不完全牙，因此要将孔钻得深一些，丝锥攻入深度要大于螺纹有效长度为3～4牙。螺纹攻入深度的控制方法有两种：一种是将螺纹攻入深度预先量出，用线或铁丝扎在丝锥上作记号，如图1.137所示。另一种方法是测量孔的端面与铰杠之间的距离。

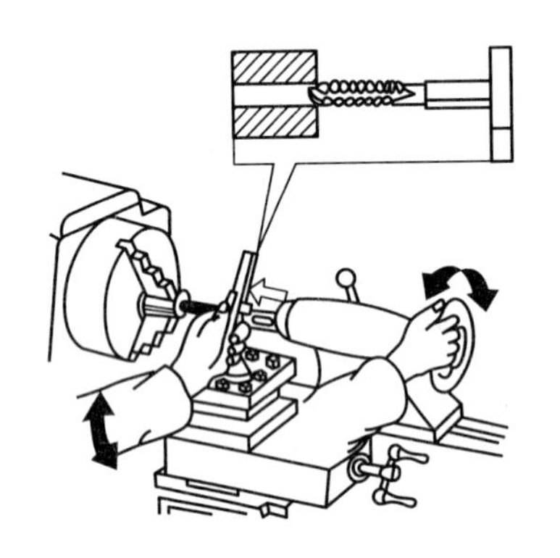

图1.136　丝锥的装夹

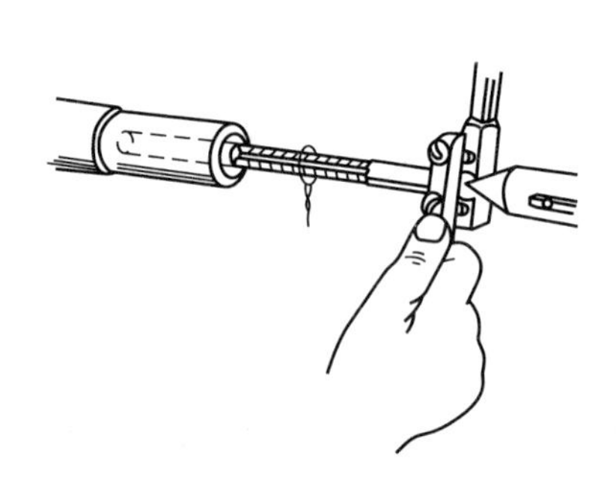

图1.137　攻螺纹长度控制

(4) 攻螺纹前钻底孔的钻头直径确定。常用普通螺纹攻螺纹前钻底孔的钻头直径如表1-15所列。

表1-15　常用普通螺纹攻螺纹前钻底孔的钻头直径

计算式　$P<1\text{mm}$　$d_z=d-P$

$P\geqslant 1\text{mm}$　钢等韧性材料　$d_z=d-P$

铸铁等脆性材料 $d_z=d-(1.05\sim1.1)P$

式中　P——螺距；

d_z——攻螺纹前钻头直径；

d——螺纹公称直径。

(单位：mm)

公称直径(d)	螺距(P)		钻头直径(d_z)	
			加工铸铁、青铜、黄铜	加工钢、纯铜、可锻铸铁
4	粗	0.70	3.30	3.30
	细	0.50	3.50	3.50
5	粗	0.80	4.20	4.20
	细	0.50	4.50	4.50
6	粗	1.00	4.90	5.00
	细	0.75	5.20	5.20

（续）

公称直径（d）	螺距（P）		钻头直径（d_z）	
			加工铸铁、青铜、黄铜	加工钢、纯铜、可锻铸铁
8	粗	1.25	6.60	6.70
	细	1.00	6.90	7.00
		0.75	7.10	7.20
10	粗	1.50	8.40	8.50
	细	1.25	8.60	8.70
		1.00	8.90	9.00
		0.75	9.20	9.20
12	粗	1.75	10.10	10.20
	细	1.50	10.40	10.50
		1.25	10.60	10.70
		1.00	10.90	11.00
14	粗	2.00	11.80	12.00
	细	1.50	12.40	12.50
		1.25	12.60	12.70
		1.00	12.90	13.00
16	粗	2.00	13.80	14.00
	细	1.50	14.40	14.50
		1.00	14.90	15.00
18	粗	2.50	15.30	15.50
	细	2.00	15.80	16.00
		1.50	16.40	16.50
		1.00	16.90	17.00
20	粗	2.50	17.30	17.50
	细	2.00	17.80	18.00
		1.50	18.40	18.50
		1.00	18.90	19.00
22	粗	2.50	19.30	19.50
	细	2.00	19.80	20.00
		1.50	20.40	20.50
		1.00	20.90	21.00
24	粗	3.00	20.70	21.00
	细	2.00	21.80	22.00
		1.50	22.40	22.50
		1.00	22.90	23.00

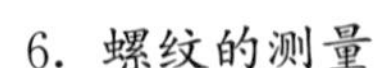

6. 螺纹的测量

三角形螺纹的测量一般使用螺纹量规进行综合测量，也可进行单项测量，单项测量指的是对螺纹的螺距、大径和中径等分项测量。综合测量是对螺纹的各项精度要求进行综合性的测量。

1）单项测量

（1）螺距的测量。螺距一般用钢直尺或螺距规进行测量。用钢直尺测量时，因为普通螺纹的螺距一般较小，最好量 10 个螺距的长度，然后把长度除以 10，就得出一个螺距的尺寸。如果螺距较大，那么可以量出 2 或 4 个螺距的长度，再计算它的螺距，如图 1.138(a) 所示。

用螺距规［图 1.138(b)］检查时，把标明螺距的螺距规平行轴线方向嵌入牙型中，如完全符合，则说明被测的螺距正确。

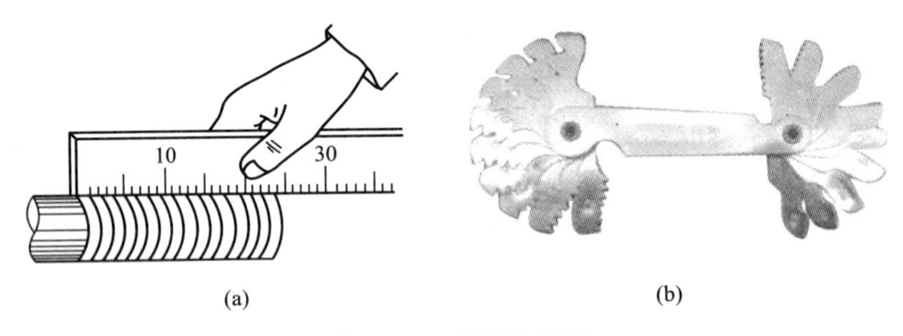

(a) (b)

图 1.138　螺距的测量

（2）大径的测量。螺纹大径的公差较大，一般可使用游标卡尺或外径千分尺测量。

（3）中径的测量。三角螺纹的中径可用螺纹千分尺或用三针测量法测量。

① 螺纹千分尺(图 1.139)一般用于中径公差等级 5 级以下的螺纹测量。它的刻线原理和读数方法与外径千分尺相同，所不同的是螺纹千分尺附有两套(60°和 55°)适用不同牙型角和不同螺距的测量头，测量头可根据测量的需要进行选择，然后分别插入千分尺的测杆和砧座的孔内。换上所选用的测量头后，必须调整砧座的位置，使千分尺对准零位后，方可进行测量。

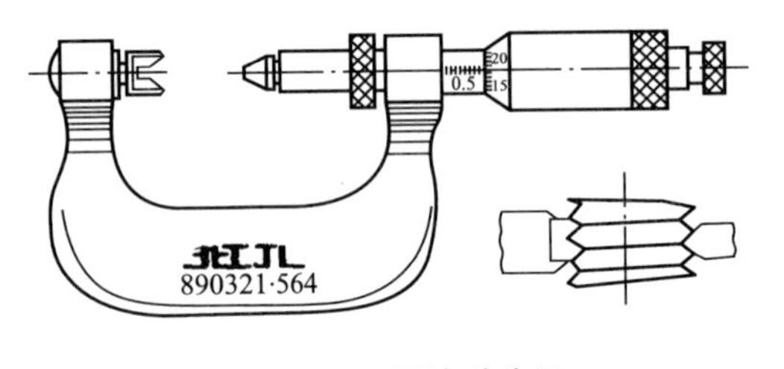

图 1.139　螺纹千分尺

测量时，螺纹千分尺应放平，使测头轴线与螺纹轴线相垂直，然后将 V 形测头与被测螺纹的牙顶部分相接触，锥形测头则与直径方向上的相邻槽底部分相接触，螺纹千分尺测得的读数值，就是中径的实际尺寸。

② 用三针测量外螺纹中径是一种比较精密的测量方法。测量所用的 3 根圆柱形量针，是由量具厂专门制造的。测量时，把 3 根量针放置在螺纹两侧相应的螺旋槽下，用外径千分尺量出两边量针顶点之间的距离 M(图 1.140)。根据 M 值可以计算出螺纹中径的实际尺寸。

2）综合测量

螺纹的综合测量可使用螺纹量规。用螺纹塞规检验工件内螺纹；用螺纹环规检验工件外螺纹。

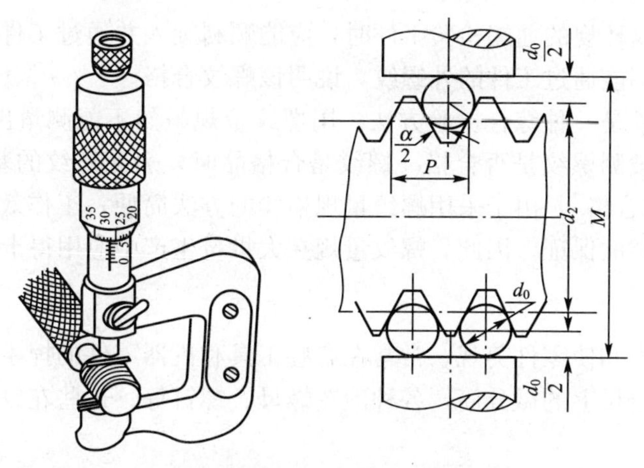

图 1.140　三针测量螺纹中径

(1) 螺纹塞规。图 1.141 所示是一种双头螺纹塞规(测量大尺寸的螺纹工件时，多用单头螺纹塞规)。两端分别为通端螺纹塞规和止端螺纹塞规。通端螺纹塞规是综合检验螺纹的，具有完整的外螺纹牙型和标准旋合长度。通端与工件顺利旋合通过，则表示通端检验合格。止端螺纹塞规是检验螺纹中径的最大极限尺寸的，做成截短牙型，止端不能通过工件。

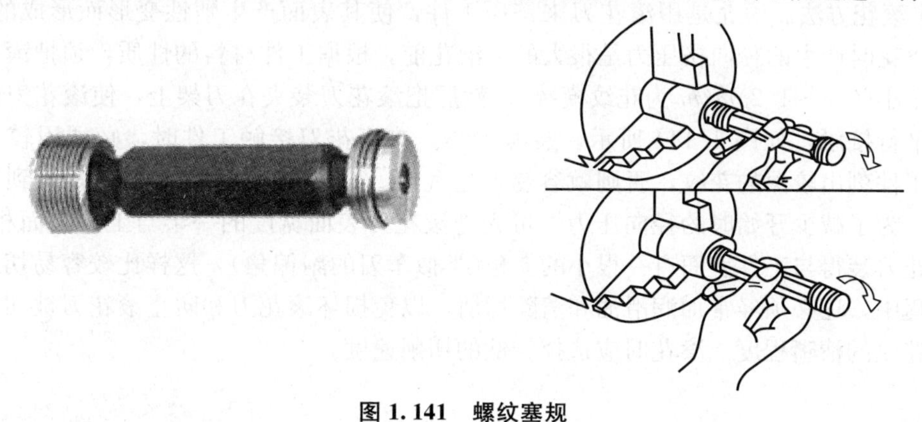

图 1.141　螺纹塞规

测量工件时，只有当通端能顺利旋合通过，而止端又不能通过工件时，才表明该螺纹合格。

(2) 螺纹环规。图 1.142 所示是一种常用的螺纹环规，通端螺纹环规和止端螺纹环规是分开的。螺纹环规与螺纹塞规相仿，通端有完整牙型和标准旋合长度。而止端是截短牙型，去除两端不完整牙型，其长度不少于 4 牙。

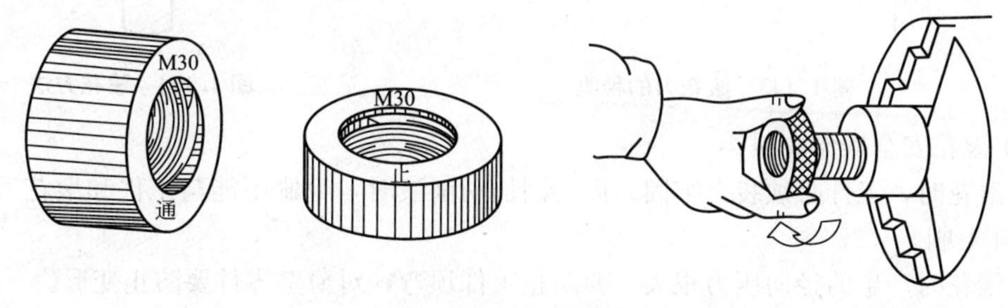

图 1.142　螺纹环规

测量时，用螺纹环规的通端检验工件时，应能顺利旋入并通过工件的全部外螺纹。而用止端检验时，又不能通过工件的外螺纹，说明该螺纹合格。

用螺纹量规检验是一种综合检验方法。用螺纹量规虽然不能测量出工件的实际尺寸，但能够直观地判断被测螺纹是否合格［螺纹是合格品时，表明螺纹的基本参数(中径、螺距、牙型半角等)均合格］。由于采用螺纹量规检验的方法简便，工作效率高，使装配时螺纹的互换性得到可靠的保证。因此，螺纹量规在大批量生产中应用得十分广泛。

7. 滚花

为了增加摩擦力和使零件美观，常常在有些工具和机器零件的捏手部分表面上滚出不同的花纹。例如千分尺上的微分筒，各种滚花螺母、螺钉等。这些花纹一般是在车床上用滚花刀滚压而成的。

(1) 花纹的种类和选择。花纹一般有直纹和网纹两种，并有粗细之分。花纹的粗细由模数 m 来决定，模数小，花纹细。

(2) 滚花刀。滚花刀可做成单轮、双轮，如图 1.143 所示。单轮滚花刀(图 1.143(a))是滚直纹用的。双轮滚花刀 (图 1.143(b))是滚网纹用的，由一个左旋和一个右旋的滚花刀组成一组。滚花刀的直径一般为 20～25mm。

(3) 滚花方法。滚花是用滚花刀来挤压工件，使其表面产生塑性变形而形成的花纹，所以在滚花时产生的径向挤压力是很大的。滚花前，根据工件材料的性质，须把滚花部分的直径车小(0.8～1.2)m(m 为花纹模数)。然后把滚花刀装夹在刀架上，使滚花刀的表面与工件平行接触，如图 1.144 所示，装准中心。在滚花刀接触工件时，必须用较大的压力，使工件刻出较深的花纹，否则就容易产生乱纹。这样来回滚压 1～2 次，直到花纹凸出为止。为了减少开始时的径向压力，可先把滚花刀表面宽度的一半与工件表面相接触，或把滚花刀装得与工件表面有一很小的夹角(类似车刀的副偏角)，这样比较容易切入。在滚压过程中，还必须经常加润滑油和清除切屑，以免损坏滚花刀和防止滚花刀被切屑滞塞而影响花纹的清晰程度。滚花时应选择较低的切削速度。

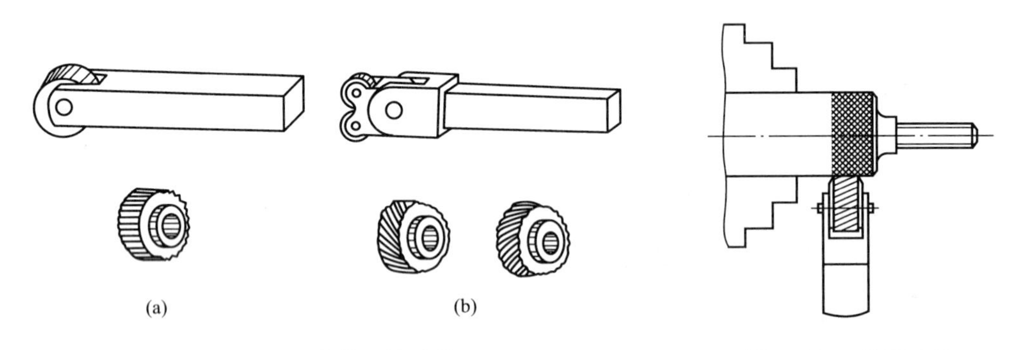

图 1.143　滚花刀的种类

图 1.144　滚花方法

(4) 滚花安全操作事项：

① 滚花时，工件必须装夹牢固。用毛刷加切削液时，毛刷不能与工件和滚花刀接触，以免轧坏毛刷。

② 滚花时产生的径向压力很大，要防止工件顶弯，对薄壁零件要防止变形。

③ 滚花时不准用手去摸工件，以免发生事故。

1.4.3　任务实施

1. 图样分析

(1) 双头螺栓 M16×1.5－6g 的大径公差带与中径公差带相同。中径尺寸 $d_2=d-0.6495P=15.026\text{mm}$，查螺纹公差表(GB/T 197—2003)得：螺纹大径及中径的上、下偏差为 $d=\phi16_{-0.268}^{-0.032}\text{mm}$；$d_2=\phi15.026_{-0.182}^{-0.032}\text{mm}$。车大径时，一般可车得比公称直径小 $0.12P$，这样螺纹车制后，保证牙顶有 $P/8$ 的宽度。

(2) 滚花螺母 M16 螺纹轴线为基准。ϕ40mm 外圆端面对 M16 螺纹轴线的垂直度 0.05mm。滚花网纹的模数是 0.4。

根据螺纹标记，M16×1.5－7H 的中径尺寸 $D_2=16-0.6495P=15.026$，小径尺寸 $D_1=16-1.0825P=14.376$ 及其中径的上、下偏差 $D_2=\phi15.026_{0}^{+0.236}\text{mm}$，小径的上下偏差 $D_1=\phi14.376_{0}^{+0.375}\text{mm}$ 。内螺纹 M16×1.5－7H，由于直径及螺距都较小，可用丝锥加工，攻螺纹前的螺纹底孔可以用钻头钻出，由于钻削精度较差。需要再车孔保证精度。

2. 工艺过程

双头螺栓工艺过程如下：

(1) 下料。

(2) 车端面——打中心孔——车外圆——车螺纹——调头车端面——车外圆——车螺纹。

(3) 检验。

滚花螺母工艺过程如下：

(1) 下料。

(2) 调质。

(3) 车端面——钻中心孔——车外圆——滚花——钻孔——车孔——倒角——攻内螺纹——车端面——切断——换软爪，车另一端面——倒角。

(4) 检验。

3. 工艺准备

(1) 材料准备；双头螺栓用 35# 冷拉圆钢，规格 ϕ20mm×155mm；

滚花螺母用 45# 调质钢，规格 ϕ40mm×200mm。

(2) 设备准备；CA6140 普通车床。

(3) 刃具准备；双头螺栓：90°外圆车刀，45°外圆车刀，螺纹车刀。

滚花螺母：ϕ13mm 麻花钻，丝锥 M16×1.5，90°外圆车刀，45°外圆车刀，A 型 ϕ2.5mm 中心钻，75°内孔车刀，3mm 切断刀。

(4) 量具准备。游标卡尺，螺纹量规。

(5) 辅具准备。三爪卡盘，选用硬爪与软爪装夹，钻头夹。

4. 加工步骤

双头螺栓车削加工步骤如表 1－16 所列。

滚花螺母车削加工步骤如表 1－17 所列。

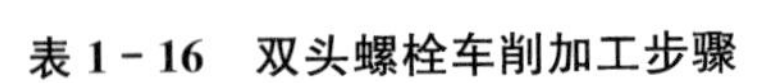

表 1-16　双头螺栓车削加工步骤

步骤	加　工　内　容	简　　图
1	在三爪自定心卡盘上夹住 ϕ20mm 毛坯外圆，伸出 100mm 左右，找正外圆 ① 车端面，用 45°外圆车刀，车平即可 ② 钻中心孔，在尾架上安装 A2.5 中心钻	ϕ25　60°
2	一夹一顶装夹工件 ① 粗车 ϕ16mm 外圆，用 90°外圆车刀，留精车余量 0.5～1mm ② 精车 ϕ16mm 外圆，用 90°外圆车刀，螺纹外圆尺寸应比螺纹大径尺寸小 0.12P，d=16－0.12P=16－0.12×1.5=15.82mm ③ 用螺纹车刀切削刃中部倒角(一般比小径尺寸略小) ④ 按螺纹长度刻退刀位置线痕 ⑤ 按螺距 P=1.5 调整进给箱手柄位置 ⑥ 调整主轴转速。低速车螺纹切削速度一般取 20m/min，精车切削速度取 5m/min ⑦ 确定车螺纹背吃刀量。开动机床，移动床鞍及中滑板使刀尖与螺纹外圆接触，床鞍向外退出，将中滑板刻度调整至零位。先在外圆上用螺纹车刀刀尖车出一条很浅的螺旋线，用钢直尺或游标卡尺检查螺距，检查合格后，根据螺纹总背吃刀量，合理分配每刀切削量，即第一刀背吃刀量约 1/4 牙型高，以后逐步递减 ⑧ 用直进法车 M16×1.5 螺纹	线痕　46　ϕ15.82　C2 46　M16　C2
3	调头夹住 ϕ16mn 外圆(表面包一层铜皮)，校正工件 ① 车端面，取总长 150mm ② 粗车 ϕ16mm 外圆，留精车余量 0.5～1mm ③ 精车 16mm 外圆至螺纹大径尺寸ϕ15.82mm ④ 倒角 C2，螺纹长度 30 处刻退刀位置线痕 ⑤ 用直进法车 M16×1.5 螺纹	M16　30

表 1-17　滚花螺母车削加工步骤

步骤	加　工　内　容	简　　图
1	在三爪自定心卡盘上夹住 ϕ40mm 毛坯外圆 ① 车端面，用 45°外圆车刀，车平即可 ② 钻中心孔，在尾架上安装 A2.5 中心钻	ϕ25　60°

（续）

步骤	加 工 内 容	简　　图
2	一夹一顶装夹工件 ① 车 ϕ35mm 外圆，滚花外圆尺寸应比图样中实际外圆尺寸 ϕ35mm 小 0.8～1.6mm ② 滚花，滚花刀的模数是 0.4 网纹	网纹m0.4 GB/T 6403.3—2008 18
	只用三爪卡盘装夹 ① 钻孔，用 ϕ13 麻花钻钻孔，深度大于18mm ② 车孔，用内孔车刀车孔，尺寸至 ϕ14.5mm ③ 倒角 $C2$ ④ 攻螺纹，用 M16×1.5 丝锥 ⑤ 切断	网纹m0.4 GB/T 6403.3—2008 A M16 ϕ35 C2 ⊥ 0.05 A
3	用三爪自定心卡盘软爪夹住滚花外圆 ① 校正外圆 ② 车端面，取总长 15mm ③ 内外圆倒角 $C2$	网纹m04 GB/T 6403.3—2008 A M16 ϕ35 C2 15 ⊥ 0.05 A

5. 精度检验

加工完成的产品零件如图 1.145(a)、(b)所示。

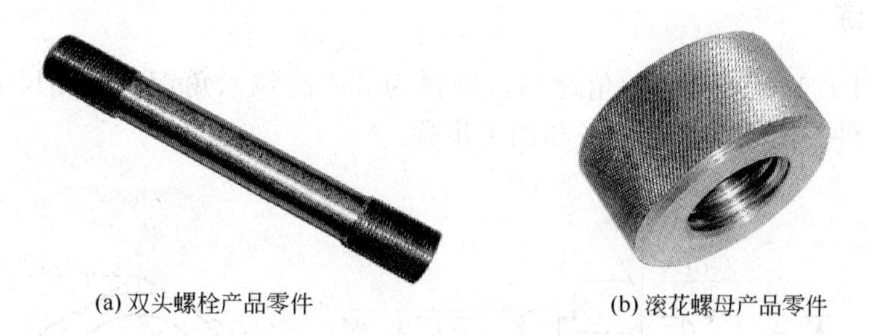

(a) 双头螺栓产品零件　　(b) 滚花螺母产品零件

图 1.145　产品零件图

(1) M16×1.5－6g 螺纹大径、螺栓长度检验可用游标卡尺测量。外螺纹用螺纹环规综合测量。

(2) 滚花螺母内径、外径、长度用游标卡尺测量，内螺纹 M16×1.5－7H 的精度检验用螺纹塞规综合测量。

6. 误差分析

车螺纹常见问题及产生原因如表 1－18 所列。

表 1-18　车螺纹常见问题及产生原因

问　题	产　生　原　因
中径尺寸不正确	① 中滑板刻度不准，精车时应检查刻度盘是否松动 ② 高速切削时切入深度未掌握好，应及时测量工件
螺距不正确	交换齿轮在计算或搭配时错误和进给箱手柄位置放错。应在车削第一个工件时，先车出一条很浅的螺旋线，停车后，用钢直尺测量螺距的尺寸是否正确
局部螺距不正确	① 车床丝杠和主轴的窜动较大 ② 溜板箱手轮转动时轻重不均匀 ③ 开合螺母间隙太大
牙型不正确	① 车刀装夹不正确，产生螺纹的牙型半角误差，一定要使用螺纹样板对刀 ② 车刀刀尖角刃磨得不正确 ③ 车刀磨损，应合理选择切削用量和及时修磨车刀
牙侧表面粗糙度	① 高速切削螺纹时，切削厚度太小或切屑沿倾斜方向排出，拉毛牙侧表面。高速切削螺纹时，最后一刀切削厚度一般不小于 0.1mm，切屑要沿垂直轴线方向排出 ② 车刀产生积屑瘤，用高速钢车刀切削，应降低切削速度，切削厚度小于 0.07mm，并加注切削液 ③ 刀杆不要伸出过长，刀杆刚性不够，切削时易引起振动 ④ 车刀刃口磨得不光洁，或在车削中损伤了刃口
牙型纹乱	① 车床丝杠螺距不是工件螺距的整数转时，直接起动开合螺母车削螺纹 ② 开倒顺车车螺纹时，开合螺母抬起
“扎刀”和顶弯工件	① 车刀背前角太大，中滑板丝杠间隙较大 ② 工件刚性差，而切削用量选择太大

1.4.4　拓展训练

(1) 加工图 1.146 所示的六角螺母，材料为 35# 冷拉六角钢，毛坯尺寸为 S36×38，加工数量为 10 件。试编制工艺准备和加工步骤。

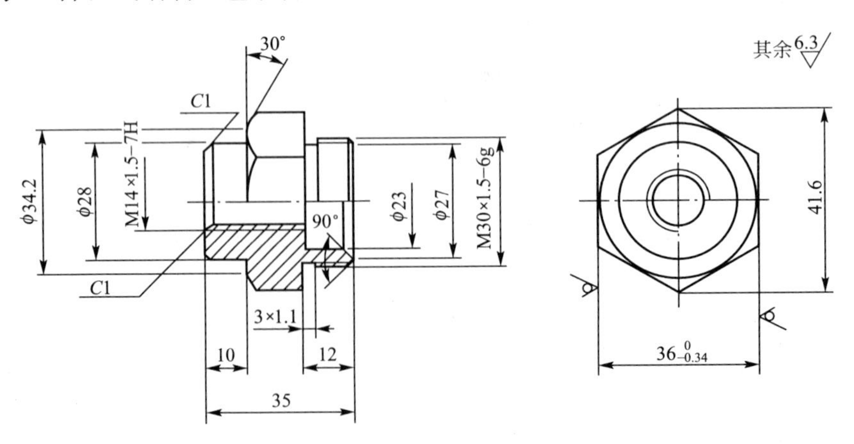

图 1.146　六角螺母

加工要点分析

冷拉六角钢的表面粗糙度可达 $Ra3.2\mu m$，尺寸精度也较高。车削时，用三爪自定心卡盘夹住六角面，由于六角面表面是平的，而卡爪是圆弧形的，这样卡爪两边缘容易把六角表面夹坏。所以装夹时，夹住长度应尽量短于10mm，以便在车外圆时车去。

车M30×1.5－6g螺纹时，由于台阶面较大，沟槽宽度又窄，可用高速钢螺纹车刀低速切削，采用左右切削法。

M14×1.5－7H内螺纹，由于直径及螺距都较小，可用丝锥加工，攻螺纹前的螺孔直径可以用钻头直接钻至尺寸。

加工 $\phi23$ 台阶孔时，先用 $\phi22$ 平头钻扩钻后，再用不通孔车刀车孔。这样可以提高切削效率。

(2) 加工图1.147所示的螺杆轴，材料为35#钢，毛坯采用热轧圆钢，尺寸为 $\phi50\times240$，加工数量为5件。试编制工艺准备和加工步骤。

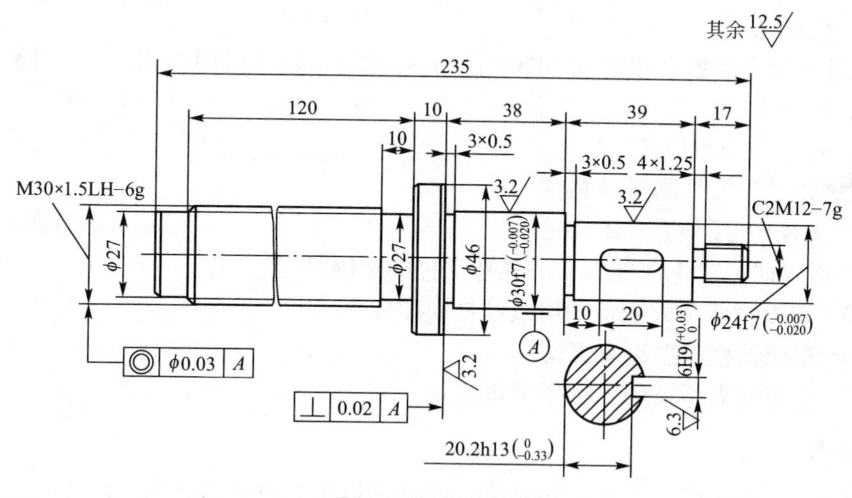

图1.147　螺杆轴

加工要点分析

M30×1.5LH－6g左螺纹，车削时主要是变换车床丝杠的旋转方向，主轴顺转，车刀由退刀槽处进刀，从主轴箱向尾座方向进给车削螺纹。可以用YT15硬质合金螺纹车刀进行高速车削。

外螺纹M12，螺纹精度等级要求较低，可用板牙套螺纹方法加工。车M12外螺纹大径时，应比公称尺寸小0.2～0.3mm，端面处倒角 $C2$。使板牙容易切入工件。

1.4.5　练习与思考

1. 选择题

(1) M10－5g6g中5g代表(　　)。

A. 内螺纹中径公差代号　　B. 内螺纹小径公差代号
C. 外螺纹大径公差代号　　D. 外螺纹中径公差代号

(2) 滚花一般放在(　　)。
A. 粗车之前　　B. 精车之前　　C. 精车之后

(3) 为了不产生乱纹，开始滚花时，挤压力要(　　)。
A. 大　　B. 均匀　　C. 小

(4) 预防车螺纹时乱牙的方法是(　　)。
A. 开倒顺车法　　B. 接刀法　　C. 左右切削法　　D. 插齿法

(5) 下列哪种组合方式不会产生螺纹乱牙现象？(　　)
A. $P_{丝}=12\text{mm}$　$P_1=8\text{mm}$　　B. $P_{丝}=12\text{mm}$　$P_1=6\text{mm}$
C. $P_{丝}=12\text{mm}$　$P_1=5\text{mm}$　　D. $P_{丝}=8\text{mm}$　$P_1=6\text{mm}$

(6) 套螺纹前，工件的前端面应加工出小于45°的倒角，直径(　　)，使板牙容易切入。
A. 小于螺纹大径　　B. 小于螺纹中径　　C. 小于螺纹小径

(7) 在车床上攻螺纹前，先进行钻孔，孔口倒角要大于内螺纹(　　)尺寸。
A. 大径　　B. 中径　　C. 小径

(8) 工件材料为铸铁，攻螺纹M20时钻底孔的钻头直径可用公式(　　)计算。
A. $d_1=d-P$　　B. $d_1=d-(1.05-1.1)P$
C. $d_1=d-0.6495P$

(9) 用螺纹千分尺是测量外螺纹(　　)的。
A. 大径　　B. 中径　　C. 小径　　D. 螺距

(10) 车螺纹时，产生“扎刀”和顶弯工件的原因是(　　)。
A. 车刀背前角太大，中滑板丝杠间隙较大
B. 车床丝杠和主轴有窜动
C. 车刀装夹不正确，产生半角误差

2. 判断题

(1) 用高速钢车刀低速车削三角螺纹，能获得较高的螺纹精度和生产效率。(　　)
(2) 乱牙就是车螺纹时，第二次进刀车削时车刀刀尖不在前一次切出的槽内。(　　)
(3) 直进法车螺纹易产生“扎刀”现象，而斜进法可以防止“扎刀”现象。(　　)
(4) 高速车螺纹使用硬质合金刀具车削时只能用直进法。(　　)
(5) 车螺纹时，当工件旋转4转，车床丝杠转过1转时，是不会产生乱牙的。(　　)
(6) 工件上滚花是为了增加摩擦力和使工件表面美观。(　　)
(7) 滚花前，根据工件材料的性质，需把滚花部分的直径车小(0.8～1.2)m。(　　)
(8) 高速车削三角形螺纹时，因工件材料受车刀挤压使螺纹大径变小，所以车削螺纹大径时应比基本尺寸大0.2～0.4mm。(　　)
(9) 为了使套螺纹时省力，工件外径应车到接近螺纹大径的上偏差。(　　)
(10) 用螺纹量规检验三角形螺纹是一种综合测量的方法。(　　)

3. 简述题

(1) 三角螺纹各部分的尺寸计算方法是什么？
(2) 螺纹车刀的类型有哪些？

（3）车削螺纹的方法有哪些？
（4）车螺纹时怎样防止乱扣？
（5）测量螺纹的方法有哪些？
（6）攻螺纹和套螺纹的步骤是怎样的？
（7）滚花时应注意哪些事项？

任务 1.5　车削圆锥面

引言

在机床与工具中，圆锥面配合应用得很广泛。例如，车床主轴锥孔与顶尖锥体的结合；车床尾座套筒锥孔与麻花钻、铰刀及回转顶尖等锥柄的结合等，如图 1.148 所示。

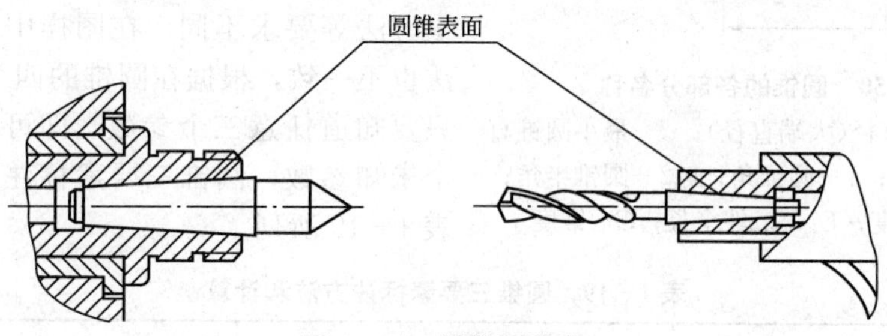

图 1.148　圆锥面配合

圆锥面配合获得广泛应用的主要原因如下：

（1）当圆锥面的锥角较小（在 3°以下）时，可传递很大的转矩。

（2）装卸方便，虽经多次装卸，仍能保证精确的定心作用。

（3）圆锥面配合同轴度较高，并能做到无间隙配合。

（4）圆锥面的车削与外圆车削所不同的是除了对尺寸精度、形位精度和表面粗糙度要求外，还有角度或锥度的精度要求。

1.5.1　任务导入

加工图 1.149 所示的锥度心轴。毛坯为 45# 热轧圆钢，毛坯尺寸为 ϕ40mm×160mm。数量为 8 件。

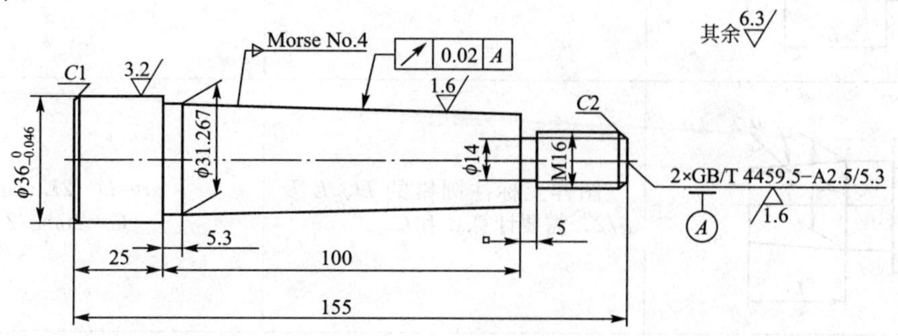

图 1.149　锥度心轴

1.5.2 相关知识

1. 圆锥的基本参数和标准圆锥

(1) 圆锥的四个基本参数：

① 最大圆锥直径(D)。

② 最小圆锥直径(d)。

③ 圆锥长度(L)。

④ 圆锥半角($\alpha/2$)和锥度(C)。

锥度是两个垂直圆锥轴线截面的圆锥直径差与该两截面间的轴向距离之比，即 $C=(D-d)/L$。

圆锥的各部分名称如图1.150所示。

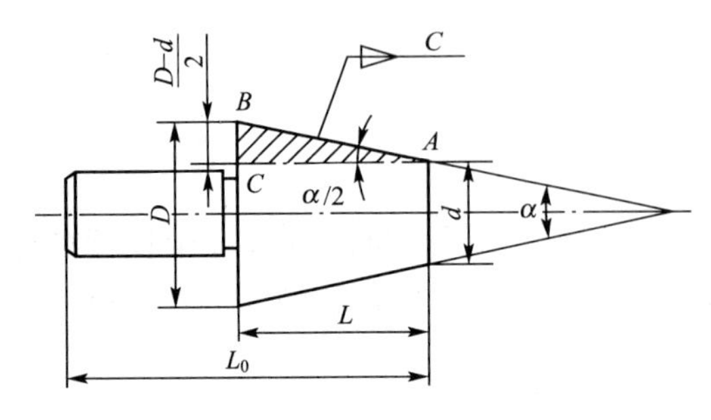

图1.150 圆锥的各部分名称

D—最大圆锥直径(大端直径)；d—最小圆锥直径(小端直径)；α—圆锥角；$\alpha/2$—圆锥半角；L—圆锥长度；L_0—工件全长；C—锥度

(2) 圆锥的表示方法。由于设计基准、测量方法等要求不同，在图样中圆锥的标注方法也不一致，根据在圆锥的四个基本参数中，只要知道任意三个参数，即可计算出其他一个未知参数，圆锥三要素标注方法和计算如表1-19所列。

表1-19 圆锥三要素标注方法和计算

图　示	说　明	计　算
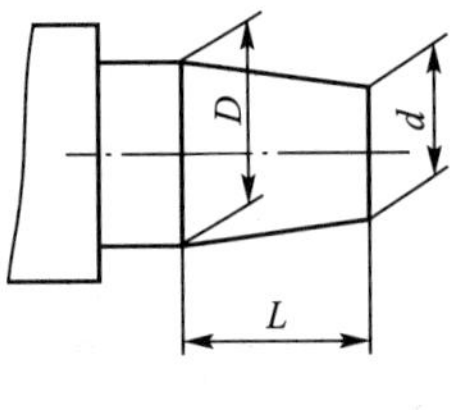	图样上标注圆锥的 D、d 及 L，需要计算 C 和 $\alpha/2$	$C=(D-d)/L$ $\tan\alpha/2=(D-d)/(2L)$
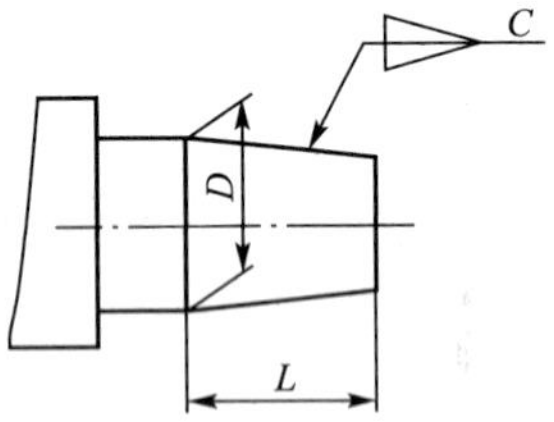	图样上标注圆锥的 D、d 及 L，需要计算 d 和 $\alpha/2$	$d=D-CL$ $\tan\alpha/2=C/2$
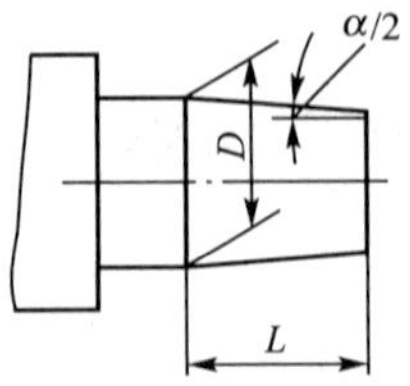	图样上标注圆锥的 D、L 及 $\alpha/2$，需要计算 d 和 C	$d=D-2L\tan\alpha/2$ $C=2\tan\alpha/2$

（续）

图　　示	说　　明	计　　算
C　d　L	图样上标注圆锥的 C、d 及 L，需要计算 D 和 $\alpha/2$	$D=d+CL$ $\tan\alpha/2=C/2$

（3）标准圆锥。为了使用方便和降低生产成本，常用的工具、刀具上的圆锥都已标准化。圆锥的各部分尺寸可按照规定的几个号码来制造。使用时只要号码相同，就能互配。标准工具圆锥已在国际上通用，即不论哪一个国家生产的机床或工具，只要符合标准圆锥都能达到互配性要求。

常用的标准工具圆锥有米制圆锥和莫氏圆锥两种：

① 米制圆锥。米制圆锥共有八个号码，即 4 号、6 号、80 号、100 号、120 号、140 号、160 号和 200 号。它的号码是指圆锥的大端直径，锥度固定不变，即 $C=1:20$。圆锥半角 $\alpha/2=1°25'56''$。

② 莫氏圆锥。莫氏圆锥是机器制造业中应用得最广泛的一种，如车床主轴孔、顶尖、钻头柄部及铰刀柄部等都使用莫氏圆锥。莫氏圆锥分成七个号码，即 0、1、2、3、4、5、6，最小的是 0 号，最大的是 6 号。每一型号公称直径大小分别为 9.045、12.065、17.78、23.825、31.267、44.399、63.348。莫氏圆锥是从英制换算来的。当号数不同时，圆锥半角和尺寸都不同。莫氏圆锥的锥度和圆锥半角如表 1－20 所列。

表 1－20　莫氏圆锥的锥度、圆锥角和斜度

圆锥号码	锥度（$C:2\tan\alpha/2$）	圆锥角（α）	圆锥半角（$\alpha/2$）	斜度（$\tan\alpha/2$）
0	1∶19.212=0.05205	2°58′54″	1°29′27″	0.0260
1	1∶20.047=0.04988	2°51′26″	1°25′43″	0.0249
2	1∶20.020=0.04995	2°51′41″	1°25′50″	0.0250
3	1∶19.992=0.05020	2°52′32″	1°26′26″	0.0251
4	1∶19.254=0.05194	2°58′31″	1°29′15″	0.0260
5	1∶19.002=0.05263	3°00′53″	1°30′26″	0.0263
6	1∶19.180=0.05214	2°59′12″	1°29′36″	0.0261

2. 车圆锥面的方法

在车床上车削圆锥面的方法主要有以下几种。

1）转动小滑板法

车削长度较短、锥度较大的圆锥体或圆锥孔时，如图 1.151 所示，可以使用转动小滑板的方法。这种方法操作简便，并能保证一定的车削精度，适用于单件或小批量生产，是一种应用广泛的车削方法。

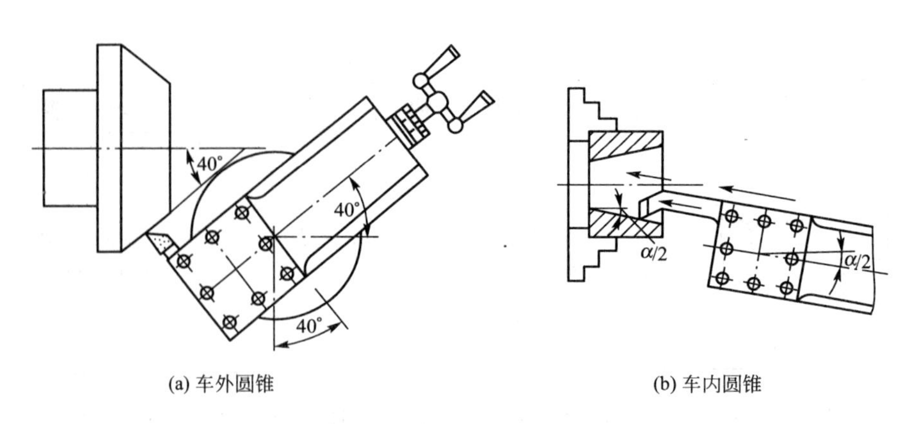

(a) 车外圆锥　　(b) 车内圆锥

图 1.151　转动小滑板车圆锥面

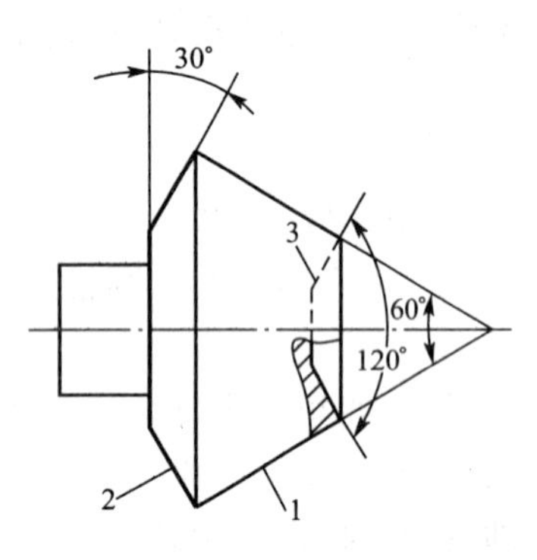

图 1.152　锥齿轮坯

1、2、3—圆锥面

(1) 小滑板转动角度原则。小滑板转动角度应是圆锥素线与车床主轴轴线夹角，即工件圆锥半角，使车刀进给轨迹与所要车削的圆锥素线平行即可。如果图样上没有注明圆锥半角，可计算得出。

例如，车削图 1.152 所示的锥齿轮坯时，小滑板应转角度如下：

① 车削圆锥面 1 时，小滑板轴线应与素线 OB 平行。素线 OB 与工件轴线 OD 的夹角为 $\alpha/2=60°/2=30°$，即小滑板应逆时针转过 30°，如图 1.153(a)所示。

② 车削圆锥面 2 时，小滑板轴线应与素线 BC 平行。素线 BC 与工件轴线 $OD(CG)$ 的夹角 $\alpha/2=90°-30°=60°$，即小滑板应顺时针转过 60°，如图 1.153(b)所示。

③ 车削圆锥面 3 时，小滑板轴线应与素线 AD 平行。素线 AD 与工件轴线的夹角为 $\alpha/2=120°/2=60°$，即小滑板应顺时针转过 60°，如图 1.153(c)所示。

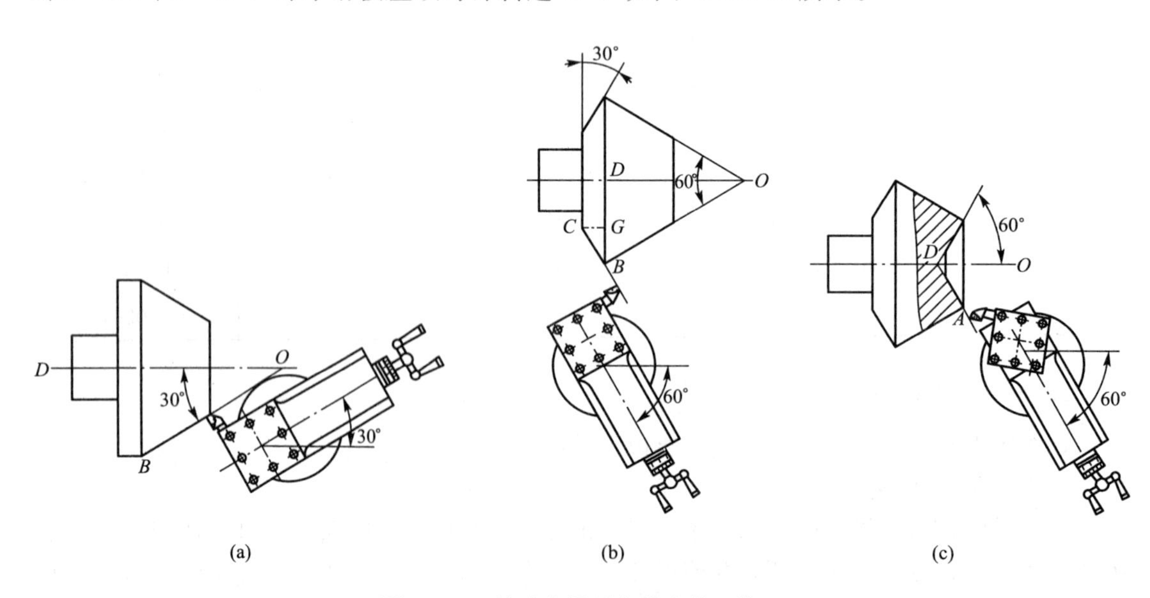

(a)　　(b)　　(c)

图 1.153　转动小滑板车锥齿轮坯锥面

(2) 找正小滑板角度方法。根据小滑板上的角度来确定锥度，精度是不高的，当车削标准锥度和较小角度时，一般可用锥度量规，用涂色检验接触面的方法，逐步找正小滑板所转动的角度。车削角度较大的圆锥面时，可用角度样板或用游标万能角度尺检验找正。

如果车削的圆锥工件已有样件，可用百分表找正小滑板应转的角度，找正方法如图 1.154 所示。先把样件装夹于两顶尖间(车床主轴轴线应与尾座套筒轴线同轴)，然后在方刀架上装一只百分表，把小滑板转动一个所需的圆锥半角，把百分表的测量头垂直接触在样件上(必须对准中心)。移动小滑板，观察百分表指针摆动情况。若指针摆动为零，说明小滑板应转角度已找正。

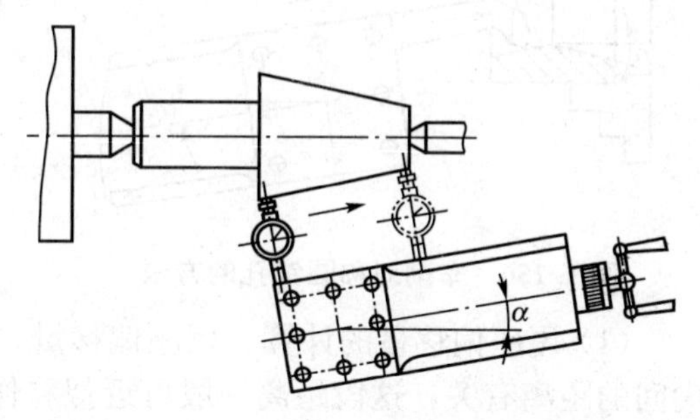

图 1.154　用样件找正小滑板转动角度

(3) 车削配套圆锥面方法。若工件数量很少时，可使用图 1.155 所示方法车削。车削时，先把外锥体车削正确，这时不要变动小滑板的角度，只需把车孔刀反装，使切削刃向下，主轴仍然正转，即可车削圆锥孔。由于小滑板角度不变，因此可以获得很正确的圆锥配合表面。

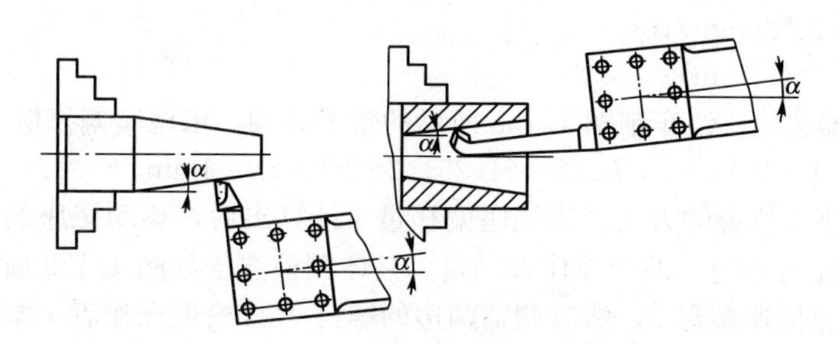

图 1.155　车削配套圆锥面方法

对于左右对称的圆锥孔工件，一般也可以用上述方法来保证精度。车削方法如图 1.156 所示。先把外端圆锥孔车削正确，不变动小滑板的角度，把车刀反装，摇向对面再车削里面一个圆锥孔。这种方法加工方便，不但能使两对称圆锥孔锥度相等，而且工件不需卸下，所以两锥孔可获得很高的同轴度。

转动小滑板车削圆锥面，不能机动进给而只能手动进给车削，劳动强度大，工件表面粗糙度难控制。同时工件锥度受小滑板行程的限制，只能车削较短的圆锥工件。

2) 偏移尾座法

对于长度较长、锥度较小的圆锥体工件，可将工件装夹在两顶尖间，采用偏移尾座的车削方法。该车削方法可以机动进给车削圆锥面，劳动强度小，车出的锥体表面粗糙度值小。但因受尾座偏移量的限制，不能车锥度很大的工件。

偏移尾座的具体车削方法是把尾座水平偏移一个 s 值，使得装夹在前、后顶尖间的工件轴线和车床主轴轴线成一个夹角，这个夹角就是锥体的圆锥半角 $\alpha/2$，当工件旋转后，与车床主轴轴线平行移动的车刀刀尖的轨迹，就是被车削锥体的素线，如图 1.157 所示。

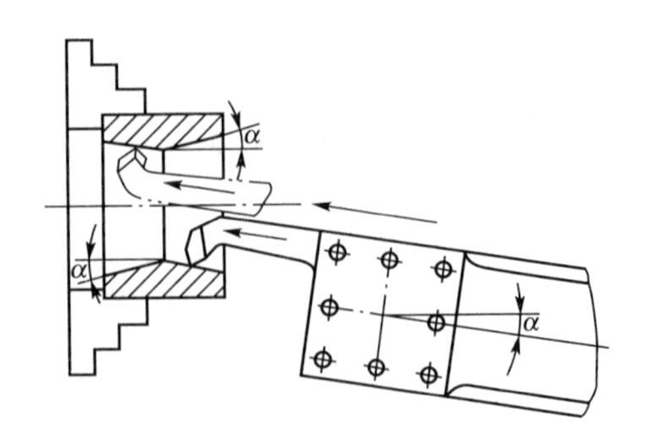

图 1.156　车削对称圆锥孔的方法

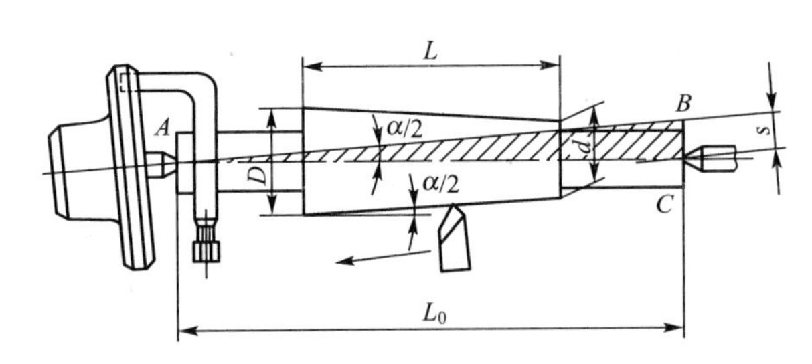

图 1.157　偏移尾座法车圆锥体

（1）尾座偏移量的计算。尾座偏移量，不仅和圆锥部分的长度 L 有关，而且还和两顶尖间的距离有关，这段距离一般可近似看作工件总长 L_0。偏移量可根据下式计算：

$$s=[(D-d)/(2L)]L_0 \tag{1-10}$$

或

$$s=(C/2)\times L_0=CL_0/2$$

式中　s——尾座偏移量(mm)；

D——最大圆锥直径(mm)；

d——最小圆锥直径(mm)；

L——圆锥长度(mm)；

L_0——工件全长(mm)。

例 1.6　用偏移尾座法车削图 1.158 所示的锥形心轴，求尾座偏移量 s。

解：根据式(1-10)，$s=CL_0/2=(1/25)/2\times200\text{mm}=4\text{mm}$。

（2）控制尾座偏移量的方法。当尾座偏移量 s 计算出后，移动尾座的上部，一般是将尾座上部移向操作者方向，便于操作者测量。具体调整方法如图 1.159 所示。先松开尾座的锁紧手柄 1 或紧固座螺母 3，然后调整两边的螺钉 4(拧松近操作者一端的螺钉，并拧紧远离操作者一端的螺钉)，尾座体 2 作横向移动，即可使尾座套筒 5 轴线对车床主轴轴线产生一个偏移量 s。调整后两边的螺钉要同时锁紧。

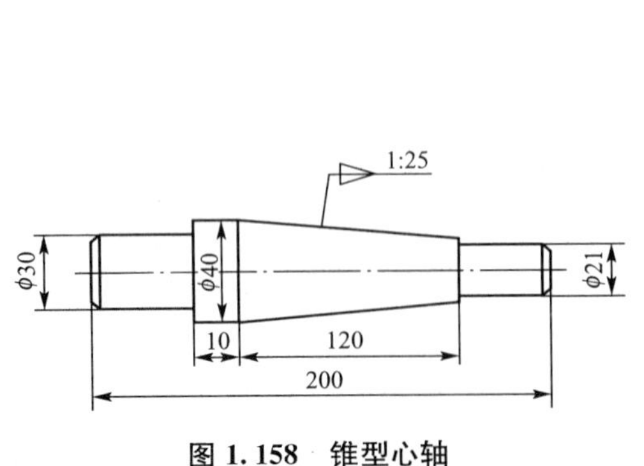

图 1.158　锥型心轴

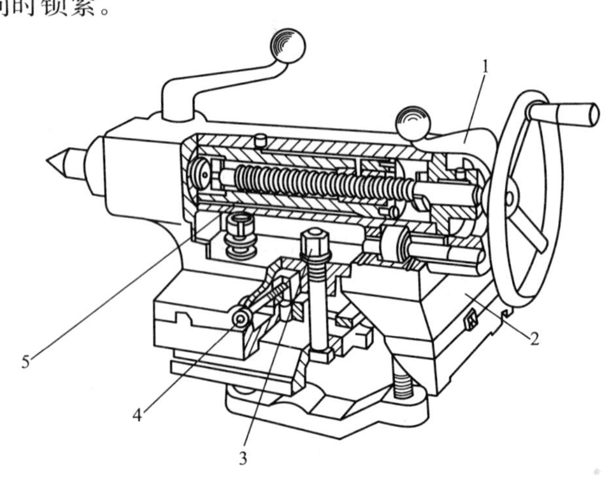

图 1.159　车床尾座

1—手柄；2—尾座体；3—紧固座螺母；4—螺钉；5—套筒

控制尾座偏移量的方法一般有以下几种：

① 应用尾座下层的刻度值控制偏移量，在移动尾座上层零线所对准的下层刻线上读出偏移量，如图 1.160 所示。采用这种方法比较简单，但由于标出的刻度值是以 mm 为单位的，很难一次准确地将偏移量调整精确。

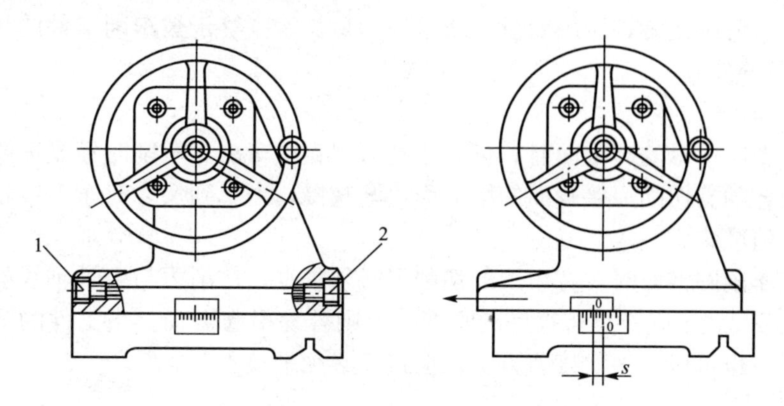

图 1.160　利用尾座刻度值移尾座

1、2—螺钉

② 应用中滑板刻度控制偏移量，方法是在方刀架上装夹一铜棒，移动中滑板，使铜棒与尾座套筒接触，消除刻度盘空行程后，记录中滑板刻度值，根据刻度把铜棒退出 s 的距离，如图 1.161 所示。然后偏移尾座上部，直至套筒接触铜棒为止。

例 1.7　用偏移尾座方法车削一圆锥体，计算出尾座偏移量 s=3.5mm，用中滑板刻度控制尾座偏移量，中滑板刻度值每格为 0.05mm，求中滑板退出时应转格数。

解： 中滑板格数 K=3.5mm/0.05mm=70(格)。

用以上两种方法取得的偏移量都是近似的，仅作初步找正圆锥半角使用，最后还需经过试车削找正。

③ 应用百分表控制偏移量，方法是把百分表固定在刀架上，使百分表的测量头垂直接触尾座套筒，并与机床中心等高，调整百分表指针至零位，然后偏移尾座，偏移值就能从百分表上具体读出，然后将尾座固定，如图 1.162 所示。

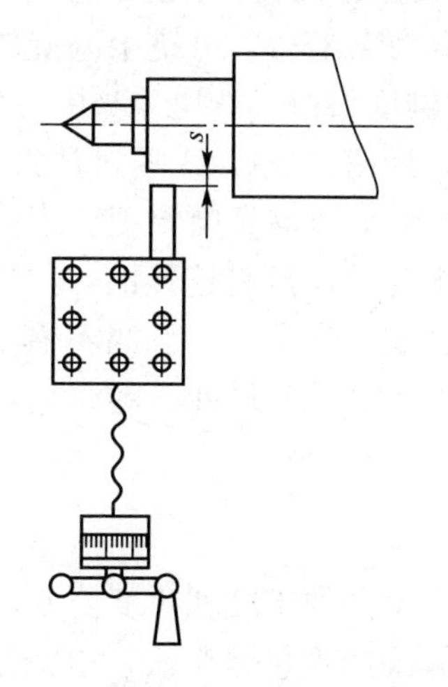

图 1.161　利用中滑板刻度控制偏移尾座

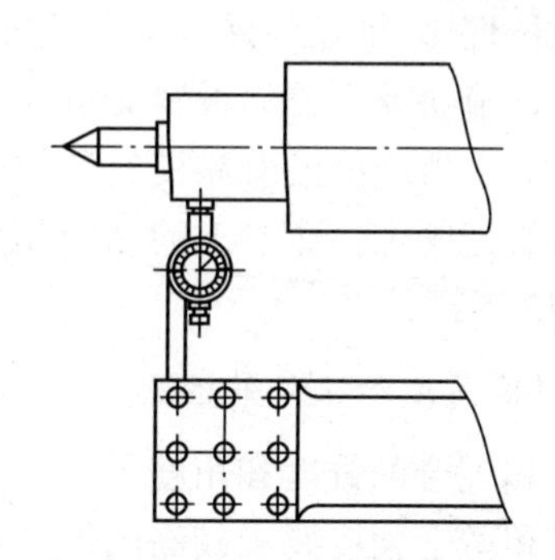

图 1.162　用百分表控制偏移尾座

④ 应用锥度量棒或样件控制偏移量，方法是把锥度量棒或样件装夹在两顶尖间，并把百分表固定在刀架上，使测量头垂直接触量棒或样件的圆锥素线，并与机床中心等高，再偏移尾座，纵向移动床鞍，观察百分表指针在圆锥两端的读数是否一致。如读数不一致，再调整尾座位置，直至两端读数一致为止(图 1.163)。这种方法找正锥度操作简便，而且精度较高。但应注意，所用的量棒或样件的总长度应等于被车削工件的长度，否则找正的锥度是不正确的。

3）宽刃车削法

车削图 1.164 所示的圆锥面时，可以用宽刃刀直接车出。车削时锁紧床鞍，开始滑板进给速度略快，随着切削刃接触面的增加而逐渐减慢，当车到尺寸时车刀应稍作停留，使圆锥面粗糙度值减小。

用宽刃刀车削圆锥面时，宽刃刀的切削刃必须平直，切削刃与主轴轴线的夹角应等于工件圆锥半角 $\alpha/2$。车床应具有很好的刚度，否则容易引起振动。当工件的圆锥素线大于切削刃长度时，也可以用多次接刀方法，但接刀必须平整。

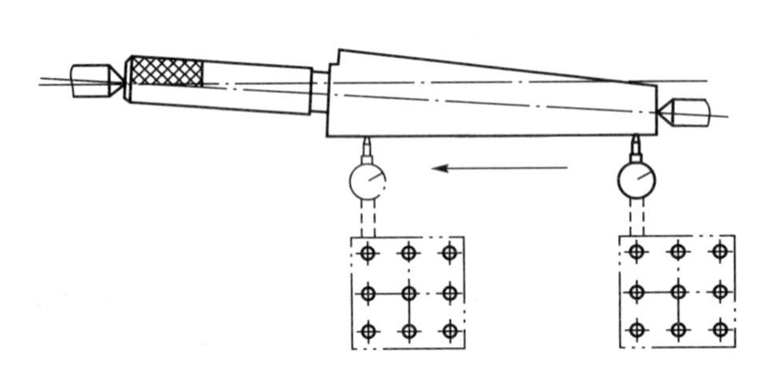

图 1.163　用锥度量棒控制偏移尾座

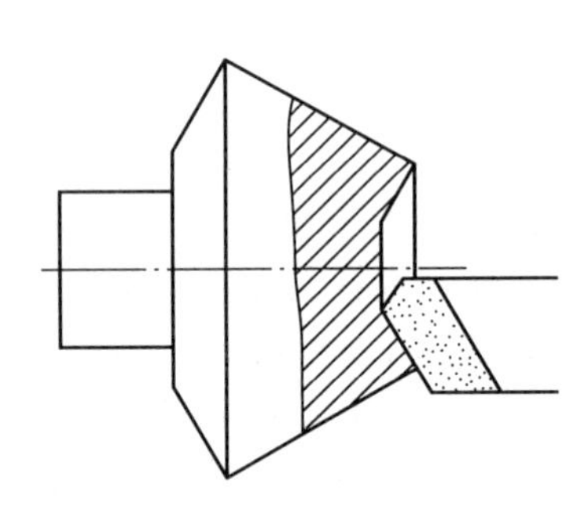

图 1.164　用宽刃刀车削圆锥面

4）靠模法车削

对于长度较长、精度要求较高的锥体，一般采用靠模法车削。靠模装置能使车刀在作纵向进给的同时，还作横向进给，从而使车刀的移动轨迹与被加工零件的圆锥素线平行。

图 1.165 所示是车削圆锥表面的靠模装置。底座 1 固定在车床床鞍上，它下面的燕尾导轨和靠模体 5 上的燕尾槽滑动配合。靠模体 5 上装有锥度靠模 2，可绕中心旋转到与工件轴线交成所需的圆锥半角($\alpha/2$)。两只螺钉 7 用来固定锥度靠模，滑块 4 与中滑板丝杠 3 连接，可以沿着锥度靠模 2 自由滑动。当需要车圆锥时，用两只螺钉 11 通过挂脚 8，调节螺母 9 及拉杆 10 把靠模体 5 固定在车床床身上。螺钉 6 用来调整靠模斜度。当床鞍作纵向移动时，滑块就沿着靠板斜面滑动。由于丝杠和中滑板上的螺母是连接的，这样床鞍纵向进给时，中滑板就沿着靠模斜度作横向进给，车刀就合成斜进给运动。当不需要使用靠模时，只要把固定在床身上的两只螺钉 11 放松，床鞍就带动整个附件一起移动，使靠模失去作用。

3. 圆锥角度和锥度的检验

对于相配合的锥度和角度零件，根据用途不同，规定不同的锥度和角度公差。

对于相配合精度要求较高的锥度零件，在工厂中一般采用涂色检验法，以测量接触面的大小来评定锥度精度。

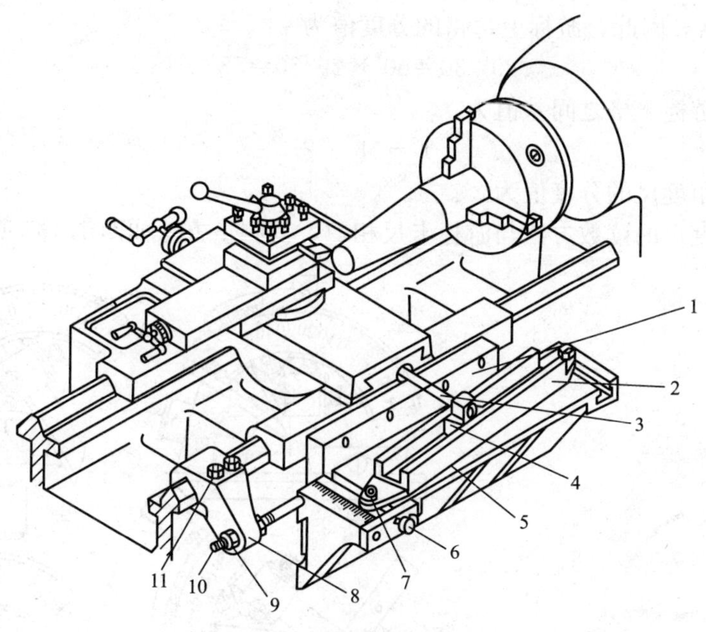

图 1.165　用靠模车圆锥的方法

1—底座；2—靠模；3—丝杠；4—滑块；5—靠模体；
6、7、11—螺钉；8—挂脚；9—螺母；10—拉杆

角度和锥度的检验一般有以下几种方法：

(1) 用游标万能角度尺检验。游标万能角度尺的结构原理如图 1.166(a)所示。它可以测量 0°～320°范围内的任何角度。

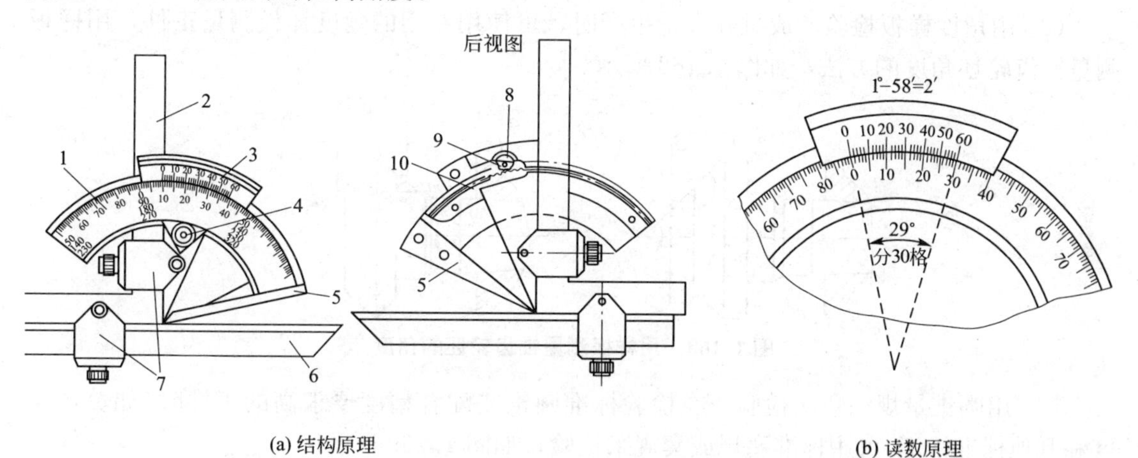

(a) 结构原理　　(b) 读数原理

图 1.166　游标万能角度尺

1—主尺；2—角尺；3—游标；4—制动器；5—基尺；6—直尺；
7—卡块；8—捏手；9—小齿轮；10—扇形齿轮

游标万能角度尺由主尺 1、基尺 5、游标 3、角尺 2、直尺 6、卡块 7 及制动器 4 等组成。基尺 5 可带动主尺 1 沿着游标 3 转动，转到所需角度时，可用制动器 4 锁紧。卡块 7 可将角尺 2 和直尺 6 固定在所需的位置上。

测量时，可转动背面的捏手 8，通过小齿轮 9 转动扇形齿轮 10，使基尺 5 改变角度。

游标万能角度尺的读数原理如图 1.166(b)所示。主尺每格为 1°，游标上总角度为

29°，并分成30格。因此，游标上每格的分度值为

$$29°/30=60'\times29/30=58'$$

主尺1格和游标1格之间差值为

$$1°-58'=2'$$

即这种游标万能角度尺的分度值为2′。

游标万能角度尺的读数方法与游标卡尺相似，其测量方法如图1.167所示。

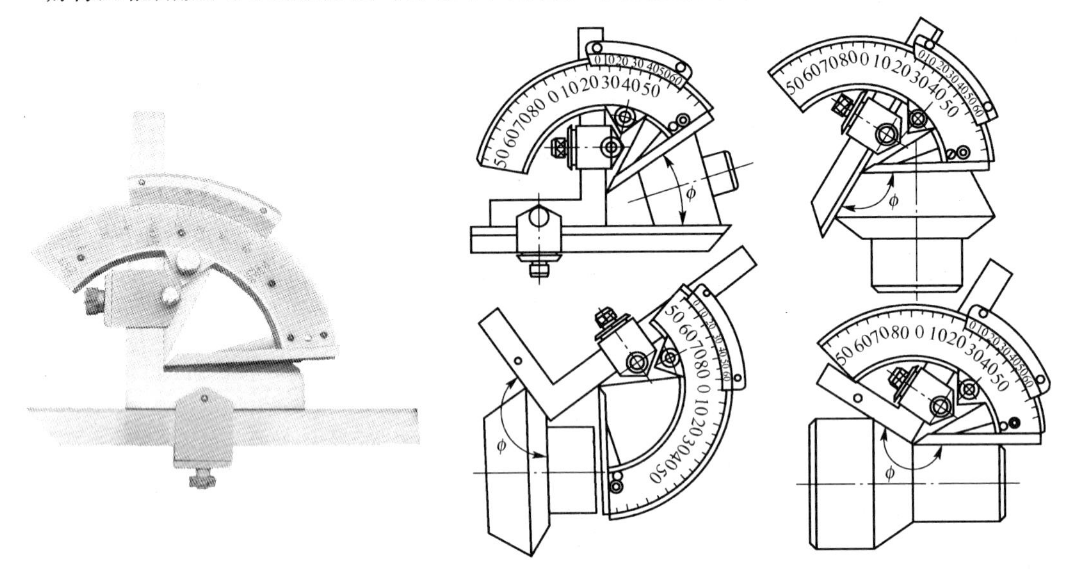

图1.167 用游标万能角度尺测量工件的方法示意

(2) 用角度样板检验。成批和大量生产时，可使用专用的角度样板测量工件，用样板测量锥齿轮坯角度的方法，如图1.168所示。

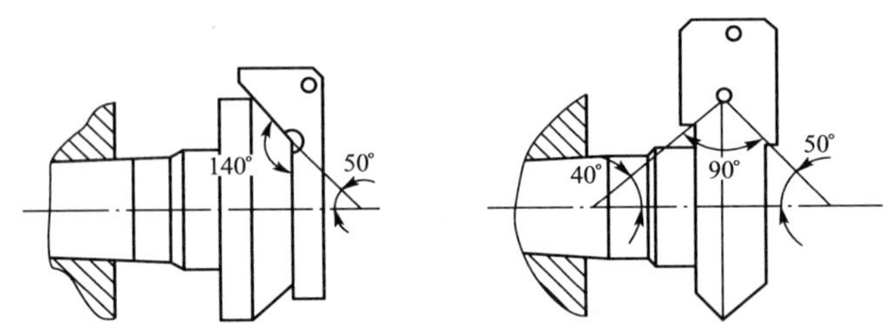

图1.168 用样板测量锥齿轮坯的角度

(3) 用圆锥量规涂色法检验。在检验标准圆锥或配合精度要求高的工件时(如莫氏锥度和其他标准锥度)可用标准塞规或套规来检验，如图1.169所示。

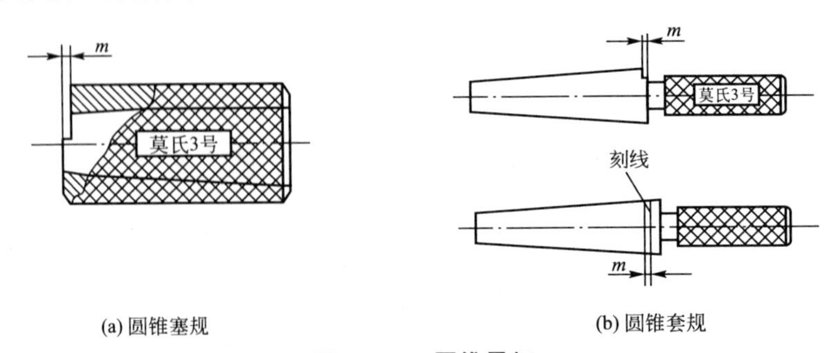

图1.169 圆锥量规

用圆锥套规检验圆锥体时，用显示剂(印油、红丹粉)在工件表面顺着圆锥素线均匀地涂上三条线，涂色要求薄而均匀，如图1.170(a)所示。检验时，手握圆锥套规轻轻套在工件圆锥上［图1.170(b)］，稍加轴向推力并将套规转动约半周。取下套规后，若三条显示剂全长上被均匀擦去，说明圆接触良好，锥度正确，如果显示剂被局部擦去，说明圆锥的角度不正确或圆锥素线不直。

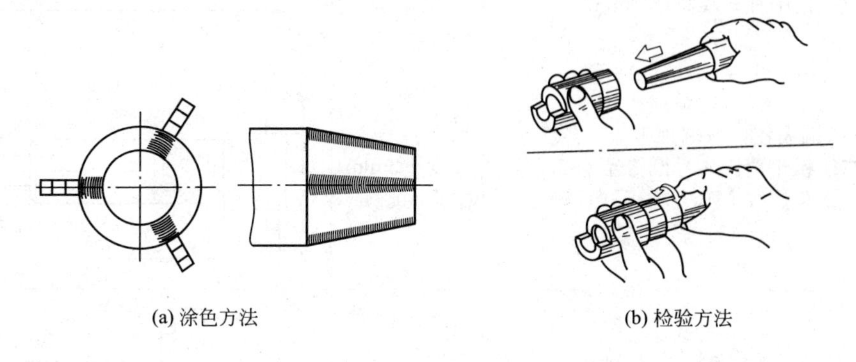

(a) 涂色方法　　(b) 检验方法

图1.170　用圆锥套规检验圆锥体方法

1.5.3　任务实施

1. 分析图样

(1) 图1.149所示的锥度心轴外形较简单，车削刚性较好。

(2) 圆锥体为莫氏4号锥度，最大圆锥直径为$\phi 31.267$mm。圆锥面对两端中心孔公共轴线的径向圆跳动允差为0.02mm。表面粗糙度值为$Ra1.6\mu m$。可用偏移尾座法车削。尾座偏移量s可用下式计算(莫氏4号的锥度$C=1:19.254=0.05194$)：

$$s=C/2\times L_0$$

$$=0.05194/2\times 155\text{mm}=4.03\text{mm}$$

尾座的偏移量可用百分表来控制。

(3) 左端外圆为$\phi 36_{-0.046}^{\ 0}$mm，表面粗糙度值为$Ra3.2\mu m$。右端为M16的螺纹。

2. 工艺过程

车端面——钻中心孔——粗车莫氏4号圆锥——粗车M16大径——调头，车端面、钻中心孔——精车各外圆——车莫氏4号圆锥。

3. 工艺准备

(1) 材料准备：材料$45^{\#}$热轧圆钢，规格$\phi 40$mm×160mm。

(2) 设备准备：CA6140普通车床。

(3) 刃具准备：45°外圆车刀，90°外圆车刀，A2.5中心钻，螺纹车刀。

(4) 量具准备：游标卡尺，外径千分尺，百分表，磁力座，莫氏4号圆锥套规。

(5) 辅具准备：三爪卡盘，前、后顶尖，钻夹头。

4. 加工步骤

车削加工台阶轴步骤如表1-21所列。

表 1-21　车削加工台阶轴步骤

步骤	加　工　内　容	简　　图
1	三爪自定心卡盘，夹住毛坯外圆 ① 车端面，毛坯车出即可 ② 钻中孔，A 型 ϕ2.5mm	
2	一端夹住，一端顶牢 ① 粗车莫氏 4 号圆锥至 ϕ32.5mm，长度 129mm ② 车螺纹 M16 大径至 ϕ17mm，长度 29mm	
3	调头，夹住外圆 ϕ32.5mm ① 车端面，长度尺寸 155mm ② 钻中心孔，A 型 ϕ2.5mm ③ 粗车 $\phi36_{-0.046}^{\ 0}$ mm 至 ϕ37mm	
4	两顶尖装夹 ① 精车外圆 $\phi36_{-0.046}^{\ 0}$ mm 至尺寸 ② 控制尺寸 25mm，车外圆 $\phi31.267_{-0.05}^{\ 0}$ 至尺寸 ③ 控制尺寸 100mm，车螺纹 M16 大径至尺寸 15.76mm ④ 车槽 5mm×ϕ13mm ⑤ 倒角 $C2$、$C1$ ⑥ 车螺纹 M16	
5	两顶尖装夹 ① 粗、精车莫氏 4 号锥度至尺寸 ②锐角倒钝	

5. 精度检验

(1) 莫氏 4 号圆锥的检验用莫氏 4 号圆锥套规综合测量，圆锥锥度用涂色法检验，最大圆锥直径可根据套规上的台阶来判断。

(2) 两端外圆 ϕ36h8、ϕ16h7 尺寸精度检验可用外径千分尺测量。

(3) 莫氏 4 号圆锥、外圆 ϕ16h7 对两端中心孔公共轴线的径向圆跳动误差的检验，将工件装夹于中心架的两顶尖间，测量方法如图 1.171 所示。

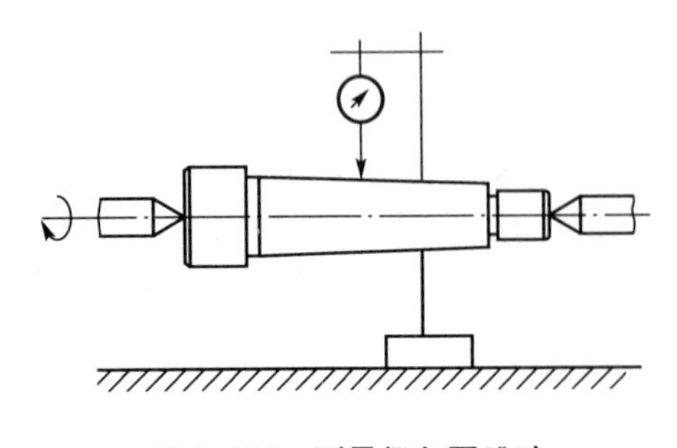

图 1.171　测量径向圆跳动

测量时，将百分表测量头与圆锥表面接触，在工件回转一周过程中，百分表指针读数最大差值即为单个测量平面上的径向圆跳动。再按上述方法，测量若干个截面，取各截面上测得的跳动量中的最大值作为工件圆锥面的径向圆跳动。

6. 误差分析

车圆锥面时废品产生的原因分析及防止方法见表1-22。

表1-22　车圆锥面时废品产生的原因分析及防止方法

废品种类	产生原因	防止方法
锥度不正确	用转动小滑板法车削时 ① 小滑板转动角度计算错误 ② 小滑板移动时松紧不匀	① 仔细计算小滑板应转的角度和方向，并反复试车找正 ② 调整镶条使小滑板移动均匀
	用偏移尾座法车削时 ① 工件长度不一致 ② 尾座偏移位置不正确	① 如工件数量较多时，各件的长度必须一致 ② 重新计算和调整尾座偏移量
	用靠模法车削时 ① 靠模角度调整不正确 ② 滑块靠板配合不良	① 重新调整靠模角度 ② 调整滑块和靠板之间的间隙
大小端尺寸不正确	没有经常测量大小端直径	经常测量大小端直径，并按计算尺寸控制背吃刀量
双曲线误差	车刀刀尖没有对准工件轴线	装刀时，车刀刀尖必须严格对准工件轴线

1.5.4　拓展训练

车削加工图1.172所示的变径套零件：材料为45#钢，件数为5件，淬火40～45HRC。试编制工艺准备和加工步骤。

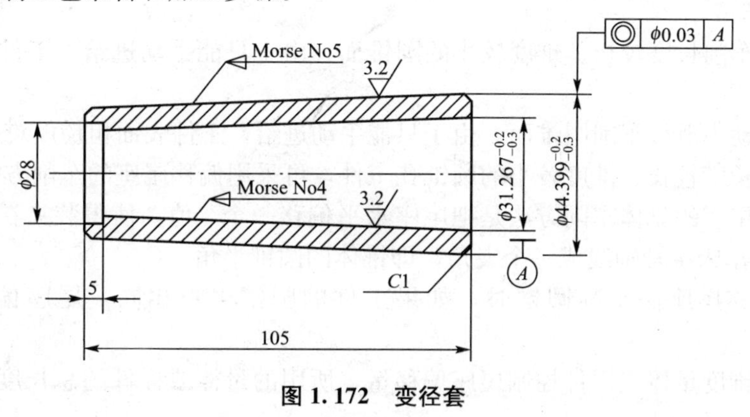

图1.172　变径套

加工要点分析

加工方案有两种，一种是先粗、精车内锥孔，再以内孔定位装心轴，用偏移尾座法车外圆锥面。

另一种方法是先粗、精车外圆锥面，以外圆锥定位，转动小溜板车内锥孔。

1.5.5 练习与思考

1. 选择题

(1) 车圆锥面时，当车刀刀尖装得不对准工件旋转线，会使车削后的圆锥面产生(　　)误差。

A. 圆度　　B. 双曲线　　C. 尺寸精度　　D. 表面粗糙度

(2) 一个工件上有多个圆锥半角较大的圆锥面时，最好采用(　　)法车削。

A. 转动小滑板　　B. 偏移尾座　　C. 靠模

(3) 检验精度高的圆锥面角度时，常使用(　　)来测量。

A. 样板　　B. 圆锥量规　　C. 游标万能角度尺

(4) 检验一般精度的圆锥面角度时，常使用(　　)来测量。

A. 千分尺　　B. 圆锥量规　　C. 游标万能角度尺

(5) 成批和大量生产圆锥齿轮坯时，可使用(　　)来测量角度。

A. 专用的角度样板　　B. 圆锥量规

C. 游标万能角度尺

(6) 游标万能角度尺的读数方法与(　　)相似。

A. 外径千分尺　　B. 深度千分　　C. 游标卡尺

(7) 用圆锥量规涂色法检验工件圆锥时，在工件表面用显示剂顺着圆锥素线均匀地涂上(　　)条线，涂色要求薄而均匀。

A. 1　　B. 2　　C. 3

(8) 莫氏圆锥分成(　　)个号码。

A. 5　　B. 6　　C. 7　　D. 8

2. 判断题

(1) 对于车削长度较长、锥度较小的圆锥面，由于只能手动进给，工件表面粗糙度不易控制。(　　)

(2) 用转动小滑板车削圆锥面，由于只能手动进给，工件表面粗糙度难控制。(　　)

(3) 对于长度较长、锥度较小的圆锥孔工件，可采用偏移尾座的车削方法。(　　)

(4) 偏移尾座的具体车削方法是把尾座水平偏移一个 s 值，使得装夹在前、后顶尖间的工件轴线与车床主轴轴线成一个夹角，即锥体的圆锥半角。(　　)

(5) 用偏移尾座法车削圆锥时，如果工件的圆锥半角相同，尾座偏移量即相同。(　　)

(6) 应用锥度量棒或样件控制尾座偏移量，所用的量棒或样件的总长度应等于被车削工件的长度。(　　)

(7) 用宽刃刀车削圆锥面时，宽刃刀的切削刃与主轴轴线的夹角应等于工件圆锥半角。(　　)

(8) 对于长度较长、圆锥半角大于 12°且精度要求较高的锥体，一般采用靠模法车削。(　　)

(9) 靠模法车削锥度，比较适合于批量生产。(　　)

(10) 车圆锥面时，车刀刀尖必须严格对准工件旋转轴线，以保证车削后的圆锥面素线的直线度及圆锥直径和圆锥角的正确。(　　)

3. 简述题

(1) 转动小滑板车削圆锥面有哪些优缺点？

(2) 控制尾座偏移量的一般方法怎样？

(3) 用偏移尾座法车削图1.173所示圆锥体零件，计算尾座偏移量 s。

(4) 简述用圆锥量规涂色检验工件锥度的方法。

(5) 车削圆锥面时，车刀没有对准工件旋转轴线，对工件质量有哪些影响？

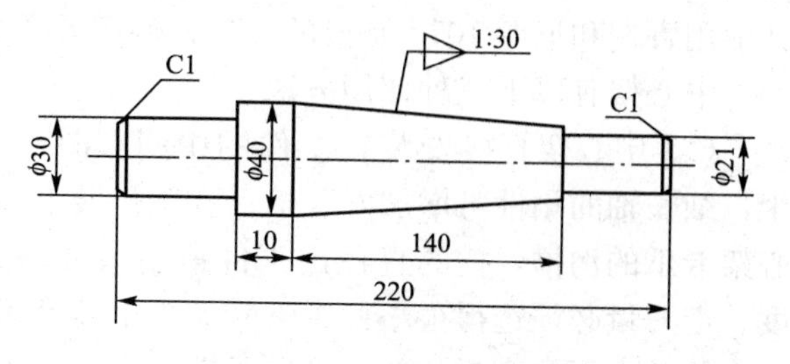

图1.173 圆锥体零件

(6) 试分析用偏移尾座法车削圆锥面时，产生锥度(角度)不正确的原因及防止方法。

(7) 简述万能角度尺的使用方法。

任务1.6 车削长轴

引言

工件长度与直径之比一般大于25($L/d>25$)，称为细长轴。细长轴因为本身刚性较差，当受到切削力时，会引起弯曲、振动，加工起来很困难。L/d 值越大，加工就越困难。因此，在车削细长轴时要使用中心架和跟刀架来增加工件的刚性。

1.6.1 任务导入

车削加工图1.174所示长轴。毛坯采用45#热轧圆钢，加工数量为2件。调质处理。

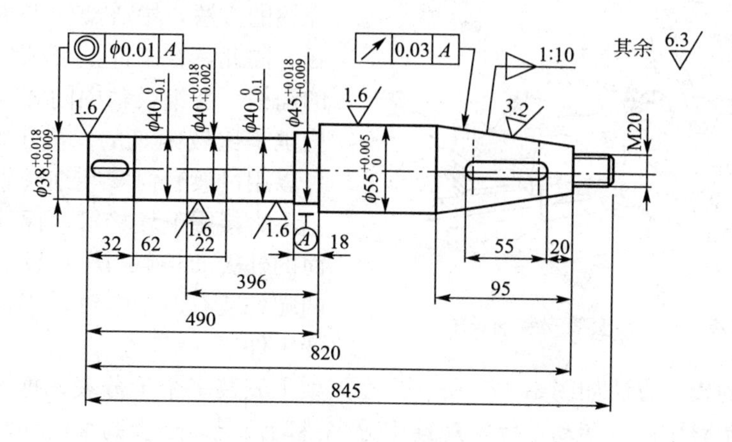

图1.174 长轴

1.6.2 相关知识

1. 中心架及其使用方法

中心架如图 1.175 所示。为了防止卡爪拉毛工件的表面，中心架三个卡爪的前端镶有铸铁、青铜(或夹布胶木和尼龙 1010)等材料，这些材料摩擦因数较小，不易跟钢件咬合。其中用青铜和尼龙 1010 制成的卡爪，使用效果更好。

中心架有以下三种使用方法：

(1) 中心架直接安装在工件的中间。图 1.176 所示的支撑方式，L/d 的值减少了一半，细长轴的刚性可增加好几倍。在工件装上中心架之前，必须在毛坯中间车一段安装中心架卡爪的沟槽，槽的直径比工件最后尺寸略大一些(以便精车)。车这条沟槽时吃力深度、走刀量必须选得很小，主轴转速也不能开得很快，车好后用砂布打光。调整中心时必须先调整下面两个爪，然后把盖子盖好固定，最后调整上面一个爪。

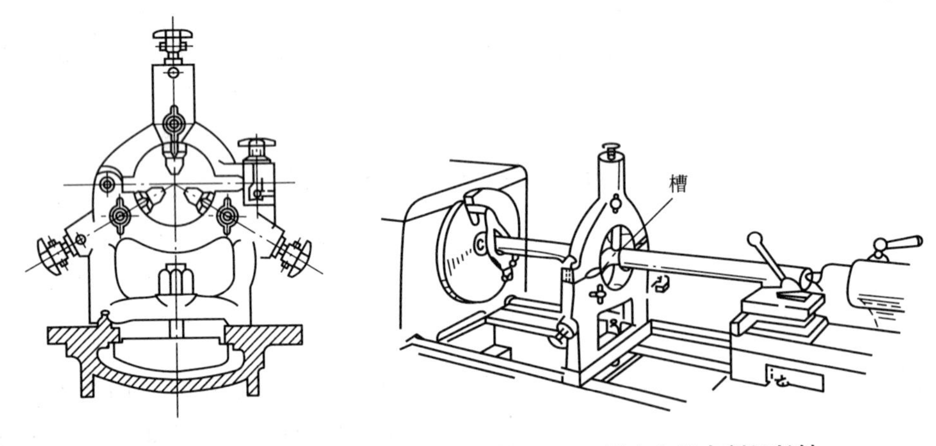

图 1.175　中心架　　**图 1.176　用中心架车削细长轴**

车削时，卡爪与工件接触处应经常加润滑油。为了使卡爪与工件保持良好的接触，也可以在卡爪与工件之间加一层砂布或研磨粒，进行研磨泡合。

(2) 用过渡套筒安装中心架。上面所介绍的方法，中心架的卡爪直接跟工件接触。同此，在工件上必须先车出搭中心架的沟槽。在细长轴中间要车削这样一条沟槽也是比较困难的。为了解决这个问题，可以用过渡套筒安装细长轴的办法，使卡爪不直接跟毛坯接触，而使卡爪跟过渡套筒的外表面接触(图 1.177)。过渡套筒的两端各装有四个螺钉，用这些螺钉夹住毛坯工件。

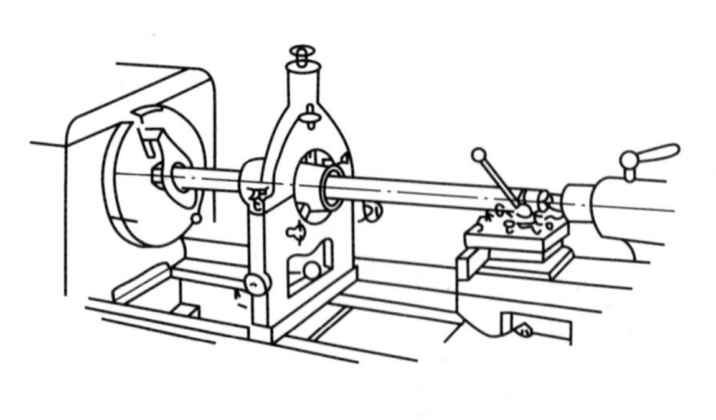

图 1.177　用过渡套筒安装细长轴

过渡套筒的校正方法如图 1.178 所示。在刀架上安装一个千分表，把过渡套筒套在工件上，用螺钉调整中心。转动工件，观察千分表跳动情况，逐步调整，并紧固四周螺钉。

(3) 一端夹住一端搭中心架。车削长轴的端面、钻中心孔，和车削较长套筒的内孔、

内螺纹时，都可用一端夹住一端搭中心架的方法(图 1.179)。这种方法使用范围广泛，应用的机会很多。

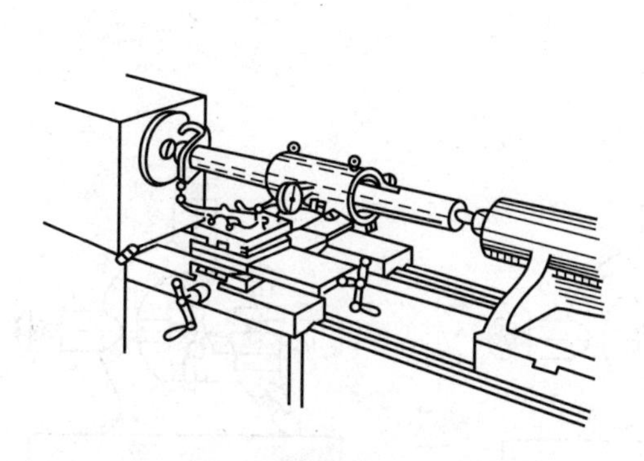

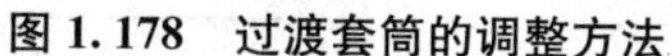

图 1.178　过渡套筒的调整方法

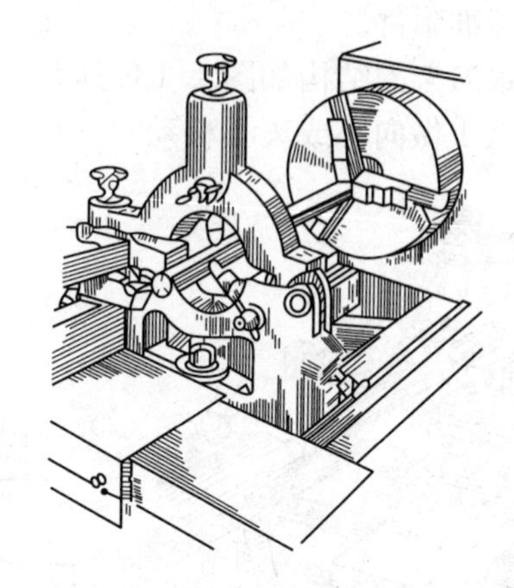

图 1.179　一端夹住一端搭中心架车削端面

调整中心架必须注意：工件轴心线必须与车头轴心线同轴，否则，在端面上钻中心孔时，会把中心钻折断；在中心架上镗孔时，会产生锥度［图 1.180(b)］；如果中心偏斜严重，工件转动时产生扭动，工件很快从三爪卡盘上掉下来，并把工件外圆表面夹伤。

在车削重型工件或工件转速较高时，为了减少中心架卡爪的磨损，可采用图 1.181 所示的滚动轴承中心架。它的结构原理与一般中心架相同，不同的地方只在于在卡爪的前端安装了三个滚动轴承，使卡爪跟工件的滑动摩擦改变为滚动摩擦。

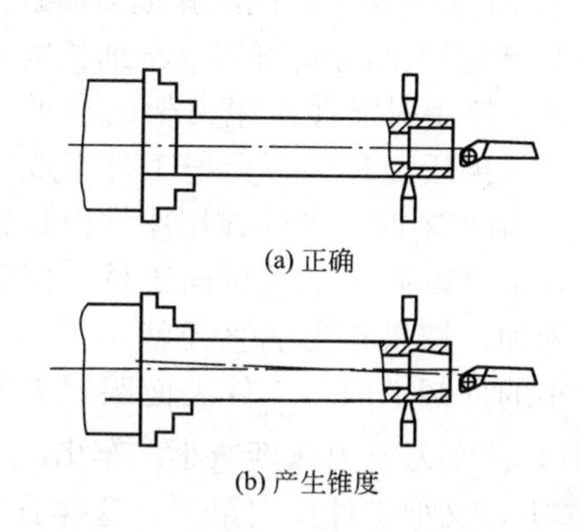

图 1.180　在中心架上镗孔产生锥度的原因

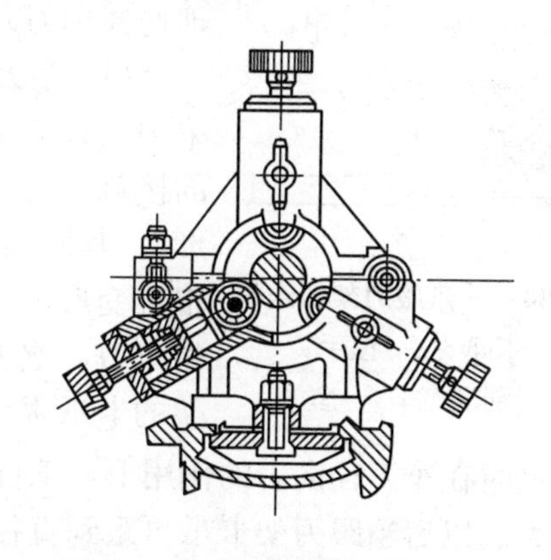

图 1.181　带滚动轴承的中心架

2. 跟刀架及其使用方法

跟刀架一般有两只卡爪，固定在大拖板上(图 1.182)。因为两只卡爪跟在车刀的后面，所以取名为“跟刀架”。跟刀架主要可以跟随着车刀抵消径向切削力，车削时可以提高细长轴的形状精度和表面光洁度。跟刀架主要用来车削细长轴和长丝杠。

从跟刀架的设计原理来看，只需两只卡爪就可以，如图 1.183(a)所示，车刀给工件的切削合力 P，使工件贴住在跟刀架的两个卡爪上。但是实际使用时，工件本身有一个向下的重力 Q，以及工件免不了的一些弯曲，使得车削时工件往往因离心力瞬时离开卡爪、瞬时接触卡爪，这样就会产生振动。如果把跟刀架做成图 1.183(b)所示的三只卡爪，另一面由车刀抵住，这样工件上下、左右都不能移动，车削细长轴时就非常顺利稳定。因此，车细长轴一个非常关键的问题就是要应用三只卡爪的跟刀架。国外已有很多车床把三爪跟刀架作为标准附件。

三爪跟刀架的结构如图1.184所示。用捏手2转动锥齿轮3，经锥齿轮4转动丝杠5，即可使卡爪1做向心或离心移动。

图1.182 跟刀架及其使用

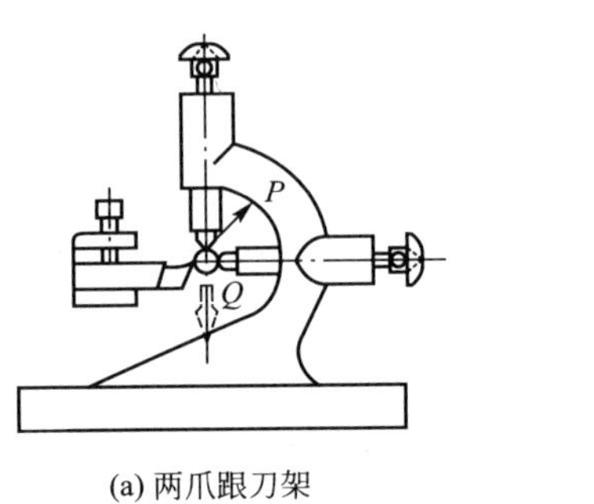

(a) 两爪跟刀架

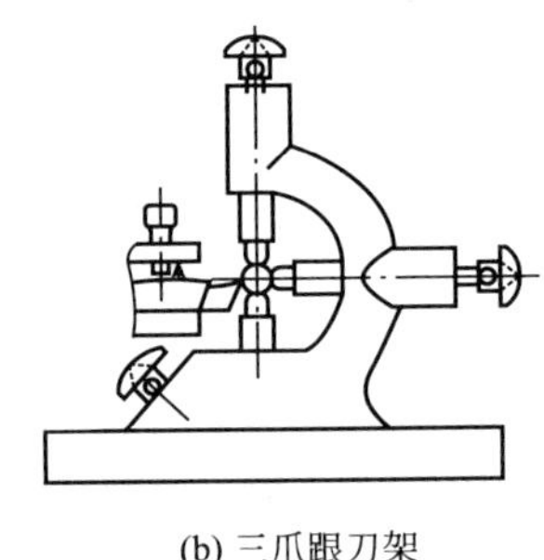

(b) 三爪跟刀架

图1.183 两爪跟刀架和三爪跟刀架

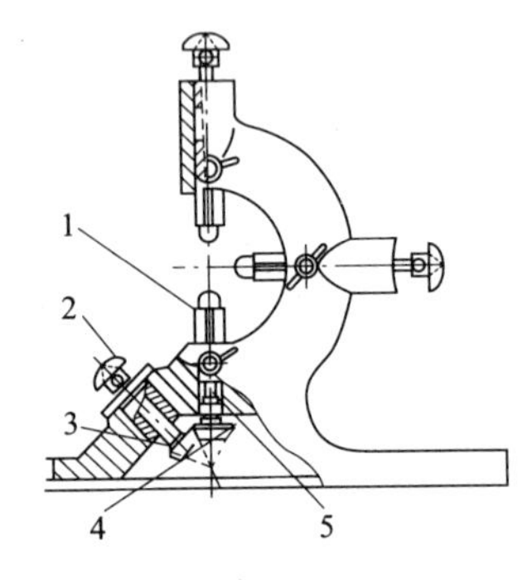

图1.184 三爪跟刀架的结构

1—卡爪；2—捏手；

3、4—锥齿轮；5—丝杠

3. 细长轴的车削

细长轴加工是一个比较困难的工艺问题。但它也有一定的规律性，主要掌握跟刀架的使用、工件热变形伸长以及合理选择车刀几何形状等三个关键技术，问题就迎刃而解。

(1) 跟刀架的选用。根据上面分析可知，车细长轴时最好采用三只卡爪的跟刀架。使用时需注意跟刀架的卡爪与工件的接触压力不宜过大。如果压力过大，会把工件车成“竹节形”。其原因是，当刚开始车削时，工件在尾座端由顶针顶住很难变形，但车过一段距离以后卡爪就压向工件，使工件压向车刀，吃刀深度就增加，结果车出的直径就小了。当跟刀架的卡爪跟到已经车小的外圆上时，工件表面跟跟刀架卡爪脱离，这时在车刀径向力的作用下，工件向外让开，使车刀吃刀深度减小，车出的工件直径就增大。以后当跟刀架卡爪再跟到直径大的外圆上，又把工件压向车刀，这样有规律的变化就会把工件车成了“竹节形”。如果跟刀架的卡爪压力太小，甚至没有接触，那就不能起到跟刀架的作用。因此，在调整跟刀架卡爪的压力时，要特别小心。当卡爪在加工过程中磨损以后，也应及时调整。

(2) 工件的热变形伸长。车削时，因切削热传导给工件，使工件温度升高，工件就开始伸长变形，这称为“热变形”。在车削一般轴类时可不考虑热变形伸长问题，但是车削细长轴时，因为工件长、伸长量大，所以一定要考虑到热变形的影响。工件热变形伸长量可按下式计算：

$$\Delta L=\alpha L\Delta t$$

式中 ΔL——工件热变形伸长量(mm)；

α——材料热膨胀系数，$\alpha=11.5\times10^{-6}/℃$；

L——工件的总长(mm)；

Δt——工件升高的温度(℃)。

根据上例计算可知，如果1500mm长的轴，温度升高30℃。轴要伸长0.52mm。车削细长轴时，一般用两顶尖顶住或用一端夹住一端顶住的装夹方法加工，它的轴向位置是固定的。如果热变形伸长0.52mm，工件只能本身弯曲。细长轴一旦产生弯曲以后，加工就很难进行。因此加工细长轴时，对克服工件热变形方面一定要采取以下必要的措施：

① 使用弹性顶尖来补偿工件热变形伸长。图1.185所示是弹性活顶尖的结构。顶尖1用向心球轴承2、滚针轴承5支承径向力，推力球轴承4承受轴向推力。在向心球轴承合推力球轴承之间，放置三片厚入2.5mm的碟形弹簧3。当工件变形伸长时，工件推动顶尖1通过向心球轴承，使碟形弹簧压缩变形。经长期生产实践证明，用弹性顶尖加工细长轴，可有效地补偿工件的热变形伸长，工件不易弯曲，车削可顺利进行。

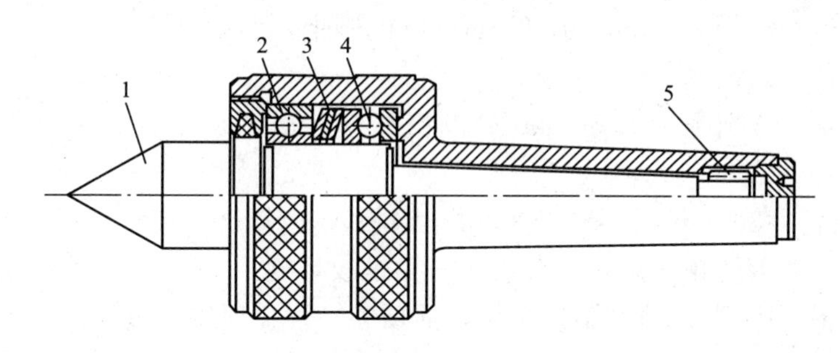

图1.185　弹性活顶尖

1—顶尖；2—向心球轴承；3—碟形弹簧；4—推力球轴承；5—滚针轴承

② 车削细长轴时，不论是低速切削还是高速切削，最好使用切削液进行冷却，以减少工件温度上升。

③ 刀具应经常保持锐利状态，以减少车刀与工件的摩擦发热。

(3) 合理选择车刀的几何形状。车细长轴时，由于工件刚性差，刀具几何形状对工件产生的振动非常敏感。如果车刀的几何形状选择不当，也不可能得到良好的效果，选择时主要考虑以下几点。

① 为了减少径向分力，减少细长轴的弯曲，车刀的主偏角取$\kappa_r=75°\sim93°$。

② 为了减小切削力，应该选择较大的前角，取$\gamma_o=15°\sim30°$。

③ 车刀前面应该磨有$R1.5\sim3$mm的断屑槽，使切屑卷曲折断。

④ 选择负的刃倾角，取$\lambda=-3°\sim-10°$，使切屑流向待加工表面，车刀也容易切入工件，并可以减少切削力。

⑤ 刀刃粗糙度要小($Ra0.2\sim0.1\mu m$)，并要经常保持锋利。

⑥ 为了减少径向切削力，刀尖半径应选得较小($R<0.3$mm)。倒棱的宽度也应选得较小，取倒棱宽$f=0.5s$(s为走刀量，mm/r)。

车削细长轴时，因为工件刚性很差，切削用量应适当减小。用硬质合金车刀车削$\phi20\sim40$mm，长1000～1500mm的细长轴时：

粗车　$v=40\sim60$m/min，$a_p=1.5\sim2.5$mm，$f=0.3\sim0.5$mm/r；

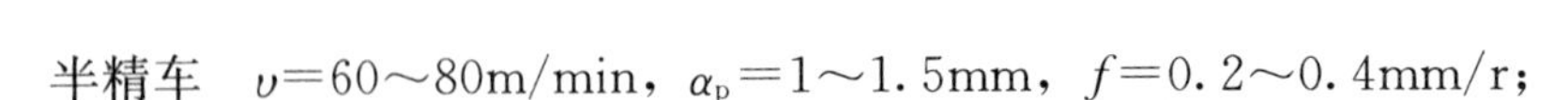

半精车　υ=60～80m/min，α_p=1～1.5mm，f=0.2～0.4mm/r；

精车　υ=60～100m/min，α_p=0.2～0.5mm，f=0.15～0.25mm/r。

车削细长轴时，一般使用冷却性能较好的乳化液进行充分冷却。如果用高速钢车刀低速车削细长轴时，为了减少刀具磨损，可采用硫化切削油作为切削液。

1.6.3　任务实施

1. 分析图样

该工件为轴类工件，最大直径 ϕ55mm；总长度 845mm。有精加工外圆 5 处；1∶10 圆锥表面一处；M20 普通螺纹一处；表面粗糙度 Ra1.6μm 4 处，Ra3.2μm 一处；形位公差基准为 ϕ45mm 的中心轴线；对 ϕ38mm 及 ϕ40mm 的轴线有同轴度 ϕ0.01mm 的要求；对 1∶10 圆锥表面有圆跳动要求。

2. 工艺准备

(1) 材料准备：直径 ϕ60mm、长度 850mm 的圆钢，调质处理。

(2) 设备准备：CA6140 普通车床。

(3) 刀具准备：45°外圆粗车刀，90°外圆粗车刀，90°外圆精车刀，三角螺纹车刀，倒角车刀，切断刀。

(4) 量具准备：300mm 卡尺，1000mm 钢板尺，50mm 卡尺，25～50mm 千分尺，50～75mm 千分尺，万能角度尺，百分表，三角螺纹环规。

(5) 辅具准备：B4 中心钻，钻夹 5 号，活顶尖，合金顶尖，黄油。

3. 工艺过程

车端面，打中心孔——一夹一顶粗车外圆 3 处——调头装卡，架中心架，钻另一端中心孔——热处理——研磨两端中心孔——两顶尖装卡，粗车、精车各外圆，车制螺纹，倒角，检查。

4. 加工步骤

长轴车削加工步骤如表 1-23 所列。

表 1-23　长轴车削加工步骤

步骤	加工内容	加　工　步　骤	备　　注
1	车端面 打中心孔	在工件端面划出中心位置的十字线 把 B4 中心钻装在尾座上，钻出中心孔	
2	装卡 粗车	把工件装卡在三爪卡盘上，另一端用活顶尖顶住 用 90°外圆粗车刀，粗车 ϕ40mm 外圆，直径到 ϕ45mm，长度到 470mm 用 90°外圆粗车刀，粗车 ϕ45mm 外圆，直径到 ϕ50mm，长度到 18mm 粗车 ϕ55mm 外圆直径到 ϕ60mm，长度到卡爪外 3mm	车到不碰到顶尖为止

（续）

步骤	加工内容	加 工 步 骤	备　注
3	装卡 架中心架 找正 粗车 钻中心孔 支顶尖 粗车 检查	调头装卡，用三爪卡盘卡住 ϕ60mm 外圆 用中心架，架在工件端面左边 60mm 长位置 找正工件位置。用转速 n=100r/min 开车，先停整中心架下边两只触爪轻轻按触工件，再调整上边一只触爪接触工件。用转速（n=200～300r/min）开车检查 用 45°外圆粗车刀粗车工件端面，到尺寸总长+1mm 用 B4 中心钻，钻中心孔 支活顶尖 用 45°外圆粗车刀，粗车 M20 螺纹轴外圆到 ϕ30mm 检查各部尺寸，合格，卸下工件	中心架触爪处用全损耗系统用油（俗称机油）充分润滑
4	调质	热处理	
5	清洁 装卡 检查 研磨 检查	用手工方法去除中心孔内的黑皮等杂物 把工件装卡在三爪卡盘上，另一端用尾座顶尖支撑 用百分表检测工件中部位置的跳动量 用三爪卡盘卡住工件。工件另一端，用尾座上的中心孔研磨刀支撑在中心孔内。车床以 n=300r/min 开动。研磨中心孔 检查中心孔 用同样方法，研磨另一中心孔	加注全损耗系统用油 研磨 5min 后，退出研磨刀 中心孔内锥面应光滑、完整
6	装卡 半精车 粗车 精车	用三爪卡盘，卡住 ϕ30mm 外圆，另一端用活顶尖顶牢 用 90°外圆精车刀，半精车 ϕ38mm 外圆，直径到 ϕ39.5mm，长度到 32mm 用 90°外圆精车刀，半精车 ϕ40mm 外圆，直径到 ϕ42mm，长度到 490－32－18＝440mm 用 90°外圆精车刀，半精车 ϕ55mm 外圆，直径到 ϕ57mm 用切断刀，车 820mm 长度尺寸 用 45°外圆粗车刀，粗车 1∶10 圆锥面，长度 95mm 用 45°外圆粗车刀，粗车 ϕ45mm 台阶外圆，直径到 ϕ47mm，长度到 18mm 用 90°外圆精车刀分两刀精车 $\phi38^{+0.018}_{+0.009}$ mm，外圆长度到 32mm，粗糙度 $Ra1.6\mu m$ 用 90°外圆精车刀分两刀精车 $\phi55^{+0.05}_{0}$ mm 外圆至尺寸，粗糙度 $Ra1.6\mu m$ 用 90°外圆精车刀，精车 1∶10 圆锥面，粗糙度 $Ra3.2\mu m$ 用 90°外圆精车刀分两刀精车 $\phi40^{+0.018}_{+0.02}$ mm 外圆到尺寸，粗糙度 $Ra1.6\mu m$	转速 n=500r/min 进给量：0.26mm/r 该工件虽然两端均有中心孔，但在精车加工时，仍采用一夹一顶的方式。这是因为，该工件的所有主要部位外圆尺寸，能够在一次装卡中车削完毕。这样避免了两顶尖装卡刚性不足，易产生振动的缺点 转速 n=750r/min 进给量：0.08mm/r

（续）

步骤	加工内容	加 工 步 骤	备 注
6	精车 倒角 检查	用90°外圆精车刀，精车$\phi 40_{-0.1}^{0}$mm两处，保证22mm长度尺寸位置 90°外圆精车刀分两刀精车$\phi 45_{+0.002}^{+0.016}$mm外圆到尺寸，粗糙度$Ra1.6\mu m$ 用45°外圆车刀，倒ϕ38mm外圆锐角1×45° 倒其余外圆锐角0.5×45° 检查各部尺寸	该工件虽然两端均有中心孔，但在精车加工时，仍采用一夹一顶的方式。这是因为，该工件的所有主要部位外圆尺寸，能够在一次装卡中车削完毕。这样避免了两顶尖装卡刚性不足，易产生振动的缺点 转速n=750r/min 进给量：0.08mm/r
7	装卡 精车 倒角 车螺纹 检查	调头装卡。用三爪卡盘卡住ϕ15mm左边$\phi 40_{-0.1}^{0}$mm外圆部分，另一端用活顶尖顶牢 用90°外圆精车刀，精车M20螺纹轴外圆到尺寸ϕ19.8mm 倒角车刀，倒M20螺纹轴外圆锐角2×45° 用三角螺纹车刀，车M20三角螺纹 用三角螺纹环规，检查三角螺纹 检查工件各部尺寸，合格卸下工件	转速n=200r/min

5. 精度检验

（1）长度尺寸精度检验，用300mm卡尺，1000mm钢板尺，50mm卡尺测量。

（2）外圆尺寸精度检验 可用外径千分尺测量。同轴度用百分表测量。

（3）圆锥尺寸测量用万能角度尺，径向圆跳动误差的检验将工件装夹于中心架的两顶尖间用百分表测量。

（4）螺纹尺寸用M20三角螺纹环规测量。

6. 误差分析

细长轴刚性很差，切削加工时受切削力、切削热和振动等的影响，极易产生变形，出现直线度、圆柱度误差，不易达到图纸上的形位精度和表面质量等技术要求。为此必须从夹具、刀具、机床辅具、切削用量、工艺方法、操作技术等方面采取措施。加工时尽量控制切削温度。精车时，装卡力不宜过大，否则切削应力、切削热将使工件的中间部分因热膨胀产生变形。

1.6.4 练习与思考

（1）细长轴的结构特点是什么？

（2）中心架的使用方法是怎样的？

（3）跟刀架使用方法如何？

（4）车削细长轴应注意哪些事项？

项目2

零件铣削加工

教学目标

最终目标：

能独立操作铣床，加工出合格的零件。

促成目标：

1. 能分析铣床加工工艺范围；
2. 识记铣工文明生产和安全技术；
3. 能识记铣床的维护和保养；
4. 能识记铣刀的类型和应用；
5. 能使用铣床附件对零件进行装夹和定位；
6. 能正确安装铣刀，进行铣削；
7. 能操作铣床，加工平面、沟槽等；
8. 能使用量具，进行检验。

引言

所谓铣削，就是以铣刀旋转作主运动，工件或铣刀作进给运动的切削加工方法，铣削过程中的进给运动可以是直线运动，也可以是曲线运动，因此，铣削的加工范围比较广，生产效率和加工精度也较高。铣床加工工艺范围如图 2.1 所示。

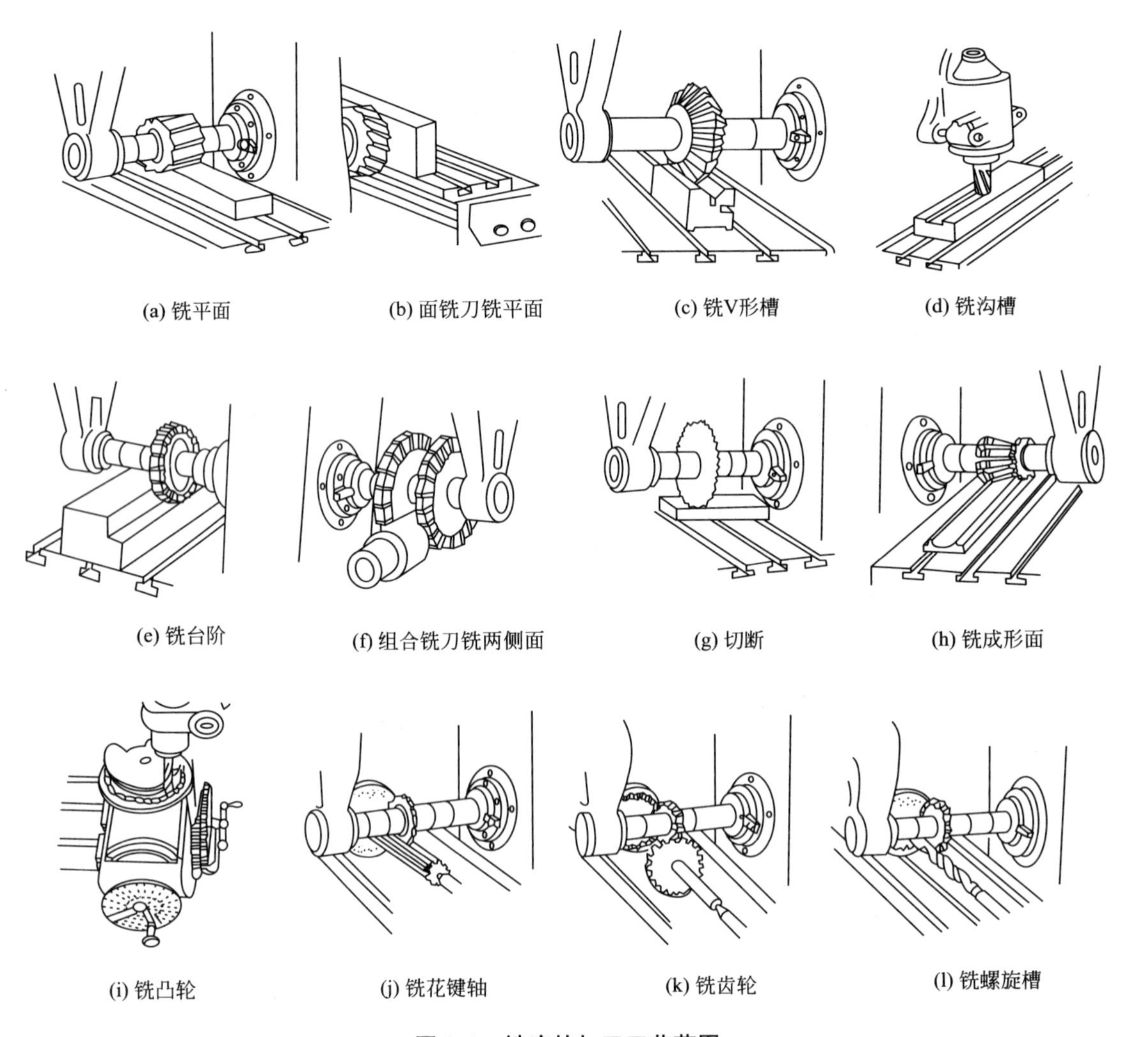

图 2.1　铣床的加工工艺范围

任务 2.1　铣削矩形垫块

2.1.1　任务导入

铣削加工图 2.2 所示的矩形垫块零件。材料为 HT200，预制件为 110mm×50mm×60mm 的矩形铸件，件数为 4 件。

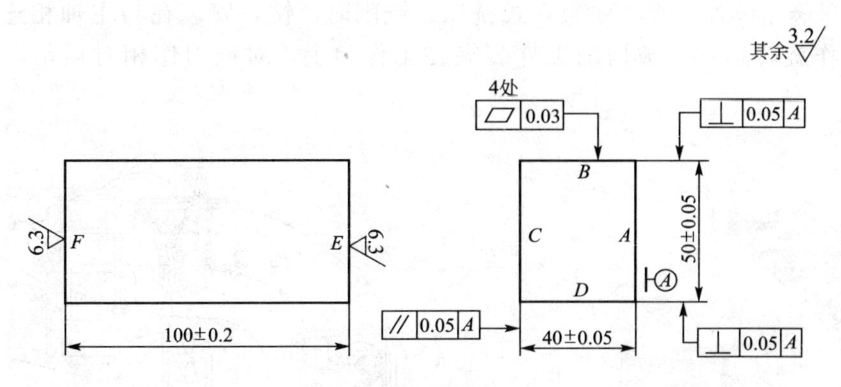

图 2.2　矩形垫块

2.1.2　相关知识

1. 常用铣床

由于铣床的工作范围非常广，铣床的类型也很多，现将常用的卧式和立式铣床做简要介绍。

1）卧式升降台铣床

升降台式铣床的主要特征是带有升降台，工作台除沿纵、横向导轨作左右、前后运动外，还可沿升降导轨随升降台作上下运动。万能卧式升降台铣床如图 2.3 所示。卧式铣床的主要特征是铣床主轴轴线与工作台面平行。因主轴呈横卧位置，所以称为卧式铣床。铣削时将铣刀安装在与主轴相连接的刀杆上，随主轴做旋转运动，被切削工件装夹在工作台面上对铣刀作相对进给运动，从而完成切削工作。卧式铣床加工范围很广，可以加工沟槽、平面、成形面、螺旋槽等。

图 2.3　卧式铣床外形及各部分名称

1—机床电器部分；2—床身部分；3—变速操纵部分；
4—主轴及传动部分；5—工作台部分；
6—升降台部分；7—进给变速部分

根据加工范围的大小，卧式铣床又可分为一般卧式铣床（平铣）和卧式万能铣床。卧式万能铣床的结构与一般卧式铣床有所不同，其纵向工作台与横向工作台之间有一回转盘，并具有回转刻度线。使用时，可以按照需要在±45°范围内扳转角度，以适应圆盘铣刀加工螺旋槽等工件。同时，卧式万能铣床还带有较多附件，因而加工范围比较广。由于这种铣床具有以上优点，所以得到广泛应用。

2）立式铣床

图 2.4 所示为立式铣床外形。立式铣床的主要特征是铣床主轴轴线与工作台台面垂

直。因主轴呈竖立位置，所以称为立式铣床。铣削时，铣刀安装在与主轴相连接的刀轴上，绕主轴作旋转运动，被切削工件装夹在工作台上，对铣刀作相对运动，完成切削过程。

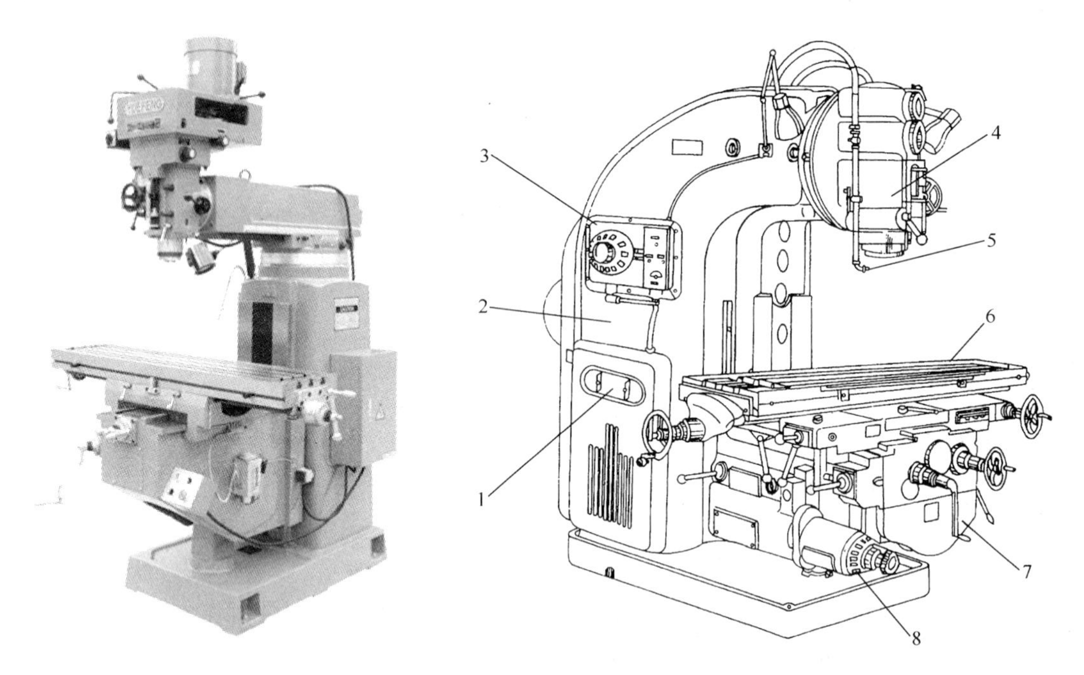

图 2.4　立式铣床外形及各部分名称

1—机床电器部分；2—床身部分；3—变速操纵部分；4—主轴及传动部分；
5—冷却部分；6—工作台部分；7—升降台部分；8—进给变速部分

立式铣床加工范围很广，通常在立铣上可以应用面铣刀、立铣刀、成形铣刀等，铣削各种沟槽、表面；另外，利用机床附件，如回转工作台、分度头，还可以加工圆弧、曲线外形、齿轮、螺旋槽、离合器等较复杂的零件；当生产批量较大时，在立铣上采用硬质合金刀具进行高速铣削，可以大大提高生产效率。

立式铣床与卧式铣床相比，在操作方面还具有观察清楚、检查调整方便等特点。

立式铣床按其立铣头的不同结构，又可分为两种：

(1) 立铣头与机床床身成一整体，这种立式铣床刚性比较好，但加工范围比较小。

(2) 立铣头与机床床身之间有一回转盘，盘上有刻度线，主轴随立铣头可扳转一定角度，以适应铣削各种角度面，椭圆孔等工件。由于该种铣床立铣头可回转，所以目前在生产中应用广泛。

2. 铣床的维护与保养

(1) 平时要注意铣床的润滑。操作工人应根据机床说明书的要求，定期加油和调换润滑油。对手拉、手揿油泵和注油孔等部位，每天应按要求加注润滑油。

(2) 开机之前应先检查各部件，如操纵手柄、按钮等是否在正常位置和其灵敏度如何。

(3) 操作工人必须合理使用机床。操作铣床的工人应掌握一定的基本知识，如合理选用铣削用量、铣削方法，不能让机床超负荷工作。安装夹具及工件时应轻放。工作台面不

应乱放工具、工件等。

(4) 在工作中应时刻观察铣削情况，如发现异常现象，应立即停机检查。

(5) 工作完毕应清除铣床上及周围的切屑等杂物，关闭电源，擦净机床，在滑动部位加注润滑油，整理工具、夹具、计量器具，做好交接班工作。

(6) 铣床在运转 500h 后，应进行一级保养。保养作业由操作工人为主、维修工人配合进行。

3. 常用铣刀

为了适应各种不同的铣削内容，设计和制造了各种不同形状的铣刀，如图 2.5 所示。它们的形状与用途有密切的联系。

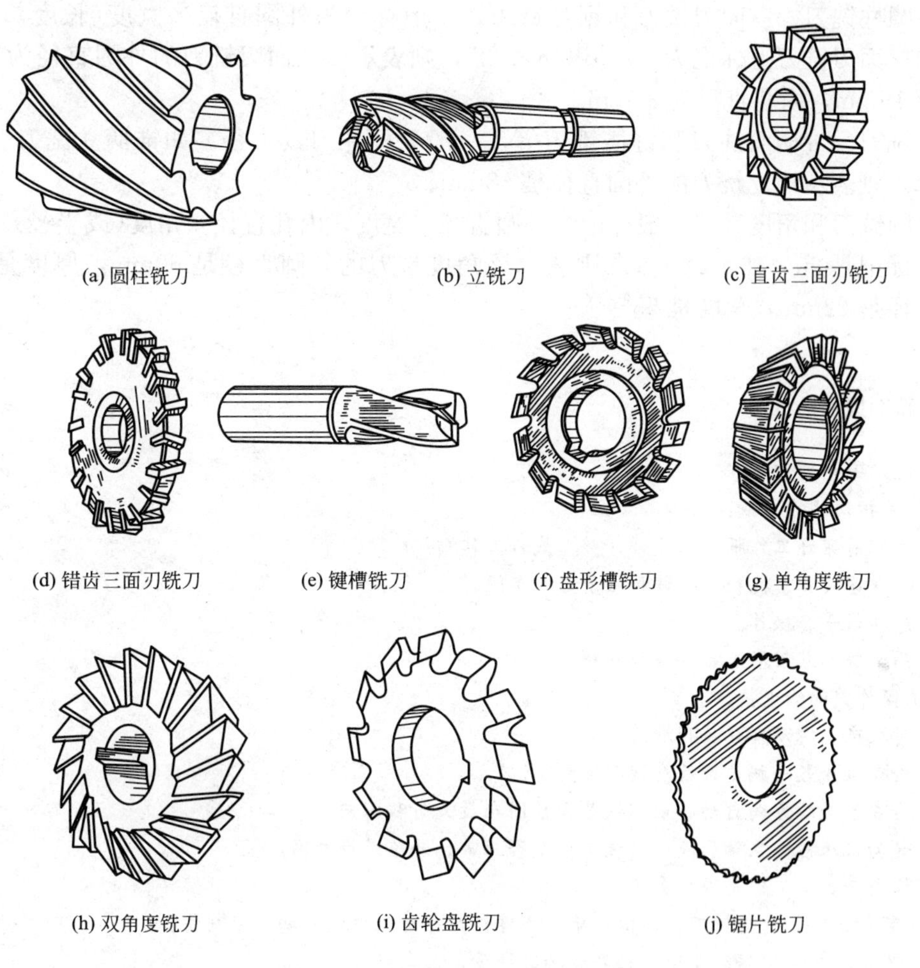

(a) 圆柱铣刀　(b) 立铣刀　(c) 直齿三面刃铣刀

(d) 错齿三面刃铣刀　(e) 键槽铣刀　(f) 盘形槽铣刀　(g) 单角度铣刀

(h) 双角度铣刀　(i) 齿轮盘铣刀　(j) 锯片铣刀

图 2.5　各种不同用途和形状的铣刀

(1) 加工平面用的铣刀。加工平面用的铣刀主要有两种：面铣刀和圆柱铣刀。加工较小的平面也可用立铣刀和三面刃盘铣刀。

(2) 加工直角沟槽用的铣刀。直角沟槽是铣加工的基本内容之一，铣削直角沟槽时，常用的有三面刃铣刀、立铣刀，还有形状如薄片的切口铣刀。键槽是直角沟槽的特殊形式，加工键槽用的铣刀有键槽铣刀和盘形槽铣刀。

(3) 加工各种特形沟槽用的铣刀。铣削加工的特形沟槽很多，如T形槽、V形槽、燕尾槽等，所用的铣刀有T形槽铣刀、角度铣刀、燕尾铣刀等。

(4) 加工各种成形面用的铣刀。加工成形面的铣刀一般是专门设计制造而成，常用标准化成形铣刀有凹、凸圆弧铣刀，齿轮盘铣刀和指状齿轮铣刀等。

(5) 切断加工用的铣刀。常用的切断加工铣刀是锯片铣刀。前面所述的薄片状切口铣刀也可用作切断。

4. 铣刀的标记

铣刀形状复杂、种类较多，为了便于辨别铣刀的规格和性能，铣刀上都刻有标记。铣刀标记一般包括制造厂的商标、制造铣刀的材料、铣刀的基本尺寸。

如圆柱铣刀、三面刃铣刀和锯片铣刀，一般标记为外圆直径×宽度(长度)×内孔直径。如三面刃铣刀上标记为“100×16×32”，则表示该三面刃铣刀的外圆直径为100mm，宽度为16mm，内孔直径为32mm。

立铣刀、带柄面铣刀和键槽铣刀等，一般只标注刀具直径。如锥柄立铣刀上标记是ϕ18mm，则表示该立铣刀的外圆直径是18mm。

半圆铣刀和角度铣刀一般标记为外圆直径×宽度×内孔直径×角度(或半径)。如角度铣刀上标记是60×16×22×55° 则表示该角度铣刀的外圆直径是60mm，厚度是16mm，内孔直径是22mm，角度是55°。

特别提示

1. 铣工安全操作规程

(1) 防护用品的穿戴：

① 上班前穿好工作服、工作鞋，女工戴好工作帽。

② 不准穿背心、拖鞋、凉鞋和裙子进入车间。

③ 严禁戴手套操作。

④ 高速铣削或刃磨刀具时应戴防护镜。

(2) 操作前的检查：

① 对机床各滑动部分注润滑油。

② 检查机床各手柄是否放在规定位置上。

③ 检查各进给方向自动停止挡铁是否紧固在最大行程以内。

④ 起动机床检查主轴和进给系统工作是否正常、油路是否畅通。

⑤ 检查夹具、工件是否装夹牢固。

(3) 装卸工件、更换铣刀、擦拭机床必须停机，并防止被铣刀切削刃割伤。

(4) 不得在机床运转时变换主轴转速和进给量。

(5) 在进给中不准触摸工件加工表面，机动进给完毕，应先停止进给，再停止铣刀旋转。

(6) 主轴未停稳不准测量工件。

(7) 铣削时，铣削层深度不能过大，毛坯工件应从最高部分逐步切削。

(8) 要用专用工具清除切屑，不准用嘴吹或用手抓。

(9) 工作时要集中思想，专心操作，不许擅自离开机床，离开机床时要关闭电源。

(10) 操作中如发生事故，应立即停机并切断电源，保持现场。

(11) 工作台面和各导轨面上不能直接放工具或量具。

(12) 工作结束，应擦清机床并加润滑油。

(13) 电器部分不准随意拆开和摆弄，发现电器故障应请电工修理。

2. 铣工文明生产

(1) 机床应做到每天一小擦，每周一大擦，按时进行一级保养。保持机床整齐清洁。

(2) 操作者对周围场地应保持整洁，地上无油污、积水、积油。

(3) 操作时，工具与量具应分类整齐地安放在工具架上，不要随便乱放在工作台上或与切屑等混在一起。

(4) 高速铣削或冲注切削液时，应加放挡板，以防切屑飞出及切削液外溢。

(5) 工件加工完毕，应安放整齐，不乱丢乱放，以免碰伤工件表面。

(6) 保持图样或工艺工件的清洁完整。

5. 矩形工件在铣床上的装夹

一般矩形工件的装夹通常采用平口虎钳，如图 2.6 所示。当工件宽度大于钳口张开尺寸时，其装夹方法可采用角铁装夹和螺栓压板装夹。

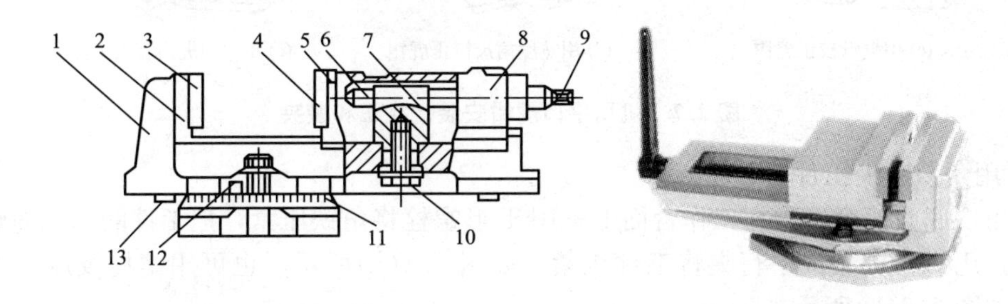

图 2.6　机用平口虎钳

1—钳体；2—固定钳口；3、4—钳口铁；5—活动钳口；6—丝杠；7—螺母；8—活动座；9—方头；10—吊装螺钉；11—回转底盘；12—钳座零线；13—定位键

1) 平口虎钳装夹

(1) 安装前，将机用虎钳的底面与工作台面擦干净，若有毛刺、凸起，应用磨石修磨平整。

(2) 检查虎钳底部的定位键是否紧固，定位键定位面是否在同一方向安装。

(3) 将虎钳安装在工作台中间的 T 形槽内，如图 2.7(a)所示，钳口位置居中，并用手拉动虎钳底盘，使定位键向 T 形槽直槽一侧贴合。

(4) 用 T 形螺栓将机用虎钳压紧在工作台面上。

(5) 安装后，应调整虎钳与机床的相对位置。可用固定在机床主轴上的百分表［图 2.7(b)］校正虎钳。将触头压在固定钳口上，移动工作台，观察百分表指针在钳口全长上的摆动量是否相等，若不等则应调整。或用固定在机床主轴上的划针［图 2.7(c)］校正虎钳。将针尖靠近固定钳口，移动工作台，观察针尖与钳口的距离在钳口全长上是否相等，若不等则应调整。或者用宽度角尺［图 2.7(d)］校正虎钳。

(6) 将平口虎钳的钳口和导轨面擦净，在工件的下面放置平行垫铁，使工件待加工面高出钳口 5mm 左右，夹紧工件后，用锤子轻轻敲击工件，并拉动垫铁检查是否贴紧，如图 2.7(e)所示，其高度要能够保证工件上平面高于钳口 5mm。毛坯工件应在钳口处衬垫铜片以防损坏钳口。

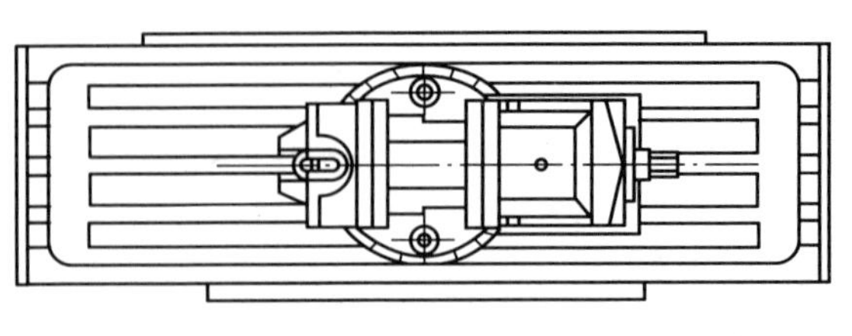

(a) 在工作台上安装机用虎钳

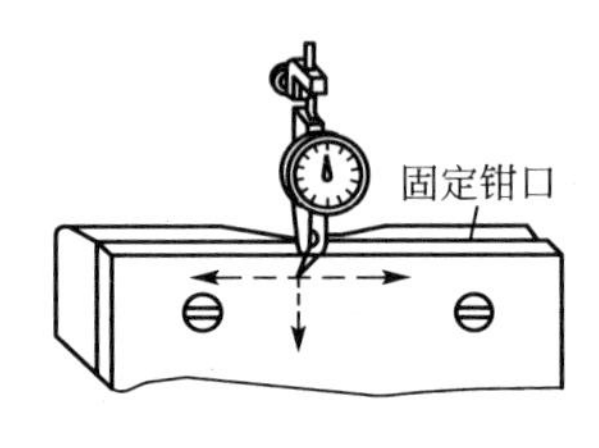

(b) 用百分表校正虎钳

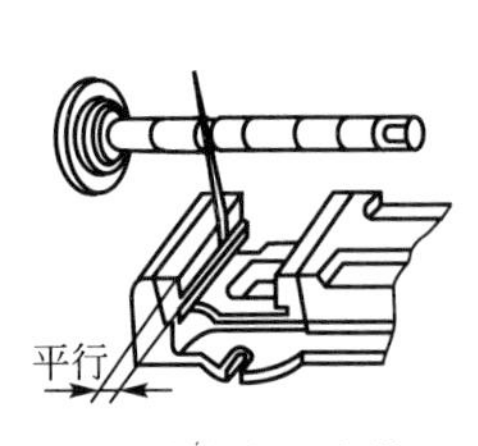

(c) 用划针校正虎钳

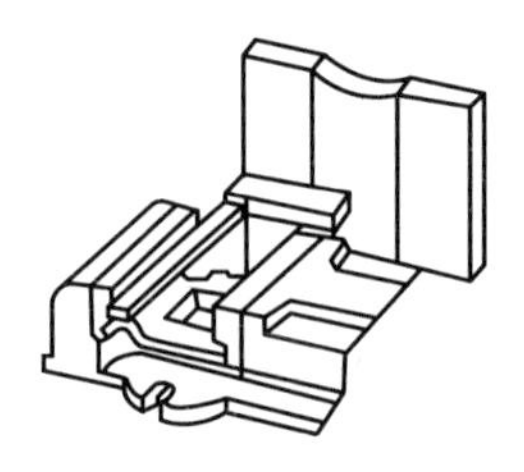

(d) 用宽度角尺校正虎钳

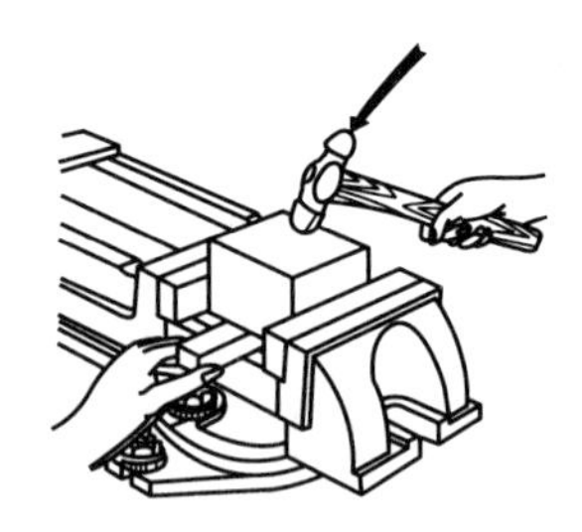

(e) 用平口虎钳装夹工件

图 2.7　机用平口虎钳安装、找正和装夹

2）用角铁装夹工件

将角铁底面擦净后放在工作台面上，用 T 形螺栓将角铁压紧，把工件的基准面贴紧在角铁上，用 C 形夹头或平行夹将工件压紧，如图 2.8(a)所示，也可用螺栓及压板将工件压紧，如图 2.8(b)所示。

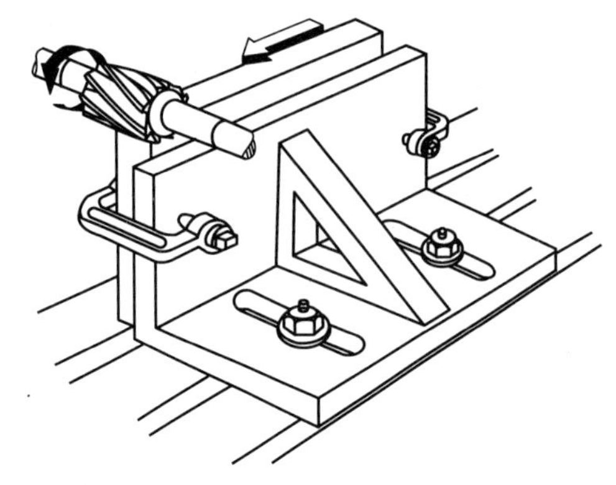

(a) C形夹头装夹工件

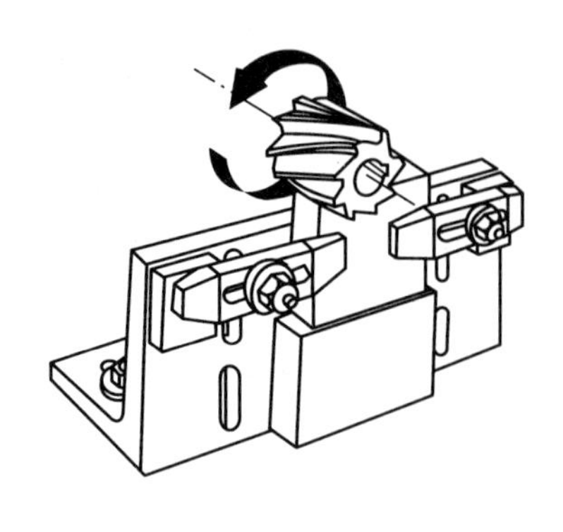

(b) 用螺栓及压板装夹工件

图 2.8　用角铁装夹工件

图 2.9　用压板装夹工件

3）用压板装夹工件

压紧工件时，压板应选用两块以上，将压板的一端压在工件上，另一端压在垫铁上，垫铁的高度应等于或略高于压紧部位，螺栓至工件之间的距离应略小于螺栓至垫铁间的距离，如图 2.9 所示。用压板装夹工件时，压板与工件的位置要适当，以免夹紧力不当而影响铣削质量以及造成事故。

2.1.3 任务实施

1. 图样分析

1）精度分析

(1) 平面的尺寸为 50mm×100mm、40mm×100mm，平面度公差为 0.05mm。

(2) 平行面之间的尺寸为 50mm±0.05mm、40mm±0.05mm，垂直面垂直度公差为 0.05mm。

2）加工基准面分析

在加工中，基准面尽可能用作定位面，本任务要求 B、D 面垂直于平面 A，平面 C 平行于平面 A，因此 A 面为定位基准面。

3）表面粗糙度分析

工件各表面粗糙度值均为 $Ra3.2\mu m$，铣削加工能达到要求。

4）材料分析

HT200，其切削性能较好，加工时可选用高速钢铣刀，也可以选用硬质合金铣刀加工。

5）毛坯分析

预制件为 110mm×50mm×60mm 的矩形工件，外形尺寸不大，宜采用机用虎钳装夹。

2. 工艺过程

坯件检验—铣 A 面—铣 B 面—铣 D 面—铣 C 面—铣 E 面—铣 F 面—检验。

3. 工艺准备

1）预制件准备

(1) 目测检验坯件的形状和表面质量。如各面之间是否基本平行、垂直，表面是否有无法通过铣削加工的凹陷、硬点等。

(2) 用钢直尺检验坯件的尺寸，并结合各毛坯面的垂直和平行情况，测量最短的尺寸，以检验坯件是否有加工余量。

2）设备准备

选用 X5032 型立式铣床或类似的立式铣床。

3）装夹准备

矩形坯件外形尺寸不大，宜采用带网纹钳口的机用虎钳装夹工件。工件下面垫长度大于 100mm，宽度小于 40mm 的平行垫块，其高度要能够保证工件上平面高于钳口 5mm。粗铣 A 面、B 面时，在垫块和钳口处衬垫铜片。

4）刀具准备

根据图样给定的平面宽度尺寸选择套式面铣刀规格，现选用外径为 80mm、宽度为 45mm、孔径为 32mm、齿数为 10 的套式面铣刀。

用凸缘端面上带有键的刀杆安装套式面铣刀，如图 2.10 所示，安装和拆卸的步骤如下：

(1) 擦干净铣床主轴锥孔和铣刀杆锥柄部分。

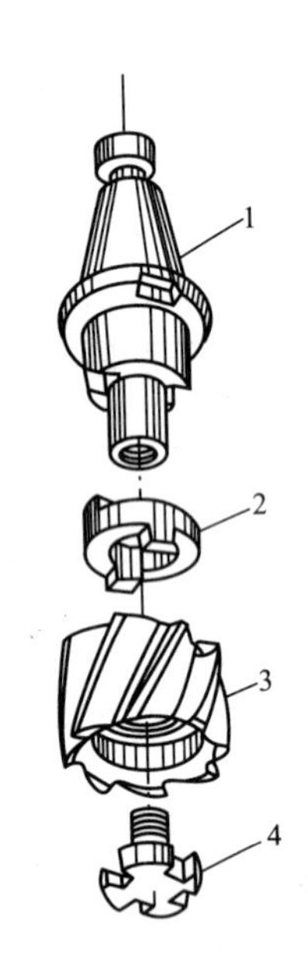

图 2.10　套式面铣刀的安装

1—刀杆；2—凸缘联结圈；3—面铣刀；4—螺钉

(2) 将铣刀杆锥柄装入锥孔，凸缘联结圈上的缺口对准主轴端面键块后用拉紧螺杆紧固刀杆。

(3) 装上凸缘联结圈 2，并使联结圈上的键对准刀杆 1 上的槽。

(4) 安装面铣刀 3，将铣刀端面及孔径擦净，使铣刀端面上的槽对准凸缘联结圈上的键，然后旋入螺钉 4，用十字扳手扳紧。

(5) 套式面铣刀拆卸时，先松开螺钉 4，然后依次拆下铣刀、联结圈、刀杆。拆卸和安装时都必须注意安全操作，以免被锋利的刀尖刀刃划伤。特别是在用十字扳手扳紧螺钉 4 时，应注意自我保护。

(6) 安装铣刀后，注意检查立铣头与工作台面的垂直度。

5) 量具准备

刀口形直尺、外径千分尺、90°角尺检验。

6) 计算铣削用量

按工件材料(HT200)和铣刀的规格选择、计算和调整铣削用量。

(1) 粗铣取铣削速度 $v=16\text{m/min}$，每齿进给量 $f_z=0.10\text{mm/z}$，则铣床主轴转速为

$$n=\frac{1000v}{\pi D}=\frac{1000\times16}{3.14\times80}\text{r/min}\approx63.69\text{r/min}$$

进给量为　$v_f=f_z zn=0.10\times10\times60\text{mm/min}=60\text{mm/min}$

实际调整铣床主轴转速为 $n=60\text{r/min}$，进给量为 $v_f=60\text{mm/min}$。

(2) 精铣取铣削速度 $v=20\text{m/min}$，每齿进给量 $f_z=0.063\text{mm/z}$，实际调整铣床主轴转速为 $n=75\text{r/min}$，进给量为 $v_f=47.5\text{mm/min}$。

(3) 粗铣时的铣削层深度为 4.5mm，精铣时的吃刀量为 0.5mm。铣削层宽度分别为 40mm 和 50mm。

4. 加工步骤

铣削加工垫块步骤如表 2-1 所列。

表 2-1　铣削加工垫块步骤

步　骤	加　工　内　容	简　　图
1. 铣 A 面	① 工件以 B 面为粗基准，并靠向固定钳口，在虎钳的导轨面垫上平行垫铁，在活动钳口处放置圆棒后夹紧工件 ② 操纵机床各手柄，使工件处于铣刀下方，开动机床，垂向缓缓升高，使铣刀刚好擦到工件后停机，退出工件 ③ 垂向工作台升高 4.5mm，采用纵向机动进给，铣出 A 面，表面粗糙度 Ra 小于 6.3μm	A

（续）

步　骤	加　工　内　容	简　　图
2. 铣 B 面	① 工件以 A 面为精基准，将 A 面与固定钳口贴紧，虎钳导轨面垫上适当高度的平行垫铁，在活动钳口处放置圆棒夹紧工件 ② 开动机床，当铣刀擦到工件后，垂向工作台升高 4.5mm，铣出 B 面，并在垂向刻度盘上作好记号 ③ 卸下工件，用宽座 90°角尺检验 B 面对 A 面的垂直度，检验时观看 A 面与长边测量面缝隙是否均匀，或用塞尺检验垂直度的误差值。若测得 A 面与 B 面的夹角大于 90°，应在固定钳口下方垫纸片（或铜片）。若测得 A 面与 B 面的夹角小于 90°，则应在固定钳口上方垫纸片，如表中简图所示。所垫纸片（或铜片）的厚度应根据垂直度误差大小而定。然后垂向少量升高后再进行铣削，直至垂直度达到要求为止	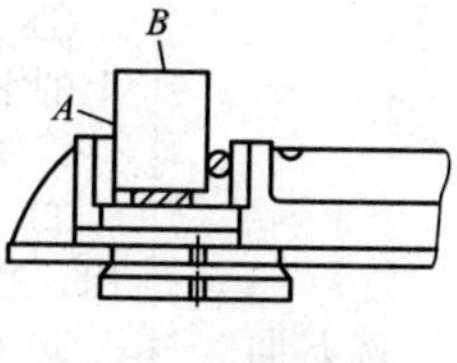 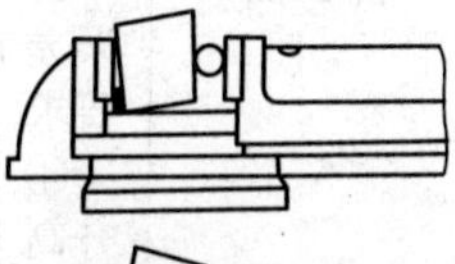 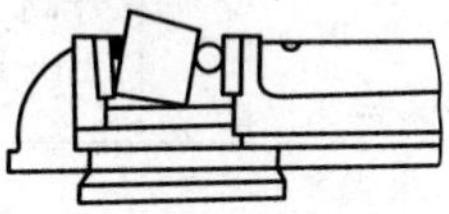
3. 铣 D 面	① 工件以 A 面为基准面，贴靠在固定钳口上，在虎钳的导轨面放上平行垫铁，使 B 面紧靠平行垫铁，在活动钳口放置圆棒后夹紧，并用铜棒轻轻敲击，使之与平行垫铁贴紧 ② 根据原来的记号，垂向工作台升高 4.5mm 后，作好记号，铣出 D 面 ③ 用千分尺测量工件的各点，若测得千分尺读数差在 0.05mm 之内，则符合图样上平行度要求 ④ 根据千分尺读数测得工件精铣余量后，升高垂向工作台，进行精铣，使工件尺寸达到 50mm±0.05mm	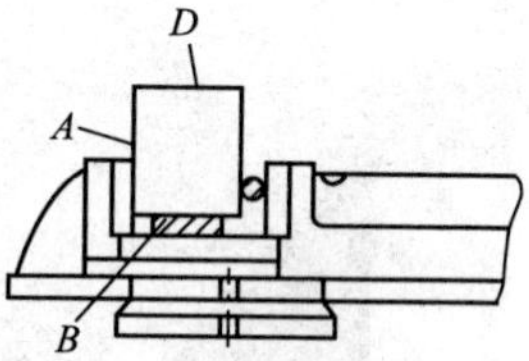
4. 铣 C 面	① 将工件 B 面与固定钳口贴紧，A 面与导轨面上的平行垫铁贴合后，夹紧工件，用铜棒轻轻敲击工件，使工件与垫铁贴紧 ② 开动机床，重新调整工作台，使铣刀与工件表面擦到后退出工件，垂向工作台升高 4.5mm，并在垂向刻度盘上作好记号，粗铣出 C 面 ③ 预检平行度达 0.05mm 以内，再根据测得工件实际尺寸后，调整垂向工作台，精铣 C 面，使其尺寸达到 40mm±0.15mm	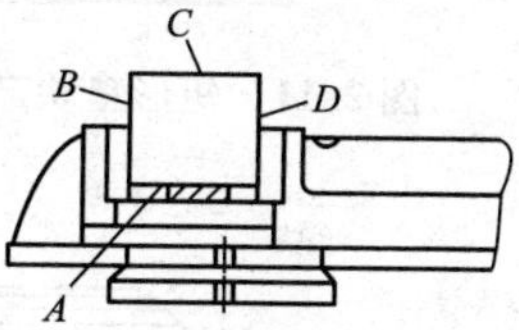
5. 铣 E 面	① 将工件 A 面与固定钳口贴合，轻轻夹紧工件 ② 用宽座 90°角尺找正 B 面，将宽座 90°角尺的短边基面与导轨面贴合，使长边的测量面与工件 B 面贴合，夹紧工件 ③ 重新调整垂向工作台，使铣刀擦到工件表面后，退出工件，垂向工作台升高 4.5mm，铣出 E 面 ④ 检测垂直度。以 E 面为测量基准，检测 A、C 面对 E 面的垂直度，检测方法，如表中简图所示。若测得垂直度误差较大，应重新装夹、找正，然后再进行铣削，直至铣出的垂直度达到要求	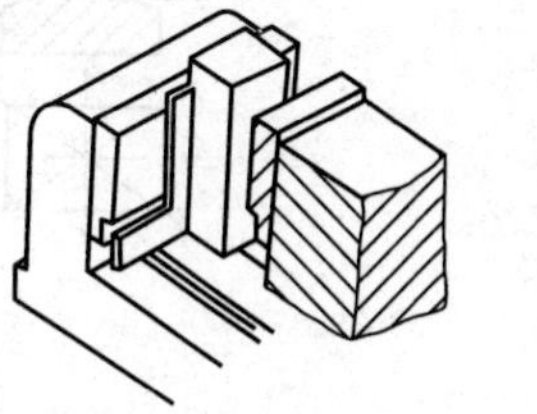 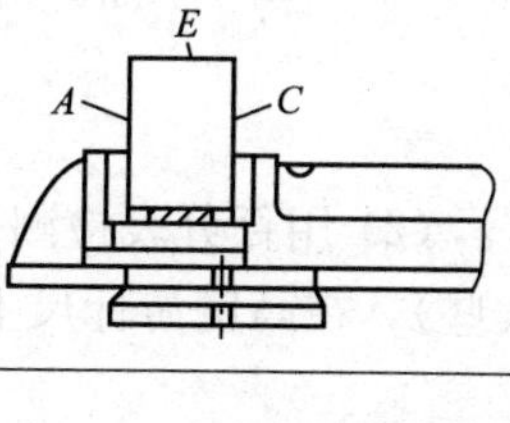

（续）

步　骤	加　工　内　容	简　　图
6. 铣 *F* 面	① 工件 *A* 面与固定钳口贴合，使 *E* 面与虎钳导轨面上的平行垫铁贴合，夹紧工件后，用铜棒轻轻敲击工件，使之与平行垫铁贴紧 ② 重新调整垂向工作台，使铣刀刚好擦到工件后退出，垂向工作台升高 4.5mm，铣出 *F* 面 ③ 预检平行度。用千分尺测量各点，若测得各点间误差在 0.05mm 之内，则平行度及垂直度符合图样要求 ④ 精铣尺寸。根据千分尺读数测得工件精铣余量后，升高垂向工作台，精铣后使工件尺寸达到 110mm ±0.15mm	F A C E

5. 精度检验

加工完成的垫块产品零件如图 2.11 所示。

图 2.11　矩形垫块产品零件

1）测量尺寸精度和平行度

用千分尺测量平行面之间的尺寸应在 49.95～50.05mm、39.95～40.05mm 范围内，但因平行度公差为 0.05mm，因此用千分尺测得的尺寸最大偏差应在 0.05mm 以内。

2）测量平面度

（1）用刀口形直尺测量平面度，如图 2.12(a)所示。各个方向的直线度均应在 0.05mm 范围内，必要时可用 0.05mm 的塞尺检查刀口形直尺与被测平面之间缝隙的大小。

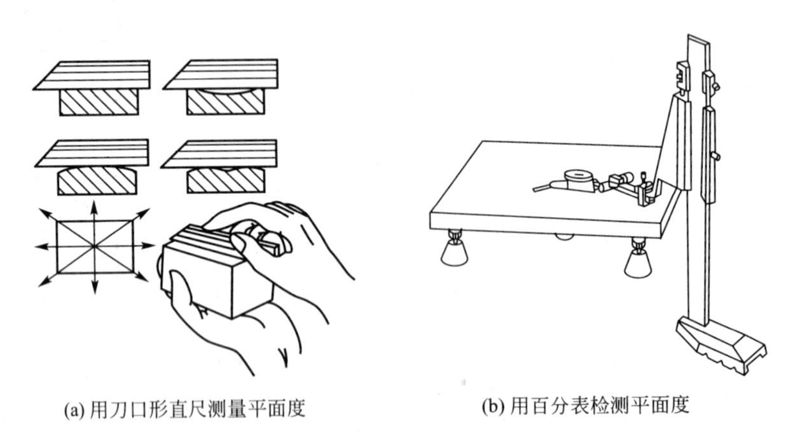

(a) 用刀口形直尺测量平面度　　(b) 用百分表检测平面度

图 2.12　检测平面度

（2）用百分表检测平面度。将工件放在平板上，用三个千斤顶支撑（千斤顶开距尽量大些），在高度游标尺上安装百分表，测量千斤顶三个顶尖附近平面的高度，通过调节千

斤顶，使三点高度相等，然后以此高度为准测量工件上平面各点，百分表上的读数差即为平面度误差值，如图 2.12(b)所示。

3）测量垂直度

如图 2.13 所示，用 90°角度尺测量相邻面垂直度时，应以工件上 A 面为基准，并注意在平面的两端测量，以测得最大实际误差值，分析并找出垂直度误差产生的原因。

4）测量粗糙度

通过目测类比法进行表面粗糙度的检验，如图 2.14 所示。

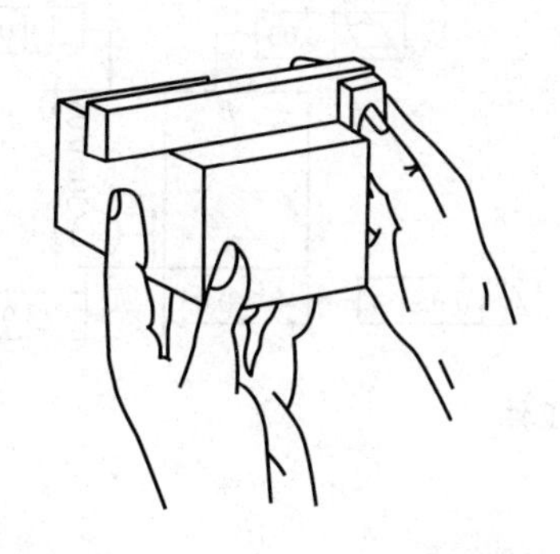

图 2.13　用 90°角度尺测量垂直度

图 2.14　目测类比法测量表面粗糙度

6. 误差分析

铣削矩形零件常见问题及产生原因如表 2－2 所列。

表 2－2　铣削矩形零件常见问题及产生原因

常见问题	产生原因
平面度超差	① 铣床工作台导轨的间隙过大，进给时工作台面上下波动或摆动等 ② 立铣头与工作台面不垂直
平行度较差	① 工件装夹时定位面未与平行垫块紧贴 ② 圆柱铣刀有锥度 ③ 平行垫块精度差、机用虎钳安装时底面与工作台面之间有脏物或毛刺等
垂直度较差	① 立铣头轴线与工作台面不垂直 ② 虎钳安装精度差，钳口铁安装精度差或形状精度差，工件装夹时没有使用圆棒，工件基准面与定钳口之间有毛刺或脏物，衬垫铜片或纸片的厚度与位置不正确，虎钳夹紧时固定钳口外倾等
平行面之间尺寸超差	① 铣削过程预检尺寸误差大 ② 工作台垂向上升的吃刀量数据计算或操作错误 ③ 量具的精度差，测量值读错等
表面粗糙度达不到要求	① 铣削位置调整不当采用了不对称顺铣 ② 铣刀刃磨质量差和过早磨损，刀杆精度差引起铣刀端面跳动 ③ 铣床进给有爬行，工件材料有硬点等

2.1.4 拓展训练

(1) 在卧式铣床上，用圆柱铣刀铣削图 2.2 所示的长矩形垫块零件。试制定工艺准备和加工步骤。

(2) 在立式铣床上铣削图 2.15 所示的长矩形垫块。试制定工艺准备和加工步骤。

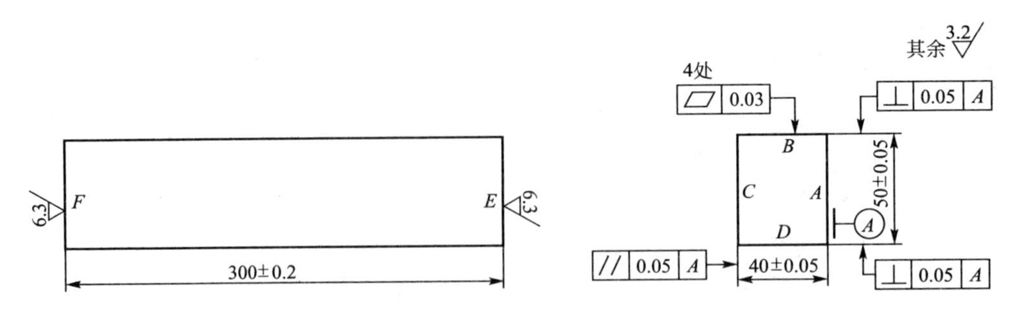

图 2.15 长矩形工件

加工要点分析

该工件较长，铣削完成四面后，两端面的铣削可采用立式铣刀周边刃铣削，并且立铣刀切削刃的长度应大于 40mm。

(3) 铣削加工图 2.16 所示的斜面工件，试制定工艺准备和加工步骤。材料为 HT200，件数为 5 件。

加工要点分析

本任务中，工件的加工过程是先铣削六面体，再铣削斜面。斜面的铣削方式主要有以下几种：

① 在工件装夹前划线，再用划针盘找正工件，如图 2.17 所示。

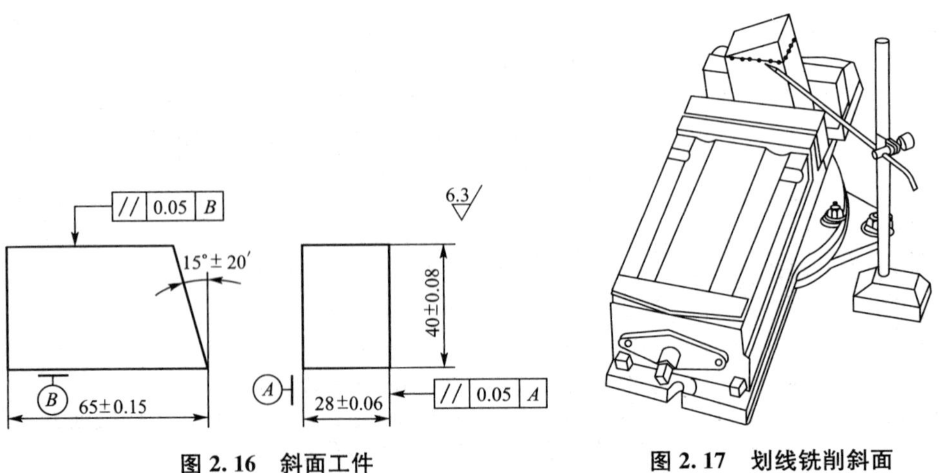

图 2.16 斜面工件

图 2.17 划线铣削斜面

② 在立式铣床上调整主轴角度铣斜面。分两种情况：

(a) 用套式立铣刀，如图 2.18 所示，主轴应逆时针方向转动 15°，采用端铣法铣削斜面；

(b) 用立铣刀，如图 2.19 所示，主轴应顺时针方向转动 15°，采用周铣法铣削斜面。

图 2.18　端铣法铣削斜面

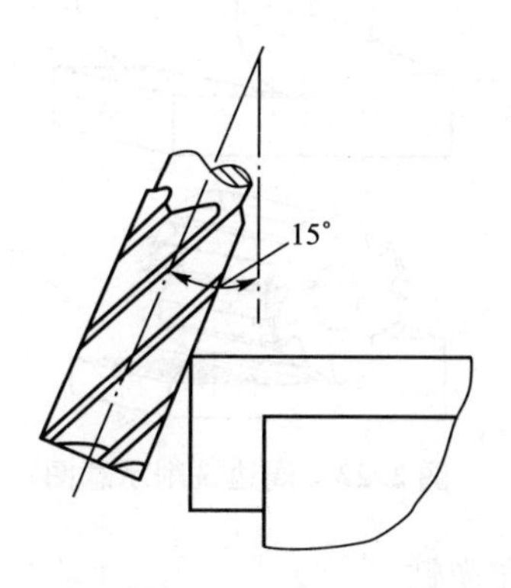

图 2.19　周铣法铣削斜面

③ 用角度铣刀铣斜面，如图 2.20 所示。

④ 用万向平口钳装夹，铣斜面，如图 2.21 所示。

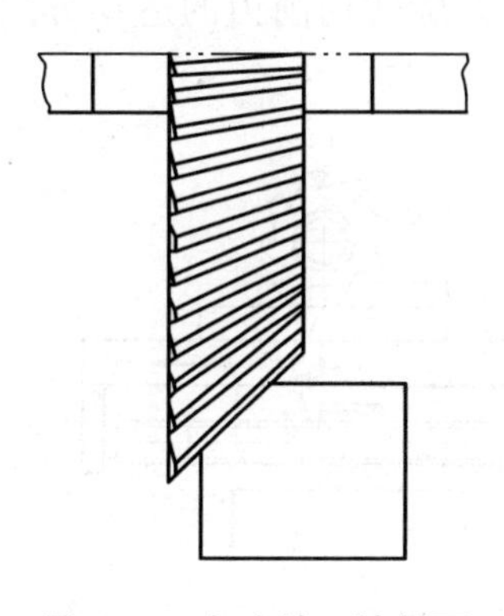

图 2.20　角度铣刀铣斜面

图 2.21　万向平口钳

2.1.5　拓展阅读

1. 平面铣削的基本方式

1) 周边铣削与端面铣削

(1) 周边铣削。周边铣削又称圆周铣削，简称周铣，如图 2.22 所示，是指用铣刀的圆周切削刃进行的铣削。铣削平面是利用分布在圆柱面上的切削刃铣出平面的，用周铣法加工而成的平面，其平面度和表面粗糙度主要取决于铣刀的圆柱度和铣刀刃口的修磨质量。

(2) 端面铣削。端面铣削简称端铣，如图 2.23 所示，是指用铣刀端面上的切削刃进行的铣削。铣削平面是利用铣刀端面上的刀尖(或端面修光切削刃)来形成平面的。用端铣法加工而成的平面，平面度和表面粗糙度主要取决于铣床主轴的轴线与进给方向的垂直度和铣刀刀尖部分的刃磨质量。

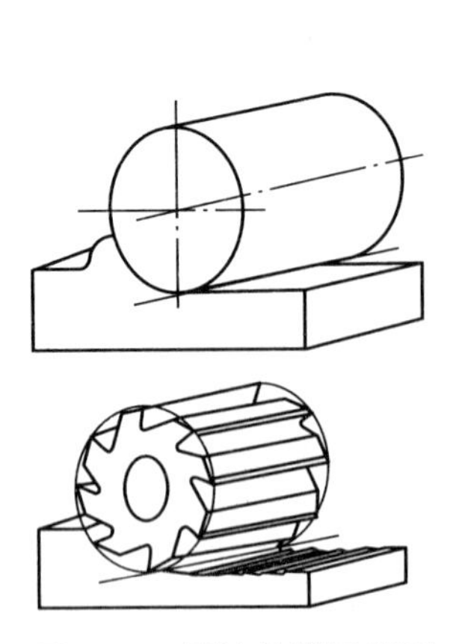

图 2.22　周边铣削示意图

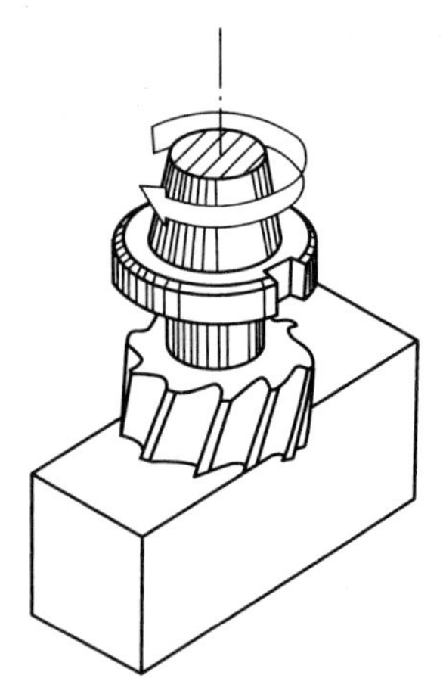

图 2.23　端面铣削示意图

2）顺铣和逆铣

（1）周边铣削时的顺铣和逆铣：

① 顺铣。在铣刀与工件已加工面的切点处，铣刀旋转切削刃的运动方向与工件进给方向相同的铣削，如图 2.24(a)所示。

② 逆铣。在铣刀与工件已加工面的切点处，铣刀旋转切削刃的运动方向与工件进给方向相反的铣削，如图 2.24(b)所示。

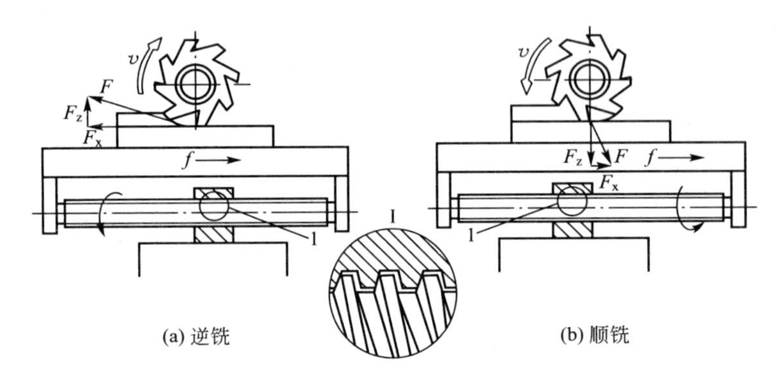

图 2.24　周边铣削的顺铣和逆铣

（2）顺铣和逆铣的比较：

① 逆铣时，作用在工件上的力在进给方向上的分力 F_x 是与进给方向 v_f 相反的，故不会把工作台向进给方向拉动一个距离，因此丝杠轴向间隙的大小对逆铣无明显的影响。而顺铣时，由于作用在工件上的力在进给方向的分力 F_x 与进给方向 v_f 相同，所以有可能会把工作台拉动一个距离，从而造成每齿进给量的突然增加，严重时将会损坏铣刀，造成工件报废甚至更严重的事故。因此在周铣中通常都采用逆铣。

② 逆铣时，作用在工件上的垂直铣削力，在铣削开始时是向上的，有把工件从夹具中拉起来的趋势，所以对加工薄而长的和不易夹紧的工件极为不利。另外，在铣削的过程中，刀齿切到工件时要滑动一小段距离才切入，此时的垂直铣削力是向下的，而在将切离工件的一段时间内，垂直铣削力是向上的，因此工件和铣刀会产生周期性的振动，影响加

工面的表面粗糙度。顺铣时，作用在工件上的垂直铣削力始终是向下的，有压住工件的作用，对铣削工作有利，而且垂直铣削力的变化较小，故产生的振动也较小，能使加工表面粗糙度值较小。

③ 逆铣时，由于切削刃在加工表面上要滑动一小段距离，切削刃容易磨损；顺铣时，切削刃一开始就切入工件，故切削刃比逆铣时磨损小，铣刀使用寿命比较长。

④ 逆铣时，消耗在工件进给运动上的动力较大，而顺铣时则较小。此外，顺铣时切削厚度比逆铣大，切屑短而厚而且变形小，所以可节省铣床功率的消耗。

⑤ 逆铣时，加工表面上有前一刀齿加工时造成的硬化层，因而不易切削；顺铣时，加工表面上没有硬化层，所以容易切削。

⑥ 对表面有硬皮的毛坯件，顺铣时刀齿一开始就切到硬皮，切削刃容易损坏，而逆铣则无此问题。综上所述，尽管顺铣比逆铣有较多的优点，但由于逆铣时不会拉动工作台，所以一般情况下都采用逆铣进行加工。但当工件不易夹紧或工件薄而长时，宜采用顺铣。此外，当铣削余量较小，铣削力在进给方向的分力小于工作台和导轨面之间的摩擦力时，也可采用顺铣。有时为了改善铣削质量而采用顺铣时，必须调整工作台与丝杠之间的轴向间隙(使之在0.01～0.04mm之间)。若设备陈旧且磨损严重，实现上述调整会有一定的困难。

(3) 端面铣削时的顺铣与逆铣。端铣时，根据铣刀和工件不同的相对位置，可分为对称铣削和不对称铣削：

① 对称端铣，如图2.25(a)所示。用面铣刀铣削平面时，铣刀处于工件铣削层宽度中间位置的铣削方式，称为对称端铣。

若用纵向工作台进给做对称铣削，工件铣削层宽度在铣刀轴线的两边各占一半。左半部为进刀部分是逆铣，右半部分为出刀部分是顺铣，从而使作用在工件上的纵向分力在中分线两边大小相等、方向相反，所以工作台在进给方向不会产生突然拉动现象。但是，这时作用在工作台横向进给方向上的分力较大，会使工作台沿横向产生突然拉动。因此，铣削前必须紧固工作台的横向。由于上述原因，用面铣刀进行对称铣削时，只适用于加工短而宽或较厚的工件，不宜铣削狭长或较薄的工件。

② 不对称端铣，如图2.25(b)、(c)所示。用面铣刀铣削平面时，工件铣削层宽度在铣刀中心两边不相等的铣削方式，称为不对称端铣。

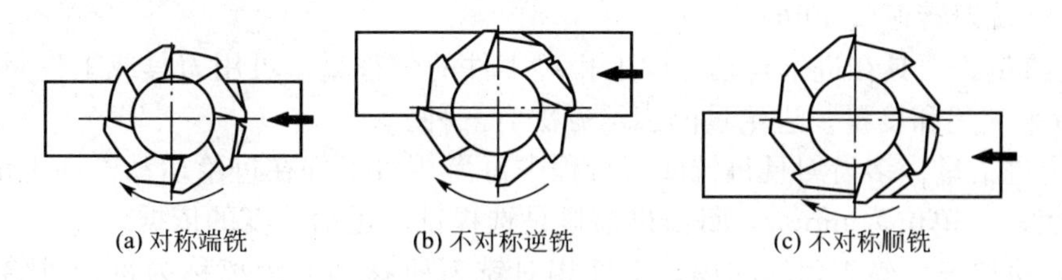

图2.25　对称端铣和不对称端铣

不对称端铣时，当进刀部分大于出刀部分时，称为逆铣，如图2.25(b)所示。反之称为顺铣，如图2.25(c)所示。顺铣时，同样有可能拉动工作台，造成严重后果，故一般不采用。端铣时，垂直铣削力的大小和方向与铣削方式无关。另外用端铣法做逆铣时，刀齿开始切入时的切屑厚度较薄，切削刃受到的冲击较小，并且切削刃开始切入时无滑动阶段，故可提高铣刀的寿命，用端铣法做顺铣时的优点是，切屑在切离工件时较薄，所以切屑容易去掉，切削刃切入时切屑较厚，不致在冷硬层中挤刮，尤其对容易产生冷硬现象的

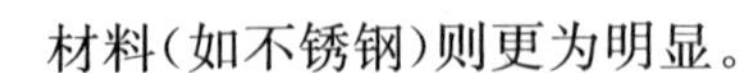

材料（如不锈钢）则更为明显。

2. 铣削用量

铣削是利用铣刀旋转、工件相对铣刀作进给运动来进行切削的。铣削过程中的运动分为主运动和进给运动。

主运动是指由机床或人力提供的主要运动，它促使刀具和工件之间产生相对运动，从而使刀具前刀面接近工件。

进给运动是指由机床或人力提供的运动，它使刀具与工件之间产生附加的相对运动，加上主运动，即可不断地或连续地切除切屑，并得到所需几何特性的已加工表面。

在铣削过程中，所选用的切削用量称为铣削用量。铣削用量包括吃刀量 α、铣削速度 v_c 和进给速度 v_f。

（1）吃刀量 α。吃刀量是两平面间的距离。该两平面都垂直于所选定的测量方向，并分别通过作用在切削刃上两个使上述两平面间的距离为最大的点。

吃刀量 α 又包含背吃刀量 α_P 和侧吃刀量 α_e。

① 背吃刀量 α_P 是指在通过切削刃基点并垂直于工作平面的方向上测量的吃刀量。

② 侧吃刀量 α_e 是指在平行于工作平面并垂直于切削刃基点的进给运动方向上测量的吃刀量。

在实际生产中吃刀量往往是对工件而言的。

（2）铣削速度。选定的切削刃相对于工件的主运动的瞬时速度。铣削速度用符号 v_c 表示，单位为 m/min。在实际工作中，应先选好合适的铣削速度，然后再根据铣刀直径计算出转速。它们的相互关系如下：

$$v_c=\frac{\pi d_0 n}{1000} \tag{2-1}$$

或

$$n=\frac{1000v_c}{\pi d_0} \tag{2-2}$$

式中 v_c——铣削速度(m/min)；

d_0——铣刀直径(mm)；

n——铣刀转速(r/min)。

（3）进给量。刀具在进给运动方向上相对工件的位移量，可用刀具或工件每转或每行程的位移量来表述和度量。进给量的表示方法有三种。

① 每齿进给量。多齿刀具每转或每行程中每齿相对工件在进给运动方向上的位移量，用符号 f_z 表示，单位为 mm/z，每齿进给量是选择铣削进给速度的依据。

② 每转进给量。铣刀每转一周，工件相对铣刀所移动的距离称为每转进给量，用符号 f 表示，单位为 mm/r。

③ 进给速度（又称每分钟进给量）。在 1min 内，工件相对铣刀所移动的距离称为进给速度，用符号 n_f 表示，单位为 mm/min。进给速度是调整机床进给速度的依据。

这三种进给量之间的关系如下：

$$v_f=f\times n=f_z zn$$

式中 z——铣刀齿数；

n——铣刀转速(r/min)。

例 2.1　在 X6132 型卧式万能铣床上，铣刀直径 $d_0=100\text{mm}$，铣削速度 $v_c=28\text{m/min}$，问铣床主轴转速 n 应调整到多少？

解：　$d_0=100\text{mm}$，$v_c=28\text{m/min}$。按式(2-2)有

$$n=\frac{1000v_c}{\pi d_0}=\frac{1000\times 28}{3.14\times 100}\text{r/min}=89\text{r/min}$$

根据主轴转速表上数值，89r/min 与 95r/min 比较接近，所以应把主轴转速调到 95r/min。

3. 铣削用量的选择

1）选择铣削用量的原则

(1) 保证刀具有合理的使用寿命，有高的生产率和低的成本。

(2) 保证加工质量，主要是保证加工表面的精度和表面粗糙度达到图样要求。

(3) 不超过铣床允许的动力和转矩，不超过工艺系统(刀具、工件、机床)的刚度和强度，同时又充分发挥它们的潜力。

上述三条，根据具体情况应有所侧重。一般在粗加工时，应尽可能发挥刀具、机床的潜力和保证合理的刀具寿命；精加工时，则首先要保证加工精度和表面粗糙度，同时兼顾合理的刀具寿命。

2）选择铣削用量的顺序

在铣削过程中，如果能在一定的时间内切除较多的金属，就有较高的生产率。显然，增大吃刀量、铣削速度和进给量，都能增加金属切除量。但是，影响刀具寿命最显著的因素是铣削速度，其次是进给量，而吃刀量对刀具的影响最小。所以，为了保证必要的刀具寿命，应当优先采用较大的吃刀量，其次是选择较大的进给量，最后才是根据刀具寿命要求，选择适宜的铣削速度。

3）选择铣削用量

(1) 选择吃刀量 α。在铣削加工中，一般是根据工件切削层的尺寸来选择铣刀的。例如，用面铣刀铣削平面时，铣刀直径一般应选择得大于切削层宽度。若用圆柱铣刀铣削平面时，铣刀长度一般应大于工件切削层宽度。当加工余量不大时，应尽量一次进给铣去全部加工余量。只有当工件的加工精度要求较高时，才分粗铣、精铣进行。具体数值的选取可参考表 2-3。

表 2-3　铣削吃刀量的选取　　（单位：mm）

工件材料	高速钢铣刀		硬质合金铣刀	
	粗铣	精铣	粗铣	精铣
铸铁	5～7	0.5～1	10～18	1～2
软钢	<5	0.5～1	<12	1～2
中硬钢	<4	0.5～1	<7	1～2
硬钢	<3	0.5～1	<4	1～2

(2) 选择每齿进给量 f_z。粗加工时，限制进给量提高的主要因素是切削力，进给量主要根据铣床进给机构的强度、刀杆刚度、刀齿强度以及机床、夹具、工件系统的刚度来确定。在强度、刚度许可的条件下，进给量应尽量选取得大些。

精加工时，限制进给量提高的主要因素是表面粗糙度。为了减少工艺系统的振动，减小已加工表面的残留面积高度，一般选取较小的进给量。f_z值的选取可参考表 2-4。

表 2-4　每齿进给量 f_z 的选取　（单位：mm）

工件材料	高速钢铣刀		硬质合金铣刀	
	铸　铁	钢　件	铸　铁	钢　件
圆柱铣刀	0.12～0.2	0.1～0.15	0.2～0.5	0.08～0.20
立铣刀	0.08～0.15	0.03～0.06	0.2～0.5	0.08～0.2
套式面铣刀	0.15～0.2	0.06～0.10	0.2～0.5	0.08～0.20
三面刃铣刀	0.15～0.25	0.06～0.08	0.2～0.5	0.08～0.20

（3）铣削速度 v_c 的选择。在吃刀量和每齿进给量正确确定后，可在保证合理的刀具寿命的前提下确定铣削速度 v_c。

粗铣时，确定铣削速度必须考虑到铣床许用功率。如果超过铣床许用功率，则应适当降低铣削速度。

精铣时，一方面应考虑合理的铣削速度，以抑制积屑瘤产生，提高表面质量；另一方面，由于刀尖磨损往往会影响加工精度，因此应选用耐磨性较好的刀具材料，并应尽可能使之在最佳铣削速度范围内工作。

铣削速度 v_c 可在表 2-5 推荐的范围内选取，并根据实际情况进行试切后加以调整。

表 2-5　铣削速度 v_c 值的选取

工件材料	铣削速度 v_c/(m/min)		说　　明
	高速钢铣刀	硬质合金铣刀	
20	20～45	150～190	① 粗铣时取小值，精铣时取大值 ② 工件材料强度和硬度较高时取小值，反之取大值 ③ 刀具材料耐热性好时取大值，反之取小值
45	20～45	120～150	
40Cr	15～25	60～90	
HT150	14～22	70～100	
黄铜	30～60	120～200	
铝合金	112～300	400～600	
不锈钢	16～25	50～100	

4. 铣削的工艺特点

（1）铣刀是典型的多刃刀具，加工过程有几个刀齿同时参加切削，总的切削宽度较大；铣削时的主运动是铣刀的旋转，有利于进行高速切削，故铣削的生产率高于刨削加工。

（2）铣削加工范围广，可以加工刨削无法加工或难以加工的表面。例如可铣削周围封闭的凹平面、圆弧形沟槽、具有分度要求的小平面和沟槽等。

（3）铣削过程中，就每个刀齿而言是依次参加切削，刀齿在离开工件的一段时间内，可以得到一定的冷却。因此，刀齿散热条件好，有利于减少铣刀的磨损，延长了使用寿命。

（4）由于是断续切削，刀齿在切入和切出工件时会产生冲击，而且每个刀齿的切削厚度也时刻在变化，这就引起切削面积和切削力的变化。因此，铣削过程不平稳，容易产生振动。

（5）铣床、铣刀比刨床、刨刀结构复杂，铣刀的制造与刃磨比刨刀困难，所以铣削成

本比刨削高。

(6) 铣削与刨削的加工质量大致相当，经粗、精加工后都可达到中等精度。但在加工大平面时，刨削后无明显接刀痕，而用直径小于工件宽度的端铣刀铣削时，各次走刀间有明显的接刀痕，影响表面质量。

铣削加工适用于单件小批量生产，也适用于大批量生产。

2.1.6 练习与思考

1. 选择题

(1) 通常在铣床上加工效率较高的是(　　)。

A. 齿轮　　B. 花键　　C. 凸轮　　D. 平面

(2) 大型的箱体零件应选用(　　)铣削加工。

A. 立式铣床　　B. 仿形铣床　　C. 龙门铣床　　D. 万能卧式铣床

(3) 机用虎钳主要用于装夹(　　)。

A. 矩形工件　　B. 轴类零件　　C. 套类零件　　D. 盘形工件

(4) 确定铣削时进给量的基础数据是(　　)。

A. 每分钟进给量　　B. 每转进给量　　C. 每齿进给量　　D. 快速移动速度

(5) 确定铣削主运动的基础数据是(　　)。

A. 铣床主轴转速　　B. 主切削刃上确定点的线速度

C. 铣刀直径　　D. 铣刀齿数

(6) 选择铣削用量时，首先选择(　　)。

A. 吃刀量　　B. 进给量　　C. 主轴转速　　D. 铣削宽度

(7) 端铣时，当进刀部分大于出刀部分时的铣削称为(　　)。

A. 不对称顺铣　　B. 顺铣　　C. 对称铣　　D. 不对称逆铣

(8) 铣削矩形工件垂直面时，若铣出的垂直面与基准面之间的夹角<90°，应在(　　)垫入纸片和铜片。

A. 固定钳口上部　　B. 固定钳口中部

C. 固定钳口下部　　D. 活动钳口与圆棒之间

(9) 在立铣上安装机用虎钳时，底部定位键的作用是使定钳口与(　　)平行或垂直。

A. 工作台面　　B. 铣刀

C. 纵、横进给方向　　D. 垂向进给方向

(10) 安装套式面铣刀时，联结圈的主要作用是(　　)。

A. 铣刀夹紧　　B. 传递转矩　　C. 垫高刀具　　D. 铣刀定位

2. 判断题

(1) 平行垫块是使用机用虎钳装夹工件最常用的辅助用具，划针及划线盘是铣床常用的工具之一。(　　)

(2) 测量被加工工件和擦拭铣床必须在机床停机时进行，以免发生事故。(　　)

(3) 每齿进给量是铣削进给速度的选择依据。(　　)

(4) 每分钟进给量是铣床调整进给速度的具体数值。(　　)

(5) 铣床的进给速度与每齿进给量、铣刀的齿数有关，与铣刀的直径和转速无关。(　　)

(6) 铣刀切削刃选定点相对于工件的主运动的瞬时速度称为铣削速度，也就是铣刀的转速。(　　)

(7) 铣削用量的选择顺序是吃刀量、每齿进给量、铣削速度，然后换算成每分钟进给量和每分钟主轴转速。(　　)

(8) 圆柱铣刀可以采用顺铣的条件是铣削余量较小，铣削力在进给方向的分力小于工作台和导轨面之间的摩擦力。(　　)

(9) 对表面有硬皮的毛坯件，不宜采用顺铣。(　　)

(10) 顺铣的优点比较多，一般情况下均应采用顺铣。(　　)

(11) 用虎钳装夹工件铣削垂直面，若铣出的垂直面小于 90°，在固定钳口衬垫纸片应垫在钳口上方。(　　)

(12) 用套式面铣刀铣削平面，引起平面度超差的主要原因是铣刀端面跳动。(　　)

(13) 用于机床工作台面的 T 形槽，其表面粗糙度要求较高的是 T 形槽槽底面。(　　)

3. 简答题

(1) 铣削加工的范围主要有哪些?

(2) 在 X6132 型铣床上选用直径为 100mm，齿数为 16 的铣刀，转速采用 75r/min，设进给量选用 $f_z=0.06$mm/z，试求机床进给速度。

(3) 在 X6132 型卧式万能铣床上，铣刀直径是 80mm，齿数是 10，铣削速度选用 26m/min，每齿进给量选用 0.10mm/z。求铣床主轴转速和进给速度。

(4) 常用铣床的类型有哪些?

(5) 说明常用铣刀的类别。

(6) 矩形零件的装夹有哪些方法?

(7) 铣削用量的选择原则是什么?

(8) 铣床怎样维护与保养?

任务 2.2　铣削键槽

2.2.1　任务导入

铣削加工图 2.26 所示的半封闭键槽零件。材料为 45 钢，加工件数为 5 件。

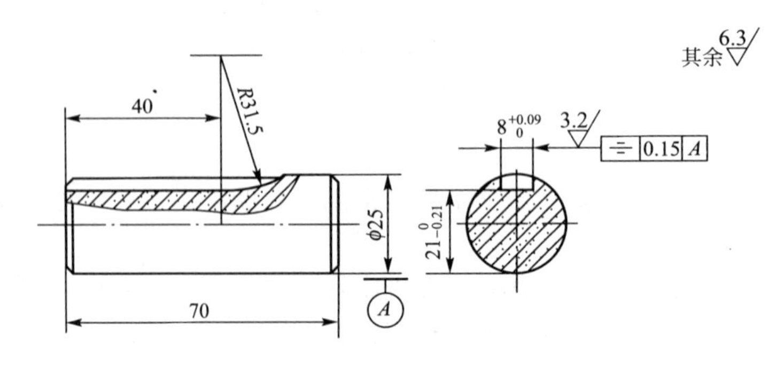

图 2.26　半封闭键槽零件

2.2.2　相关知识

1. 轴类零件在铣床上的装夹

1）用机用虎钳装夹轴类工件

如图 2.27 所示，工作台上找正并固定后，固定钳口和导轨上平面与工作台之间的相对位置是不变的，若轴的直径有变化，则后一工件的轴线位置会沿 45°方向发生变化，从而影响工件上槽的对称度和深度尺寸。因此，这种方法适用于单件加工或小批轴径经过精加工，且尺寸精度较高的零件，如图 2.28 所示的机用虎钳的特殊钳口。

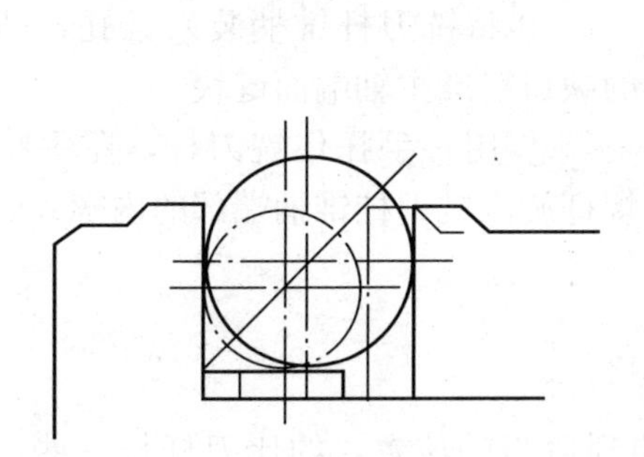

图 2.27　用机用虎钳装夹轴类工件

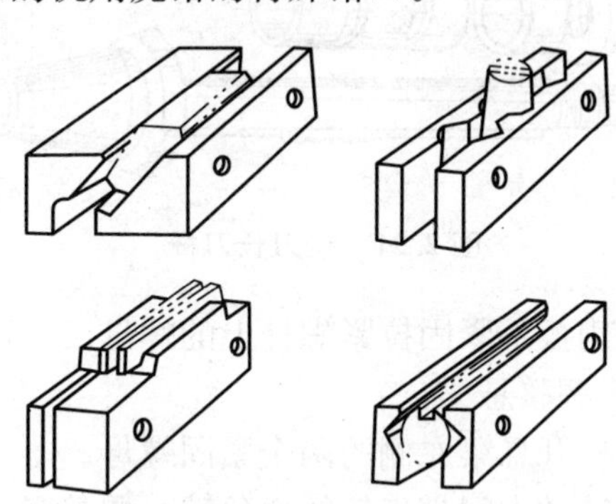

图 2.28　机用虎钳的特殊钳口

2）用 V 形块装夹轴类工件

如图 2.29(a)所示，当工件直径有变化时，工件的轴线位置将沿 V 形面的角平分线改变，因此在多件或成批加工时，只要指形铣刀的轴线或盘形铣刀的中分线对准 V 形槽的角平分线，铣出的直角槽只会在深度尺寸上有变化，而对称度不会有变化，如图 2.29(b)所示。对直径在 20～60mm 范围的细长轴，可利用工作台 T 形槽槽口对工件进行定位装夹，装夹方法和定位误差与 V 形块相同。

3）采用轴用虎钳

若采用机用虎钳装夹，应使用 V 形钳口用轴用虎钳装夹轴类工件，如图 2.30 所示。装夹工件时，转动手柄 1，可使钳口 3 和 6 绕销轴 2 和 7 转动，把工件 5 压紧在 V 形块 8 上，

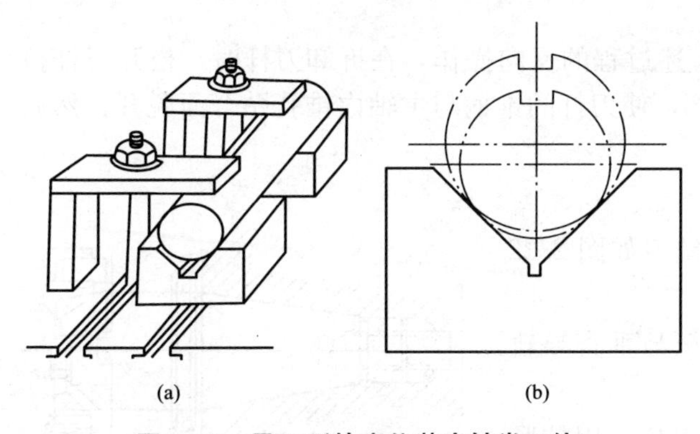

图 2.29　用 V 形块定位装夹轴类工件

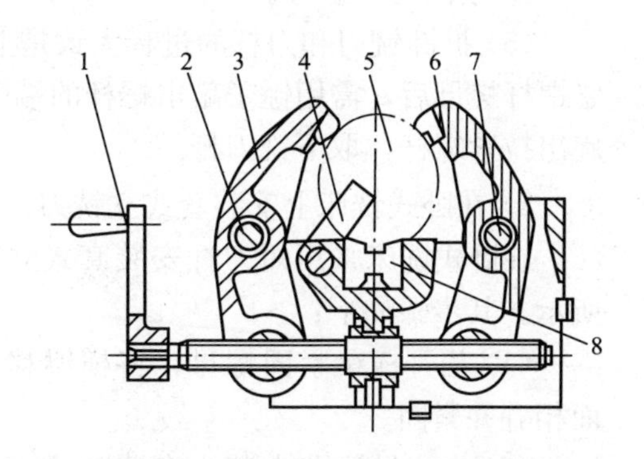

图 2.30　用轴用虎钳装夹轴类工件

1—手柄；2、7—销轴；3、6—钳口；4—轴向定位板；5—工件；8—V 形块

轴向定位板 4 用于工件轴向定位。V 形块可根据工件直径大小翻转调换，该虎钳可安装成水平或垂直位置，以便于在立式铣床和卧式铣床上采用指形铣刀和盘形铣刀铣削。这种方式的定位误差与 V 形块定位相同。

2. 铣刀的安装

1）在卧式铣床上安装三面刃铣刀

在卧式铣床上用长刀杆(图 2.31)安装三面刃铣刀，圆柱铣刀。安装和拆卸的步骤如下：

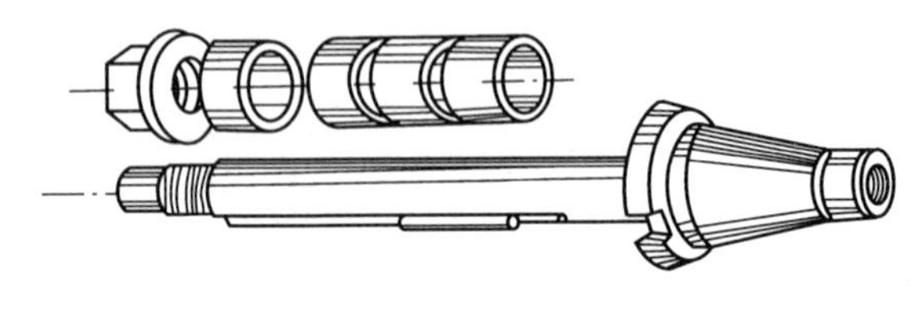

图 2.31　铣刀长刀杆

(1) 安装铣刀杆：

① 擦干净铣床主轴锥孔和铣刀杆锥柄。

② 将铣刀杆锥柄装入锥孔，凸缘上的缺口对准主轴端面键块。

③ 用右手托住铣刀杆，左手将拉紧螺杆旋入铣刀杆锥柄端部的内螺纹。

④ 用扳手紧固拉紧螺杆上的螺母。

(2) 调整悬梁：

① 松开悬梁左侧的两个紧固螺母。

② 转动中间带齿轮的六角轴，调整悬梁外伸到适当的位置，约比刀杆长一些，以便安装支架。

③ 紧固横梁左侧的两个螺母。

(3) 安装圆柱铣刀：

① 擦干净铣刀和轴套(垫圈)的两端面。

② 铣刀安装位置尽可能靠近主轴，铣刀和刀杆之间最好用平键连接。

③ 装入轴套，旋入紧固螺母，轴套的组合长度应使刀杆紧固螺母能夹紧铣刀。

(4) 安装支架及紧固刀杆螺母：

① 松开支架紧固螺母和轴承间隙调节螺母，将支架装入悬梁，并使轴承套入刀杆支持轴颈，与刀杆螺纹有一定的间距。

② 紧固支架，调节支撑轴承间隙。

③ 紧固刀杆螺母。

(5) 拆卸铣刀和刀杆的过程大致是上述过程的反向操作，在拆卸刀杆时，松开刀杆拉紧螺杆螺母后，需用锤子敲击螺杆的端部，使刀杆的锥柄与主轴内锥孔贴合面脱开，然后旋出拉紧螺杆，取下铣刀杆。

2）在卧式铣床上安装套式立铣刀

在卧式铣床采用短刀杆安装套式立铣刀如图 2.32 所示。其步骤如下：

(1) 松开横梁紧固螺母，将横梁移至与垂直导轨面相齐并紧固。

(2) 在主轴锥孔内装入套式立铣刀刀杆，用拉紧螺杆固紧。

(3) 将套式立铣刀装入刀杆，旋入螺钉后并拧紧。

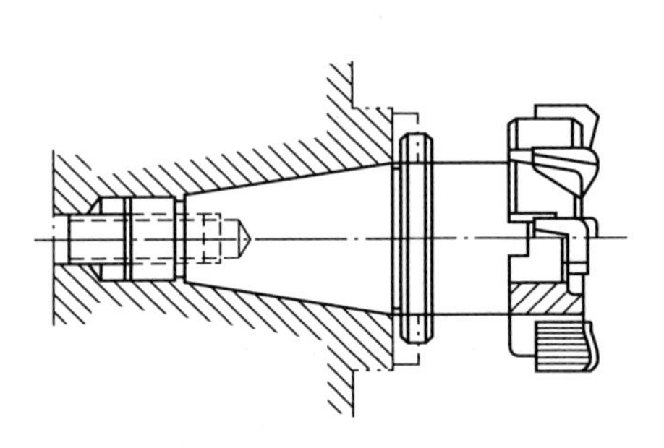

图 2.32　用短刀杆安装套式立铣刀

3）在立式铣床上安装直柄键槽铣刀

在立式铣床上用铣刀刀杆和弹性套安装直柄键槽铣刀如图 2.33 所示。其步骤如下：

（1）擦净铣床主轴锥孔及刀杆 1 的外锥部分。

（2）将刀杆 1 装入主轴锥孔中，并使主轴锥孔端部的键对准刀杆上的槽，用拉紧螺杆紧固。

（3）选用与铣刀柄部直径相同的弹性套 2 装入刀杆内。弹性套有 3 条均分的弹性槽，以利于刀柄的定位夹紧，具有自定心作用。

（4）将铣刀装入弹性套 2 中。

（5）旋入螺母 3，用柱销钩形扳手扳紧。

4）在立式铣床上安装锥柄立铣刀

安装示意如图 2.34 所示。

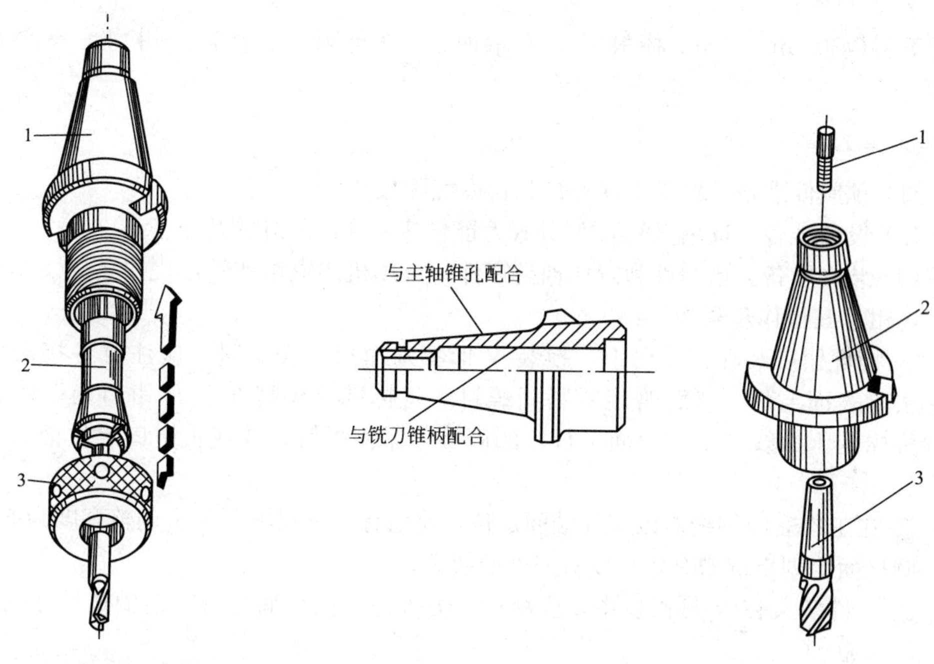

图 2.33　安装直柄键槽铣刀

1—刀杆；2—弹性套；3—螺母

图 2.34　安装锥柄立铣刀

1—拉紧螺杆；2—变径套；3—立铣刀

在立式铣床上安装锥柄立铣刀的步骤如下：

（1）选择外锥面与铣床主轴锥孔配合、内锥面与立铣刀配合的变径套，并擦净主轴锥孔、铣刀锥柄和变径套的内外锥面。选择与铣刀柄部内螺纹相同的拉紧螺杆。

（2）将立铣刀 3 锥柄装入变径套 2 锥孔。

（3）将变径套连同铣刀装入主轴锥孔，并使变径套上的缺口对准主轴端部的键块。

（4）用拉紧螺杆 1 将铣刀连同变径套紧固在主轴上。

2.2.3　任务实施

1．图样分析

1）加工精度分析

（1）键槽的宽度尺寸为 $8^{+0.09}_{0}$ mm，深度尺寸标注为槽底至工件外圆的尺寸 $21^{0}_{-0.21}$ mm，

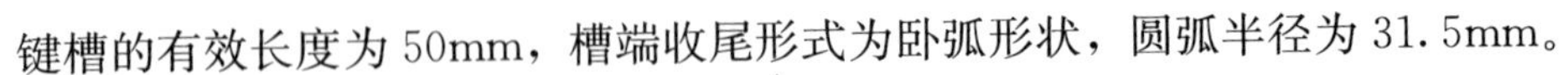

键槽的有效长度为50mm，槽端收尾形式为卧弧形状，圆弧半径为31.5mm。

(2) 键槽对工件轴线的对称度为0.15mm。

(3) 预制件为ϕ25mm×70mm的光轴。

2) 分析表面粗糙度

键槽侧面表面粗糙度值为Ra3.2μm，其余Ra6.3μm，铣削加工能达到要求。

3) 分析材料

预制件的材料为45#钢，其切削性能较好。

4) 分析形体

预制件为阶梯轴类零件，便于装夹。

2. 工艺过程

下料(ϕ30mm×75mm棒料)——车端面——车外圆——倒角——检验——铣键槽——检验。

3. 工艺准备

(1) 预制件准备。检验工件外径和长度实际尺寸。

(2) 设备准备。选用X6132型卧式万能铣床或类同的卧式铣床。

(3) 装夹准备。预制件为阶梯轴类零件，可用机用虎钳或轴用虎钳装夹。本任务采用机用虎钳。其操作步骤如下：

① 将虎钳安装在工作台上，换装V形特殊钳口。安装时，应注意各接触面的清洁度。去除表面毛刺，然后略旋紧紧固螺钉，将标准棒夹持在V形钳口内，用百分表找正标准棒的上素线与工作台面平行，随后旋紧紧固螺钉，并找正钳口定位面与工作台纵向平行。

② 在工件表面划线。以工件端面定位，将游标高度尺的划线头调整高度为50mm，在工件圆柱面上划出键槽有效长度对刀参照线。

③ 工件装夹在V形钳口中，应注意上方外露的圆柱面具有2倍槽宽尺寸的位置，以便铣削对刀。

(4) 刀具准备。根据直角沟槽的宽度尺寸$8^{+0.09}_{0}$mm选择铣刀规格，和端部收尾形式及圆弧半径尺寸31.5mm选择铣刀规格，因槽宽精度要求不高，现选用外径为63mm、宽度为8mm、孔径为22mm、铣刀齿数为14的标准直齿三面刃铣刀。铣刀的宽度应用外径千分尺进行测量，按图样槽宽尺寸的公差和铣刀安装后的端面圆跳动误差，铣刀的宽度应在8.00～8.05mm范围内。

采用直径22mm的刀杆安装铣刀。安装后，用百分表测量铣刀安装后的端面圆跳动。

(5) 量具准备。内径千分尺、塞规、游标卡尺、高度尺、百分表。

(6) 计算铣削用量。按工件材料(45#钢)和铣刀的规格选择和调整铣削用量，因材料强度、硬度都不高，装夹比较稳固，加工表面的粗糙度要求也不高，故调整主轴转速$n=95$r/min($v=18$m/min)；进给量$v_f=47.5$mm/min($f_z\approx0.036$mm/z)。

4. 加工步骤

1) 对刀

(1) 垂向槽深对刀时，调整工作台，使铣刀处于铣削位置上方。开动机床，使铣刀

圆周刃齿恰好擦到工件外圆最高点，在垂向刻度盘上作记号，作为槽深尺寸调整起点刻度。

(2) 横向对中对刀时，往复移动工作台横向，在工件表面铣削出略大于铣刀宽度的椭圆形刀痕，如图 2.35(a)所示。通过目测使铣刀处于切痕中间，垂向再微量升高，使铣刀铣出浅痕，如图 2.35(b)所示，停车后目测浅痕与椭圆刀痕两边的距离是否相等，若有偏差，则再调整工作台横向。调整结束后，注意锁紧工作台横向。

(3) 纵向槽长对刀时，垂向退刀，移动纵向，使铣刀中心大致处于 50mm 槽长划线的上方，垂向上升，在工件表面切出刀痕，停机后目测划线是否在切痕中间，若有偏差，再调整工作台纵向位置，调整完毕，在纵向刻度盘上做好铣削终点的刻度记号。此时，应注意工作台的移动方向应与铣削进给方向一致，还应调整好自动停止挡铁，调整的要求是在工作台进给停止后，刻度盘位置至终点刻度记号还应留有 1mm 左右的距离，以便通过手动进给较准确地控制键槽有效长度尺寸。

(4) 纵向退刀后，垂向按对刀记号上升 $H=25\text{mm}-21\text{mm}=4\text{mm}$。

2) 铣削键槽

铣削时，应先采用手动进给使铣刀缓缓切入工件，当感觉铣削平稳后再采用机动进给。在铣削至纵向刻度盘记号之前，机动进给自动停止，改用手动进给铣削至刻度盘终点记号位置，如图 2.36 所示。

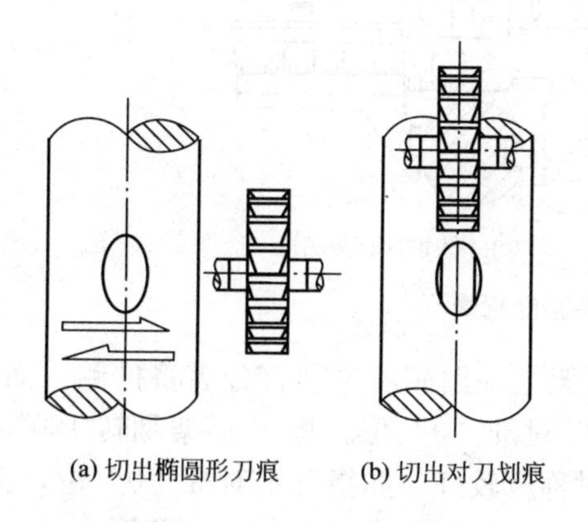

(a) 切出椭圆形刀痕　(b) 切出对刀划痕

图 2.35　切痕对刀法

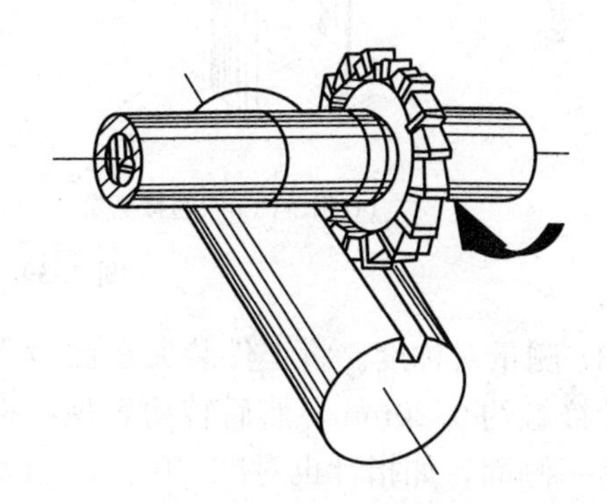

图 2.36　铣削半封闭键槽

5. 精度检验

加工完成的半封闭键槽轴零件如图 2.37 所示。检验步骤如下：

图 2.37　半封闭键槽轴产品零件

(1) 测量槽宽。槽宽尺寸用塞规和内径千分尺测量，如图 2.38(a)所示。测量时左手拿内径千分尺顶端，右手转动微分筒，使两个内测量爪测量面之间的距离略小于槽宽尺寸，将量爪放入槽中，以一个量爪为支点，另一个量爪作少量转动，找出最小点，然后使用测力装置直至发出响声，便可直接读数，若要取出后读数，先将紧固螺钉旋紧后取出读数。直角槽宽度尺寸应在 8.00～8.09mm 范围内。采用塞规测量时，应选用与槽宽尺寸公差等级相同的塞规，以通端能塞进、止端不能塞进为合格，如图 2.38(b)所示。

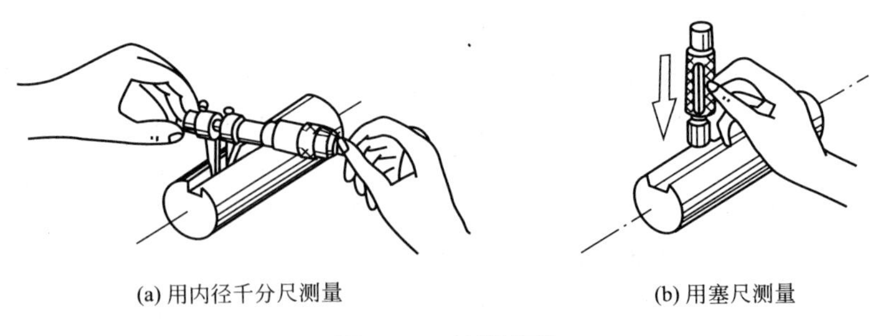

(a) 用内径千分尺测量　　(b) 用塞尺测量

图 2.38　键槽宽度

(2) 测量槽深。槽深即槽底至工件外圆的尺寸应在 25.79～26.00mm 范围内。其测量方法如图 2.39 所示。

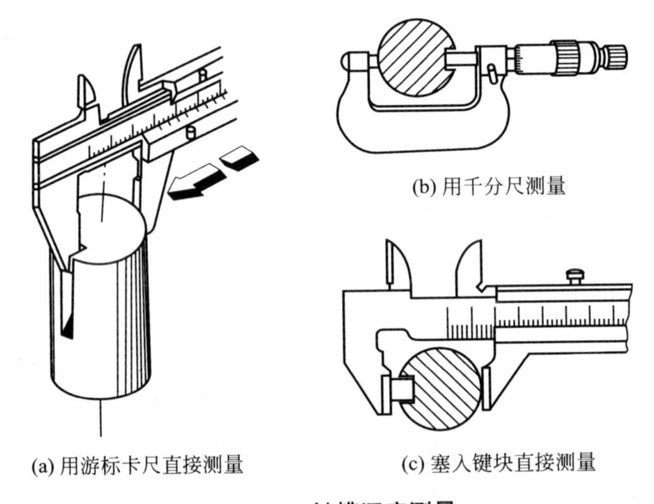

(a) 用游标卡尺直接测量　　(b) 用千分尺测量　　(c) 塞入键块直接测量

图 2.39　键槽深度测量

(3) 测量对称度。将工件装夹在测量 V 形架上，用高度尺和百分表将槽侧一面校平，使指针接触约 0.20mm，然后转动表盘，将指针对准“0”位。将 V 形架翻转 180°，测量槽的另一侧面，如指针也对准“0”位，说明对称度较好。如指针不对准“0”位，读数值即为对称度的偏差值，如图 2.40 所示。百分表的示值误差应在 0.15mm 范围内。

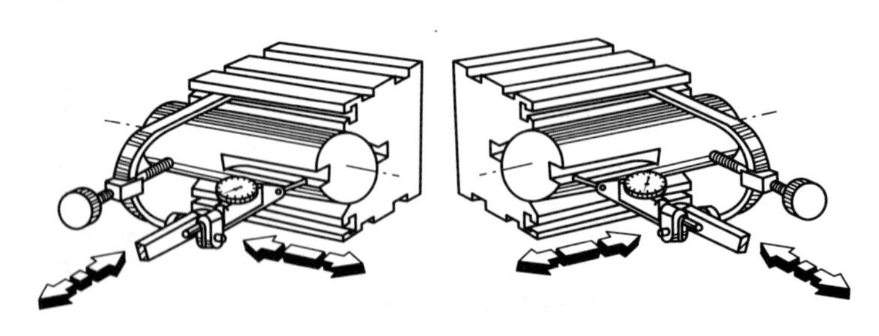

图 2.40　键槽对称度测量

(4) 通过目测类比法进行表面粗糙度的检验。

6. 误差分析

铣削键槽常见问题及产生原因如表 2-6 所列。

表 2-6　铣削键槽常见问题及产生原因

常见问题	产生原因
键槽宽度尺寸超差	① 铣刀宽度尺寸测量误差 ② 铣刀安装后端面跳动过大 ③ 铣刀刀尖刃磨质量差或早期磨损等
键槽槽底与轴线不平行度	① 工件圆柱面上素线与工作台面不平行 ② V形特殊钳口安装误差过大等
键槽对称度超差	① 目测切痕对刀误差过大 ② 铣削时工作台横向未锁紧

2.2.4　拓展训练

(1) 加工图 2.41 所示的直角沟槽工件。材料为 HT200，件数为 1 件。试制定工艺准备和加工步骤。

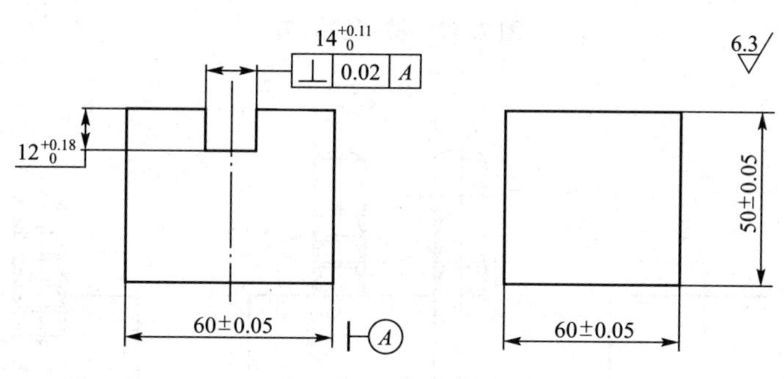

图 2.41　直角沟槽工件

加工要点分析

该工件工艺过程是铸造六面体——铣六方——铣直角沟槽——检验。

① 选择铣床。选用 X6132 型卧式万能铣床或类同的卧式铣床。

② 选择工件装夹方式。机用虎钳装夹。

③ 选择刀具。外径 80mm、宽度 14mm、孔径 27mm、铣刀齿数为 18 的标准直齿三面刃铣刀，并用千分尺测量铣刀宽度在 14～14.05mm 以内。将铣刀安装在直径 27mm 的长刀杆的中间位置后扳紧。

④ 对刀：

(a) 按划线对刀移动工作台，使铣刀处于铣削部位，目测铣刀两侧刃与槽宽线相切，如图 2.42(a)所示。开动机床，垂向缓缓上升，切出刀痕，如图 2.42(b)所示。停机后，下降垂向工作台，观看切痕是否与两线重合，若有偏差则调整横向工作台。

(b) 侧面对刀在 A 面上贴一张薄纸，移动工作台，使工件处于铣刀端面齿刃位置，开动机床，缓缓移动横向工作台使铣刀刚好擦到薄纸，如图 2.43(a)所示。在横向刻度盘上做好记号，纵向退出工件，移动横向工作台，移动量 $S=B/2+L/2=60/2\text{mm}+14/2\text{mm}=37\text{mm}$，如图 2.43(b)所示。然后紧固横向工作台。

⑤ 调整铣削层深度，对刀后在工件上平面贴一张薄纸，开动机床，摇动纵向、垂向手柄，使铣刀处于铣削位置，垂向工作台缓缓升高，使铣刀刚好擦到薄纸，纵向退出工件，垂向升高 12mm。

⑥ 开动机床，纵向机动进给铣出直角沟槽，如图 2.43(c)所示。

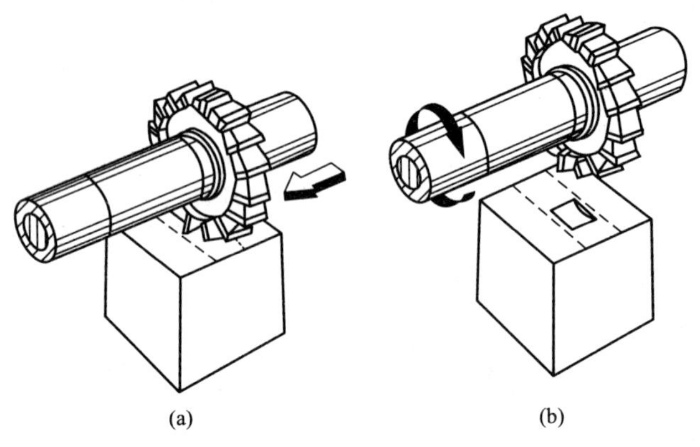

图 2.42　按划线对刀

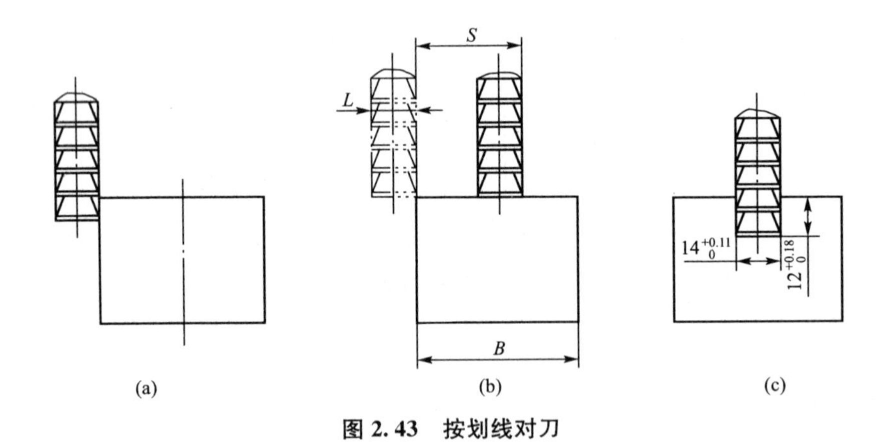

图 2.43　按划线对刀

(2) 加工图 2.44 所示的传动轴工件。材料为 45，件数为 1 件。试制定工艺准备和加工步骤。

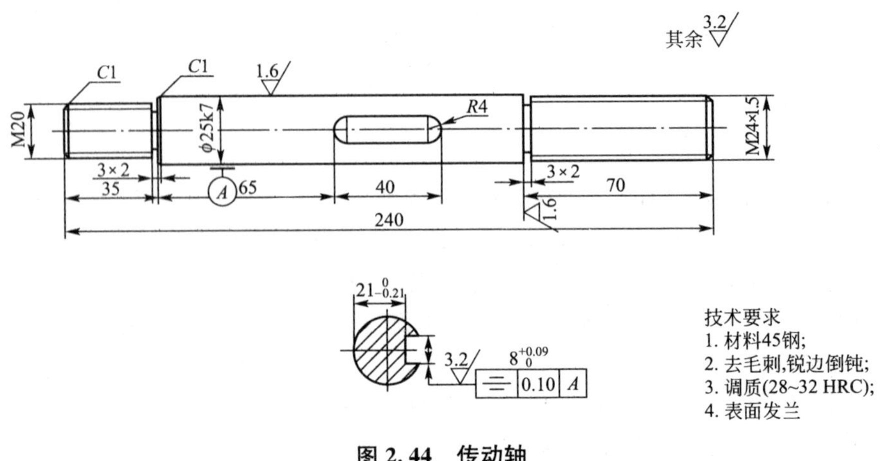

图 2.44　传动轴

加工要点分析

该传动轴工艺过程：下料(ϕ30mm×245mm 棒料)—车端面—粗车外圆—调质—精车外圆—车螺纹—铣键槽—检验。铣削键槽前，预制件为阶梯轴，如图 2.45所示。

① 选择铣床。选用 X5032 型立式铣床或类同的立式铣床。

② 选择工件装夹方式。轴用虎钳或 V 形块装夹，如图 2.46 所示。

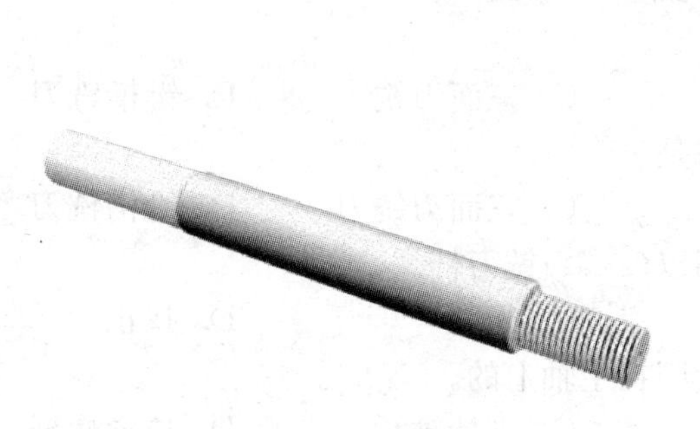

图 2.45 预制件

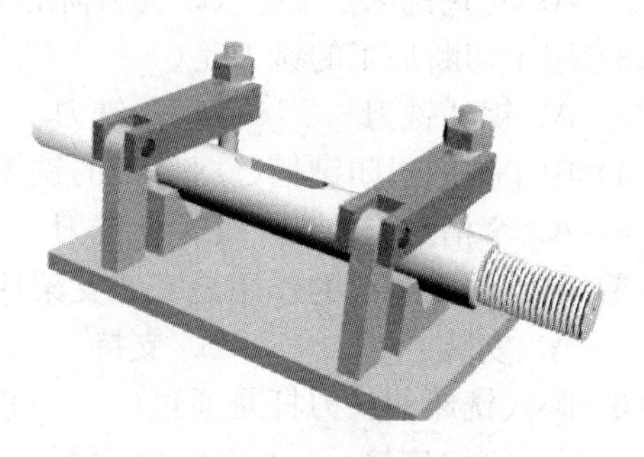

图 2.46 V 形块装夹

③ 选择刀具。根据键槽的宽度尺寸 $8^{+0.09}_{0}$mm 选择铣刀规格，现选用外径为 8mm 的标准键槽铣刀。

④ 对刀：

(a) 垂向槽深对刀时，调整工作台，使铣刀处于铣削位置上方。开动机床，使铣刀圆周刃齿恰好擦到工件外圆最高点，在垂向刻度盘上作记号，作为槽深尺寸调整起点刻度。

(b) 横向对中对刀时，先锁紧工作台纵向，垂向上升适当尺寸(通过目测切痕大小确定)，往复移动工作台横向，在工件表面铣削出略大于铣刀宽度的矩形刀痕，如图 2.47 所示，目测使铣刀处于切痕中间，垂向再微量升高，使铣刀铣出圆形浅痕，停车后目测浅痕与矩形刀痕两边的距离是否相等，若有偏差，则再调整工作台横向。调整结束后，注意锁紧工作台横向。

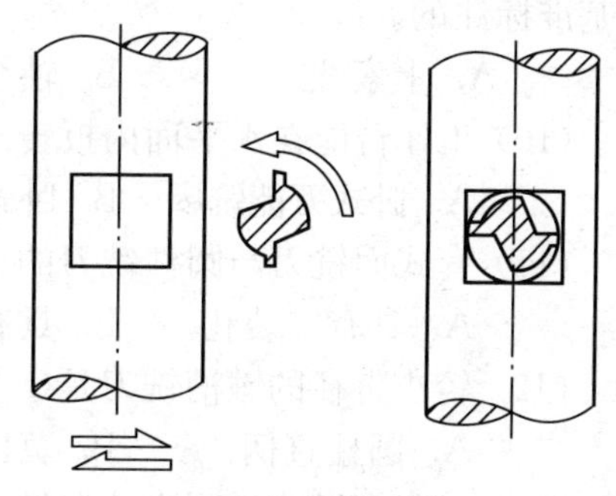

图 2.47 切痕对刀

(c) 纵向槽长对刀时，垂向退刀，用游标卡尺测量工件端面与切痕侧面的实际尺寸，若测得尺寸为 80mm，向工件左端纵向移动(80－65)mm＝15mm，此时铣刀处于键槽起点位置，应在此处做好刻度记号，目测铣刀刀尖的回转圆弧应与工件表面的槽长划线相切。反向调整工作台纵向位置，使铣刀刀尖的回转圆弧与另一划线相切，在纵向刻度盘上做好铣削终点的刻度记号。

⑤ 铣削键槽。铣削时，移动工作台纵向，将铣刀处于键槽起始位置上方，锁紧纵向，垂向手动进给使铣刀缓缓切入工件，槽深切入尺寸为(25－21)mm＝4mm。然后采用纵向机动进给，铣削至纵向刻度盘键槽长度终点记号前，停止机动进给，改用手动进给铣削至终点记号位置增加 0.1mm，停机后垂向下降工作台。

2.2.5 练习与思考

1. 选择题

(1) 键槽一般在( )上铣削加工。
A. 龙门铣床 B. 卧式铣床 C. 平面仿形铣床 D. 立式铣床

(2) 椭圆加工应选用( )。
A. 立式铣床 B. 无升降台铣床 C. 龙门铣床 D. 卧式铣床

(3) 用于切断加工的铣刀是( )。
A. 锯片铣刀 B. 立铣刀 C. 三面刃铣 D. 键槽铣刀

(4) 用于铣削封闭键槽(立弧式)的铣刀是( )。
A. 窄槽铣刀 B. 立铣刀 C. 三面刃铣刀 D. 键槽铣刀

(5) 卧式铣床悬梁的作用是安装支架用以( )铣刀杆。
A. 安装 B. 支持 C. 紧固 D. 找正

(6) 卧式铣床的长刀杆是通过( )紧固在主轴上的。
A. 键块连接 B. 锥面配合 C. 支持轴承 D. 拉紧螺杆

(7) 铣刀杆装入锥孔时，将凸缘上的缺口对准主轴端面键块的目的是( )。
A. 传递转矩 B. 刀杆定位 C. 紧固刀杆 D. 支持刀杆

(8) 安装锥柄铣刀的过渡套内锥通常是( )锥度。
A. 莫氏 B. 7∶24 C. 1∶20 D. 1∶10

(9) 轴上封闭键槽深度有多种标注方法，用游标卡尺可直接量获得的槽深是以( )为基准标注的。
A. 上素线 B. 轴线 C. 下素线 D. 其他基准面

(10) 工作台能在水平面内扳转±45°的铣床称为( )。
A. 卧式万能铣床 B. 卧式铣床 C. 龙门铣床 D. 立式铣床

(11) 套式面铣刀与圆柱铣刀的主要区别是( )。
A. 具有安装孔 B. 具有端面齿刃 C. 具有螺旋齿刃 D. 具有装夹面

(12) 较小直径的键槽铣刀是( )铣刀。
A. 圆柱直柄 B. 莫氏锥柄 C. 盘形带孔 D. 圆柱带孔

(13) 半封闭键槽铣削方式和铣刀选择应根据( )确定。
A. 键槽长度 B. 键槽宽度。 C. 键槽对称度 D. 键槽收尾形式

(14) 在轴类零件上铣削键槽，为保证键槽的中心位置不随直径变化而改变，不宜采用( )装夹工件。
A. V形块 B. 轴用虎钳
C. 机用虎钳 D. 工作台T形槽与压板

(15) 用三面刃铣刀在轴类零件上用切痕法对刀，切痕的形状是( )。
A. 矩形 B. 圆形 C. 椭圆形 D. 月牙形

2. 判断题

(1) 铣床无法加工螺旋槽工件。( )

(2) 键槽是精度较高的加工内容，必须在专用铣床上加工。( )

(3) 轴上键槽对轴线的对称度要求很高，属于键槽铣削技术中的形状精度要求。(　　)

(4) 键槽铣刀磨损后，通常只修磨端面刃。(　　)

(5) 用机用虎钳装夹轴类零件，若工件直径有变化，则工件的轴线会沿水平方向发生位移。(　　)

(6) 用V形架装夹轴类工件铣削键槽，工件直径有变化，不会影响键槽的对称度。(　　)

(7) 用轴用虎钳装夹轴类零件铣削键槽，键槽的对称度和深度尺寸不会因工件直径变化受到影响。(　　)

(8) 用三面刃铣刀铣削两侧台阶面时，铣好一侧后，铣另一侧时横向移动距离为凸台宽度与铣刀宽度之和。(　　)

(9) 用三面刃铣刀在轴类工件表面切痕对刀，其对刀切痕是椭圆形的。(　　)

(10) 键槽铣刀的切痕对刀法使铣刀的切削刃回转轨迹落在矩形小平面切痕的中间位置。(　　)

3. 简述题

(1) 在X6132型卧式万能铣床上，铣刀直径 $d_0=100$mm，齿数 $z=16$，转速选用 $n=89$r/min，每齿进给量 $f_z=0.08$mm/z，问铣床每分钟进给速度应调整到多少？

(2) 用X6132型铣床在直径为40mm的轴上铣削一敞开式直角槽，槽宽为12mm。试问：①选用何种铣刀加工？②用擦边法对刀(若纸厚为0.10mm)，横向移动距离是多少？

(3) 在X6132型铣床上用三面刃铣刀铣削一台阶工件，已知台阶凸台宽度 $A=16$mm，铣刀宽度 $L=12$mm，台阶深 $t=10$mm，刀杆垫圈直径 $d=40$mm，试求：①所选铣刀最小直径为多少？②采用何种对刀方法，需要在哪个方向对刀？台阶一侧铣好后，铣另一侧时，能够移动的距离是多少？

(4) 在X5032型铣床上铣削一键槽，槽宽为10mm，槽长为40mm，若 $v_c=20$m/min，$v_f=75$mm/min。试求：①铣刀直径 d_0；②每齿进给量 f_z；③铣刀纵向(沿槽向)移动距离 s。

(5) 轴类工件的装夹方法有哪些？各有何特点？

(6) 试述键槽的检验方法。

任务2.3　铣削四棱柱

2.3.1　任务导入

铣削加工图2.48所示四棱柱小轴零件。材料为 $45^{\#}$ 钢。件数为1件。

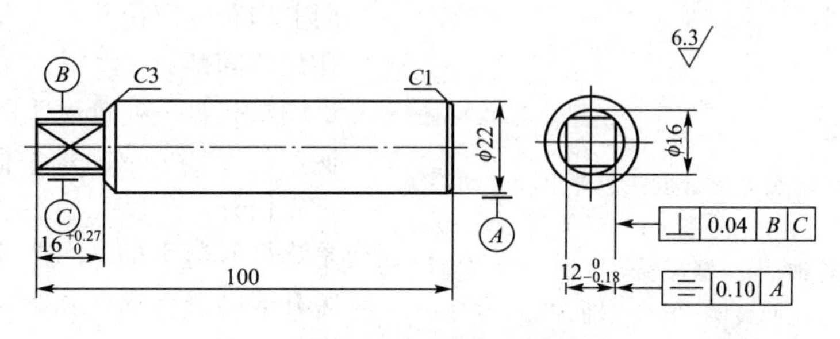

图2.48　四棱柱小轴

2.3.2 相关知识

1. 万能分度头各部分名称及功用

1）分度头的种类

分度头是铣床的附件之一，许多机械零件(如花键轴、牙嵌离合器、齿轮等)在铣削时，需要利用分度头进行圆周分度才能铣出等分的齿槽。在铣床上使用的分度头有万能分度头、半万能分度头和等分分度头三种。

目前常用的万能分度头型号有F11100A、F11125A、F11160A等。

2）万能分度头的主要功用

(1) 能够将工件作任意的圆周等分，或通过交换齿轮作直线移距分度。

(2) 能在－6°～＋90°的范围内，将工件轴线装夹成水平、垂直或倾斜的位置。

(3) 能通过交换齿轮，使工件随分度头主轴旋转和工作台直线进给，实现等速螺旋运动，用以铣削螺旋面和等速凸轮的型面。

3）万能分度头的外形结构与传动系统

F11125型万能分度头在铣床上较常使用，其主要结构和传动系统如图2.49所示。

分度头主轴9是空心的，两端均为莫氏4号内锥孔，前端锥孔用于安装顶尖或锥柄心轴，后端锥孔用于安装交换齿轮轴，作为差动分度、直线移距及加工小导程螺旋面时安装交换齿轮之用。主轴的前端外部有一段定位锥体，用于三爪自定心卡盘连接盘的安装定位。

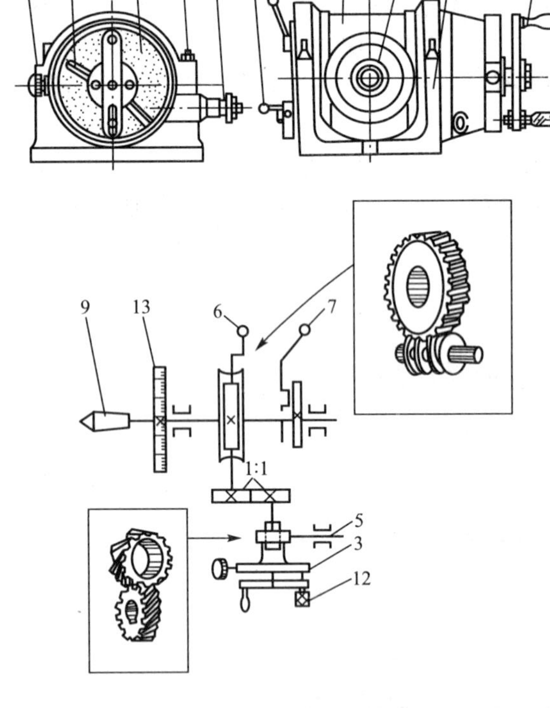

图2.49 F11125型万能分度头的外形和传动系统

1—孔盘紧固螺钉；2—分度叉；3—孔盘；4—螺母；5—交换齿轮轴；6—蜗杆脱落手柄；7—主轴锁紧手柄；8—回转体；9—主轴；10—基座；11—分度手柄；12—分度定位销；13—刻度盘

装有分度蜗轮的主轴安装在回转体8内，可随回转体在分度头基座10的环形导轨内转动。因此，主轴除安装成水平位置外，还可在－6°～＋90°范围内任意倾斜，调整角度前应松开基座上部靠主轴后端的两个螺母4，调整之后再予以紧固。主轴的前端固定着刻度盘13，可与主轴一起转动。刻度盘上有0°～360°的刻度，可作分度之用。

孔盘(又称分度盘)3上有数圈在圆周上均布的定位孔，在孔盘的左侧有一孔盘紧固螺钉1，用以紧固孔盘，或微量调整孔盘。在分度头的左侧有两个手柄：一个是主轴锁紧手柄7，在分度时应先松开，分度完毕后再锁紧；另一个是蜗杆脱落手柄6，它可使蜗杆和蜗轮脱开或啮合。蜗杆和蜗轮的啮合间隙可用偏心套调整。

在分度头右侧有一个分度手柄11，转动分度手柄时，通过一对转动比1∶1的斜齿圆柱齿轮及一对传动比为1∶40的蜗杆副使主轴旋转。此外，分度盘右侧还有一根安装交换齿轮用的交换齿轮轴5，它通过一对速比为1∶1的交错轴斜齿轮副和空套在分度手柄轴上的分度盘相联系。

分度头基座10下面的槽里装有两块定位键。可与铣床工作台面的T形槽直槽相配合，以便在安装分度头时，使主轴轴线准确地平行于工作台的纵向进给方向。

2. 万能分度头各部分的附件及其功用

1）孔盘

F11125型万能分度头备有两块孔盘，正、反面都有数圈均布的孔圈，常用孔盘孔圈数如表2-7所列。

表2-7　孔盘孔圈数表

盘　块　面	盘　的　孔　圈　数
第一块盘	正面：24、25、28、30、34、37、38、39、41、42、43 反面：46、47、49、51、53、54、57、58、59、62、66
带两块盘	第一块正面：24、25、28、30、34、37 反面：38、39、41、42、43 第二块正面：46、47、49、51、53、54 反面：57、58、59、62、66

使用孔盘可以解决分度手柄不是整转数的分度，进行一般的分度操作。

2）分度叉

在分度时，为了避免每分度一次都要计数孔数，可利用分度叉来计数，如图2.50所示。

松开分度叉紧固螺钉，可任意调整两叉之间的孔数，为了防止分度手柄带动分度叉转动，用弹簧片将它压紧在孔盘上。分度叉两叉之间的实际孔数，应比所需的孔距数多一个孔，因为第一个孔是作起始孔而不计数的。图2.50所示为每分度一次摇过五个孔距的情况。

3）前顶尖、拨盘和鸡心夹头

前顶尖、拨盘和鸡心夹头如图2.51所示，是用作支撑和装夹较长工件的。使用时，先

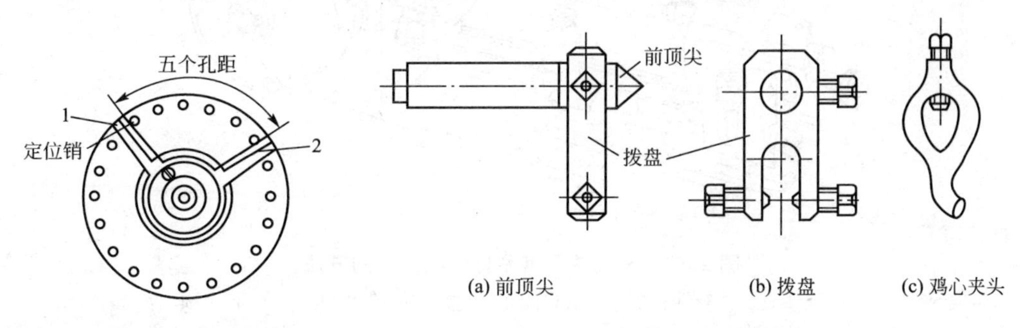

(a) 前顶尖　(b) 拨盘　(c) 鸡心夹头

图2.50　分度叉

1、2—分度叉脚

图2.51　前顶尖、拨盘和鸡心夹头

卸下三爪自定心卡盘，将带有拨盘的前顶尖［图 2.51(a)］插入分度头主轴锥孔中，图 2.51(b)所示为拨盘，用来带动鸡心夹头和工件随分度头主轴一起转动，图 2.51(c)所示为鸡心夹头，工件可插在孔中用螺钉紧固。

4）三爪自定心卡盘

如图 2.52 所示，它通过连接盘安装在分度头主轴上，用来装夹工件，当扳手方榫插入小锥齿轮 2 的方孔 1 内转动时，小锥齿轮就带动大锥齿轮 3 转动。大锥齿轮的背面有一平面螺纹 4，与三个卡爪 5 上的牙齿啮合，因此当平面螺纹转动时，三个爪就能同步进出移动。

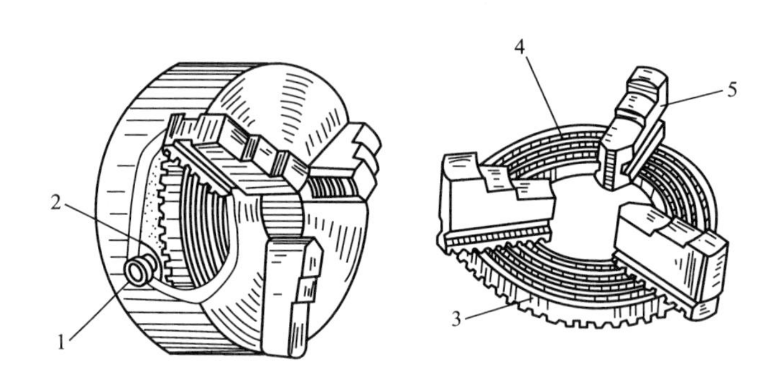

图 2.52　三爪自定心卡盘

1—方孔；2—小锥齿轮；3—大锥齿轮；4—平面螺纹；5—卡爪

5）尾座

尾座与分度头联合使用，一般用来支撑较长的工件，如图 2.53 所示。在尾座上有一个顶尖，和装在分度头上前顶尖或三爪自定心卡盘一起支撑工件或心轴。转动尾座手轮，可使后顶尖进出移动，以便装卸工件。后顶尖可以倾斜一个不大的角度，同时顶尖高低也可以调整，尾座下有两个定位键，用来保持后顶尖轴线与纵向进给方向一致，并和分度头轴线在同一直线上。

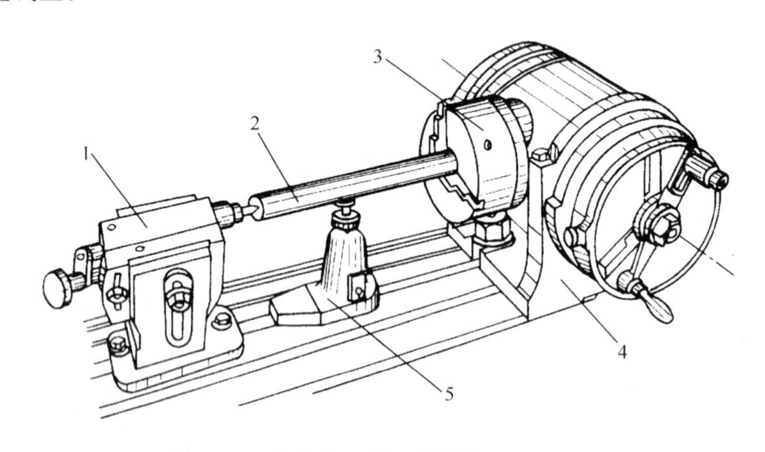

图 2.53　分度头及其附件装夹工件的方法

1—尾座；2—工件；3—三爪自定心卡盘；4—分度头；5—千斤顶

6）千斤顶

为了使细长轴在加工时不发生弯曲、颤动，在工件下面可以支撑千斤顶，分度头附件

千斤顶的结构如图 2.54 所示。转动螺母 2 可使螺杆 1 上下移动。锁紧螺钉 4 是用来紧固螺杆的。千斤顶座 3 具有较大的支撑底面，以保持千斤顶的稳定性。

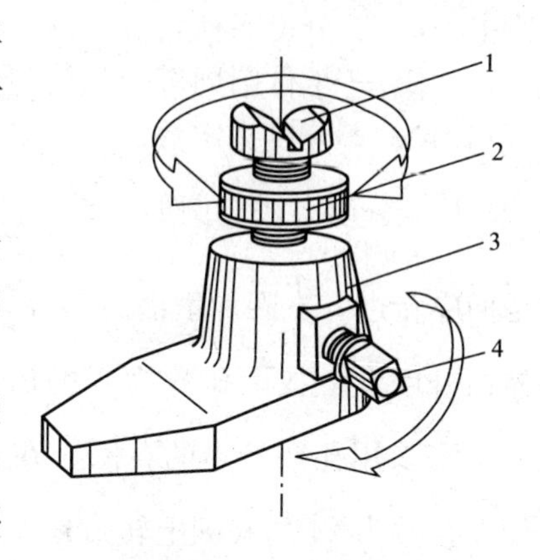

图 2.54　千斤顶

1—螺杆；2—螺母；3—千斤顶座；4—锁紧螺钉

7）交换齿轮轴、交换齿轮架和交换齿轮

（1）交换齿轮轴。装入分度头主轴空内的交换齿轮轴如图 2.55(a)所示，装在交换齿轮架上的齿轮轴如图 2.55(b)所示。

（2）交换齿轮架。安装于分度头侧轴上，用于安装交换齿轮轴及交换齿轮，如图 2.56 所示。

（3）交换齿轮分度头上的交换齿轮，用来做直线移距、差动分度及铣削螺旋槽等工作。F1112 型万能分度头有一套 5 的倍数的交换齿轮，即齿数分别为 25、25、30、35、40、50、55、60、70、80、90、100，共 12 只齿轮。

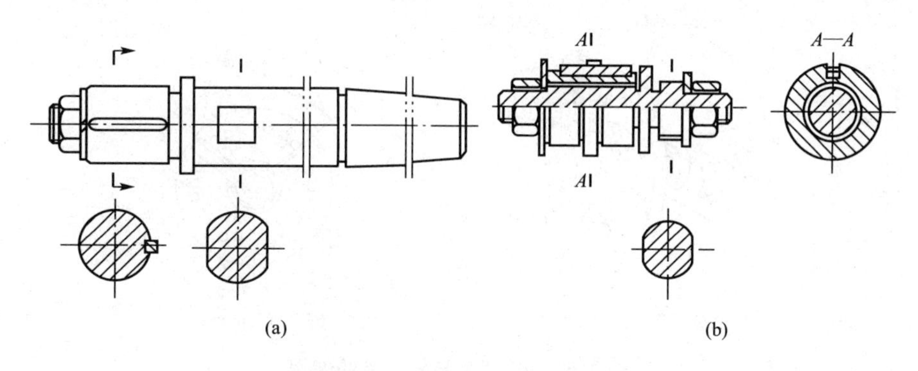

图 2.55　分度头交换齿轮轴

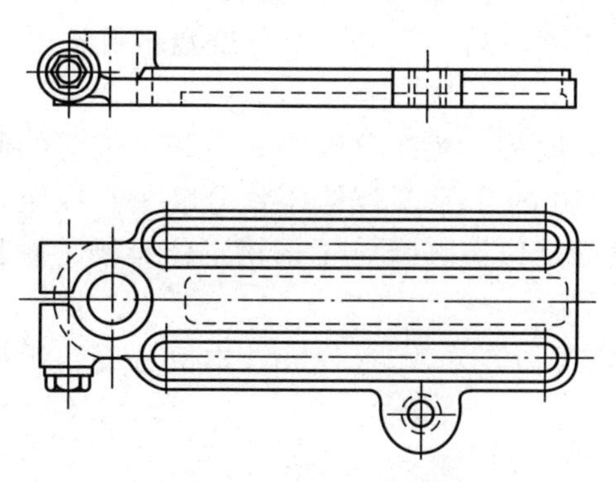

图 2.56　分度头交换齿轮架

3. 分度方法与计算

分度方法包括以下几种。

1）直接分度法

利用主轴前端刻度环，转动分度手柄，进行能被 360°整除倍数的分度，如 2、3、4、5、6、8、9、10、12 等，或进行任意角度的分度。例如，铣削一六方体，每铣完一面后，转动分度手柄，使刻度环转过 60°再铣另一面，直到铣完 6 个面为止。直接分度法分度方便，但分度精度较低。

2）简单分度法

（1）分度原理。从分度头传动系统图中可看，分度手柄(或定位销)转 1 转，主轴转过 1/40 转，即可将工件进行 40 等分；如果要将工件进行 z 等分，则每次分度需使工件转过 $1/z$ 转，分度手柄应转过的转数 n 为

$$n=\frac{40}{z} \tag{2-3}$$

式中　n——分度手柄转数(r)；

　　　z——工件圆周等分数(齿数或边数)；

　　40——分度头定数。

(2) 分度方法。例如，将工件进行 12 等分。分度手柄应转过的转数 $n=\frac{40}{12}=3\frac{1}{3}$，即手柄应转过 $3\frac{1}{3}$圈。手柄转整数 3 圈，余下的$\frac{1}{3}$圈，则需通过分度盘与分度叉来完成。首先在分度盘上找出孔数为 3 的倍数的孔圈，如 24、30、39、51、57 等，为提高分度精度，宜采用孔数较多的孔圈，在选择的孔圈上，分度手柄应转过的孔距为$\frac{1}{3}\times$圈数。例如在孔数为 24 的孔圈上转过 8 个孔距(包含 9 个孔数)，在孔数为 36 的孔圈上转过 12 个孔距……。为避免每分度一次，要数一次孔距的麻烦，可将分度叉上两块叉板的左侧叉板紧贴定位销 [图 2.57(a)]，松开紧定螺钉，右侧叉板转过相应的孔距并拧紧。分次分度后，顺着手柄转动方向拨动分度叉，以备下一次使用 [图 2.57(b)]。

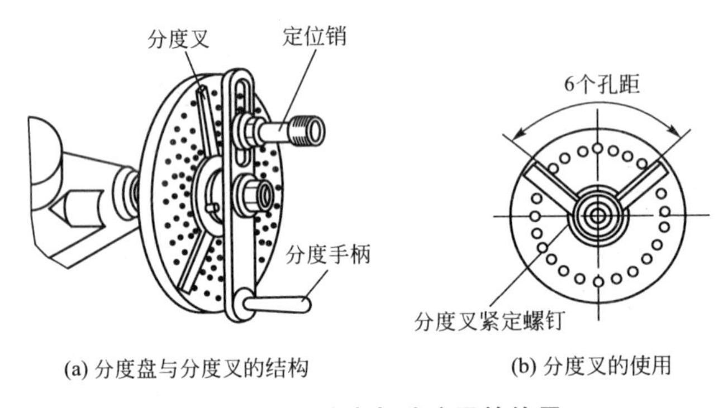

(a) 分度盘与分度叉的结构　　(b) 分度叉的使用

图 2.57　分度盘与分度叉的使用

(3) 简单分度操作。例如铣削齿数为 38 的直齿轮，须按以下步骤做好操作准备：

① 分析分度数。直齿轮齿数为 38，即等分数为 38，圆周等分。查分度盘的孔圈数规格，有 38 孔的孔圈即可进行简单分度。

② 安装分度头。根据工件直径选用 F11125 型分度头。擦净分度头底面和定位键的侧面，将分度头安装在工作台中间的 T 形槽内，用 M16 的 T 字头螺栓压紧分度头。在压紧过程中，注意使分度头向操作者一边拉紧，以使底面定位键侧面与 T 形槽定位直槽一侧紧贴，以保证分度头主轴与工作台纵向平行。

③ 计算分度手柄转数。n 按简单分度法计算公式和等分数。$z=38$，本例分度头手柄转数为

$$n=\frac{40}{z}=\frac{40}{38}\text{r}=1\frac{2}{38}\text{r}$$

④ 调整分度装置。选装分度盘，若原装在分度头上的分度盘中有 38 孔圈，可不必另行安装。若原装的分度盘不含有 38 孔圈，则需换装分度盘，具体操作步骤如下：

(a) 松开分度手柄紧固螺母，拆下分度手柄。

(b) 拆下分度叉压紧弹簧圈。

(c) 拆下分度叉。

(d) 松开分度盘紧固螺钉，并用两个螺钉旋入孔盘的螺纹孔，逐渐将孔盘顶出安装部

位，拆下分度盘。

(e) 选择含有38孔圈的分度盘，按拆卸的逆顺序安装分度盘。安装分度手柄时，注意将孔内键槽对准手柄轴上的键块。

⑤ 调整分度销位置。松开分度销紧固螺母，将分度销对准38孔圈位置，然后旋紧紧固螺母。旋紧螺母时，注意用手按住分度销，以免分度销滑出损坏孔盘和分度销定位部分。

⑥ 调整分度叉位置。松开分度叉紧固螺钉，拨动叉片，使分度叉之间含两个孔距(即三个孔)，并紧固分度叉。

⑦ 消除分度间隙。在分度操作前，应按分度方向(一般是顺时针方向)摇分度手柄，以消除分度传动机构的间隙。

⑧ 确定起始位置。通常为了便于记忆，主轴的位置最好从刻度的零位开始，而分度销的起始位置最好从两边刻有孔圈数的圈孔位置开始。

3) 角度分度法

角度分度法实质上是简单分度法的另一种形式，从分度头结构可知，分度手柄摇40r，分度头主轴带动工件转1r，也就是转了360°。因此，分度手柄转1r工件转过9°，根据这一关系，可得出角度分度计算公式：

$$n=\frac{\theta}{9^\circ}\quad (\mathrm{r}) \tag{2-4(a)}$$

$$n=\frac{\theta'}{540'}\quad (\mathrm{r}) \tag{2-4(b)}$$

式中　θ——工件所需转过的角度(°或′)。

例如，在圆形工件上铣两条夹角为116°的槽，第一条槽铣完后，分度手柄应转的转数$n=\frac{116^\circ}{9^\circ}=12\frac{48}{54}$，即分度手柄转过12转后，再在孔数为54的孔圈上转过48个孔距即可。

4) 差动分度法

(1) 差动分度原理。由于分度盘的孔圈是有限的，对于某些大质数的等分数，如61、79、83、…，用简单分度法就无法实现。此时，可利用挂轮把分度头主轴和侧轴联系起来实现分度。图2.58(a)所示为差动分度法的传动系统图，图2.58(b)所示为挂轮的安装图，图2.58(c)所示为差动分度原理图。

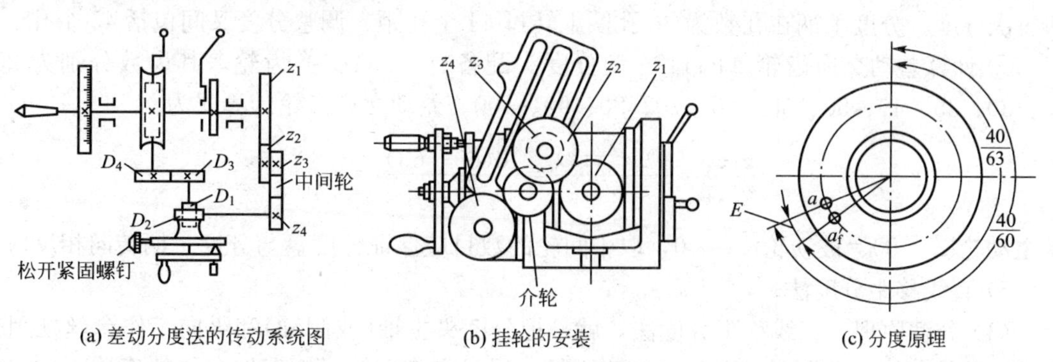

(a) 差动分度法的传动系统图　　(b) 挂轮的安装　　(c) 分度原理

图2.58　差动分度

松开分度盘紧固螺钉，当分度手柄转动时，分度盘也随着分度手柄以相同(或相反)的方向作微量转动，分度手柄的实际转数是分度手柄相对分度盘的转数与分度盘本身的转数之和(或之差)。差动分度法是通过主轴和侧轴安装的交换齿轮，在分度手柄作分度转动时，与随之转动的分度盘形成相对运动，使分度手柄的实际转数等于假定等分分度手柄转数与分度盘本身转数之和的一种分度方法。

(2) 差动分度计算：

① 选取一个能用简单分度实现的假定齿数 z'，z'应与分度数 z 相接近。尽量选 $z'<z$，这样可以使分度盘与分度手柄转向相反，避免传动系统中的传动间隙影响分度精度。

② 按假定齿数计算分度手柄应转的圈数 n'，并确定所用的孔圈。

$$n'=\frac{40}{z'}\quad (\mathrm{r}) \tag{2-5}$$

③ 交换齿轮计算。由差动分度传动关系，得

$$n_{盘}=\frac{z_1 z_3}{z_2 z_4}n_{主},\quad n_{主}=\frac{1}{z},\quad n=\frac{40}{z},\quad n'=\frac{40}{z'},\quad n_{盘}=n-n'=\frac{40(z'-z)}{zz'}$$

交换齿轮计算公式：

$$\frac{z_1 z_3}{z_2 z_4}=\frac{n_{盘}}{n_{主}}=\frac{40(z'-z)}{zz'}\times z=\frac{40(z'-z)}{z'} \tag{2-6}$$

交换齿轮应从备用齿轮中选取，并规定$\frac{z_1 z_3}{z_2 z_4}=\left(\frac{1}{6}-6\right)$，以保证交换齿轮能相互啮合。

④ 确定中间齿轮数目，当 $z'<z$ 时(交换齿轮速比为负值)，中间齿轮的数目应保证分度手柄和分度盘转向相反；当 $z'>z$ 时(交换齿轮速比为正值)，应保证分度手柄和分度盘转向相同。

(3) 例如，要在圆柱面上刻 63 等分线条，差动分度计算及交换齿轮配置方法如下。

① 选取与等分数 z 接近的假定等分数 z'，z'的数值能进行简单分度，并尽量使 $z'<z$。如 $z=63$ 无法进行简单分度，所以采用差动分度，取 $z'=60$。

② 根据 z'计算分度手柄转数 n'：

$$n'=\frac{40}{z'}=\frac{40}{60}=\frac{44}{66}$$

即每次分度，分度手柄在孔数为 66 孔圈上转过 44 个孔距，调整分度叉间包括 45 个孔。

③ 计算差动交换齿轮。F11125 型分度头配备有 12 只交换齿轮，其齿数分别为 25、25、30、35、40、50、55、60、70、80、90、100。差动交换齿轮计算式为

$$\frac{z_1 z_3}{z_2 z_4}=\frac{40(z'-z)}{z'}=\frac{40(60-63)}{69}=-\frac{80}{40}$$

既主动轮 $z_1=80$、被动轮 $z_4=40$，取中间轮的数目应保证分度盘与分度手柄转向相反。

5) 直线移距分度法

(1) 分度原理。直线移距分度法，就是把分度头主轴(或侧轴)和纵向工作台丝杠用交换齿轮连接起来，移距时只要转动分度手柄，通过交换齿轮，使工作台作精确移距的一种分度方法。常用的直线移距法是主轴交换齿轮法。主轴交换齿轮法的传动系统如图 2.59

所示。

由于直线移距主轴交换齿轮法蜗杆蜗轮的减速，当分度手柄转了很多转后，工作台才移动一个较小的距离，所以移距精度较高。交换齿轮的计算公式为

$$\frac{z_1 z_3}{z_2 z_4}=\frac{40s}{nP_{丝}} \tag{2-7}$$

式中　z_1、z_3——主动齿轮；

z_2、z_4——从动齿轮；

s——工件移距量，即每等分、每格的距离(mm)；

$P_{丝}$——工作台纵向丝杠螺距(mm)；

40——分度头定数；

n——每次分度时分度手柄转数(r)。

按上式计算时，式中的 n 可以任意选取，但在单式轮系时交换齿轮的传动比不大于2.5，在复式轮系时不大于6，以使传动平稳。

(2) 分度方法。例如在平面工件上刻线，每条线间距 $s=1$mm，机床纵向丝杠螺距 $P=6$mm，取 $n=5$。根据公式计算交换齿轮：

$$\frac{z_1 z_3}{z_2 z_4}=\frac{40s}{nP_{丝}}=\frac{40\times1}{5\times6}=\frac{40}{30}$$

即主动轮 $z_1=40$、被动轮 $z_4=30$、每次分度时分度手柄转5转。交换齿轮组装图如图2.60所示。

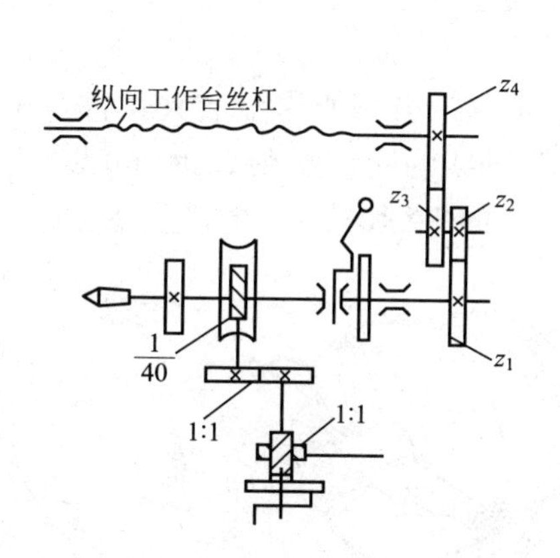

图2.59　直线移距主轴交换齿轮法传动系统

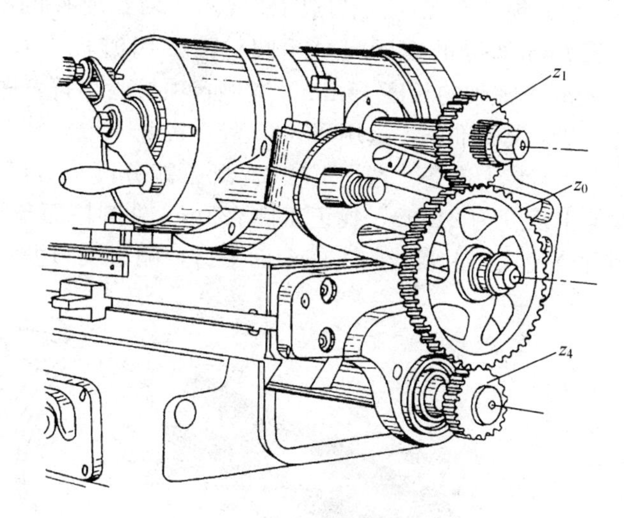

图2.60　交换齿轮组装图

2.3.3　任务实施

1. 图样分析

(1) 分析加工精度：

① 四方外接圆尺寸为 $\phi16$mm，四方对边尺寸为 $12_{-0.18}^{\ 0}$mm，四方长度尺寸为 $16_{\ 0}^{+0.27}$mm。

② 四方侧面之间的垂直度为公差0.04mm，对工件轴线的对称度公差为0.10mm。

③ 预制件的总长度为100mm，工件外圆直径为ϕ22mm，端面有倒角$C1$，与四方连接端有C3的倒角。

(2) 分析表面粗糙度。工件的表面粗糙度值全部为$Ra3.2\mu m$，铣削加工比较容易达到。

(3) 分析材料。预制件材料为45#钢，其切削性能较好，可选用高速钢铣刀。

(4) 分析形体。预制件为阶梯轴类零件，如图2.61所示，两端无定位中心孔，四方在工件一端，而且长度仅16mm，但有对称度和垂直度要求。ϕ22mm圆柱面长度84mm，可用于装夹，因此，工件宜采用分度头三爪自定心卡盘装夹。

2. 工艺过程

根据图样的精度要求，四方在铣床上可采用三面刃铣刀或立铣刀单侧面铣削加工，当工件数量较多时，也可以采用两把三面刃铣刀组合后，用内侧刃同时铣削四方的对应平行侧面。本任务采用立铣刀铣四方。其工艺过程如下：

检验预制件——对刀试铣四方一侧面——工件转过180°铣削四方另一侧面——预检四方对边尺寸——按四方对边尺寸准确调整侧面铣削位置——预检四方长度尺寸——按四方长度尺寸准确调整铣削位置——按四方等分要求分度依次铣削四方——四方铣削工序的检验。

3. 工艺准备

(1) 预制件准备。根据图样要求，对预制件的检验主要是用千分尺测量工件ϕ16mm和ϕ22mm外径的实际尺寸、圆柱度，用游标卡尺测量工件总长度100mm、四方所在ϕ16mm阶梯轴的长度16mm。本例各项检验均符合图样要求。

(2) 设备准备。选用X5032型立式铣床。

(3) 装夹准备。选用F11125型万能分度头分度，采用三爪自定心卡盘装夹工件，工件伸出长度为24mm，找正工件ϕ22mm外圆柱面与分度头轴线的同轴度在0.04mm以内，用百分表找正上素线与工作台面平行，侧素线与纵向进给方向平行，如图2.62所示。

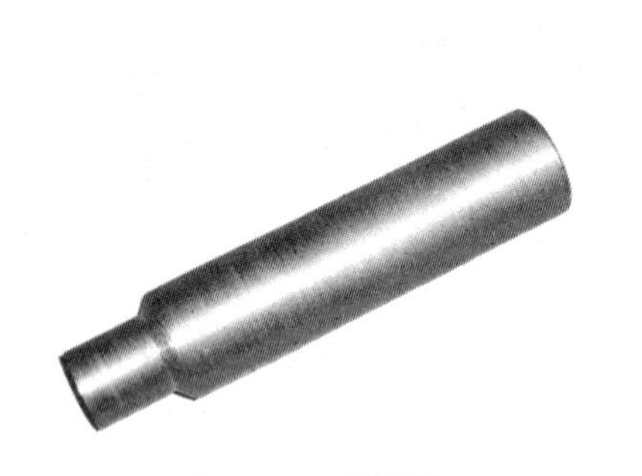

图2.61　预制件

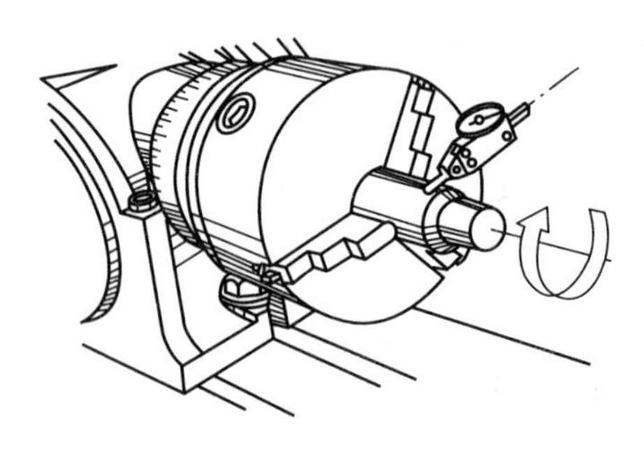

图2.62　工件装夹和找正

(4) 分度计算及分度定位销的调整：

① 根据简单分度公式计算分度头分度手柄转数n。对于正多边形，边数即为等分数，故

$$n=\frac{40}{z}=\frac{40}{4}\mathrm{r}=10\mathrm{r}$$

即每铣完一边后，分度手柄应转过10r。

② 调整分度定位销。将分度定位销调整到任一个孔圈，因为 n 是整转数，与孔圈数无关，分度叉只起到指示整转定位孔的作用。

(5) 刀具准备。选用直径为20mm的标准锥柄立铣刀，采用与铣刀锥柄和机床主轴内锥相配的变径套安装。

(6) 量具准备。0～25mm的外径千分尺、百分表、游标卡尺、宽座90°角尺检验。

(7) 计算铣削用量。按工件材料(45#钢)和铣刀的规格选择铣削用量。选用立铣刀时，调整主轴转速 $n=235\text{r/min}(v\approx15\text{m/min})$，进给量 $v_f=47.5\text{mm/min}(f_z\approx0.067\text{mm/z})$。

4. 加工步骤

1) 垂向对刀

在工件表面贴一薄纸，开动机床，摇动纵向、横向手柄，使铣刀处于铣削位置，垂向缓缓上升，使立铣刀的端面齿刃刚好擦到薄纸，如图2.63(a)所示，在垂向刻度盘上作记号，停机。摇动横向工作台使铣刀离开工件，垂向上升铣削层深度

$$s=\left(\frac{16-12}{z}\right)\text{mm}=2\text{mm}$$

考虑到粗精铣的余量分配，先移动1.5mm作粗铣，留0.5mm作精铣余量。

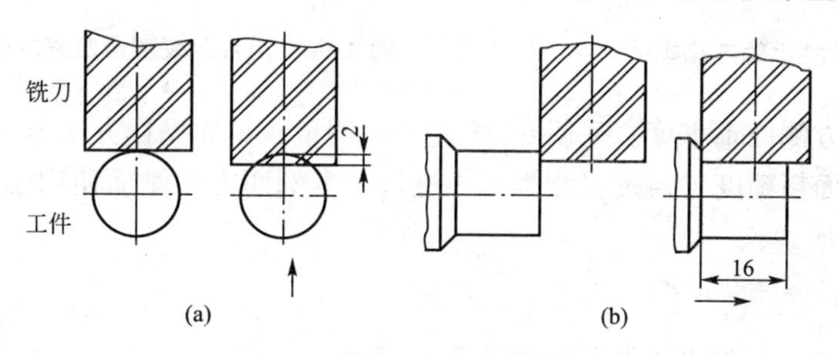

图2.63　铣削四方对刀示意图

2) 铣削长度对刀

摇动纵、横手柄，使铣刀处于工件端面中间，开动机床，缓缓摇动纵向手柄，使立铣刀的圆周齿刃刚好擦到工件端面，如图2.63(b)所示，在纵向刻度盘上作记号，横向退出工件后，根据记号，纵向工作台移动16mm(或留0.5mm待测量后调整)后，将纵向工作台紧固。

3) 铣削

(1) 试铣预检。调整好铣削位置后，铣削第一面，然后将工件转过180°(即分度手柄转过20r)，铣削第三面(即四方对应面)，随后用千分尺预检四方对边尺寸，若测得对边尺寸为12.90mm，根据中间公差计算，单面还有0.50mm的精铣余量；用游标卡尺预检四方长度，若测得长度为15.6mm，则还需铣除0.50mm，可进入长度尺寸公差范围。

(2) 粗铣各面。按对边尺寸12.9mm和长度尺寸15.6mm的铣削位置，每铣削一面，分度手柄转过10r，依次粗铣四方，如图2.64所示。

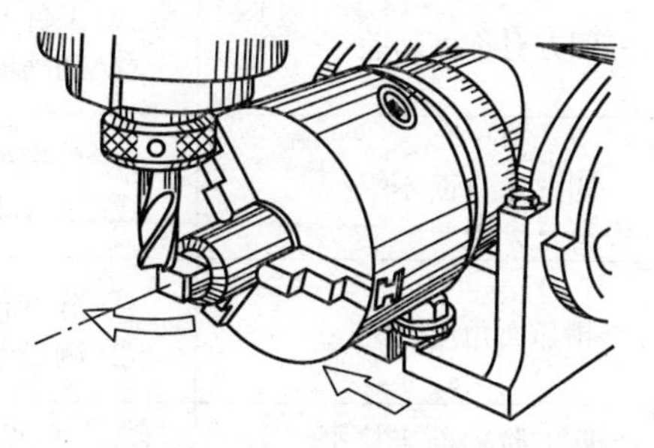

图2.64　立式铣床立铣刀铣四方

(3) 精铣各面。按精铣余量准确调整铣削位置，

准确分度，依次精铣四方各面。

5. 精度检验

加工完成的四棱柱小轴零件如图 2.65 所示。精度检验步骤为：

(1) 用千分尺测量四方对边尺寸。对边尺寸应在 11.92～12.00mm 范围内。

(2) 用游标卡尺测量四方长度尺寸。长度尺寸应在 16.00～16.27mm 范围内。

(3) 用百分表测量四方对称度误差。对称度的检验方法如图 2.66 所示。检验一般在铣削完毕后直接在机床上进行，操作方法与测量轴上键槽基本相同。检验时，用带座的百分表测头与工件上表面接触，并将百分表的指针示值调整至零位。移动表座，使测头脱离工件上表面，将分度手柄转 20r，工件通过分度头准确转过 180°，使四方对应面处于上方测量位置，用百分表测量该面，百分表的示值变动量应在 0.10mm 范围内。

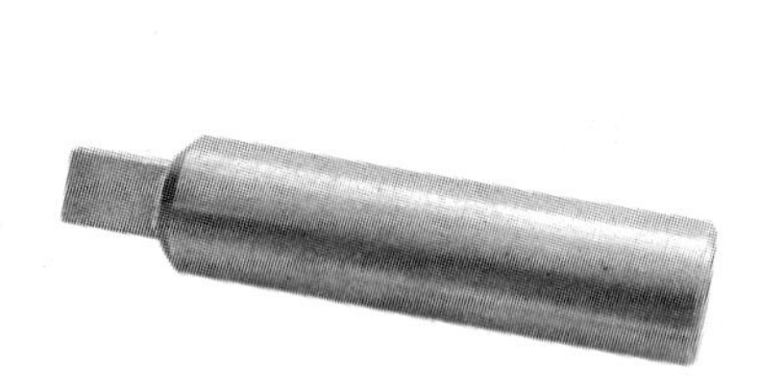

图 2.65 四棱柱小轴产品零件

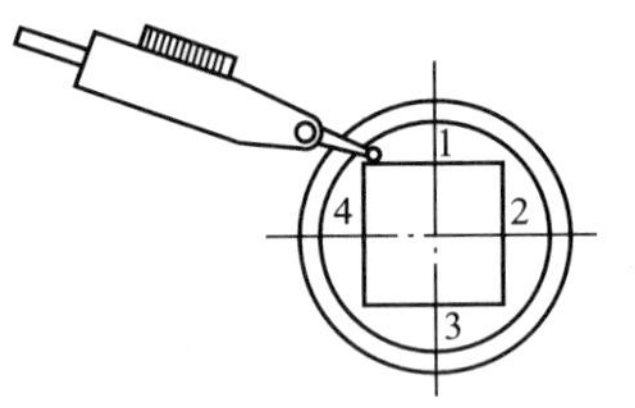

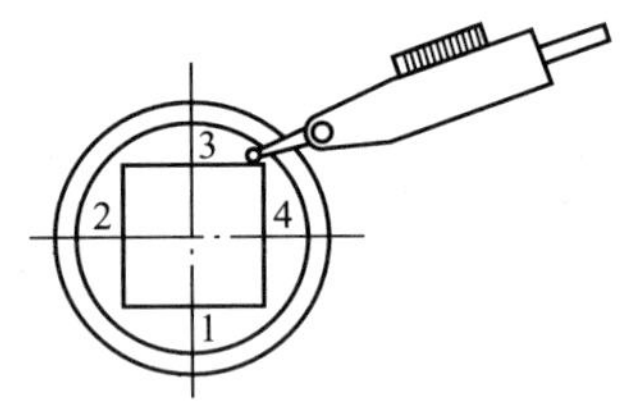

图 2.66 用百分表测量四方对称度

(4) 检验四方侧面垂直度。采用 90°宽座角尺测量，具体操作方法与垂直面测量相同。

(5) 检验表面粗糙度。通过目测类比法进行。本例四方的侧面使用端铣法加工，阶梯面由铣刀周刃铣成。

6. 误差分析

铣削四棱柱常见问题及产生原因如表 2－8 所列。

表 2－8 铣削四棱柱常见问题及产生原因

常见问题	产生原因
对边和长度尺寸超差	① 操作过程计算错误，刻度盘转过格数差错 ② 移动工作台未消除传动结构间隙 ③ 对刀时未考虑外接圆直径的实际尺寸，对刀微量切痕未计入切除量 ④ 铣削时分度头主轴未锁紧等
四方对称度超差	① 工件与分度头主轴同轴度差 ② 铣削时各面铣削余量不相等
四方对应面不平行	① 分度失误 ② 工件上素线与工作台面不平行等
相邻面角度超差	① 分度计算错误，分度手柄转数操作失误 ② 测量与加工分度时未消除分度机构传动间隙等
四方阶梯面未接平	工件的侧素线与纵向进给方向不平行

2.3.4　拓展阅读

1. 回转工作台的种类

回转工作台简称转台，其主要功用是铣削圆弧曲线外形、平面螺旋槽和分度。回转工作台有机动回转工作台、手动回转工作台、立卧回转工作台、可倾回转工作台和万能回转工作台等多种类型。

常用的是立轴式手动回转工作台(图 2.67)和机动回转工作台(图 2.68)，又称机动手动回转工作台。常用手动回转工作台的型号有 T12160、T12200、T12250、T12320、T12400、T12500 等。机动回转工作台型号有 T11160 等。回转工作台的主要参数包括工作台面直径、工作台锥孔锥度、传动比、蜗杆副模数等。

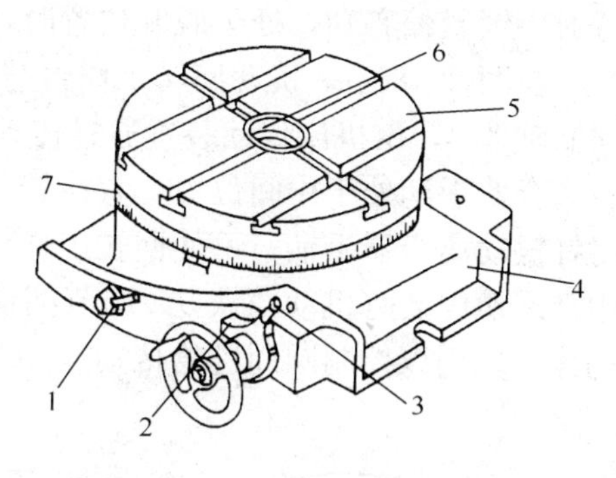

图 2.67　手动回转工作台

1—锁紧手柄；2—偏心套锁紧螺钉；3—偏心销；4—底座；5—工作台；6—定位台阶圆锥孔；7—刻度圈

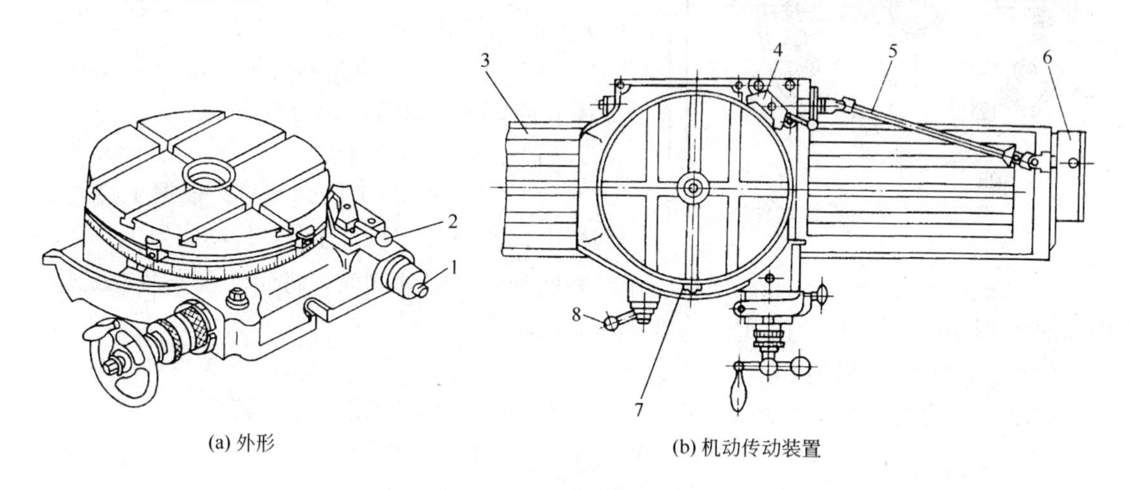

(a) 外形　　(b) 机动传动装置

图 2.68　机动回转工作台

1—传动轴；2—离合器手柄；3—机床工作台；4—离台器手柄拨块；5—万向联轴器；6—传动齿轮箱；7—挡铁；8—锁紧手柄

2. 回转工作台的外形结构和传动系统

图 2.67 中，回转工作台 5 的台面上有数条 T 形槽，供装夹工件和辅助夹具穿装 T 形螺栓用，工作台的回转轴上端有定位圆台阶孔和锥孔 6，工作台的周边有 360°的刻度圈，在底座 4 前面有 0 线刻度，供操作时观察工作台的回转角度。

底座前面左侧的手柄 1，可锁紧或松开回转工作台。使用机床工作台作直线进给铣削时，应锁紧回转工作台，使用回转工作台作圆周进给进行铣削或分度时，应松开回转工作台。

底座前面右侧的手轮与蜗杆同轴联结，转动手轮使蜗杆旋转，从而带动与回转工作台主轴联结的蜗轮旋转，以实现装夹在工作台上的工件作圆周进给和分度运动。手轮轴上装有刻度盘，若蜗轮是 90 齿，则刻度盘一周为 4°，每一格的示值为 $4°/n$，n 为刻度盘的刻度格数。

偏心销3与穿装蜗杆的偏心套联结，如松开偏心套锁紧螺钉2，使偏心销3插入蜗杆副啮合定位槽或脱开定位槽，可使蜗轮蜗杆处于啮合或脱开位置：当蜗轮蜗杆处于啮合位置时应锁紧偏心套，处于脱开位置时，可直接用手推动转台旋转至所需要位置。

在图2.68中，机动回转工作台与手动回转台的结构基本相同，主要区别是能利用万向联轴器3，由机床传动装置通过传动齿轮箱4带动传动轴而使转台旋转，不需要机动时，将离合器手柄处于中间位置，直接转动手轮作手动操作。作机动操作时，逆时针扳动或顺时针扳动离合器手柄，可使回转工作台获得正、反方向的机动旋转。在回转工作台的圆周中部圈槽内装有机动挡铁5，调节挡铁的位置，可利用挡铁5推动拨块4，使机动旋转自动停止，用以控制圆周进给传动。

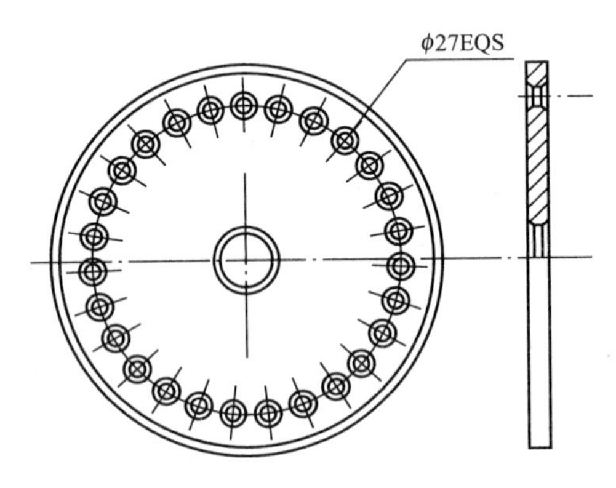

图2.69　等分孔板零件图

3. 回转工作台简单分度操作

在铣床上加工图2.69所示的等分孔板时，分度操作须按以下步骤做好准备。

1）分析分度数

(1) 27孔均布，即等分数为27，工件直径为200mm的圆周等分。

(2) 查分度盘的孔圈数规格，有27的倍数54孔圈，即可进行简单分度。

2）安装回转工作台

(1) 选择回转工作台型号。根据工件直径，选用T12320型回转工作台，传动比为1∶90。

(2) 安装回转工作台。擦净回转工作台底面和定位键的侧面，将回转台安装在工作台中间的T形槽内，用M16的T字头螺栓压紧回转台。

(3) 计算分度手柄转数n。

按简单分度法计算公式和等分数$z=27$，本例回转工作台分度手柄转数为

$$n=\frac{90}{z}=\frac{90}{27}=3\frac{9}{27}=3\frac{1}{3}=3\frac{22}{66}$$

(4) 调整分度装置：

① 选装分度盘。若原装在回转工作台的分度装置是分度手柄与刻度盘，须换装分度盘和带分度销的分度手柄。选择和安装有66孔圈的分度盘，具体操作步骤与分度头类似。

② 调整分度销位置。松开分度销紧固螺母，将分度销对准66孔圈位置，然后旋紧紧固螺母。

③ 调整分度叉位置。松开分度叉紧固螺钉，拨动叉片，使分度叉之间含22个孔距（即23个孔），并紧固分度叉。

3）简单分度操作

(1) 消除分度间隙。在分度操作前，应按分度方向，一般是顺时针摇分度手柄，消除分度传动机构的间隙。

(2) 确定起始位置。回转工作台面圆周边缘的刻度从零位开始，而分度销的起始位置从两边刻有孔圈数的圈孔位置开始。

(3) 分度过程中进行校核时应用以下验算方法：

① 分度过程中的任一等分数 z_i 时，如 27 等分的操作过程中，等分数 $z_i=6$ 时，分度叉孔距的累计数为

$$n_i=n_1\times z=22\times 6=132$$

132 恰好是 66 的 2 倍，故分度销应重新回复到起始孔位置，即本例每经过 3 次等分操作，即 $n_i=n_1\times z=22\times 3=66$，分度销应重新回复到起始孔位置。

② 本例为 27 等分，每一等分的中心角 θ_1 为 360°/27≈13.33°，第 12 次等分后，分度头主轴应转过的度数为

$$\theta_i=\theta_1\times z_i\approx 13.33\times 12=159.96°$$

③ 本例须进行孔加工位置划线，可通过工件等分位置的间距来判断分度的准确性。本例工件孔加工位置分度直径为 150mm，27 等分后，每一等分所占的等分圆周弦长 s_n 为

$$s_n=D\sin\frac{180°}{z}=\left(150\times\sin\frac{180°}{27}\right)\text{mm}=17.41\text{mm}$$

(4) 分度操作。拔出分度销，将分度销锁定在收缩位置，分度手柄转过 3r 又 66 圈孔中 22 个孔距，将分度销插入圈孔中。如等分用于加工时，应注意分度前松开回转台主轴紧固手柄，分度后锁紧主轴紧固手柄。

2.3.5　拓展训练

(1) 在卧式铣床上铣削图 2.48 所示的四棱柱小轴。

加工要点分析

① 三面刃铣刀的规格，铣刀外径应大于刀杆垫圈外径与 2 倍四方长度尺寸之和(本任务为 72mm)。铣刀的厚度应大于四方外接圆与对边差值的一半(本任务为 2mm)。现选用 80mm×27mm×10mm 的标准直齿三面刃铣刀。

② 侧面铣削对刀示意如图 2.70(a)所示，在工件的侧面贴薄纸，调整工作台，使三面刃铣刀圆周刃最远点与工件端面的距离约为 10mm，铣刀下方侧刃缓缓接近工件，待薄纸移动、擦去，此时，铣刀恰好擦到工件的圆柱面最高点，将此位置在垂向刻度盘上做好侧面对刀标记。工件沿纵向退离刀具，根据对刀位置，工作台垂向移动量 s 为

$$s=\left(\frac{16-12}{2}\right)\text{mm}=2\text{mm}$$

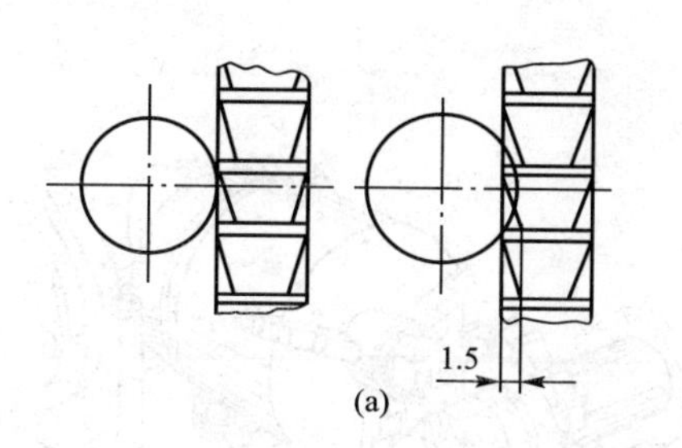

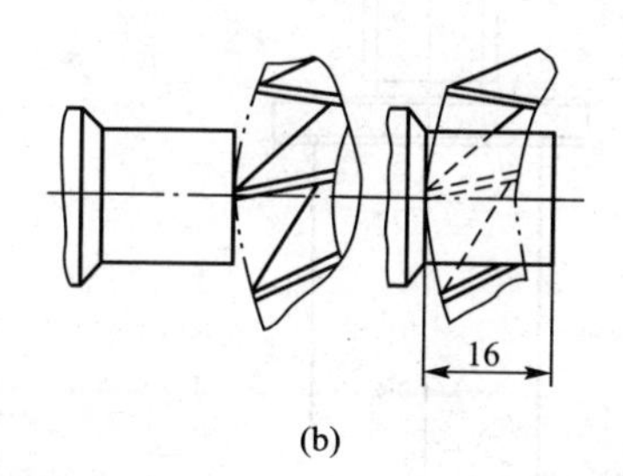

图 2.70　铣四方对刀步骤

考虑到粗精铣的余量分配，先移动 1.5mm 作粗铣，留 0.5mm 作精铣余量。

③ 铣削长度对刀。用三面刃铣刀铣削的对刀示意如图 2.70(b)所示。对刀操作步骤与

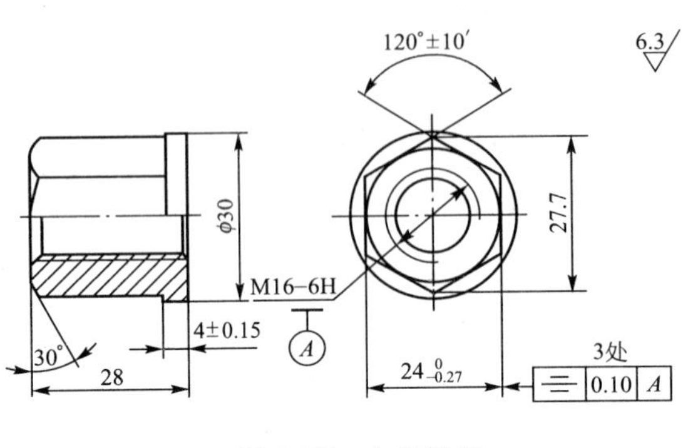

图 2.71　六角螺母

侧面对刀类似，先在工件端面贴薄纸，调整工作台，目测使工件中心对准铣刀的轴线，然后缓缓移动工作台纵向，使铣刀的圆周刃恰好擦到工件端面薄纸，在纵向的刻度盘上作好标记，将工件沿横向退离铣刀，根据刻度盘上的标记，工作台纵向移动 15.5mm，留 0.5mm 作精铣余量。

(2) 在卧式铣削上用三面刃铣刀加工图 2.71 所示的六角螺母。材料为 45，数量为 10 件。

加工要点分析

① 选刀。根据图样要求，铣削长度 24mm，选用直径为 100mm，宽 12mmm 的直齿三面刃铣刀。

② 装夹工件。由于工件装夹位置较短，采用三爪自定心卡盘装夹专用心轴如图 2.72 所示，心轴中间凸缘的两侧面具有较高的平行度，一侧与三爪自定心卡盘的阶梯顶面贴合，另一侧作为工件的端面定位。用百分表找正心轴凸缘外圆柱面与回转工作台轴线的同轴度在 0.05mm 以内，将工件内螺纹旋入心轴外螺纹，并用管子钳将工件扳紧在心轴上。

③ 分度：

(a) 根据简单分度公式计算分度头分度手柄转数 n。对于正多边形，边数即为等分数，故

$$n=\frac{40}{z}=\frac{40}{6}\text{r}=6\,\frac{4}{6}\text{r}=6\,\frac{44}{66}\text{r}$$

(b) 调整分度定位销。将分度定位销调整到 66 孔圈，分度叉夹角间为 45 个孔。

④ 对刀。与铣四方相同，每面铣削层深度为(30mm－24mm)÷2＝3mm，由横向刻度盘控制，铣削长度为 24mm，由纵向刻度盘控制。铣削加工如图 2.73 所示。

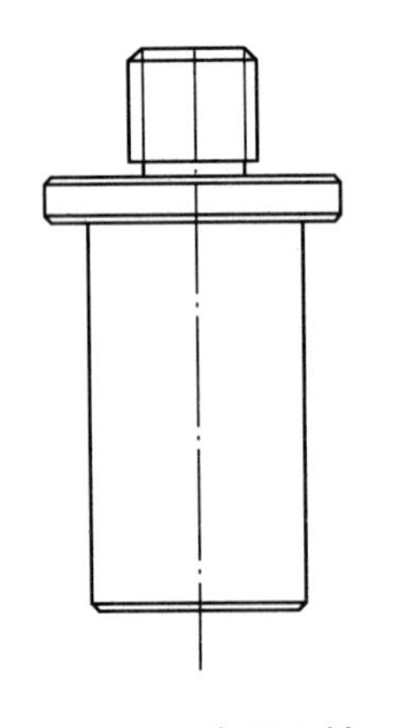
图 2.72　专用心轴

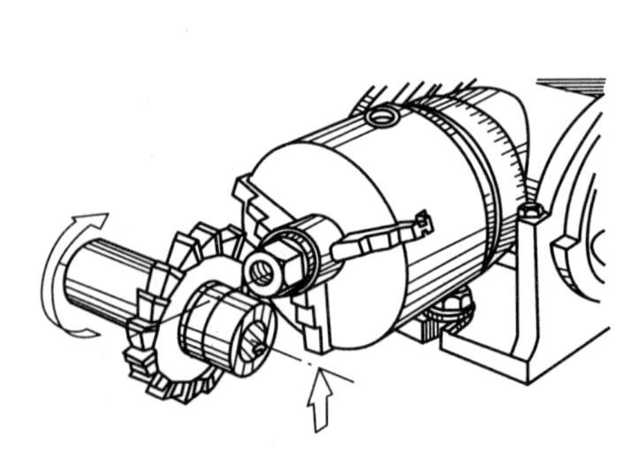
图 2.73　铣六角螺母

(3) 在卧式铣削上用组合铣刀加工图 2.71 所示的六角螺母。材料：45，数量：200 件。

加工要点分析

(1) 选择安装刀具。选用 100mm×27mm×12mm 的标准直齿三面刃铣刀，两把铣刀的外径应严格相等。选用与三面刃铣刀内孔相配的刀杆安装组合铣刀。组合铣刀的安装位置应尽可能靠近主轴，但须注意不要妨碍铣削加工。组合铣刀中间垫圈的厚度，试切时按铣刀内侧刃之间的尺寸确定，而铣刀内侧刃之间的尺寸应略大于六角的对边尺寸(本任务为 25mm)。用游标卡尺测量时，应注意将铣刀的刀刃大致对齐，以便于测量，如图 2.74 所示。

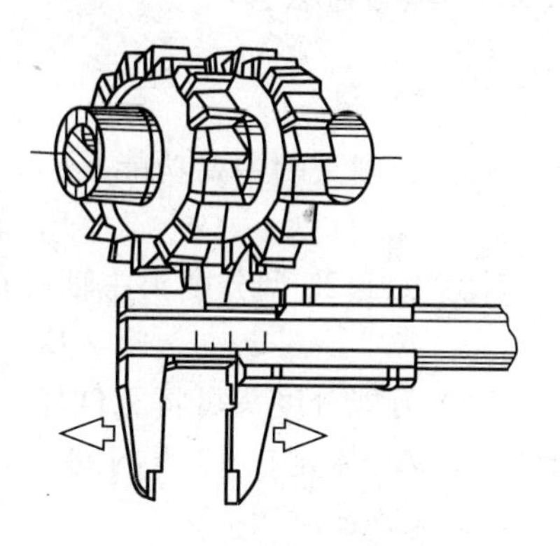

图 2.74　用游标卡尺测量组合铣刀内侧刃之间的尺寸

(2) 装夹工件。采用 F11100 型分度头，主轴垂直安置。用三爪自定心卡盘夹持螺纹专用心轴，将工件装夹在心轴上。

(3) 对刀：

① 目测对刀。使铣刀两内侧刃刚好与工件外圆相切(即工件调整到铣刀两侧刃中间位置)，开动机床，试切，观看外圆上是否同时切出刀痕，如图 2.75(a)所示。如切痕大小不一致，则向切痕小的一面移动横向工作台。

② 擦边对刀。工件的圆柱面上贴薄纸，切痕使铣刀外侧刃与工件外圆接触，然后工作台横向移动距离 s，如图 2.75(b)所示，s 为

$$s=\frac{D+b}{2}+L=\left(\frac{30+24}{2}+12\right)\text{mm}=39\text{mm}$$

对刀后，调整铣削层深度约 1mm，试切出 1mm 深的对边，然后将工件转过 180°移动纵向工作台，再次切痕，观看两次切痕是否重合，则根据切痕偏差值的一半调整横向工作台。

(4) 铣削。对刀后，调整好铣削层深度即可铣削，一次铣完，分度手柄在 66 孔圈上摇过 6 转又 44 个孔距，依次铣削 3 次，如图 2.76 所示。

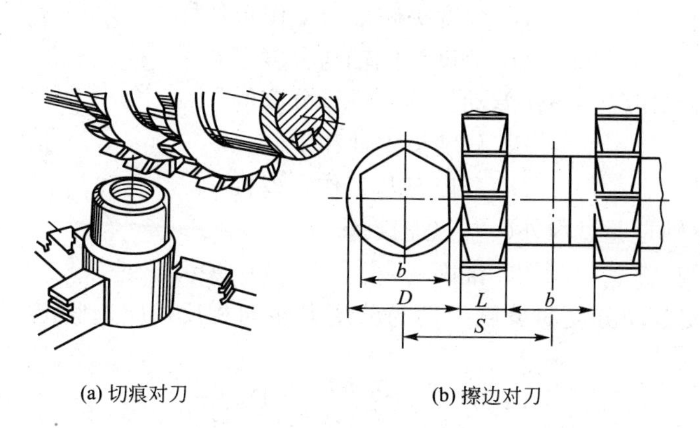

(a) 切痕对刀　　(b) 擦边对刀

图 2.75　铣削六面对刀

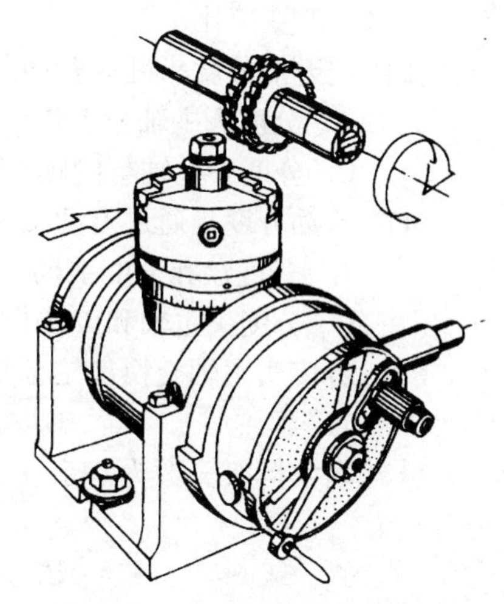

图 2.76　组合铣削六角螺母

2.3.6 练习与思考

1. 选择题

(1) 分度头的主要功能是(　　)。

A. 分度　　B. 装夹轴类零件　　C. 装夹套类零件　　D. 装夹矩形工件

(2) F11125型分度头主轴可在(　　)范围内调整主轴倾斜角。

A. ±45°　　B. −6°～+90°　　C. 0°～180°　　D. ±60°

(3) 万能分度头可将工件作(　　)圆周等分。

A. 限定在10以内的　　B. 限定孔圈数的

C. 任意　　D. 非质数的

(4) F11125型万能分度头的定数是40，表示(　　)。

A. 传动蜗杆的直径　　B. 主轴上蜗轮的模数

C. 传动蜗杆的轴向模数　　D. 主轴上蜗轮的齿数

(5) 选用鸡心夹拨盘和尾座装夹工件的方式适用于(　　)的轴类零件装夹。

A. 两端无中心孔　　B. 一端有中心孔

C. 两端有中心孔　　D. 两端无中心孔但有台阶

(6) 简单分度时，使用分度盘可以解决分度手柄(　　)的分度操作。

A. 奇数整转数　　B. 偶数整转数

C. 分母为孔圈数整倍数的分数转数　　D. 分数转数

(7) 若分度手柄转数 $n=44/66$，使用分度叉时，分度叉之间的孔数为(　　)。

A. 45　　B. 44　　C. 43　　D. 66

(8) 为了使双顶尖装夹的细长轴在加工时不发生弯曲、颤动，应使用的分度头附件是(　　)。

A. 拨盘　　B. 尾座　　C. 千斤顶　　D. 前顶尖

(9) 差动分度时，中间交换齿轮的作用之一是(　　)。

A. 改变从动轮转向　　B. 改变从动轮转速

C. 改变速比　　D. 改变主动轮转向

(10) 用万能分度头进行差动分度，应在(　　)之间配置差动交换齿轮。

A. 分度头主轴与工作台丝杠　　B. 分度头侧轴与工作台丝杠

C. 分度头主轴与侧轴　　D. 分度头侧轴与分度盘

(11) 差动分度是通过差动交换齿轮使(　　)作差动运动来进行分度的。

A. 分度盘和分度手柄　　B. 分度头主轴和工件

C. 分度头主轴和工作台丝杠　　D. 分度盘与工作台丝杠

(12) 分度头主轴交换齿轮轴与主轴是通过内外(　　)连接的。

A. 螺纹　　B. 矩形花键　　C. 锥面　　D. 尖齿花键

(13) 若实际等分数为61，为了使差动分度时分度手柄与分度盘转向相反，应选假定等分数为(　　)。

A. 61　　B. 60　　C. 63　　D. 66

(14) 主轴交换齿轮直线移距分度法是在(　　)之间配置交换齿轮进行分度的。

A. 分度头主轴和侧轴　　B. 铣床主轴与分度头侧轴
C. 分度头主轴与工作台丝杠　　D. 分度头侧轴与工作台丝杠

(15) 用主轴交换齿轮法直线移距分度时，从动轮应安装在（　　）。
A. 分度头主轴上　B. 分度头侧轴上　C. 工作台丝杠上　D. 铣床主轴上

2. 判断题

(1) 分度头的主要功用是装夹轴类工件。（　　）
(2) 万能分度头的主轴可在±45°的范围内倾斜角度。（　　）
(3) 分度孔盘的作用是解决非整数转的分度。（　　）
(4) 为了提高生产效率，允许在铣削完毕后不停止铣刀运转装拆工件。（　　）
(5) 在操作铣床过程中，不允许操作人员在自动进给时离开机床，以免发生事故。（　　）
(6) 操作过程中，若机床发生故障，应立即通知维修人员，以便及时进行修理。（　　）
(7) 测量被加工工件和擦拭铣床必须在机床停机时进行，以免发生事故。（　　）
(8) 常用的F11125型万能分度头的中心高度为125mm。（　　）
(9) 分度头的主轴是空心轴，两端均有莫氏锥度内锥孔。（　　）
(10) 分度叉的作用是便于多次重复使用相同圈孔数的分度操作。（　　）

3. 简述题

(1) 在分度头上装夹工件，铣削三条直角沟槽，其中第一、二条槽之间的夹角为75°，第二、三条槽之间的夹角为60°，试求当夹角为75°时分度手柄转数 n_1 和夹角为60°时的转数 n_2。

(2) 试述分度头的功用。

(3) 简述分度头的结构和传动系统。

(4) 万能分度头的附件有哪些？各有什么功用？

(5) 常用的分度方法有几种？各使用于什么范围？

(6) 在F11125型分度头上铣削齿数分别为50、68、71的直齿轮，试分别进行分度计算。

项目3

零件刨削加工

教学目标

最终目标：

使用刨床加工平面零件。

促成目标：

1. 会分析平面零件的加工工艺；
2. 会选择刨削切削用量；
3. 会分析刨削的加工工艺范围；
4. 会选择刨床的装夹方法；
5. 会检验平板零件。

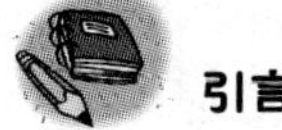

引言

在刨床上用刨刀切削加工工件称为刨削加工。刨削主要用来加工各种平面、沟槽及成形面等，如图 3.1 所示。刨削时，只有工作行程进行切削，返回的空行程不切削；同时切削速度又较低，故生产率较低。但因刨床和刨刀的结构简单，使用方便，所以在单件小批生产以及加工狭长平面时，应用还很广泛。

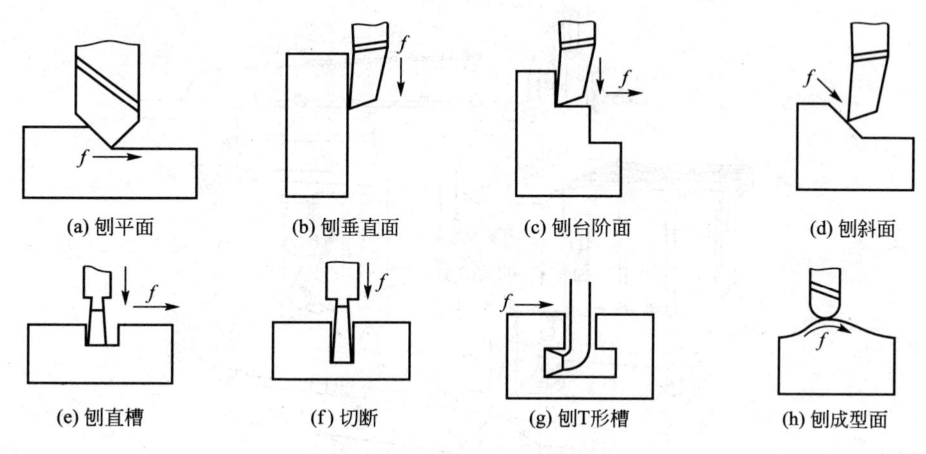

图 3.1　刨削加工工艺范围

刨削加工的精度为 IT7～IT9 级，表面粗糙度 Ra 值为 6.3～1.6μm。

按刨床的结构特征，刨床分为牛头刨床、龙门刨床和插床。由于牛头刨床的结构简单、操作方便，且价格低廉，因而被广泛用于单件小批生产。

任务　刨削垫块

任务导入

刨削加工图 3.2 所示的垫铁。材料：HT200，采用 110mm×60mm×50mm 的矩形铸件毛坯，生产数量 4 件。

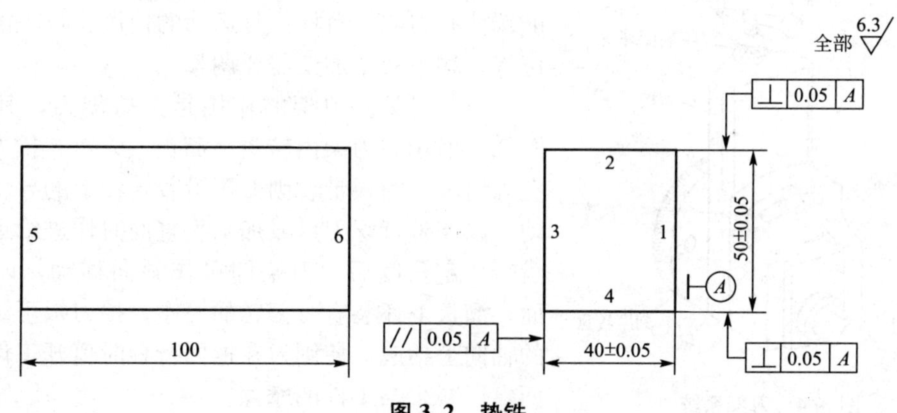

图 3.2　垫铁

相关知识

1. 牛头刨床

牛头刨床一般用来加工长度不超过1000mm的中、小型工件。其主运动是滑枕的往复直线运动，进给运动是工作台或刨刀的间歇移动。牛头刨床的外形如图3.3所示。

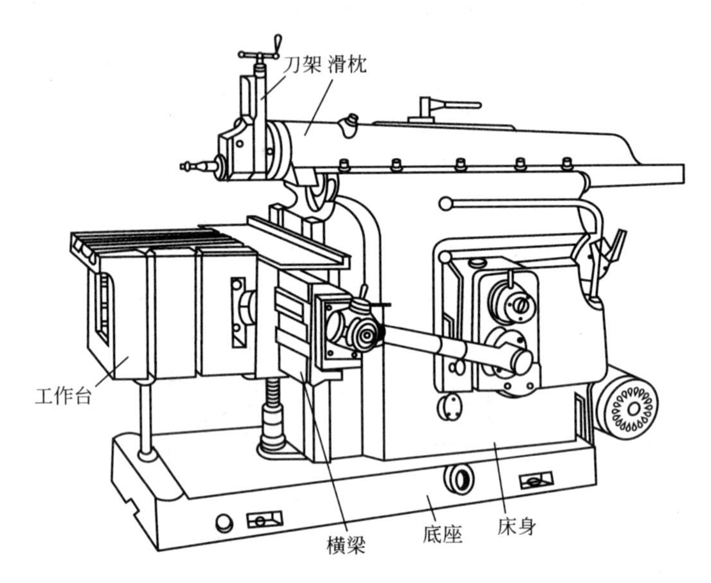

图3.3 牛头刨床

1）牛头刨床的编号

如在编号B6065中，“B”是“刨床”汉语拼音的第一个字母，为刨削类机床代号；“60”代表牛头刨床；“65”是刨削工件最大长度的1/10，即最大刨削长度为650mm。

2）牛头刨床的组成

牛头刨床的外形结构如图3.3所示，主要由床身、滑枕、刀架、工作台、横梁、底座等部分组成。分述如下：

(1) 床身。床身用以支撑刨床各部件，顶面的水平导轨供滑枕作往复运动用，前立面的垂直导轨供工作台升降用。床身内部装有传动机构。

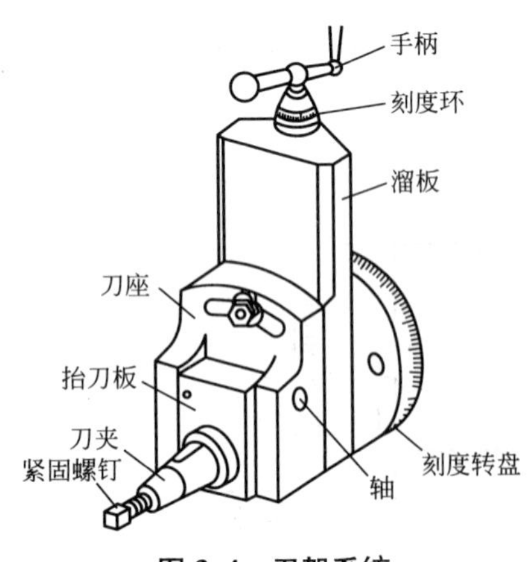

图3.4 刀架系统

(2) 滑枕。滑枕用来带动刨刀作往复直线运动，前端装有刀架。滑枕往复运动的快慢、行程的长度和位置，均可根据加工需要调整。

(3) 刀架。刀架的作用是夹持刨刀，其结构如图3.4所示。刀架由转盘、溜板、刀座、抬刀板和刀夹等组成。溜板带着刨刀可沿着转盘上的导轨上下移动，以调整背吃刀量或加工垂直面时作进给运动。转盘转一定角度后，刀架即可作斜向移动，以加工斜面。溜板上还装有可偏转的刀座。抬刀板可绕刀座上的轴向上抬起，使刨刀在返回行程时离开工件已加工面，以减少与工件的摩擦。

(4) 工作台。工作台是用以装夹工件的，可沿横梁作横向水平移动，并能随横梁作上下调整运动。

3) 传动机构

(1) 摇臂机构。摇臂机构的作用是把旋转运动变成滑枕的往复直线运动。摇臂机构如图 3.5 所示，由摇臂齿轮、摇臂、偏心滑块等组成。摇臂上端与滑枕内的螺母相连。摇臂齿轮由小齿轮带动旋转时，偏心滑块就带动摇臂绕支架左右摆动，于是滑枕就被推动作往复直线运动。

(2) 棘轮机构。棘轮机构的作用是使工作台间歇地实现横向水平进给运动，其结构如图 3.6 所示。摇杆空套在横梁的丝杠上，棘轮则用键与丝杠相连。当齿轮 B 由齿轮 A 带动旋转时，连杆便使摇杆左右摆动。

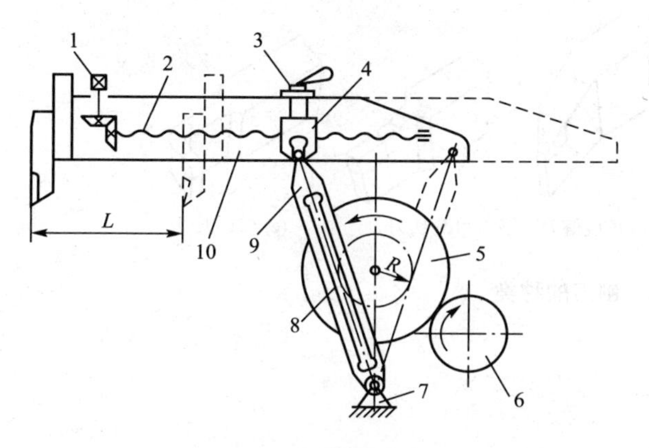

图 3.5　摇臂机构

1—方头；2—丝杠；3—锁紧手柄；4—螺母；5—摇杆齿轮；6—齿轮；7—支架；8—偏心滑块；9—摇杆；10—滑枕

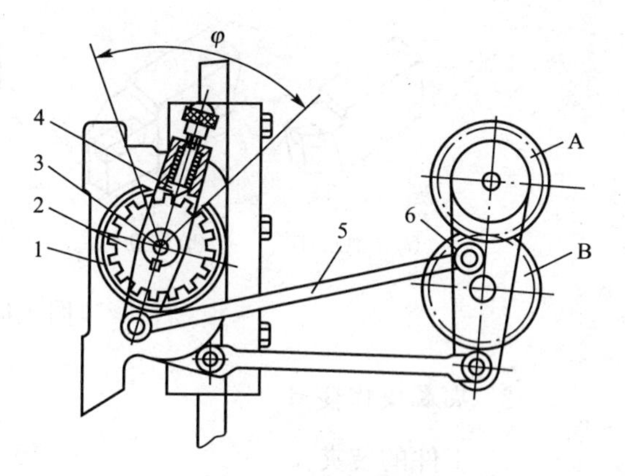

图 3.6　棘轮机构

1—遮板；2—棘轮；3—进给丝杠；4—拨爪；5—连杆；6—偏心销

改变棘轮外面的挡环位置，即可改变棘轮爪每次拨动的有效齿数，从而改变了进给量的大小。改变棘轮爪的方位，则可改变进给运动方向。提起棘轮爪，进给运动即停止。

2. 刨刀

1) 刨刀的结构

刨刀的结构与车刀相似，但因刨削过程中有冲击，所以刨刀的前角比车刀约小 5°～6°；而且刨刀的刃倾角也应取较大的负值，以使刨刀切入工件时产生的冲击力作用在离刀尖稍远的切削刃上。刨刀的刀杆截面比较粗大，以增加刀杆刚性和防止折断。如图 3.7(a) 所示，刨刀刀杆有直杆和弯杆之分，直杆刨刀刨削时，如遇到加工余量不均或工件上的硬点时，切削力的突然增大将增加刨刀的弯曲变形，造成切削刃扎入已加工表面，降低了已加工表面的精度和表面质量，也容易损坏切削刃(图 3.7(b))。若采用弯杆刨刀，当切削力突然增大时，刀杆产生的弯曲变形会使刀尖离开工件，避免扎入工件。

2) 刨刀的种类

如图 3.8 所示，按加工表面分类，刨刀可分为平面刨刀、沟槽刨刀；按加工方式分类，刨刀可分为普通刨刀、偏刀、切刀、角度偏刀、弯切刀等。

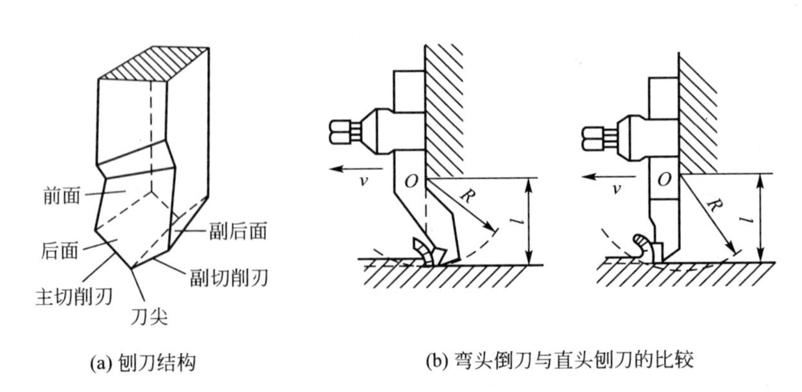

(a) 刨刀结构　　(b) 弯头刨刀与直头刨刀的比较

图 3.7　刨刀的结构

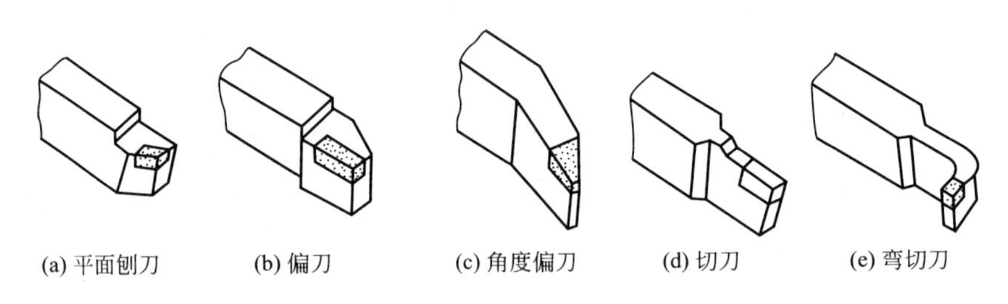

(a) 平面刨刀　(b) 偏刀　(c) 角度偏刀　(d) 切刀　(e) 弯切刀

图 3.8　刨刀的种类

3. 基本操作技术

1）工件的装夹

（1）平口虎钳。安装小型工件可用平口钳夹紧，按划线基准找正，进行安装，如图 3.9 所示。

（2）压板安装。大、中型工件直接用压板、螺栓压紧，按划线基准找正，进行安装，如图 3.10 所示。

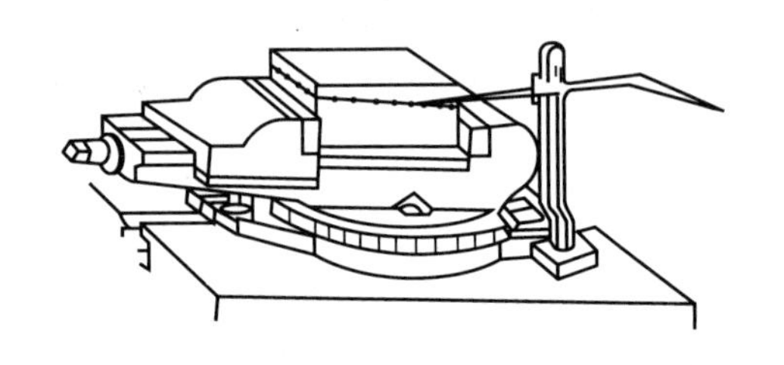

图 3.9　平口虎钳上装夹工件

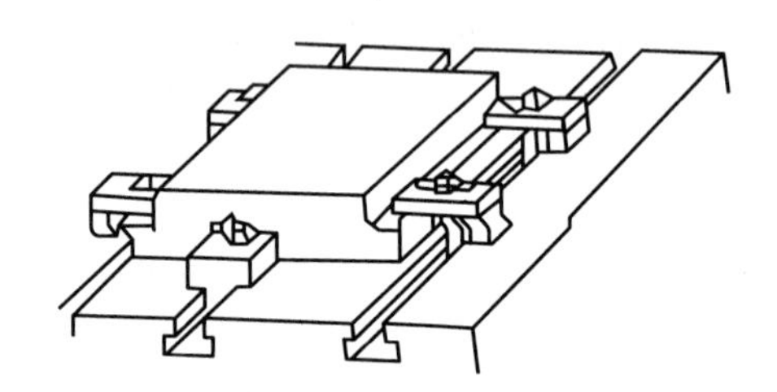

图 3.10　工件直接安装在工作台上

2）刨刀的选择与装夹

刨刀的材料和形状，应根据工件材料、表面状况及加工的步骤来选择。刀头材料主要根据工件材料而定，通常情况下，加工铸铁工件时选硬质合金，加工钢件时选高速钢。刨刀的形状应视工件的表面状况及加工步骤而定，通常情况下，粗刨或加工有硬皮的工件时，采用刀尖为尖头的弯头刨刀，精刨可采用圆头或平头刨刀。

刨刀在刀夹上安装时刀头伸出要短。

3）切削用量选择

(1) 刨削用量。刨削用量包括切削速度、进给量、背吃刀量，如图 3.11 所示。

背吃刀量 a_P——刨刀切入工件的深度。

进给量 f——刨刀在一次往复后，工件横向移动的距离。

切削速度 v——刨刀工作行程的平均速度，单位为 m/min。

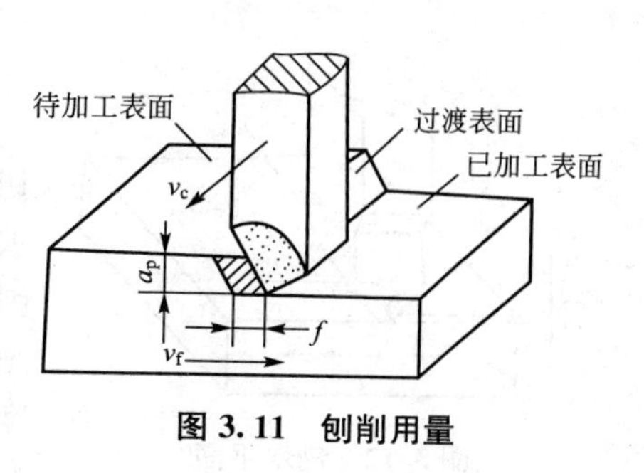

图 3.11 刨削用量

$$v=\frac{2Ln}{1000}$$

式中 L——刨刀的工作行程(mm)；

n——刨刀的每分钟往复次数(次/min)。

(2) 刨削用量的选择。选择刨削用量时，应先根据加工余量大小和表面粗糙度要求选择尽量大的刨削深度 a_P。一般当加工余量在 5mm 以下，表面粗糙度 $Ra \geqslant 6.3\mu m$ 时，可以一次进给完成加工。当 $Ra < 6.3\mu m$ 时，则要分粗刨和精刨，这时一般可分两次或三次进给完成。两次进给时，第一刀要切除大部分余量，只给第二刀留 0.5mm 左右余量即可；3 次进给时，第一刀给第二刀留 2mm 左右的半精刨余量，第二刀给第三刀留 0.2mm 左右的精刨余量即可。

刨削深度确定后，要根据工件材料、刀杆尺寸和刚性以及工件表面粗糙度加工要求等因素来确定进给量，刀杆截面若取 20mm×30mm，刨削深度 a_P 为 5mm 左右时，粗加工钢件进给量 f 取 0.8～1.2mm/双行程；粗加工铸铁件时，在相同条件下 f 可取 1.3～1.6mm/双行程。

精刨钢件时 f 取 0.25 ～0.4mm/双行程；精刨铸铁件时，一般 f 取 0.35～0.5mm/双行程。

当 a_P 和 f 都确定后，可根据机床功率、刀具材料、工件材料等因素选择切削速度 v。一般用高速钢刨钢件时，v=14～30m/min；用硬质合金刨铸铁时，v=30～50m/min。粗刨时选小值，精刨时选大值。

当刨削速度 v 选定后，还需计算出滑枕的往复行程次数 n，才能调整机床。

4) 调整机床

(1) 改变偏心滑块的偏心距，调整滑枕行程长度。滑枕的行程长度应比刨削长度长 20～40mm。

(2) 松开滑枕上的锁紧手柄，摇转丝杠，移动滑枕，以调节刨刀起始位置，使切入超程比切出超程大一些。

(3) 根据选定的滑枕每分钟往复次数，扳动变速箱手柄位置。

(4) 拨动挡环的位置，调节进给量。

5) 试切

为了减少走刀次数，同时防止出现废品，刨削加工时也要试切。试切的方法是，用手动进给先将工件移动到刨刀下面一侧位置，然后在滑枕运动的同时，手动工作台(横向)和刀架手柄(向下)使工件与刨刀接触，再根据事先算好的刨削深度，用刀架手柄刻度盘控制进刀，手动横向进刀 1mm 左右，停车测量尺寸是否符合要求，若符合要求，则可自动或手动进给继续切削，若不符合，要重新调整刨削深度后继续试切，直到尺寸符合要求为止。

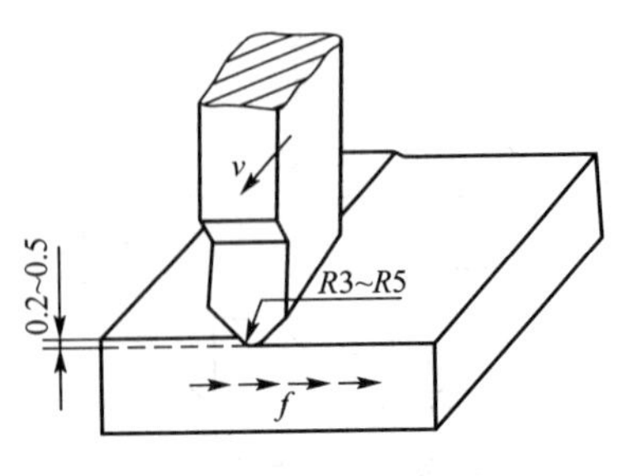

图 3.12　刨水平面

6）刨水平面

将要加工的水平面按划线位置找正，夹紧工件后试切，通过刀架手柄调整刨削深度。如果工件表面质量要求较高，应按粗精加工分开的原则，先粗刨后精刨。粗刨时，用普通平面刨刀；精刨时，可用圆头精刨刀，如图 3.12 所示。切削刃的圆弧半径约为 3～5mm，刨削深度 a_P＝0.2～0.5mm，进给量 f＝0.33mm/双行程，精刨的切削速度可比粗刨快，以提高生产率和表面质量。

7）刨垂直面

刨垂直面时，刀架应作垂直进给运动。在牛头刨床上刨削垂直面需用手动进给，一般在不能或不便于进行水平面刨削时才用。垂直面刨削应采用偏刀，偏刀的伸出长度应大于整个刨削面的高度。刀架的转盘应对零线，刀座应偏转一定角度。图 3.13 所示为垂直面的刨削。

8）刨斜面

刨斜面与刨垂直面基本相同，只是刀架转盘应拨转所要求的角度，使刨刀沿斜面进给。刨斜面时刀座也应偏转一定角度，并且偏移方向也是刀座下端应接近加工面，使刨刀在回程时能离开已加工表面，减少刨刀磨损及避免划伤已加工表面。图 3.14 所示为斜面刨削。

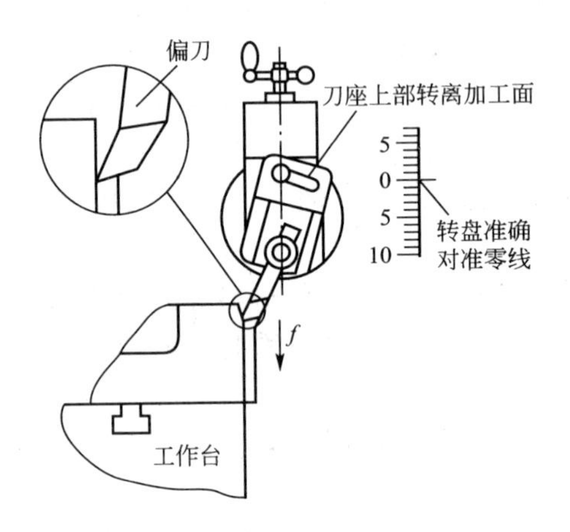

图 3.13　刨垂直面

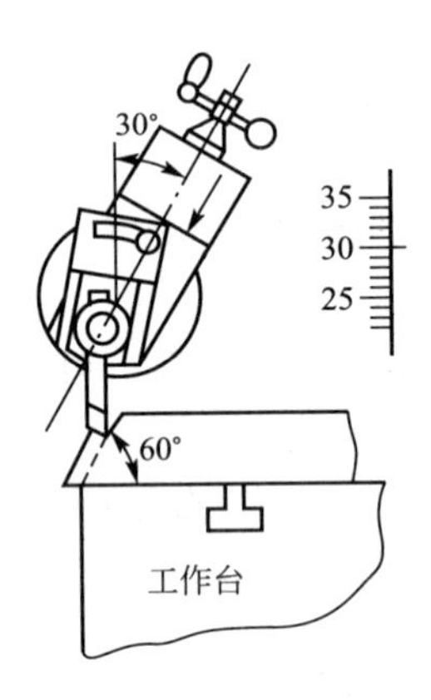

图 3.14　刨斜面

9）刨沟槽

(1) 刨直槽如图 3.15(a)所示，用切槽刀垂直进给即可。如果槽较宽，可以先切至规定槽深，再横向进给依次切至规定槽宽和槽深。

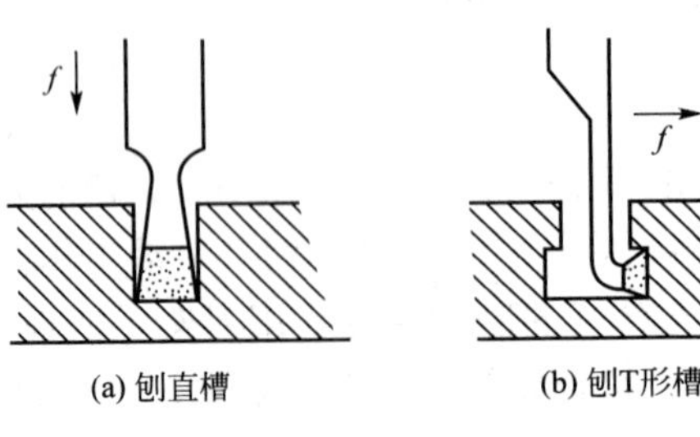

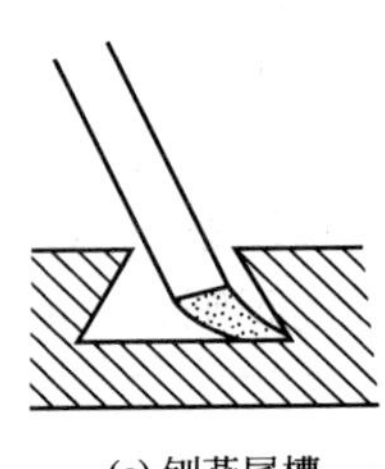

图 3.15　刨沟槽

(2) 刨T形槽刨T形槽前，应先划出T形槽加工线，然后刨出宽度足够大的直槽，再用弯刀横向进给，加工两侧凹面，如图3.15(b)所示。

(3) 刨燕尾槽先刨出直槽，再用偏刀以加工斜面的方法刨出两侧凹面，如图3.15(c)所示。

(4) 刨V形槽可用与刨燕尾槽类似方法刨削。

10) 刨成形面

(1) 按划线位置加工，将母线为直线的成形面轮廓线划在工件上，由操作者通过刀架垂直进给和工作台横向进给来加工，如图3.16(a)所示。该法用手控制进给比较困难，要求工人有较高的操作水平，加工质量较低，生产效率也不高。主要用于单件生产或修理工作中加工精度要求不高的零件。

(2) 成形刀加工，将成形刀磨制成与要求得到的成形面相适应的形状，即可对工件进行加工，如图3.16(b)所示。成形刀加工的优点是操作简单，质量稳定，单件、成批生产均可适应；缺点是成形面横截面不能太大。

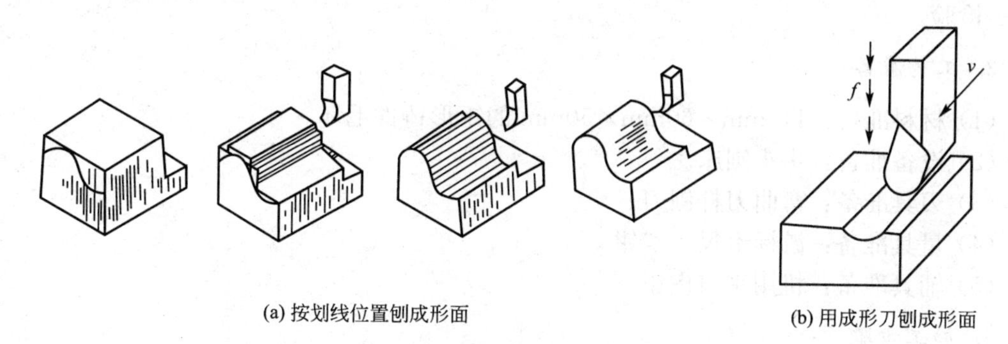

(a) 按划线位置刨成形面　　(b) 用成形刀刨成形面

图3.16　刨成形面

4. 刨床的维护保养

(1) 对采用摩擦离合器起动的刨床，不宜用直接接通或断开电源的方法来进行起动或停车。正确的方法是，先接通电源(这时离合器必须脱开)，起动电动机，然后再用摩擦离合器起动机床。

(2) 变换滑枕速度或测量工件尺寸时，必须先脱开摩擦离合器，使滑枕停止运动。

(3) 工作台上下移动时，必须先松开工作台底面支架的手柄旋帽。工作台位置固定后，必须旋紧手柄旋帽。手动进给时，应将工作台进给变向手柄置于中间位置。

(4) 机床运转过程中，要注意观察油塔内油液是否清洁和顺利输送、油池储油是否符合要求，以保证机床能充分润滑。

(5) 机床导轨面必须保持清洁和润滑，工作完毕后要做好机床的清洁工作，并在外露的运动配合面上涂润滑油。

5. 刨削安全操作规程

(1) 加工零件时，操作者应站在机床的两侧，以防工件因未夹紧，受刨削力作用冲出而误伤人体。一般应使机床用平口虎钳的钳口与滑枕运动方向垂直较安全。

(2) 在进行了牛头刨床的各种调整后，必须拧紧锁紧手柄，防止所调整的部位在工作中自动移位而造成人机事故。

(3) 工作台快速运动时，应取下曲柄摇手，以免伤人。为了避免刨刀返回时把工件已加工表面拉毛，在刨刀返回行程时，可用手掀起刀座上的抬刀板，使刀尖不与工件接触。

任务实施

1. 图样分析

(1) 结构分析。矩形平板零件。

(2) 材料及毛坯分析。110mm×60mm×50mm 的矩形铸件毛坯。

(3) 精度分析。该零件平面尺寸为 50mm×100mm、40mm×100mm，平行度公差为 0.05mm；平行面之间的尺寸为 40mm±0.5mm、50mm±0.05mm，平行面之间的垂直度公差为 0.05mm。表面粗糙度 Ra 全部 6.3μm，采用刨削加工能达到要求。

2. 工艺过程

下料——刨大平面 1——刨平面 2——刨平面 4——刨平面 3——刨平面 5——刨平面 6——检验。

3. 工艺准备

(1) 材料准备：110mm×60mm×50mm 的矩形铸件毛坯。

(2) 设备准备：牛头刨床。

(3) 刃具准备：弯曲刀杆刨刀。

(4) 量具准备：游标卡尺，卡钳。

(5) 辅具准备：机用平口虎钳。

4. 加工步骤

刨削加工垫块步骤如表 3-1 所列。

表 3-1 刨削加工垫块步骤

步骤	加 工 内 容	简 图
1	先刨出大面 1 作为基准面	1 45
2	以面 1 为基准，紧贴固定钳口，在工件与活动钳口间垫圆棒，夹紧后加工面 2	2 1 55

（续）

步骤	加　工　内　容	简　　图
2	以面 1 为基准，紧贴固定钳口，翻身 180°使面 2 朝下，紧贴平口钳导轨面，加工面 4 至尺寸	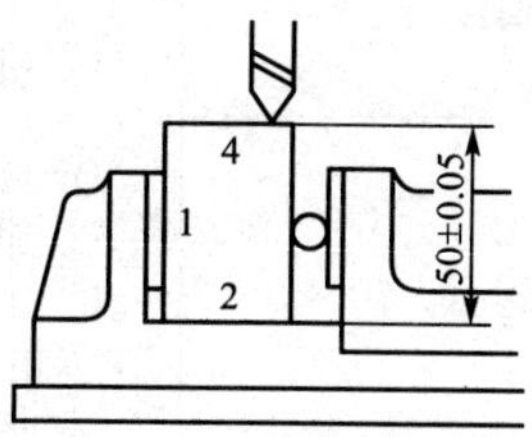
3	将面 1 放在平行的垫铁上，工件夹紧在两钳口之间，并使面 1 与平行垫铁贴实，加工面 3 至尺寸。如面 1 与垫铁贴不实，也可在工件与钳口间垫圆棒	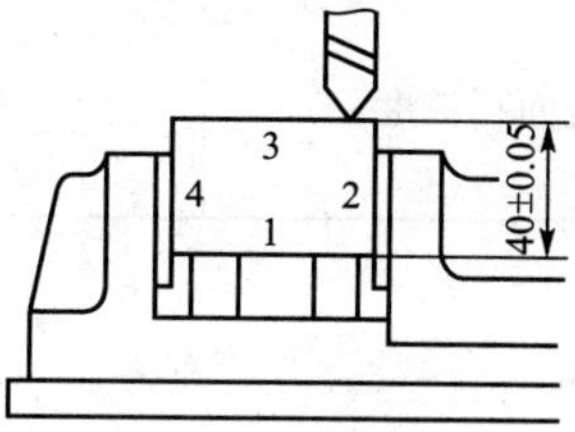
	将平口钳转 90°，使钳口与刨削方向垂直，刨端面 5	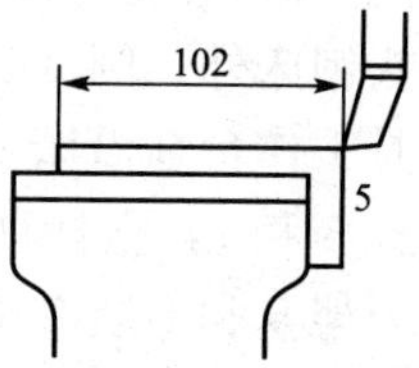
	同样方法刨端面 6 至尺寸	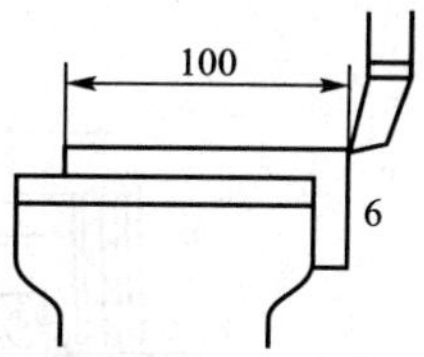

5. 精度检查

（1）长度用游标卡尺检验。

（2）平行面之间的尺寸和平行度用外径千分尺测量。

（3）垂直度用 90°角尺检验。

（4）表面粗糙度目测法，即用表面粗糙度样块与被测表面进行比较来判断。

6. 误差分析

刨削加工时产生的问题及原因如表 3 - 2 所列。

表 3-2　刨削垫块时产生的问题及原因

问　　题	产　生　原　因
平行度超差	① 工件装夹时定位面未与平行垫块紧贴 ② 平行垫块精度差 ③ 机用虎钳安装时底面与工作台面之间有脏物或毛刺等
垂直度超差	① 虎钳安装精度差 ② 钳口铁安装精度差或形状精度差，工件装夹时没有使用圆棒 ③ 工件基准面与定钳口之间有毛刺或脏物，衬垫铜片或纸片的厚度与位置不正确 ④ 虎钳夹紧时固定钳口外倾等
平行面之间尺寸超差	① 吃刀量数据计算或操作错误 ② 量具的精度差，测量值读错等
牙侧表面粗糙度	① 刨刀刃磨质量差和过早磨损 ② 刀杆安装有跳动，刨床进给有爬行 ③ 工件材料有硬点等

拓展阅读

1. 龙门刨床

1）龙门刨床的组成和运动

除了牛头刨床外，刨削类机床还有龙门刨床。龙门刨床组成如图 3.17 所示。龙门刨床的主运动是工作台 9 沿床身 10 的水平导轨所作的直线往复运动。床身的左右两侧固定有左、右立柱 3 和 7，立柱顶部由顶梁连接，形成刚度较高的龙门框架，因此得名龙门刨床。两个立刀架 5 和 6 装在横梁 2 上，可作横向或垂直方向的进给运动以及快速移动。横梁可沿左右立柱的导轨作垂直升降，调整立刀架的位置，以适应不同高度工件的加工需要。加工时，横梁由夹紧机构夹紧在立柱上。两个侧刀架 1 和 8 分别装在机床左右侧的立柱上，可沿垂直方向作自动进给和快速移动。各刀架的自动进给运动是在工作台每次返回终端换向时，由刀架沿水平或垂直方向间歇进给的。各个刀架既可用于刨削水平或垂直面，也都能转动一定的角度，以便加工斜面。

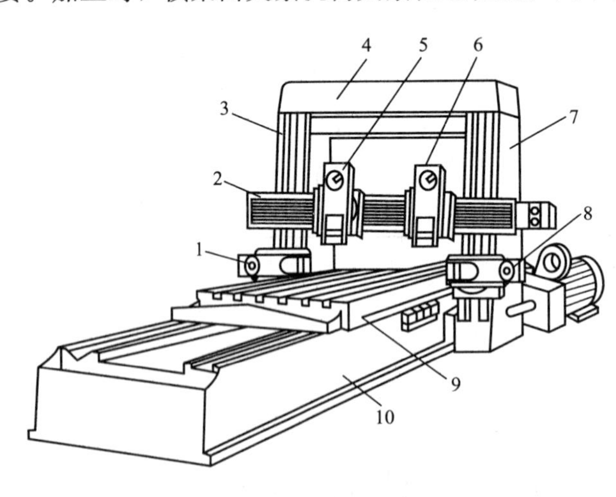

图 3.17　龙门刨床

1、8—侧刀架；2—横梁；3、7—立柱；4—顶梁；5、6—立刀架；9—工作台；10—床身

龙门刨床的各主要运动，例如进刀、抬刀、横梁升降前后的放松、夹紧以及工作台的往复运动等，都由悬挂按钮和电气柜的操纵台集中控制，并能实现自动工作循环。

龙门刨床主要用于加工大平面，特别是长而窄的平面，也可用来加工

沟槽或同时加工几中小型零件的平面。应用龙门刨床进行精细刨削，可得到较高的精度和较低的表面粗糙度。

2）龙门刨床的传动系统

(1) 主运动。龙门刨床主运动的传动方式有直流电动机传动和液压传动等传动方式。图3.18所示为龙门刨床工作台直流电动机传动和液压示意图。其工作过程为，由直流电动机5经减速箱4及斜齿轮1带动齿条2使工作台3作直线往复运动。这种传动的优点在于直流电动机可以传递大的功率，在很大范围内实现无级调速，简化机械传动结构；缺点是电气系统复杂，成本较高，传动效率较低。

在液压传动方式中，一般采用容积式调速系统，它具有与直流电动机传动相同的优点；缺点是传动效率低，工作油缸较长，成本高。因此，液压传动常用于工作台行程较短的传动中。

为了提高龙门刨床工作台往复直线运动的速度，同时减小在换向时的惯性力，需要在往复行程将要结束时进行减速制动。因此，工作台的往复运动速度是按一定规律变化的。龙门刨床的床身侧面安装有多个行程开关，当工作台往复运动时，由固定在工作台侧面的撞块碰撞相应的行程开关，发出信号来控制工作台的变向与变速。

(2) 进给运动。龙门刨床刀架的进给运动，有机械或液压等传动方式。机械传动的进给机构常用单独的电动机来驱动，使刀架作自动进给和快速运动，缩短了传动路线，简化了机械结构。

2. 插床及插削

插削和刨削的切削方式基本相同，只是插削是在竖直方向进行切削。因此，可以认为插床是一种立式的刨床。图3.19是插床的外形图。插削加工时，滑枕2带动插刀沿垂直方向作直线往复运动，实现切削过程的主运动。工件安装在圆工作台1上，圆工作台可实

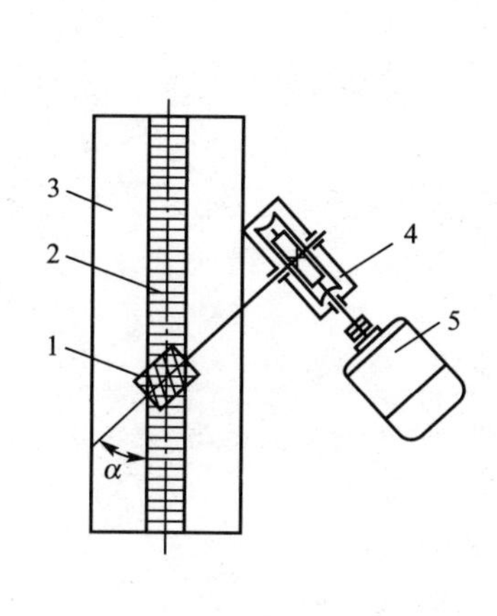

图3.18　工作台直流电动机传动和液压示意图

1—斜齿轮；2—齿条；3—工作台；4—减速箱；5—直流电动机

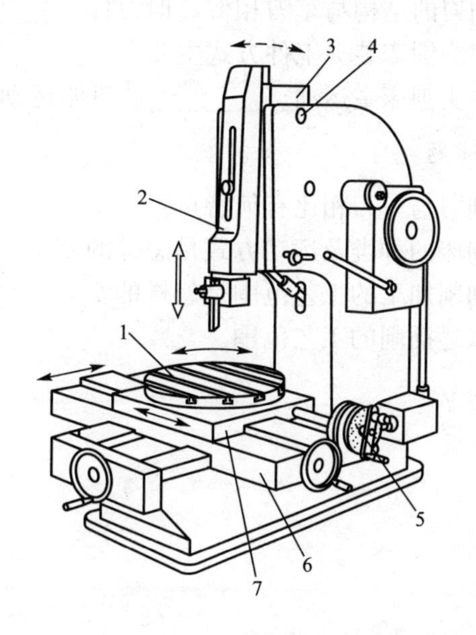

图3.19　插床

1—圆工作台；2—滑枕；3—滑枕导轨座；4—销轴；5—分度装置；6—床鞍；7—溜板

现纵向、横向和圆周方向的间歇进给运动。此外，利用分度装置 5，圆工作台还可进行圆周分度。滑枕导轨座 3 和滑枕一起可以绕销轴 4 在垂直平面内相对立柱倾斜 0°～8°，以便插削斜槽和斜面。

插床的主参数是最大插削长度。插削主要用于单件、小批量生产中加工工件的内表面，如方孔、多边形孔和键槽等。在插床上加工内表面比刨床方便，但插刀刀杆刚性差，为防止“扎刀”，前角不宜过大，因此加工精度比刨削低。

练习与思考

1. 选择题

(1) 加工单件小批量工件的内表面，如方孔、键槽，最适合的加工方法是(　　)。

A. 刨削　　B. 插削　　C. 铣削　　D. 钻削

(2) 车床导轨面粗加工、批量生产合适的加工方法是(　　)。

A. 刨削　　B. 车削　　C. 磨削　　D. 插削

(3) 刨床工作台上，固定夹具和工件的安装槽的槽形是(　　)。

A. 燕尾槽　　B. V 形槽　　C. 矩形槽　　D. T 形槽

(4) 实体件上，孔粗加工、批量生产合适的加工方法是(　　)。

A. 钻削　　B. 车削　　C. 刨削　　D. 铣削

2. 填空题

(1) 牛头刨床主要由________、________、________、________、________、________等部分组成。

(2) 刨刀的结构与车刀相似，但刀杆____________、____________________。

(3) 牛头刨床装夹工件方式主要有____________、____________。

(4) 牛头刨床主运动____________进给运动____________。

3. 简述题

(1) 刨刀与车刀相比有何特点?

(2) 刨床的种类及运动方式是怎样的?

(3) 刨削加工的工艺范围是怎样的?

(4) 试述插削的工艺范围。

项目 4

零件磨削加工

教学目标

最终目标：

能独立操作磨床，加工出合格的零件。

促成目标：

1. 能选用磨床和分析磨削形式；
2. 能正确选用砂轮；
3. 能使用夹具，对零件进行装夹和定位；
4. 能合理选择磨削用量、磨削余量；
5. 能正确分析零件，选择加工方法；
6. 能正确检验零件。

引言

磨削是一种比较精密的金属加工方法，经过磨削的零件有很高的精度和很小的表面粗糙度值。例如目前用高精度外圆磨床磨削的外圆表面，其圆度公差可达到 0.001mm 左右，相当于人头发丝粗细的 1/70 或更小；其表面粗糙度值达到 $Ra0.025\mu m$，表面光滑似镜。例如用中碳钢或中碳合金钢模锻而成的曲轴，为提高耐磨性和耐疲劳强度，轴颈表面经高频淬火或氮化处理，并经精磨加工，以达到较高的表面硬度和表面粗糙度的要求，如图 4.1 所示。

磨削使用的磨具主要是砂轮，如图 4.2 所示。它以极高的圆周速度磨削工件，并能加工各种高硬度材料的工件。磨削加工的工艺范围非常广泛，能完成各种零件的精加工。主要有外圆磨削、内圆磨削、平面磨削、螺纹磨削、刀具刃磨，还有齿轮磨削、曲轴磨削、成形面磨削、工具磨削等，如图 4.3 所示。

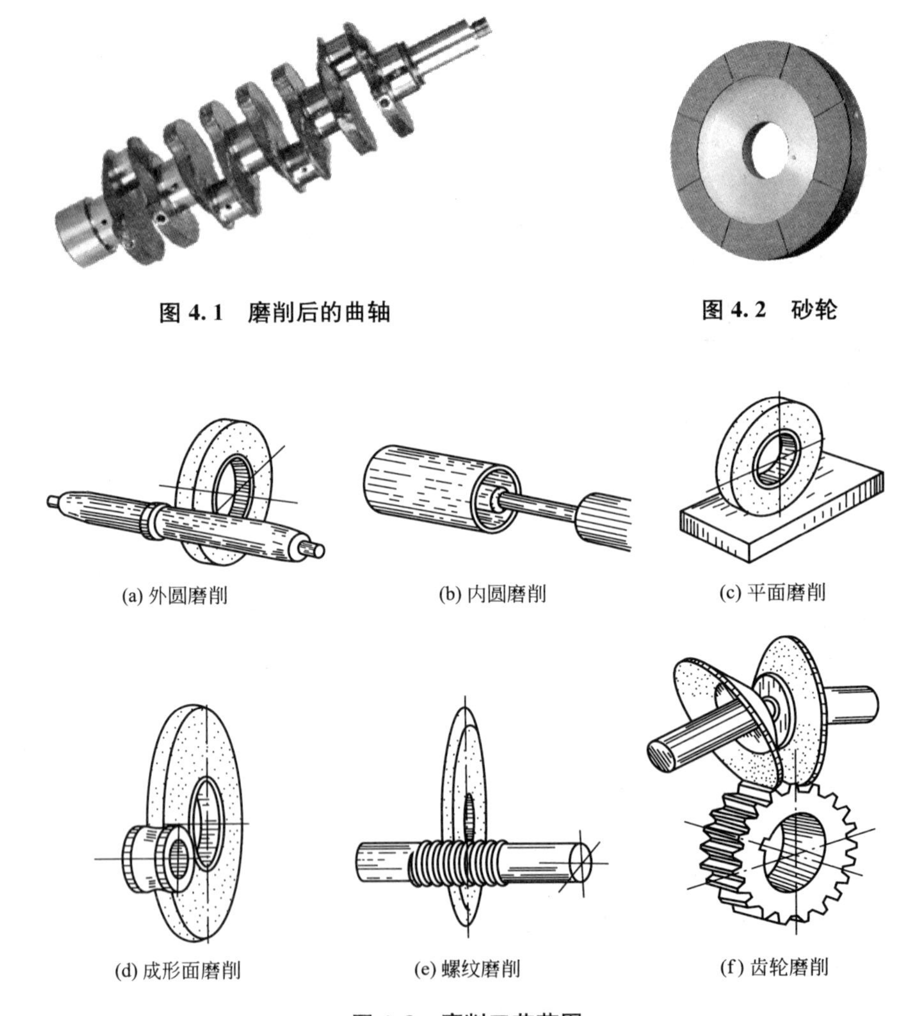

图 4.1　磨削后的曲轴

图 4.2　砂轮

(a) 外圆磨削　(b) 内圆磨削　(c) 平面磨削

(d) 成形面磨削　(e) 螺纹磨削　(f) 齿轮磨削

图 4.3　磨削工艺范围

任务 4.1 磨削阶梯轴

4.1.1 任务导入

加工图 4.4 所示的阶梯轴零件。毛坯材料为 45# 钢，批量为 10 件。

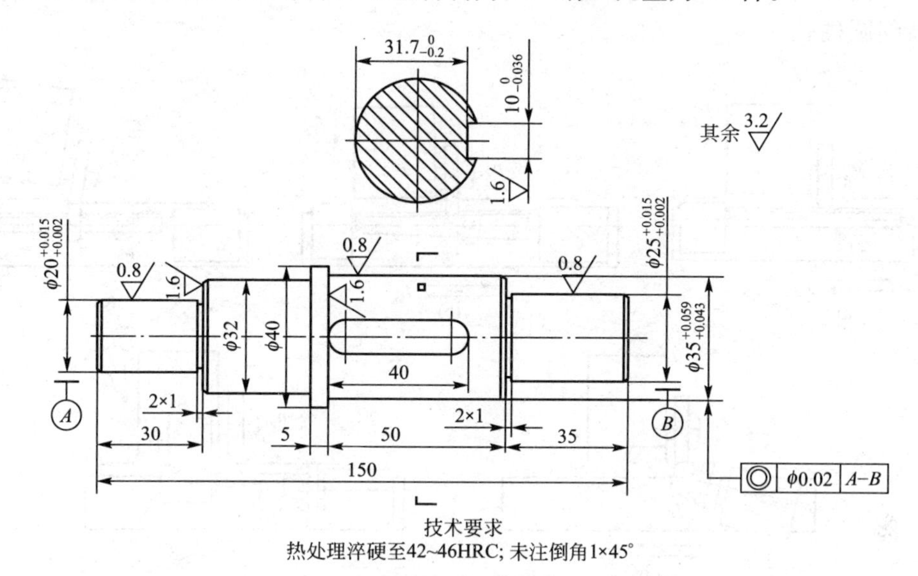

图 4.4 阶梯轴

4.1.2 相关知识

1. M1432A 型万能外圆磨床

M1432A 型万能外圆磨床主要用于磨削内外圆柱面、内外圆锥面、阶梯轴轴肩以及端面和简单的成形回转表面等。它属于普遍精度级机床，磨削精度可达 IT7～IT6 级，表面粗糙度 Ra 在 1.25～0.08μm 之间。这种机床万能性强，但自动化程度较低，磨削效率不高，适用于工具车间、维修车间和单件小批生产类型。其主参数最大磨削直径为 320mm。

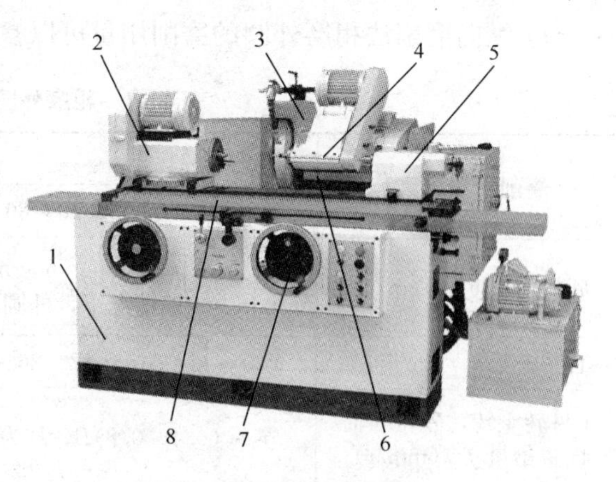

图 4.5 万能外圆磨床

1—床身；2—头架；3—砂轮架；4—内圆磨具；5—尾架；6—滑鞍；7—手轮；8—工作台

如图 4.5 所示为万能外圆磨床外形图。由图可见，在床身 1 的纵向导轨上装有工作台 8，台面上装有头架 2 和尾架 5，用以夹持不同长度的工件，头架带动工件旋转。工作台由液压传动沿床身导轨往复移动，使工件实现纵向进给运动。工作台由上下两层组成，其上部可相对下部在水平面内偏转一定的角度(一般不大于±10°)，以便磨削锥度不大的圆锥面。砂轮架 3 安装在滑鞍 6 上，转动横向进给手轮 7，通过横向进给机构带动滑鞍及砂轮架作快速进退或周期性自动切入进给。内圆磨具 4 放下时用以磨削内圆(图示处于放下状态)。

图 4.6 所示为万能外圆磨床的典型加工方法：图 4.6(a)所示为用纵磨法磨削外圆柱面，图 4.6(b)为扳转工作台用纵磨法磨削长圆锥面，图 4.6(c)所示为扳动砂轮架用切入法磨削短圆锥面，图 4.6(d)为扳动头架用纵磨法磨削圆锥面，图 4.6(e)所示为用内圆磨具磨削圆柱孔。

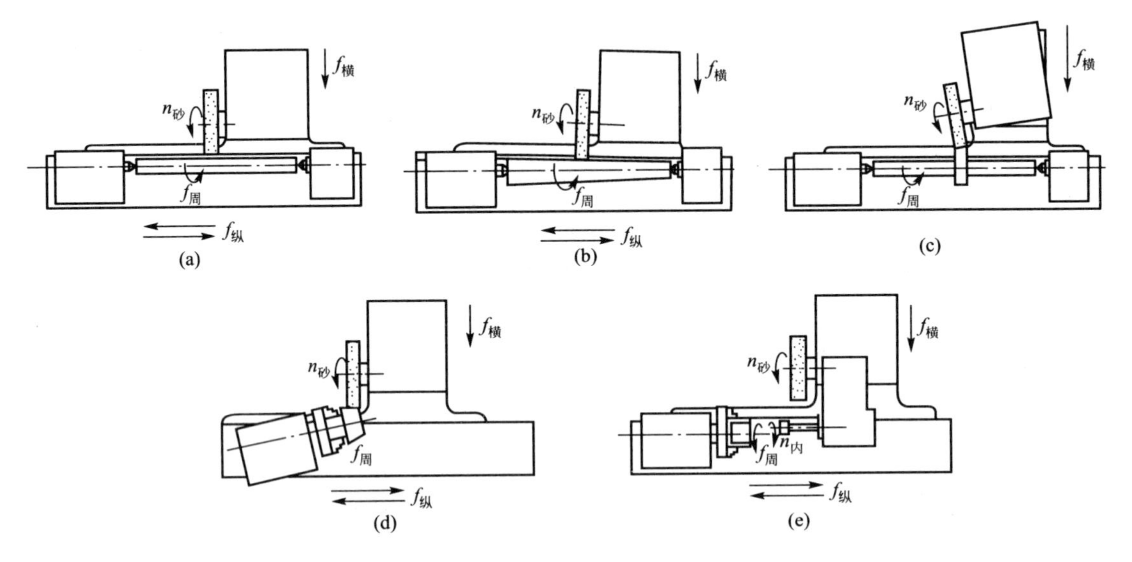

图 4.6　万能外圆磨床的典型加工示意图

分析万能外圆磨床的典型加工方法可知，机床必须具备以下运动：外圆磨砂轮和内圆磨砂轮的旋转主运动；工件圆周进给运动；工件(工作台)往复纵向进给运动；砂轮横向进给运动。此外，机床还应有两个辅助运动：砂轮横向快速进退和尾架套筒缩回，以便装卸工件。

2. 磨削用量的合理选择

(1) 纵向磨削法粗磨外圆的磨削用量可以参考表 4－1 进行选择。

表 4－1　粗磨外圆的磨削用量

磨削用量要素	工件直径 d_w/mm				
	≤30	>30～80	>80～120	>120～200	>200～300
砂轮的速度 v_s/(m/s)	$v_s=\pi d_s n_s/1000\times60$(m/s)，$d_s$ 为砂轮直径，mm；n_s 为砂轮转速，r/min。一般情况下，外圆磨削的砂轮速度 v_s＝30～50m/s				
工件速度 v_w/(m/min)	10～22	12～26	14～28	16～30	18～35
工件转 1 转，砂轮的轴向进给量 f_a/(mm/r)	f_a＝(0.4～0.8)B，B 为砂轮宽度(mm)。铸铁件取大值，钢件取小值				
工作台单行程，砂轮的背吃刀量 a_p/(mm/st)	0.007～0.022	0.007～0.024	0.007～0.022	0.008～0.026	0.009～0.028
	工件速度 v_w 和轴向进给量 f_a 较大时，背吃刀量 a_p 取小值，反之取大值				

(2) 精磨外圆的磨削用量可参考表4－2进行选择。

表4－2　精磨外圆的磨削用量

磨削用量要素	工件直径 d_w/mm				
	≤30	>30～80	>80～120	>120～200	>200～300
砂轮的速度 v_s/(m/s)	$v_s = \pi d_s n_s / 1000 \times 60$ (m/s)，d_s 为砂轮直径(mm)；n_s 为砂轮转速(r/min)				
工件速度 v_w/(m/min)	15～35	20～50	30～60	35～70	40～80
工件转1转，砂轮的轴向进给量 f_a/(mm/r)	Ra=0.8μm时，f_a=(0.4～0.6)B；Ra=0.4μm时，f_a=(0.2～0.4)B，B 为砂轮宽度(mm)				
工作台单行程，砂轮的背吃刀量 a_p/(mm/st)	0.001～0.010	0.001～0.014	0.001～0.015	0.001～0.016	0.002～0.018
	工件速度 v_w 和轴向进给量 f_a 较大时，背吃刀量 a_p 取小值，反之取大值				

3. 磨削余量

磨削余量留得过大，需要的磨削时间长，增加磨削成本；磨削余量留得过小，保证不了磨削表面质量。合理选择磨削余量，对保证加工质量和降低磨削成本有很大的影响。磨削余量可参考表4－3进行选择，对于单件磨削，表中数据可适当增大一点。

表4－3　磨削余量

工件直径	余量限度	磨削前								粗磨前精磨后	精磨后研磨前
		未经热处理的轴				经热处理的轴					
		轴的长度									
		≤100	>100～200	>200～400	>400～700	≤100	>100～300	>300～600	>600～1000		
≤10	max	0.20	—	—	—	0.25	—	—	—	0.020	0.008
	min	0.10	—	—	—	0.15	—	—	—	0.015	0.005
>10～18	max	0.25	0.30	—	—	0.30	0.35	—	—	0.025	0.008
	min	0.15	0.20	—	—	0.20	0.25	—	—	0.020	0.006
>18～30	max	0.30	0.35	0.40	—	0.35	0.40	0.45	—	0.030	0.010
	min	0.20	0.25	0.30	—	0.25	0.30	0.35	—	0.025	0.007
>30～50	max	0.30	0.35	0.40	0.45	0.40	0.50	0.55	0.70	0.035	0.010
	min	0.20	0.25	0.30	0.35	0.25	0.30	0.40	0.50	0.028	0.008
>50～80	max	0.35	0.40	0.45	0.55	0.45	0.55	0.65	0.75	0.035	0.013
	min	0.20	0.25	0.30	0.35	0.30	0.35	0.45	0.50	0.028	0.008
>80～120	max	0.45	0.50	0.55	0.60	0.55	0.60	0.70	0.80	0.040	0.014
	min	0.25	0.35	0.35	0.40	0.35	0.40	0.45	0.45	0.032	0.010
>120～180	max	0.50	0.55	0.60	—	0.60	0.70	0.80	—	0.045	0.016
	min	0.30	0.35	0.40	—	0.40	0.50	0.55	—	0.038	0.012
>180～260	max	0.60	0.60	0.65	—	0.70	0.75	0.85	—	0.050	0.020
	min	0.40	0.40	0.45	—	0.50	0.55	0.60	—	0.040	0.015

4. 砂轮的修整

在生产中修整砂轮的目的，一是消除砂轮外形误差；二是修整已磨钝的砂轮表层，恢复砂轮的切削性能。在粗磨和精磨外圆时，一般采用单颗粒金刚石笔［图 4.7(a)］车削方法对砂轮进行修整。金刚石笔的安装和修整参数如图 4.7 所示。金刚石颗粒的大小依据砂轮直径选择，砂轮直径 D_0＜100mm，选 0.25 克拉(1 克拉＝0.2 克，即 1c＝0.2g)的金刚石；D_0＞300～400mm，选 0.5～1 克拉的金刚石。要求金刚石笔尖角 ϕ 一般研成 70°～80°。M1432A 型磨床的砂轮直径为 400mm，选 0.5 克拉的金刚石。砂轮的修整参数可参考表 4-4 选择。

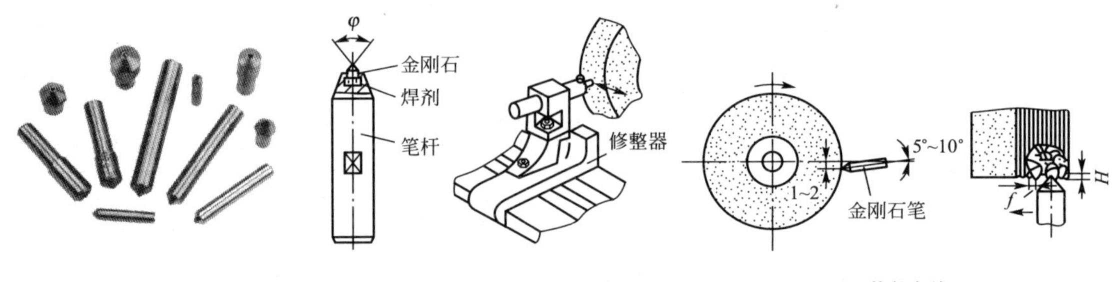

(a) 单颗粒金刚石笔　(b) 金刚石笔的安装　(c) 安装角度　(d) 修整参数

图 4.7　金刚石笔的安装和修整参数

表 4-4　单颗粒金刚石修整用量

修整参数	磨削工序				
	粗磨	精(半精)磨	精密磨	超精磨	镜面磨
砂轮的速度 v_s/(m/s)	与磨削速度相同				
修整导程 f/(mm/r)	0.05～0.10	0.03～0.08	0.02～0.04	0.01～0.02	0.005～0.01
修整层厚度 H/mm	0.1～0.15	0.06～0.10	0.04～0.06	0.01～0.02	0.01～0.02
修整深度 a_p/(mm/st)	0.01～0.02	0.007～0.01	0.005～0.007	0.002～0.003	0.002～0.003
修光次数	0	1	1～2	1～2	1～2

5. 中心孔的修研

一般情况下，轴类零件上的外圆表面的设计基准是轴心线，为了保证加工精度，遵循基准重合原则和基准统一的原则，选择工件上的定位基准为轴类零件的轴心线，一般以中心孔作为磨削各外圆的定位表面，通过顶尖装夹工件，中心孔和顶尖的接触质量对工件的加工精度有直接的影响，因此，磨削过程中经常需要对中心孔进行修研。常用的中心孔修研方法有以下几种：

(1) 油石或橡胶砂轮等进行修研。先将圆柱形油石或橡胶砂轮装夹在车床卡盘上，用装在刀架上的金刚石笔将其前端修成 60°顶角，然后将工件顶在油石和车床尾座顶尖之间，开动车床进行研磨，如图 4.8 所示。修研时，在油石上加入少量润滑油(轻机油)，用手把持工件，移动车床尾座顶尖，并给予一定压力，这种方法修研的中心孔质

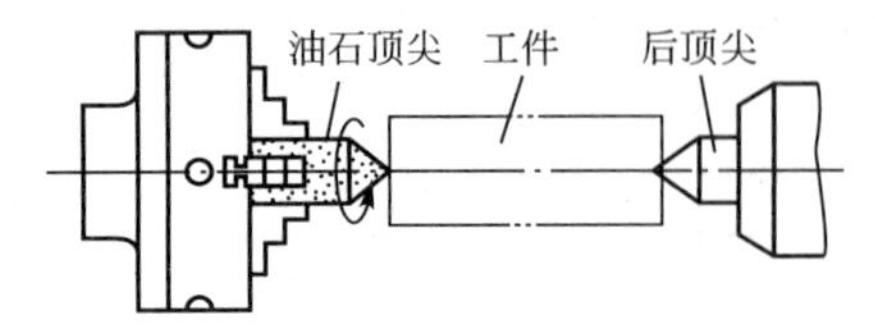

图 4.8　油石顶尖修研中心孔

量较高，一般生产中常用此法。

(2) 用铸铁顶尖修研。此法与上一种方法基本相同，用铸铁顶尖代替油石或橡胶砂轮顶尖。将铸铁顶尖装在磨床的头架主轴孔内，与尾座顶尖均磨成60°顶角，然后加入研磨剂进行修研，则修磨后中心孔的接触面与磨床顶尖的接触会更好，此法在生产中应用较少。

(3) 用成形圆锥砂轮修磨中心孔。这种方法主要适用于长度尺寸较短和淬火变形较大的中心孔。修磨时，将工件装夹在内圆磨床卡盘上，校正工件外圆后，用圆锥砂轮修磨中心孔，此法在生产中应用也较少。

(4) 用硬质合金顶尖刮研中心孔。刮研用的硬质合金顶尖上有四条60°的圆锥棱带，如图4.9(a)所示，相当于一把四刃刮刀，刮研在图4.9(b)所示的立式中心孔研磨机上进行。刮研前，在中心孔内加入少量全损耗系统用油调和好的氧化铬研磨剂。

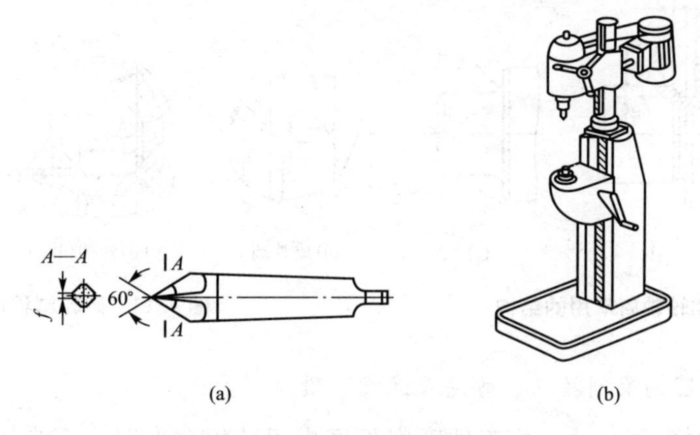

图4.9　四棱顶尖和中心孔研磨机

(5) 用中心孔磨床修研。修研使用专门的中心孔磨床。修磨时砂轮做行星磨削运动，并沿30°方向做进给运动。中心孔磨床及其运动方式如图4.10所示。适宜修磨淬硬的精密工件的中心孔，能达到圆度公差为0.0008mm，轴类专业生产厂家常用此法。

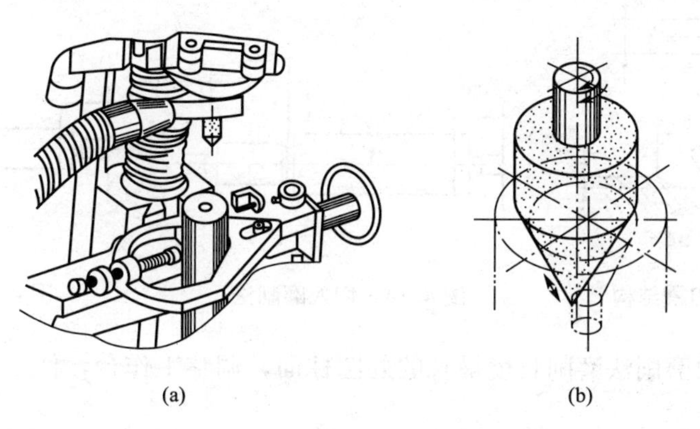

图4.10　中心孔磨床

6. 轴肩的结构

阶梯轴轴肩常用的结构形式如图4.11所示，为了保证轴肩与其他零件的配合要求，轴肩端面与外圆的过渡部位的结构和加工要求有所不同。图 4.11(a)所示的退刀槽，要求轴肩(端面)不需要磨削，外圆有较高的配合要求，需要进行磨削；图 4.11(b)所示的退刀槽，要求轴肩(端面)和轴的外圆都有配合要求，均需要进行磨削；图 4.11(c)所示的过渡圆角，常用于强度要求较高的轴，与之配合的孔和端面有倒角，该轴肩的端面和外圆均需要进行磨削。本任务图 4.4 所示阶梯轴上的轴肩中，ϕ20mm 外圆的右端面为图 4.11(a)所示的退刀槽型，ϕ35mm 外圆的左端面为图 4.11(c)所示的退刀槽型。

为了在磨削中便于让刀，常用轴肩和轴环作为砂轮的越程槽，磨外圆和端面的砂轮越程槽结构如图 4.12 所示，其结构尺寸见 GB/T 6403.5—2008。图 4.12(a)为磨外圆；图 4.12(b)为磨外圆和端面；图 4.12(c)为磨轴肩的端面。轴环退刀槽的结构如图 4.13 所示。

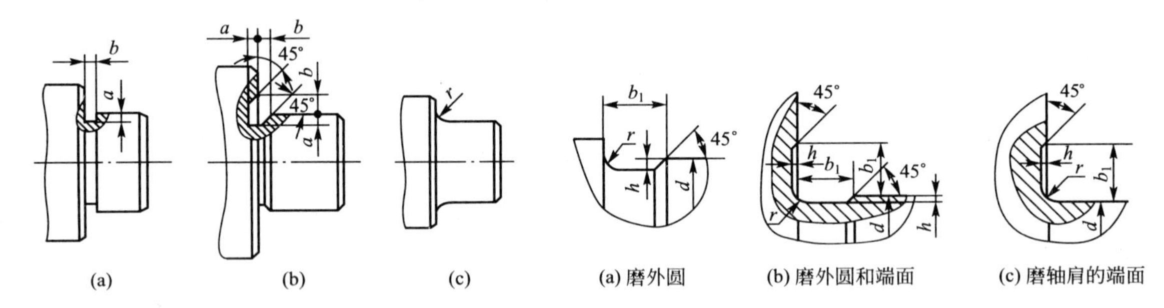

图 4.11　阶梯轴轴肩常用的结构　　　　图 4.12　砂轮越程槽结构

7. 阶梯轴外圆的磨削技巧、方法及注意事项

(1) 正确选择磨削方法。当工件磨削长度小于砂轮宽度时，应采用切入磨削法(或称横磨法)，如图 4.14 所示；当工件磨削长度较长时，可用纵向磨削法(或称纵磨法)，如图 4.15 所示。

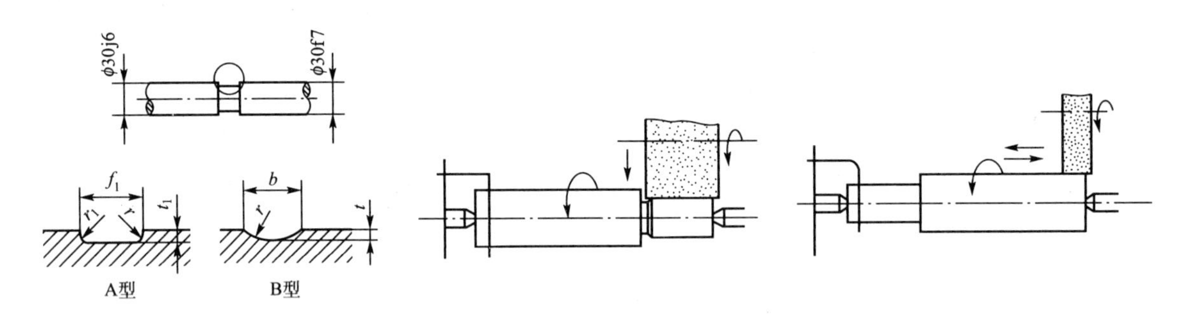

图 4.13　轴环退刀槽结构　　图 4.14　切入磨削法　　图 4.15　纵向磨削法

(2) 先用纵向磨削法磨削长度最长的外圆柱面，调整工作台，使工件的圆柱度在规定的公差之内。

(3) 用纵向磨削法磨削轴肩台阶旁的外圆时，需细心调整工作台行程，使砂轮在靠近台阶时不发生碰撞，如图 4.16 所示。调整工作台行程挡铁位置时，应在砂轮适当退离工件表面(图 4.17)并不动的情况下调整工作台行程挡铁的位置，在检查砂轮与工件台阶不碰撞后，才将砂轮引入，进行磨削。

(4) 为了使砂轮在工件全长能均匀地磨削，待砂轮在磨削至轴肩台阶旁换向时，可使工作台停留片刻。一般阶梯轴的纵向磨削采用单向横向进给，即砂轮在台阶一边换向时作横向进给，如图 4.18 所示。这样可以减小砂轮一端尖角的磨损，以提高端面磨削的精度。

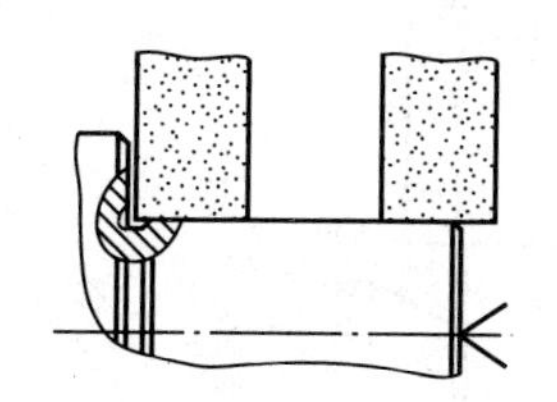

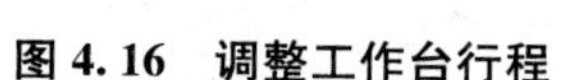

图 4.16　调整工作台行程

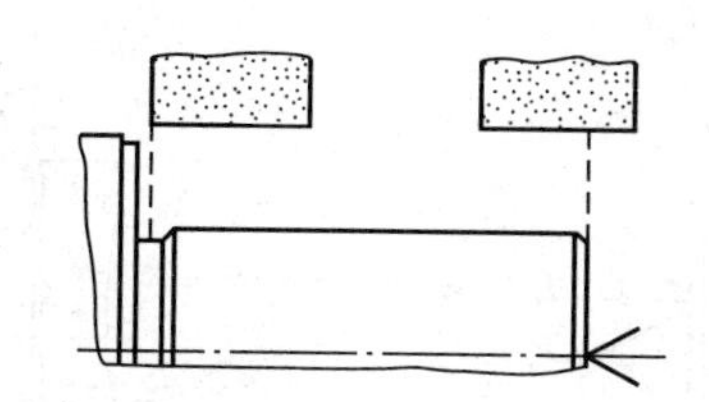

图 4.17　调整行程挡铁时防止发生碰撞

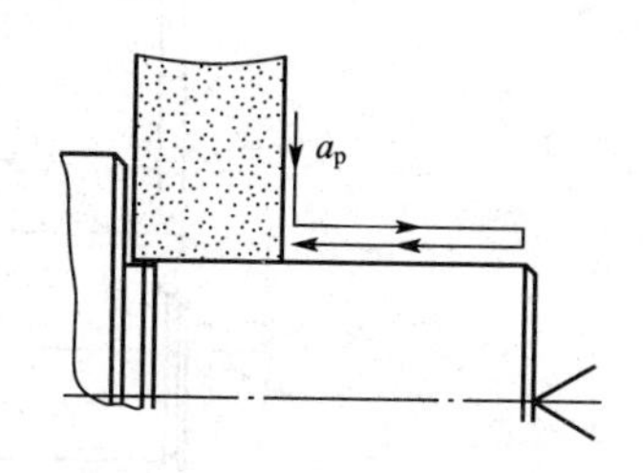

图 4.18　单向横向进给

(5) 按照工件的加工要求安排磨削顺序。一般先磨削精度较低的外圆，将精度要求最高的外圆安排在最后精磨。

(6) 按工件的磨削余量划分为粗、精磨削，一般留精磨余量 0.06mm 左右。

(7) 在精磨前和精磨后，均需要用百分表测量工件外圆的径向圆跳动，以保证其磨削后在规定的尺寸公差范围内。

(8) 注意中心孔的清理和润滑。磨削淬硬工件时，应尽量选用硬质合金顶尖装夹，以减少顶尖的磨损。使用硬质合金顶尖时，需检查顶尖表面是否有损伤裂纹。

8. 阶梯轴轴肩端面的磨削技巧、方法及注意事项

(1) 磨削台阶轴端面时，首先用金刚石笔将砂轮端面修整成内凹形，其修整方法如图 4.19 所示。注意砂轮端面的窄边要修整锋利且平整。

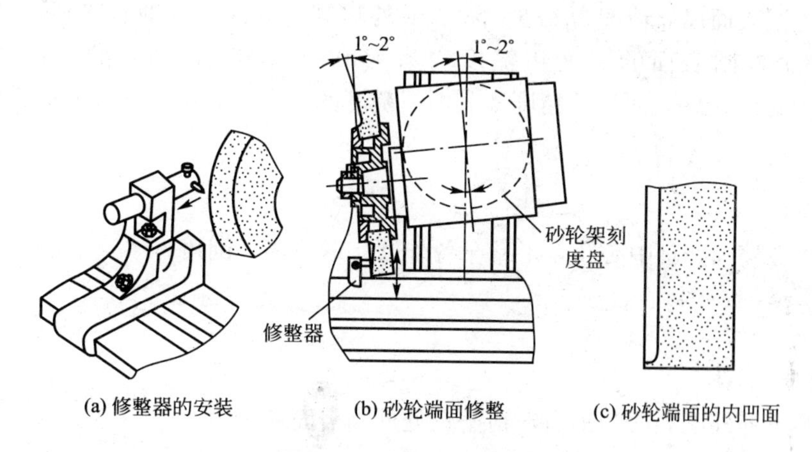

(a) 修整器的安装　(b) 砂轮端面修整　(c) 砂轮端面的内凹面

图 4.19　外圆砂轮的修整

(2) 磨端面时，需将砂轮横向退出距离工件外圆 0.1mm 左右，以免砂轮与已加工外圆表面接触，如图 4.20 所示。用工作台纵向手轮来控制工作台纵向进给，借砂轮的端面磨出轴肩端面。手摇工作台纵向进给手轮，待砂轮与工件端面接触后，作间断均匀的进给，进给量要小，可观察火花来控制磨削进给量。

(3) 带圆弧轴肩的磨削。磨削带圆弧轴肩时，应将砂轮一尖角修成圆弧面，工件外圆

柱面的长度较短时，可先用切入法磨削外圆，留0.03～0.05mm余量，接着把砂轮靠向轴肩端面，再切入圆角和外圆，将外圆磨至尺寸，如图4.21所示。这样，可使圆弧连接光滑。

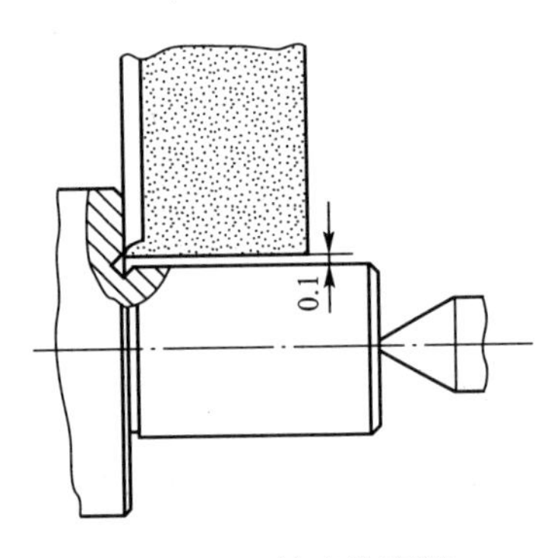

图4.20　轴肩的磨削

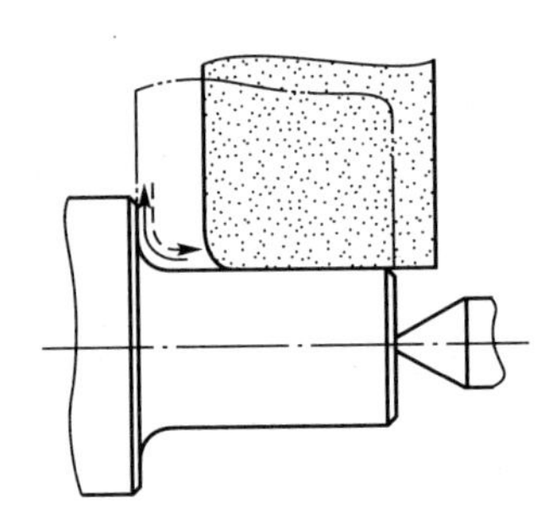

图4.21　磨削带圆弧轴肩

(4) 按端面要求的磨削精度和余量划分粗、精磨，精磨时可适当增加光磨时间，以提高工件端面的精度。

(5) 注意切削液要充分。一般磨钢件多用苏打水或乳化液；铝件采用加少量油的煤油；铸铁、青铜件一般不用切削液，而用吸尘器清除尘屑。

4.1.3　任务实施

1. 图样分析

该零件为阶梯轴，材料为45#钢，热处理淬硬至42～46HRC，主要表面为三个外圆表面，三个外圆表面尺寸精度为IT6，ϕ35mm外圆对基准A、B(轴心线)的同轴度公差为0.02mm；三个外圆表面的表面粗糙度均为Ra0.8μm，三处轴肩的表面粗糙度均为Ra1.6μm。要达到这些表面尺寸精度和表面粗糙度的要求，对该零件需要进行磨削。

2. 工艺过程

(1) 下料。

(2) 粗车各外圆，打中心孔，半精车各外圆、退刀槽、倒角。

(3) 铣键槽。

(4) 淬火。

(5) 修研中心孔。

(6) 粗磨三处外圆表面和轴肩，精磨三处外圆表面和轴肩。

(7) 检测。

3. 工艺准备

(1) 材料准备：45#圆钢ϕ45mm棒料。

(2) 设备准备：外圆磨削一般采用外圆磨床或万能外圆磨床。选择磨床，一般根据磨床型号及其技术参数进行选择。在生产中，为了使每种机床都发挥出作用，其加工的直径有一个合理的范围，外圆磨床磨削工件的合理直径d与其主参数D_{max}的关系为$d=$

$\left(\frac{1}{10}\sim\frac{1}{2}\right)D_{\max}$。外圆磨床的相对精度等级可根据工件的尺寸精度、圆度或圆柱度确定。例如，加工尺寸精度为IT6、圆度为6～7级的工件，一般选择普通精度级机床。工件的尺寸精度和形位精度要求越高，选用的机床精度越高。表面粗糙度不仅与机床精度有关，而且与磨削参数、砂轮修整、光磨次数等有关，表面粗糙度不是选择磨床精度的主要因素。综上所述，本训练可选择M1432A型磨床。

（3）砂轮的选择。砂轮是在磨料中加入结合剂，经压坯、干燥和焙烧而制成的多孔体。其特性主要是由磨料、粒度、结合剂、硬度、形状和尺寸等决定。可根据工件材料、热处理、加工精度、粗磨和精磨等情况选择。本训练中砂轮的选择同时兼顾粗磨和精磨用一种砂轮，可参考表4-5选择。选用砂轮特性为，磨料可采用WA或PA，粒度F60～F80，硬度为L～M，陶瓷结合剂V。根据砂轮的磨削表面，砂轮的形状为平形砂轮，结构尺寸与所用磨床相匹配。修整砂轮用金刚石笔，重点掌握磨削轴肩的砂轮端面修整。

表4-5　外圆磨削砂轮的选择

加工材料	磨削要求	磨　料	磨料代号	粒　度	硬　度	结合剂
未淬火的碳钢、合金钢	粗磨	棕刚玉	A(GZ)	F36～F46	M～N	V
	精磨			F46～F60	M～Q	
淬火的碳钢合金钢	粗磨	白刚玉	WA(GB)	F46～F60	K～M	
	精磨	铬刚玉	PA(GG)	F60～F100	L～N	
铸铁	粗磨	黑碳化硅	C(TH)	F24～F36	K～L	
	精磨			F60	K	
不锈钢	粗磨	单晶刚玉	SA(GD)	F36～F46	M	
	精磨			F60	L	
硬质合金	粗磨	绿碳化硅	GC(TL)	F46	K	V
	精磨	人造金刚石	RVD($JR_{1,2}$)	F100		B
高速钢	粗磨	白刚玉	WA(GB)	F36～F40	K～L	V
	精磨	铬刚玉	PA(GG)	F60		
软青铜	粗磨	黑碳化硅	C(TH)	F24～F36	K	
	精磨			F46～F60	K～M	
纯铜	粗磨	黑碳化硅	C(TH)	F36～F60	K～L	B
	精磨	铬刚玉	PA(GG)	F60	K	V

（4）磨前毛坯。磨削加工是机械加工工艺过程中的一部分，一般作为零件的精加工和终序加工。为了降低机械加工成本，在磨削加工之前，要进行切削加工，去除工件上的大部分的加工余量。半精车后，各外圆表面的尺寸精度达到IT8～IT9，表面粗糙度为$Ra6.3\sim3.2\mu m$。各外圆表面留磨削余量（直径）0.3～0.4mm，留轴肩端面余量0.1～0.2mm，表面粗糙度为$Ra6.3\sim3.2\mu m$。

(5) 装夹方法。用两顶尖装夹，由夹头夹紧工件，并通过拨杆带动工件旋转。由于有轴肩(台阶端面)，且加工要求较高，需经多次调头装夹，装夹时应仔细校正工件。

(6) 磨削方法。外圆的磨削方法，根据各外圆柱表面的长度，分别选用纵向磨削法和切入磨削法。轴肩的磨削方法，根据轴肩与其他零件的配合情况、表面之间的过渡结构确定。

ϕ35mm 外圆用纵向磨削法磨削，两轴颈外圆 ϕ25mmϕ20mm 用切入磨削法磨削。在磨削 ϕ35mm 靠台阶旁外圆时，需细心调整工作台行程，使砂轮在越出台阶旁外圆时不发生碰撞。磨端面时，需将砂轮端面修成内凹形，砂轮横向退出 0.1mm 左右(图 2.20)，以免砂轮与已加工表面接触。

磨削时，应划分粗、精加工，为防止磨削力引起的弯曲变形，可先精磨左端 ϕ20mm 轴颈，再磨 ϕ35mm 外圆，然后磨右端 ϕ25mm 轴颈。

(7) 量具的选择。根据工件的形状、尺寸精度和表面粗糙度，选用千分表测量圆跳动，千分尺测量工件尺寸，用粗糙度样块与外圆表面进行对比，通过目测法测量外圆表面的粗糙度。

(8) 磨削液的选择。选用 69－1 乳化液或 NA－802 磨削液，应注意充分冷却，防止表面烧伤。

4. 加工步骤

(1) 操作前的检查、准备。其步骤如下：

① 检查、修研中心孔。用涂色法检查工件中心孔，要求中心孔与顶尖的接触面积大于 80%。若不符合要求，需进行清理或修研，符合要求后，应在中心孔内涂抹适量的润滑脂。

② 找正头架和尾座中心高，不允许偏移。移动尾座使尾座顶尖和头架顶尖对准，如图 4.22 所示。生产中采用试磨后，检测轴的两端尺寸，然后对机床进行调整。如果顶尖偏移，工件的旋转轴线也将歪斜，纵向磨削的圆柱表面将产生锥度，切入磨削的接刀部分也会产生明显的接刀痕迹。

③ 将工件的一端插入夹头，拧紧夹头上的螺钉夹紧工件，然后使夹头(卡环)上的开口槽对准机床上的拨杆，将工件装夹在两顶尖间，左端靠头架如图 4.23 所示。

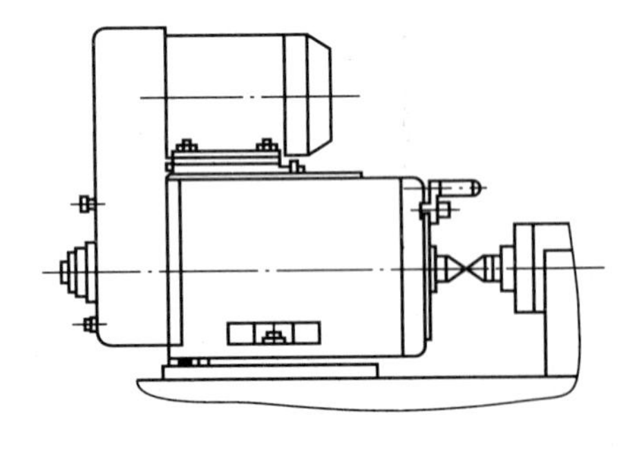

图 4.22　找正头架、尾座中心

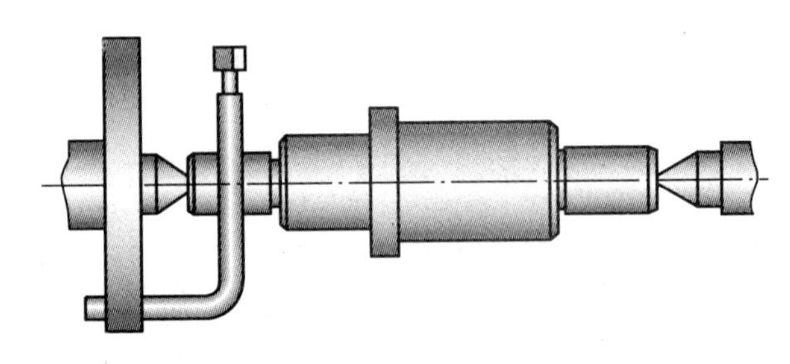

图 4.23　双顶尖装夹阶梯轴

④ 粗修整砂轮外圆，端面两侧修成内凹形。

⑤ 检查工件加工余量

⑥ 调整工作台行程挡铁位置，以控制砂轮越出工件长度 l，$l=\left(\frac{1}{3}\sim\frac{1}{2}\right)B$，$B$ 为砂轮宽度，如图 4.24 所示。

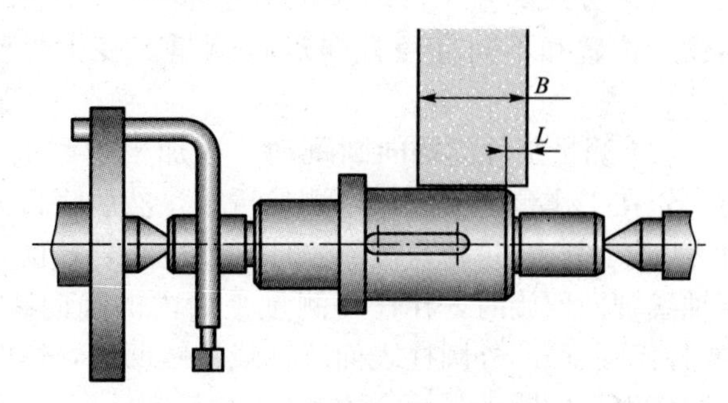

图 4.24　工作台行程挡铁控制

（2）试磨。试磨时，用尽量小的背吃刀量磨出 $\phi35$ 外圆表面，用千分尺检测工件两端直径差不大于 0.02mm。若超出要求，则调整、找正工作台至理想位置。

（3）粗磨 $\phi35$mm 外圆。用纵向磨削法磨削，外圆留余量 0.04～0.06mm。磨出 $\phi40$mm 右端面。

（4）粗磨 $\phi25$mm 外圆。用切入磨削法磨削，留余量 0.03～0.05mm。

（5）调头装夹，粗磨 $\phi20$mm 外圆和端面。用切入磨削法磨削，外圆留余量 0.03～0.05mm，磨出 $\phi20$mm 台阶端面，端面留余量 0.03mm。

（6）精修整砂轮外圆及端面。

（7）精磨 $\phi20$mm 外圆。至尺寸要求：表面粗糙度为 $Ra0.8\mu$m；精磨 $\phi20$mm 台阶端面，表面粗糙度为 $Ra1.6\mu$m。精磨的顺序与粗磨的顺序不同，这样可以减少装夹一次工件。

（8）调头装夹。

（9）精磨 $\phi35$mm 外圆。磨至尺寸要求，用纵向磨削法磨削，同轴度误差不大于 0.02mm；精磨 $\phi40$mm 台阶端面，保证表面粗糙度 $Ra1.6\mu$m；用切入磨削法精磨 $\phi25$mm 外圆至尺寸，保证表面粗糙度为 $Ra0.8\mu$m。

（1）通常磨削后，靠近头架端外圆的直径较靠近尾座端的直径大 0.003mm 左右，在精确找正工作台时，注意这种现象。

（2）当出现单面接刀痕迹时，要及时检查中心孔和顶尖的质量。如图 4.25 所示的中心孔端出现毛刺，或图 4.26 所示的顶尖磨损都会产生接刀痕迹。

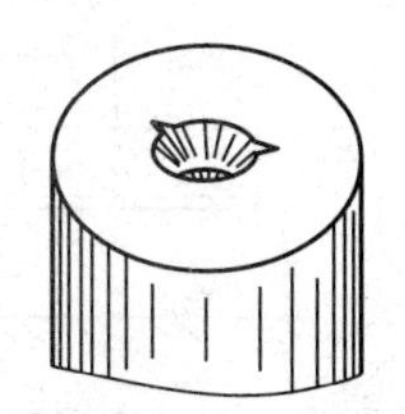

图 4.25　中心孔端出现毛刺

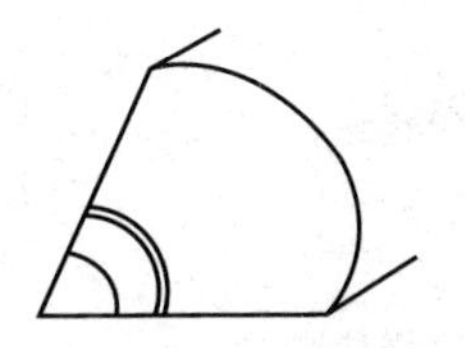

图 4.26　顶尖磨损

（3）外圆磨削要注意清理和润滑中心孔。

（4）顶尖的预紧力要调节合适。

5．精度检查

（1）测量外径。在单件、小批量生产中，外圆直径的测量一般用千分尺检验。在加工中用千分尺测量工件外径的方法如图 4.27 所示。测量时，砂轮架应快速退出，从不同长度位置和不同直径方向进行测量。在大批量生产中，常用极限卡规测量外圆直径尺寸。

(2) 测量工件的径向圆跳动。在加工中测量工件的径向圆跳动如图 4.28 所示。测量时，先在工作台上安放一个测量桥板，然后将百分表(或千分表)架放在测量桥板上，使百分表(或千分表)量杆与被测工件轴线垂直，并使测头位于工件圆周最高点上。外圆柱表面绕轴线轴向回旋时，在任一测量平面内的径向跳动量(最大值与最小值之差)为径向跳动(或替代圆度)。外圆柱表面绕轴线连续回旋，同时千分表平行于工件轴线方向移动，在整个圆柱面上的跳动量为全跳动(或替代圆柱度)。

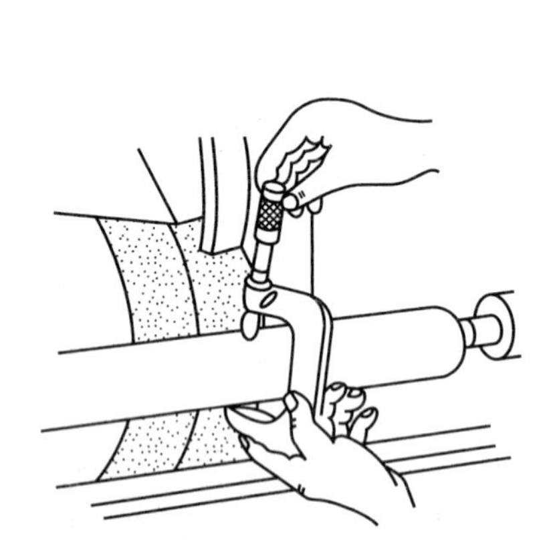

图 4.27 测量工件的外径

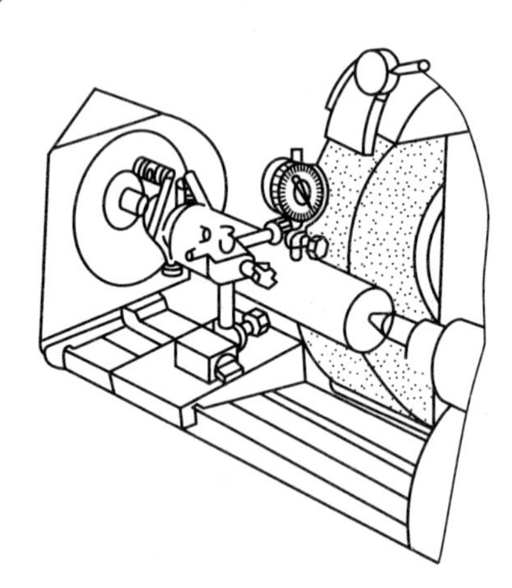

图 4.28 测量工件的径向圆跳动

(3) 检验工件的表面粗糙度。工件的表面粗糙度通常用目测法，即用表面粗糙度样块与被测表面进行比较来判断，如图 4.29 所示。

(4) 工件外圆的圆柱度和圆度测量。用 V 形架检查圆度和圆柱度误差参考图 4.30 进行，将被测零件放在平板上的 V 形架内，利用带指示器的测量架进行测量。V 形架的长度应大于被测零件的长度。

图 4.29 表面粗糙度样块测量

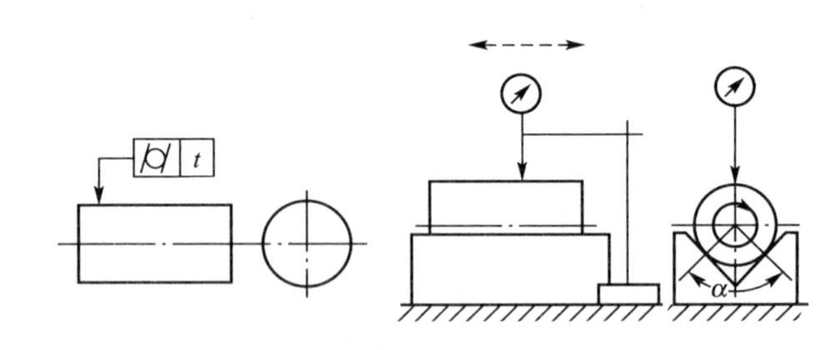

图 4.30 测量圆度和圆柱度误差的示意图

在被测零件无轴向移动回转一周过程中，测量一个垂直轴横截面上的最大与最小读数之差，可近似地看作该截面的圆度误差。按上述方法，连续测量若干个横截面，然后取各截面内测得的所有读数中最大与最小读数的差值，作为该零件的圆柱度误差。为了测量准确，通常应使用夹角 $\alpha=90°$ 和 $\alpha=120°$ 的两个 V 形架，分别测量，取测量结果的平均值。

在生产中，一般采用两顶尖装夹工件，用千分表测圆度和圆柱度，精密零件用圆度仪

进行测量。

（5）用光隙法测量端面的平面度。如图4.31所示，把样板平尺紧贴工件端面，测量其间的光隙，如果样板平尺与工件端面间不透光，就表示端面平整。轴肩端面的平面度误差有内凸、内凹两种，一般允许内凹，以保证端面和与之配合的表面良好地接触。

（6）工件端面的磨削花纹。工件端面的磨削花纹也反映了端面是否磨平。由于尾座顶尖偏低，磨削区在工件端面上方，磨出端面为内凹，端面花纹为单向曲线，如图4.32(a)所示。端面为双向花纹，则表示端面平整，如图4.32(b)所示。

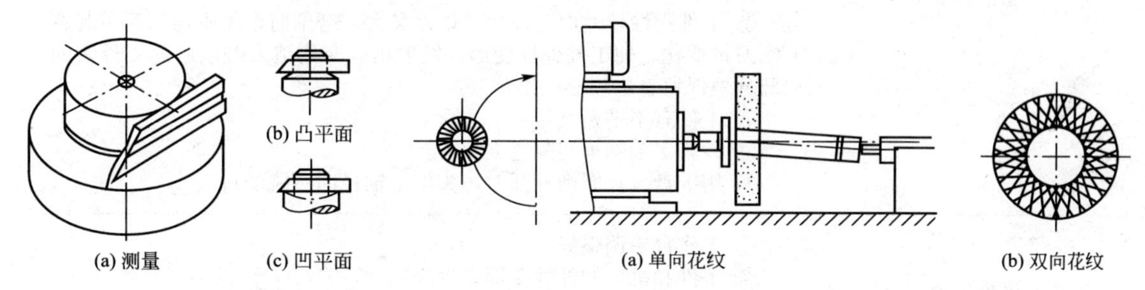

图4.31　端面平面度误差测量　　**图4.32　端面的磨削花纹**

6. 误差分析

外圆磨削常见问题及产生原因如表4-6所列。

表4-6　外圆磨削常见问题及产生原因

常见问题	产生原因
工件表面出现直波形振痕	① 砂轮不平衡 ② 砂轮硬度太高 ③ 砂轮钝化后没有及时修整 ④ 砂轮修得过细或金刚钻顶角已磨平，修出砂轮不锋利 ⑤ 工件圆周速度过大，工件中心孔有多角形 ⑥ 工件直径、重量过大，不符合机床规格 ⑦ 砂轮主轴轴承磨损，配合间隙过大产生径向跳动 ⑧ 头架主轴轴承松动
工件表面有螺旋形痕迹	① 砂轮硬度高，修得过细，背吃刀量过大 ② 纵向进给量太大 ③ 砂轮磨损，素线不直 ④ 金刚钻在修整器中未夹紧或金刚石在刀杆上焊接不牢，有松动现象使修出的砂轮凹凸不平 ⑤ 切削液太少或质量分数太低 ⑥ 工作台导轨润滑油浮力过大使工作台漂起，在运行中产生摆动 ⑦ 工作台运行时有爬行现象 ⑧ 砂轮主轴有轴向窜动
工件表面有烧伤现象	① 砂轮太硬或粒度太细 ② 砂轮修得过细，不锋利 ③ 砂轮太钝 ④ 背吃刀量、纵向进给量过大或工件的圆周速度过低 ⑤ 切削液不充足

（续）

常见问题	产生原因
工件有圆度误差	① 中心孔形状不正确或中心孔内有污垢、铁屑、尘埃等 ② 中心孔或顶尖因润滑不良而磨损 ③ 工件顶得过松或过紧 ④ 顶尖在主轴和尾座套筒锥孔内配合不紧密 ⑤ 砂轮过钝 ⑥ 切削液不充分或供应不及时 ⑦ 工件刚性较差而毛坯形状误差又大，磨削时余量不均匀而引起背吃刀量变化，使工件弹性变形，发生相应变化结果磨削后的工件表面部分地保留着毛坯形状误差 ⑧ 工件有不平衡重量 ⑨ 砂轮主轴轴承间隙过大 ⑩ 用卡盘装夹磨削外圆时，头架主轴径向圆跳动过大
工件有锥度误差	① 工作台未调整好 ② 工件和机床的弹性变形发生变化 ③ 工作台导轨润滑油浮力过大，运行中产生摆动 ④ 头架和尾座顶尖的中心线不重合
工件有鼓形误差	① 工件刚性差，磨削时产生弹性弯曲变形 ② 中心架调整不适当
工件弯曲	① 磨削用量太大 ②切削液不充分，不及时
工件两端尺寸较小(或较大)	① 砂轮越出工件端面太多(或太少) ② 工作台换向时停留时间太长(或太短)
轴的端面有圆跳动误差	① 进给量过大，退刀过快 ② 切削液不充分 ③ 工件顶得过紧或过松 ④ 砂轮主轴有轴向窜动 ⑤ 头架主轴轴承轴向间隙过大 ⑥ 用卡盘装夹磨削端面时，头架主轴轴向窜动过大
台阶端面内部凸起	① 进刀太快，“光磨”时间不够 ② 砂轮与工件接触面积大、磨削力大 ③ 砂轮主轴中心线与工作台运动方向不平行
台阶轴有同轴度误差	① 与圆度误差原因 1～5 相同 ② 磨削用量过大及“光磨”时间不够 ③ 磨削步骤安排不当 ④ 用卡盘装夹磨削，工件找正不对，或头架主轴径向跳动太大

4.1.4 拓展训练

加工图 4.33 所示传动轴零件。材料为 $45^{\#}$ 钢，毛坯为棒料，件数为 10 件。试编制加工步骤。

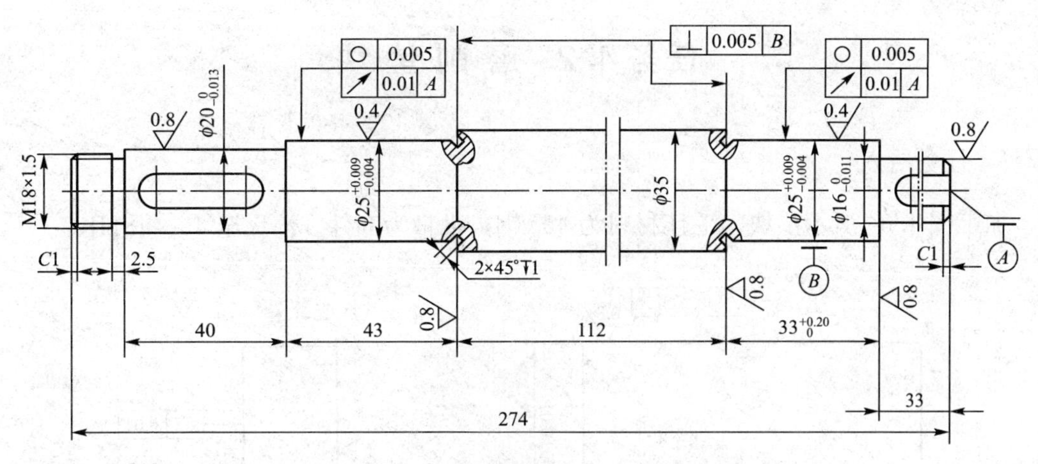

图 4.33　阶梯轴

4.1.5　练习与思考

1. 判断题

(1) 万能外圆磨床可以磨平面、垂直面。(　　)

(2) 砂轮是热的不良导体，磨削时几乎有 80%的磨削热传入工件和磨屑中。(　　)

(3) 粗粒度砂轮具有良好的磨削性能，因此，在精密磨削时应采用粗粒度砂轮。(　　)

(4) 头架与尾座中心连线对工作台运动方向不平行时，工件外圆将被磨成细腰形。(　　)

(5) 砂轮组织号 6 与组织号 4 相比，前者较疏松。(　　)

(6) 内圆磨削砂轮直径小，容易磨钝，需经常修整和更换，增加了辅助时间，降低了生产率。(　　)

(7) 棕刚玉颜色是玫瑰红色。(　　)

2. 填空题

(1) 在万能外圆磨床上磨削轴类零件的方法有__________、__________、__________。

(2) 粗磨、工件材料较硬时，砂轮硬度要选得________；精磨、工件材料较软时，砂轮硬度要选得________一些。

(3) 外圆磨床磨削的主运动是__________，进给运动________、________、________。

(4) 外圆磨削方法有________、________、________。

3. 简述题

(1) 万能外圆磨床由哪几个部分组成？

(2) 试述磨削加工的特点。

(3) 试述磨削时切削液的作用、种类及特点。

(4) 如何修研中心孔？

(5) 为什么要划分粗、精磨？

任务4.2 磨削垫块

4.2.1 任务导入

加工图4.34所示垫块。毛坯材料为45#钢，批量为6件。淬火至45～48HRC。

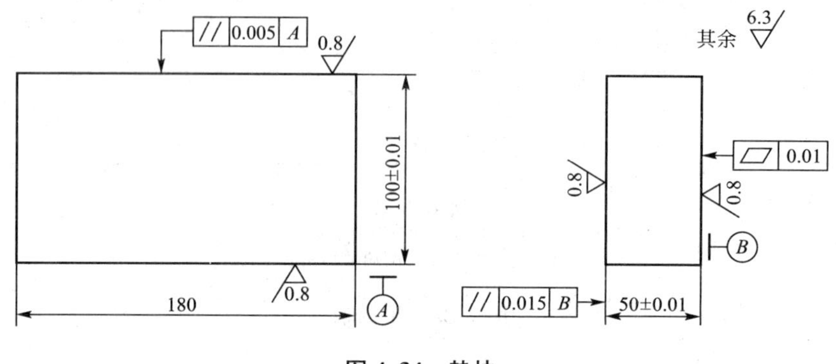

图4.34 垫块

4.2.2 相关知识

1. 平面磨削的方式

以砂轮工作表面的不同，平面磨削可分为周边磨削、端面磨削。

1）周边磨削

周边磨削又称圆周磨削，是指用砂轮的圆周面进行磨削。卧轴的平面磨床属于这种形式［图4.35(a)、(b)］。这种磨削方式，砂轮与工件的接触面积小，磨削力小，磨削热小，冷却和排屑条件较好，而且砂轮磨损均匀。

2）端面磨削

用砂轮的端面进行磨削。立轴的平面磨床均属于这种形式［图4.35(c)、(d)］。根据砂轮工作面的不同，平面磨削分为周磨和端磨两类。这种磨削方式，砂轮与工件的接触面积大，磨削力大，磨削热多，冷却和排屑条件差，工件受热变形大。此外，由于砂轮端面径向各点的圆周速度不相等，砂轮磨损不均匀。

2. 平面磨床的类型

按照平面磨床磨头和工作台的结构特点和配置形式，可将平面磨床分为4种类型，即卧轴矩台平面磨床、卧轴圆台平面磨床、立轴矩台平面磨床、立轴圆台平面磨床。

1）卧轴矩台平面磨床

砂轮的主轴轴线与工作台台面平行［图4.35(a)］，工件安装在矩形电磁吸盘上，并随工作台做纵向往复直线运动。砂轮在高速旋转的同时做间歇的横向移动，在工件表面磨去一层后，砂轮反向移动，同时做一次垂向进给，直至将工件磨削到所需的尺寸。图4.36为卧轴矩台平面磨床外形图。工作台2沿床身1的纵向导轨的往复直线进给运动由液压传动，也可手动进行调整。工件用电磁吸盘式夹具装夹在工作台上。砂轮架3可沿滑座5的

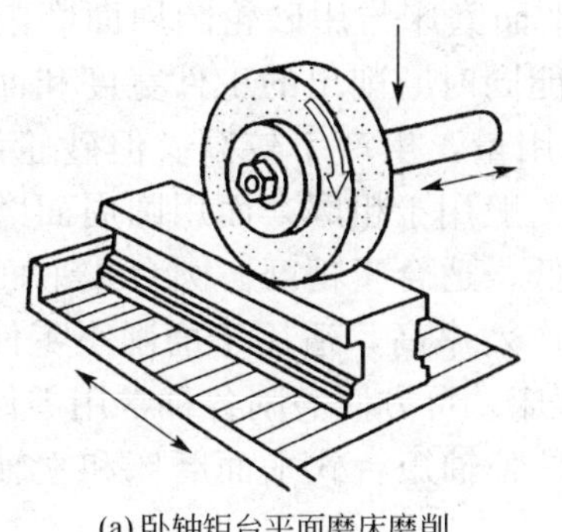

(a) 卧轴矩台平面磨床磨削

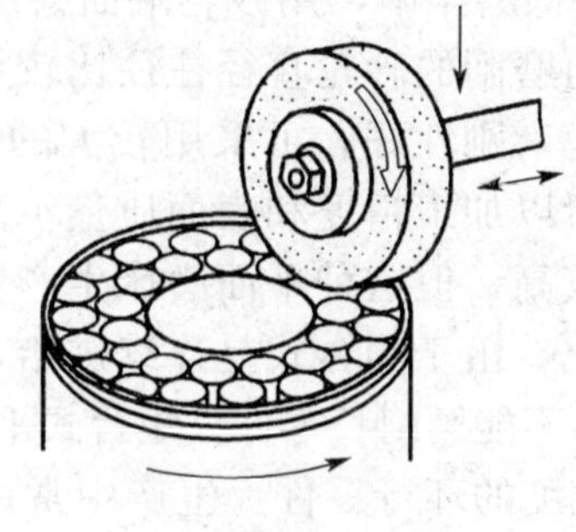

(b) 卧轴圆台平面磨床磨削

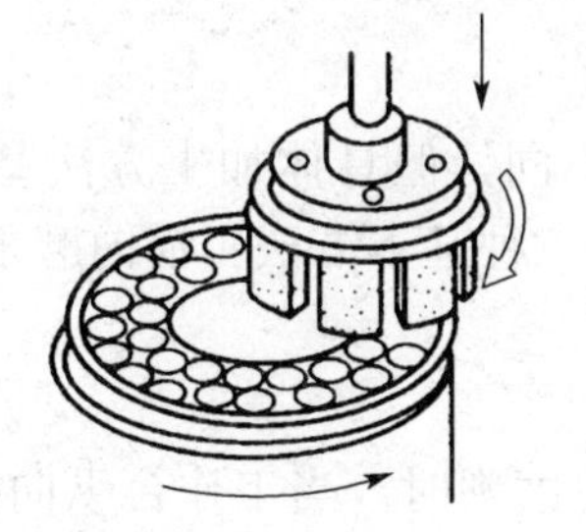

(c) 立轴矩台平面磨床磨削

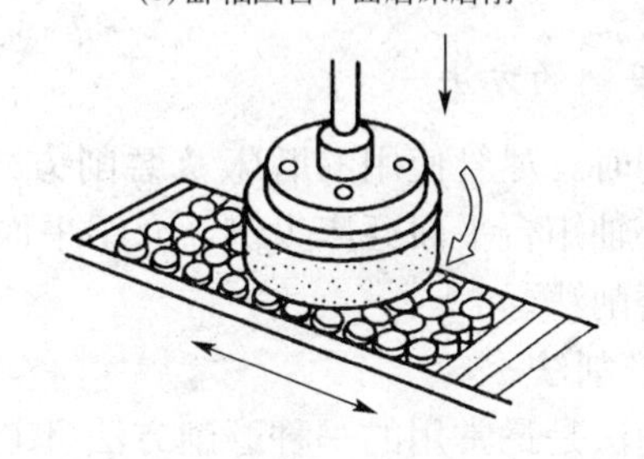

(d) 立轴圆台平面磨床磨削

图 4.35　平面磨床磨削的示意图

燕尾导轨做横向间歇进给(或手动或液动)。滑座 5 和砂轮架 3 一起可沿立柱 4 的导轨作间歇的垂直切入运动(手动)。砂轮主轴由内装式异步电动机直接驱动。

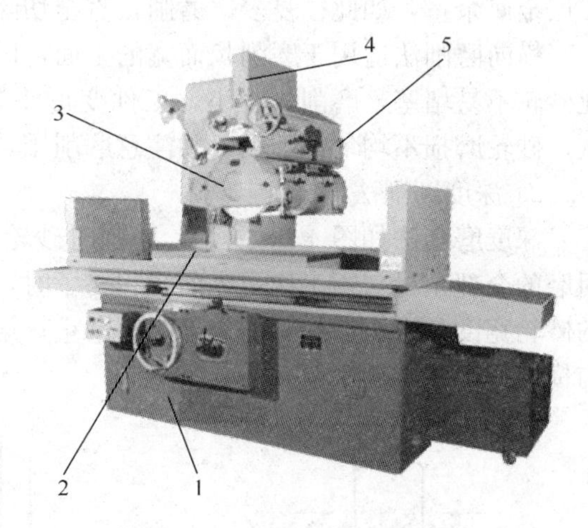

图 4.36　卧轴矩台平面磨床

1—床身；2—工作台；3—砂轮架；4—立柱；5—滑座

2）卧轴圆台平面磨床

主轴是卧式的，工作台是圆形电磁吸盘，用砂轮的圆周面磨削平面［图 4.35(b)］。磨削时，圆形电磁吸盘将工件吸在一起做单向匀速旋转，砂轮除高速旋转外，还在圆台外缘和中心之间做往复运动，以完成磨削进给，每往复一次或每次换向后，砂轮向工件垂直进给，直至将工件磨削到所需要的尺寸。由于工作台是连续旋转的，所以磨削效率高，但不能磨削台阶面等。

3）立轴矩台平面磨床

砂轮的主轴与工作台垂直，工作台是矩形电磁吸盘，用砂轮的端面磨削平面［图 4.35(c)］。这类磨床只能磨简单的平面零件。由于砂轮的直径大于工作台的宽度，砂轮不需要做横向进给运动，故磨削效率较高。

4）立轴圆台平面磨床

砂轮的主轴与工作台垂直，工作台是圆形电磁吸盘，用砂轮的端面磨削平面［图 4.35(d)］。磨削时，圆工作台作匀速旋转，砂轮除做高速旋转外，定时做垂向进给。

上述四种平面磨床中，用砂轮端面磨削的平面磨床与用砂轮圆周面磨削的平面磨床相比，由于端面磨削的砂轮直径往往比较大，能同时磨削出的工件宽度和面积大，同时砂轮悬伸长度短，刚性好，可采用较大的磨削用量，生产率较高。但砂轮散热、冷却、排屑条件差，所以加工精度和表面质量不高，一般用于粗磨。而用圆周面磨削的平面磨床，加工质量较高，但这种平面磨床生产效率低，适合于精磨。圆台式平面磨床和矩台式平面磨床相比，由于圆台式是连续进给，生产效率高，适用于磨削小零件和大直径的环行零件端面，不能磨削长零件。矩台式平面磨床，可方便磨削各种常用零件，包括直径小于工作台面宽度的环行零件。生产中常用的是卧轴矩台式平面磨床和立轴圆台式平面磨床。

3. 平面磨削的方法

平面磨削时，尽管使用的磨床及磨削方式有所不同，但具体加工方法基本上是相同的，下面以卧轴矩台平面磨床为例，介绍平面磨削的三种基本方法：横向磨削法、深度磨削法和台阶磨削法。

1）横向磨削法

横向磨削法是最常用的一种磨削方法(图 4.37)。磨削时，当工作台纵向行程终了时，砂轮主轴或工作台做一次横向进给，这时砂轮所磨削的金属层厚度就是实际背吃刀量，待工件上第一层金属磨去后，砂轮重新做垂向进给，磨头换向继续做横向进给，磨去工件第二层金属余量，如此往复多次磨削，直至切除全部余量为止。

横向磨削法适用于磨削长而宽的平面，因其磨削接触面积小，排屑、冷却条件好，因此砂轮不易堵塞，磨削热较小，工件变形小，容易保证工件的加工质量，但生产效率较低，砂轮磨损不均匀，磨削时须注意磨削用量和砂轮的正确选择。

2）深度磨削法

深度磨削法如图 4.38 所示，磨削时砂轮只做两次垂向进给。第一次垂向进给量等于粗磨的全部余量，当工作台纵向行程终了时，将砂轮或工件沿砂轮轴线方向移动 3/4～4/5 的砂轮宽度，直至切除工件全部粗磨余量；第二次垂向进给量等于精磨余量，其磨削过程与横向磨削法相同。

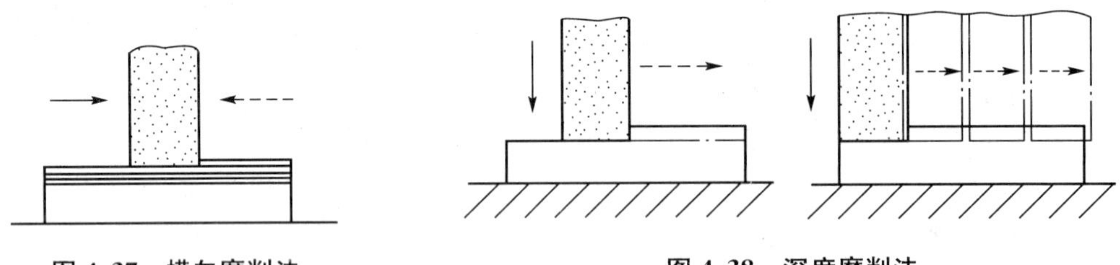

图 4.37　横向磨削法　　**图 4.38　深度磨削法**

也可采用切入磨削法，磨削时，砂轮先做垂向进给，横向不进给，在磨去全部余量后，砂轮垂直退刀，并横向移动 4/5 的砂轮宽度，然后再做垂向进给，先分段磨削粗磨，最后用横向法精磨。

深度磨削法的特点是生产效率高，适用于批量生产或大面积磨削。磨削时须注意工件装夹牢固，且供给充足的切削液冷却。

3）台阶磨削法

如图 4.39 所示，它是根据工件磨削余量的大小，将砂轮修整成阶梯形，使其在一次垂向进给中采用较小的横向进给量把整个表面余量全部磨去。

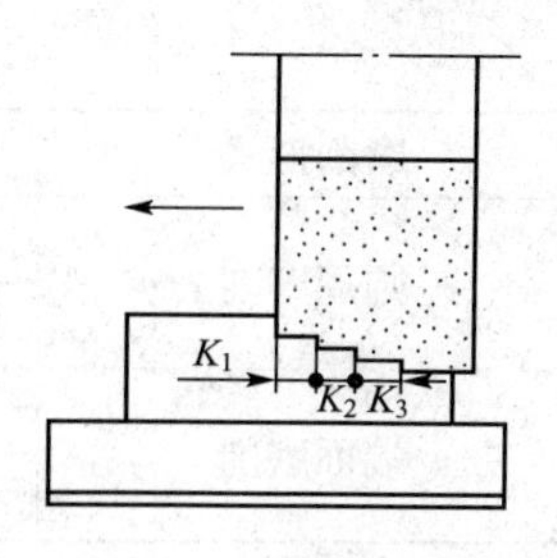

图 4.39　台阶磨削法

砂轮的台阶数目按磨削余量的大小确定，用于粗磨的各阶梯长度和深度要相同，其长度和$(K_1+K_2+K_3)$一般不大于砂轮宽度的 1/2，每个阶梯的深度在 0.05mm 左右，砂轮的精磨台阶（即最后一个台阶）的深度等于精磨余量，约为 0.02～0.04mm。

用台阶磨削法加工时，由于磨削用量较大，为了保证工件质量和提高砂轮的使用寿命，横向进给应缓慢一些。台阶磨削法生产效率较高，但修整砂轮比较麻烦，且机床须具有较高的刚度，所以在应用上受到一定的限制。

4. 平面磨削砂轮的选择

平面磨削所用的砂轮应根据磨削方式、工件材料、加工要求等来选择。

平面磨削时，由于砂轮与工件的接触面积较大，磨削热也随之增加，尤其当磨削薄壁工件如活塞环、垫圈等容易产生翘曲变形和烧伤现象，所以应选硬度较软、粒度较粗、组织疏松的砂轮，详见表 4-7 所列。

表 4-7　平面磨削砂轮的选则

<table>
<tr><td colspan="6">1. 砂轮形状选择</td></tr>
<tr><td colspan="2">磨削方式</td><td colspan="2">圆周磨削</td><td colspan="2">端面磨削</td></tr>
<tr><td colspan="2">砂轮形状</td><td colspan="2">平行砂轮系列</td><td colspan="2">筒形或碗形砂轮，粗磨时可采用镶块砂轮</td></tr>
<tr><td colspan="6">2. 砂轮特性选择</td></tr>
<tr><td colspan="2">工件材料</td><td>非淬火碳钢</td><td>调质合金钢</td><td>淬火的碳钢、合金钢</td><td>铸铁</td></tr>
<tr><td rowspan="5">砂轮特性</td><td>磨料</td><td>A</td><td>A</td><td>WA</td><td>C</td></tr>
<tr><td>粒度</td><td colspan="4">F36～F60　其中 F46 最常用</td></tr>
<tr><td>硬度</td><td>H～L</td><td>K～M</td><td>J～K</td><td>J～L</td></tr>
<tr><td>组织</td><td colspan="4">5～6</td></tr>
<tr><td>结合剂</td><td colspan="2">V</td><td colspan="2">B或V</td></tr>
</table>

当用砂轮的圆周磨削时，一般选用陶瓷结合剂的平行砂轮，粒度为 F36～F60，硬度在 H～L 之间。

当用砂轮的端面磨削时，由于接触面积大，排屑困难，容易发热，所以大多采用树脂结合剂的筒形、碗形或镶块砂轮，粒度为 F20～F36，硬度在 J～L 之间。

5. 平面磨削用量的选择

磨削用量的选择是由加工方法、磨削性质、工件材料等条件决定的。

1）砂轮的速度

砂轮的速度不宜过高或过低，一般选择范围如表 4-8 所列。

表 4-8 平面磨削砂轮速度的选则

磨削形式	工件材料	粗磨/(m/s)	精磨/(m/s)
圆周磨削	灰铸铁	20～22	22～25
	钢	22～25	25～30
端面磨削	灰铸铁	15～18	18～20
	钢	18～20	20～25

2）工作台纵向进给量

工作台为矩形时，纵向进给量选 1～12m/min。

当磨削宽度大、精度要求高和横向进给量大时，工作台纵向进给应选得小些；反之，则选得大些。

3）砂轮垂向进给量

其大小是依据横向进给量的大小来确定的。横向进给量大时，垂向进给量应小，以免影响砂轮和机床的寿命及工件的精度；横向进给量小时，垂向进给量应大。一般粗磨时，横向进给量为(0.1～0.48)B/双行程(B 为砂轮宽度)，垂向进给量为 0.015～0.05mm；精磨时，横向进给量为(0.05～0.1)B/双行程(B 为砂轮宽度)，垂向进给量为 0.005～0.01mm。

6. 工件的装夹

平面磨削的装夹方法应根据工件的形状、尺寸和材料而定，常用方法有电磁吸盘装夹、精密平口钳装夹等。

1）电磁吸盘及其使用

电磁吸盘是平面磨削中最常用的夹具之一，用于钢、铸铁等磁性材料制成的有两个平行平面的工件的装夹。

(1) 电磁吸盘的工作原理和结构。电磁吸盘是根据电的磁效应原理制成的。在由硅钢片叠成的铁心上绕有线圈，当电流通过线圈，铁心即被磁化，成为带磁性的电磁铁，这时若把铁块引向铁心，立即会被铁心吸住。当切断电流时，铁心磁性中断，铁块就不再被吸住。电磁吸盘的结构如图 4.40 所示。图中 1 为钢制吸盘体，在它的中部凸起的心体 5 上绕有线圈 2，钢制盖板 3 被绝缘层 4 隔成一些小块。当线圈 2 通过直流电时，心体 5 就被磁化，磁力线由心体经过工作台区盖板、工件再经工作台板、吸盘体、心体而闭合(图中虚线所示)，工件被吸住。绝缘层由铝、铜或巴氏合金等非磁性材料制成，它的作用是使绝大部分磁力线都能通过工件回到吸盘体，以构成完整的磁路。

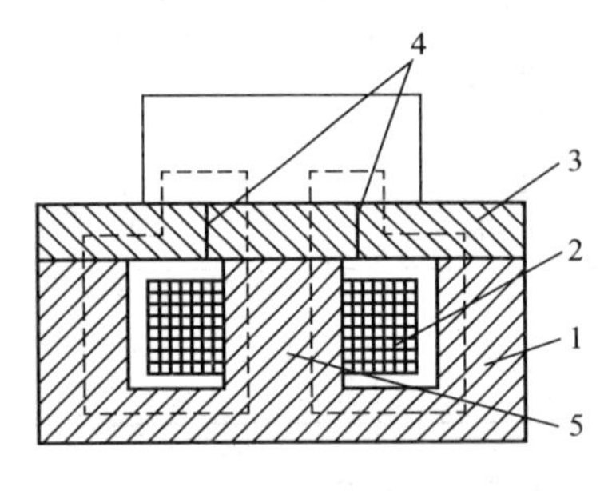

图 4.40 电磁吸盘工作原理

1—吸盘体；2—线圈；3—盖板；4—绝缘层；5—心体

电磁吸盘的外形有矩形和圆形两种，分别用于矩形工作台平面磨床和圆形工作台平面磨床。

(2) 电磁吸盘装夹工件的特点：

① 工件装卸迅速方便，并可以同时装夹多个工件。

② 工件的定位基准面被均匀地吸紧在台面上，能很好地保证平行平面的平行度公差。

③ 装夹稳固可靠。

(3) 使用电磁吸盘时的注意事项：

① 关掉电磁吸盘的电源后，有时工件不容易取下，这是因为工件和电磁吸盘上仍会保留一部分磁性(剩磁)，这时需将开关转到退磁位置，多次改变线圈中的电流方向，把剩磁去掉，工件就容易取下。

② 从电磁吸盘上取底面积较大的工件时，由于剩磁以及光滑表面间粘附力较大，不容易取下，这时可根据工件形状用木棒或铜棒将工件扳松后再取下(图 4.41)，切不可用力硬拖工件，以防工作台面与工件表面拉毛损伤。

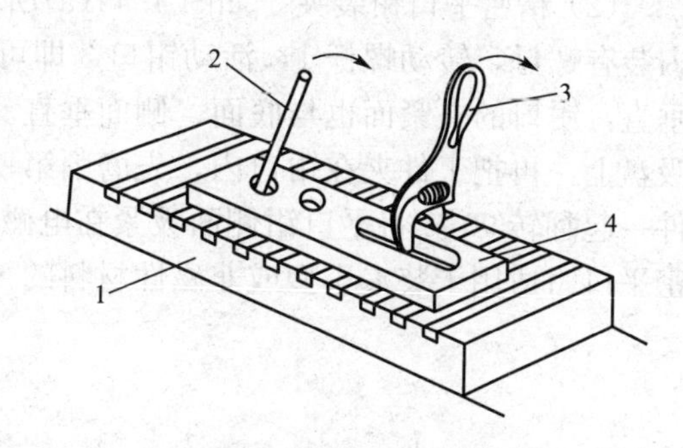

图 4.41　工件拆装

1—电磁吸盘；2—木棒；3—活扳手；4—工件

③ 装夹工件时，工件定位表面盖住绝缘磁层条数应尽可能地多，以充分利用磁性吸力。对于小而薄的工件应放在绝缘磁层中间［图 4.42(b)］，要避免放成图 4.42(a)所示位置，并在其左右放置挡板［图 4.42(c)］，以防止工件松动。装夹高度较高而定位面积较小的工件时，应在工件的四周放上面积较大的挡块(图 4.43)，其高度略低于工件，这样可避免因吸力不够而造成工件翻倒，使砂轮碎裂的事故。

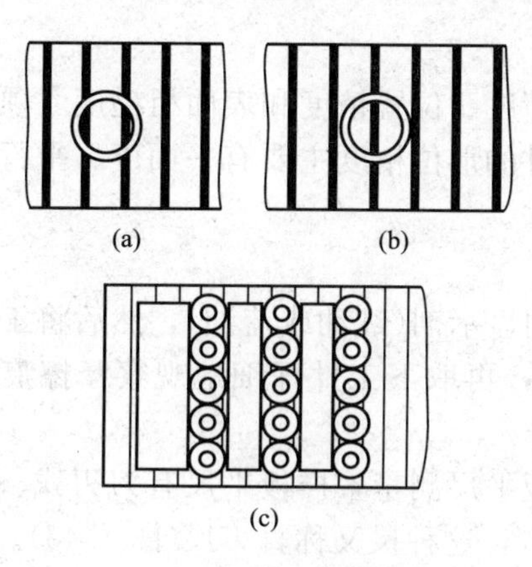

图 4.42　小工件装夹

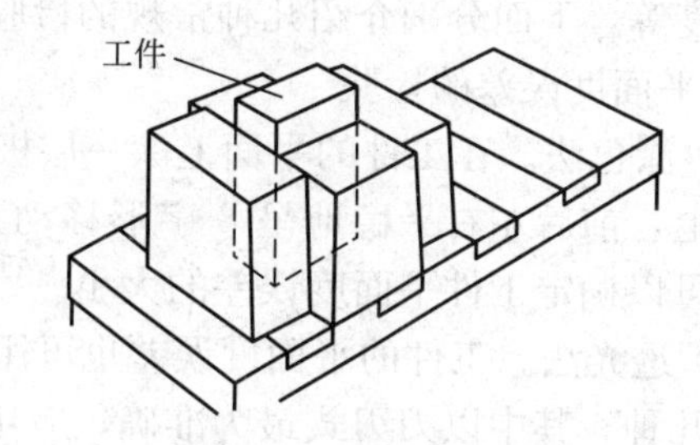

图 4.43　狭高工件的装夹

④ 在每次工件装夹完毕后，应用手拉一下工件，检查工件是否被吸牢。检查无误后，再起动砂轮进行磨削。

⑤ 电磁吸盘的台面要经常保持平整光洁，如果台面上出现拉毛，可用油石或细砂纸修光，再用金相砂纸抛光。如果台面上划纹和细麻点较多，或者台面已经不平时，可以对电磁吸盘台面做一次修磨。修磨时，电磁吸盘应接通电源，处于工作状态。磨削量和进给量要小，冷却要充分。要尽量减少修磨次数，以延长其使用寿命。

⑥ 工作结束后，应将电磁吸盘台面擦干净，以免切削液渗入吸盘体内，使线圈受潮而损坏。

2) 垂直面磨削时工件的装夹

(1) 用侧面有吸力的电磁吸盘装夹。有一种电磁吸盘不仅工作台板的上平面能吸住工件，而且其侧面也能吸住工件。若被磨平面有与其垂直的相邻面，且工件体积又不大时，用此装夹比较方便可靠。

(2) 精密平口钳装夹。如图4.44(a)所示，固定钳口2和底座4制成一体，固定钳口2内装有螺母，转动螺杆1，活动钳口3即可夹紧工件。精密平口钳的各个侧面和底面相互垂直，钳口的夹紧面也与底面、侧面垂直。磨削垂直面时，先把平口钳的底面吸紧在电磁吸盘上，再把工件夹在钳口内，先磨削第一面，如图4.44(b)所示，然后把平口钳连同工件一起翻转90°，将平口钳侧面吸紧在电磁吸盘上，再磨削垂直面，如图4.44(c)所示。精密平口钳适用于装夹小型或非磁性材料的工件及被磨平面的相邻面为垂直平面的工件。

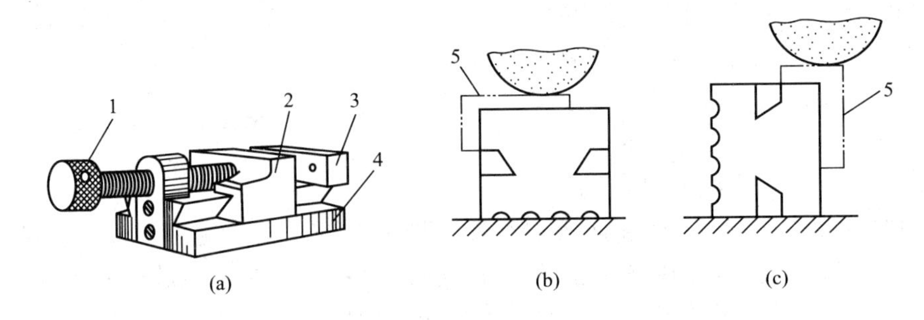

图4.44 精密平口钳

1—螺杆；2—固定钳口；3—活动钳口；4—底座；5—工件

7. 平面的精度检验

平面工件的精度检验包括尺寸精度、形状精度、位置精度和表面粗糙度4项，尺寸精度和表面粗糙度的检验方法已讲过，而平面工件的形位精度主要有平面度、平行度、垂直度和角度等，下面分别介绍几种常规的检验方法。

1) 平面度误差的检验

(1) 涂色法。在工件的平面上涂一层极薄的显示剂(红油或蓝油)，然后将工件放在精密平板上，前后左右平稳地呈8字形移动几下，再取下工件仔细地观察摩擦痕迹分布情况，就可以确定工件平面度误差的大小。

(2) 透光法。工件的平面度误差也可用样板平尺测量，样板平尺有刀刃式、宽面式和楔式等几种，其中以刀刃式最为准确，应用最广，这种尺又称直刃尺(图4.45)。

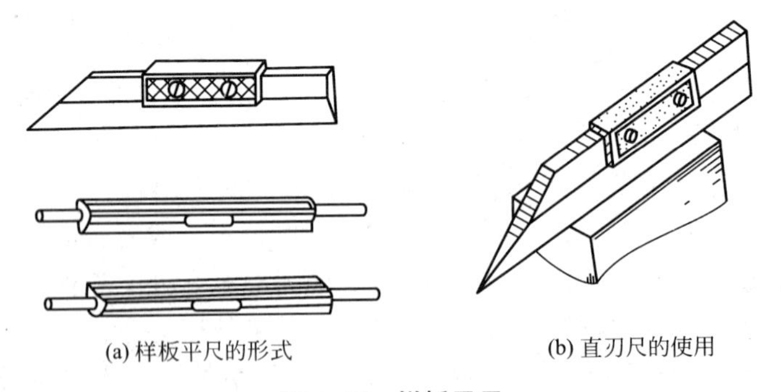

图4.45 样板平尺

测量时将样板平尺刃口放在被检验平面上并且对着光源，观察刃口与工件平面之间缝隙透光是否均匀。若各处都不透光，表明工件平面度误差很小；若有个别段透光，则可凭操作者的经验，估计出平面度误差的大小。

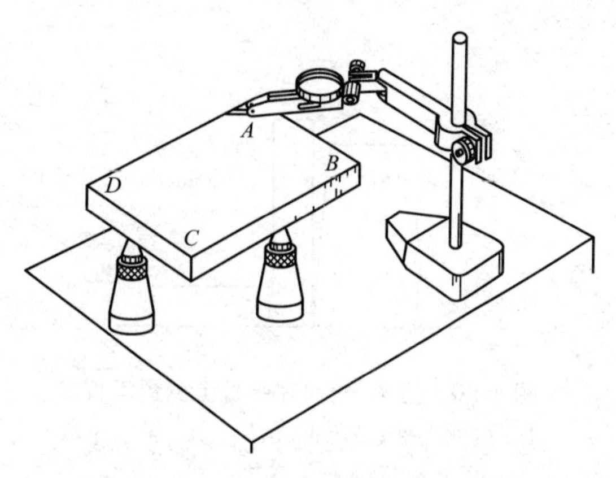

图 4.46　用千分表检验平面度误差

(3) 千分表法。如图 4.46 所示，在精密平板上用三只千斤顶顶住工件，并且用千分表把工件表面 A、B、C、D 4 点调至高度相等，误差不大于 0.005mm。然后再用千分表测量整个平面，其读数的变动量就是平面度误差值。测量时，平板和千分表底座要清洁，移动千分表时要平稳。这种方法测量精度较高，而且可以得到平面度误差值，但测量时需有一定的技能。

2) 平行度误差的检验

(1) 用外径千分尺(或杠杆千分尺)测量。在工件上用外径千分尺测量相隔一定距离的厚度，测出几点厚度值，其差值即为平面的平行度误差值，如图 4.47 所示，测量点越多，测量值越精确。

(2) 用千分表(或百分表)测量。将工件和千分表支架都放在平板上，把千分表的测量头顶在平面上，然后移动工件，让工件整个平面均匀地通过千分表测量头，其读数的差值即为工件平行度的误差值(图 4.48)。测量时，应将工件、平板擦拭干净，以免拉毛工件平面或影响平行度误差测量的准确性。

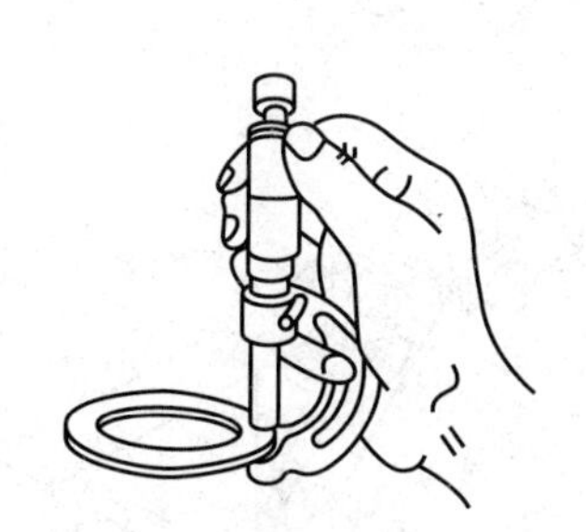
图 4.47　用千分尺测量平行度误差

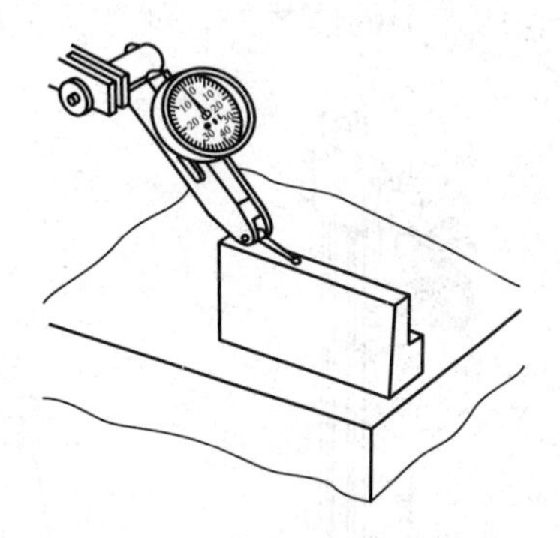
图 4.48　用千分表检验平行度误差

3) 垂直度误差的检验

(1) 用 90°角尺测量。检验小型工件两平面的垂直度误差时，可以把 90°角尺的两个尺边接触工件的垂直平面。测量时，可以把 90°角尺的一个尺边贴紧工件一个面，然后移动 90°角尺，让另一个尺边靠上工件另一个面，根据透光情况来判断其垂直度误差(图 4.49)。

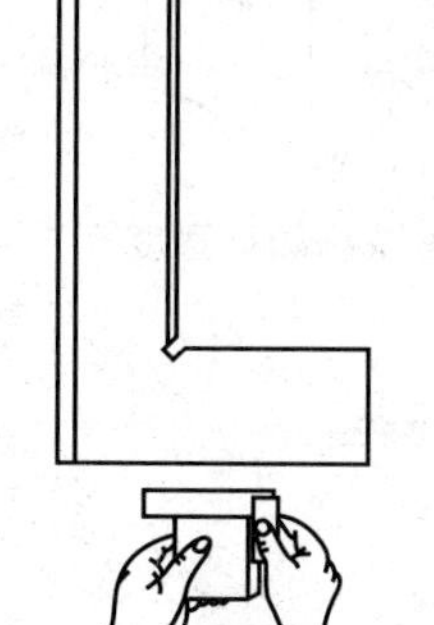
图 4.49　用 90°角尺测量垂直度

工件尺寸较大时，可以将工件和 90°角尺放在平板上，90°角尺的一边紧靠在工件的垂直平面上，根据尺边与工件表面间的透光情况判断垂直度误差(图 4.50)。

(2) 用 90°圆柱角尺测量。在实际生产中，广泛采用 90°圆柱角尺测量工件的垂直度误差(图 4.51)。将 90°圆柱角尺放在精密平板上，被测量工件慢慢向 90°圆柱角尺的素线靠拢，根据透光情况判断垂直度误差。这种测量法基本上消除了由于测量不当而产生的误差。由于一般 90°圆柱角尺的高度都要超过工件高度一至几倍，因而测量精度高，测量也方便。

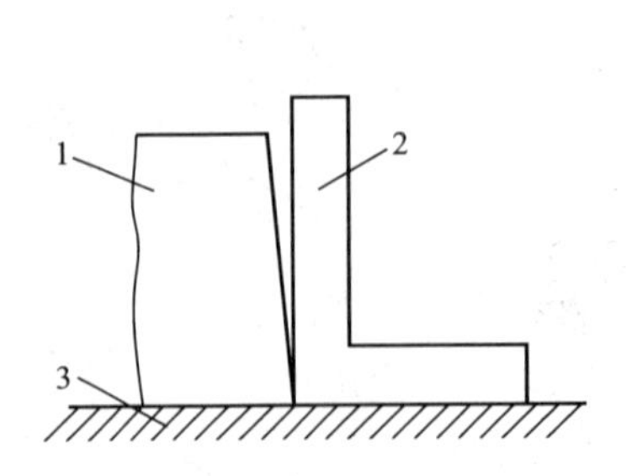

图 4.50 用 90°角尺在平板上测量垂直度

1—被测工件；2—90°角尺；3—精密平板

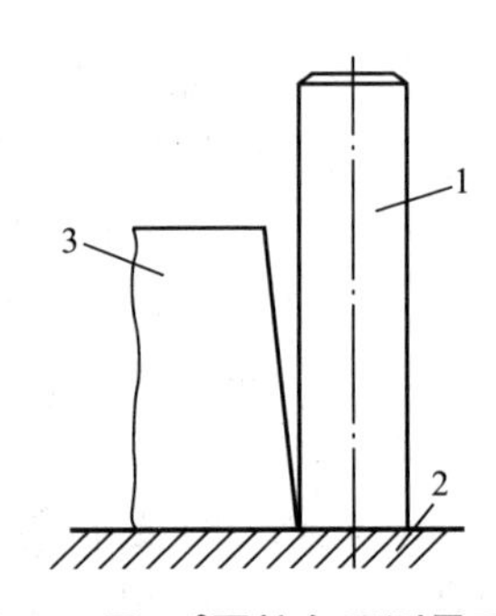

图 4.51 用 90°圆柱角尺测量垂直度

1—90°圆柱角尺；2—精密平板；3—被测工件

(3) 用百分表(或千分表)测量。为了确定工件垂直度误差的具体数据，可采用百分表(或千分表)测量［图 4.52(a)］。测量时，应事先将工件的平行度误差测量好，将工件的平面轻轻向圆柱测量棒靠紧，此时，可从百分表上读出数值。将工件转动 180°，将另一平面也轻轻靠上圆柱量棒，从百分表上又可读出数值(工件转向测量时，要保证百分表、圆柱的位置固定不变)，两个读数差值的 1/2，即为底面与测量平面的垂直度误差［图 4.52(b)］。

两平面的垂直度误差也可以用百分表和精密角铁在平板上进行检验。测量时，将工件的一面紧贴精密角铁的垂直平面上，然后使百分表测量头沿着工件的一边向另一边移动，百分表在全长两点上的读数差，就等于工件在该距离上的垂直度误差值(图 4.53)。

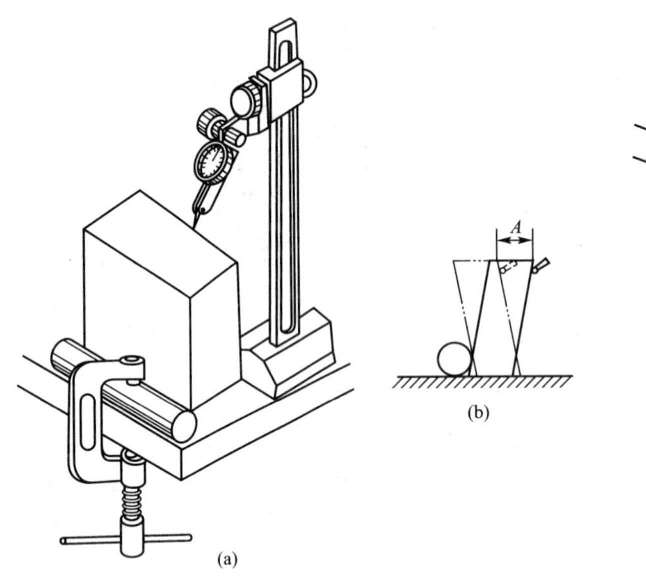

图 4.52 用百分表测量垂直度

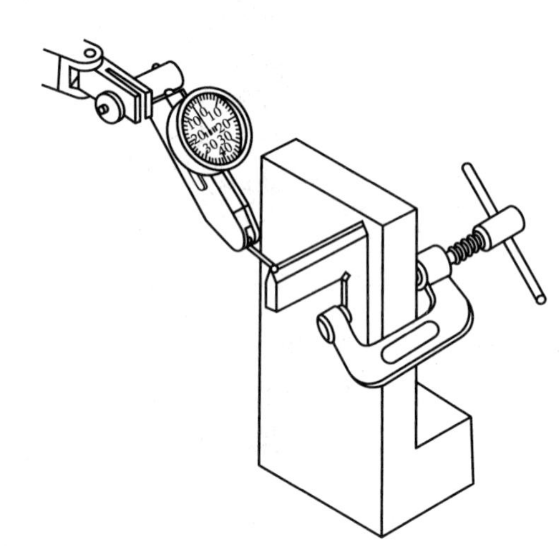

图 4.53 用精密角铁测量垂直度

4.2.3 任务实施

1. 图样分析

该垫块材料 45# 钢，热处理淬火硬度为 40～45HRC，尺寸为 50mm±0.01mm 和 100mm±0.01mm，平行度公差为 0.015mm，*B* 面的平面度公差为 0.01mm，磨削表面粗糙度 *Ra*0.8μm。

2. 磨削工艺

采用横向磨削法，考虑到工件的尺寸精度和平行度要求较高，应划分粗、精磨，分配好两面的磨削余量，并选择合适的磨削用量。平面磨削基准面的选择准确与否将直接影响工件的加工精度，其选择原则如下：

（1）在一般情况下，应选择表面粗糙度值较小的面为基准面。

（2）在磨大小不等的平行面时，应选择大面为基准，这样装夹稳固，并有利于磨去较少余量达到平行度公差要求。

（3）在平行面有形位公差要求时，应选择工件形位公差较小的面或者有利于达到形位公差的面为基准面。

（4）根据工件的技术要求和前道工序的加工情况来选择基准面。

3. 工艺准备

（1）材料准备：180mm×101mm×51mm，$45^{\#}$钢六面体，已淬火处理。

（2）设备准备：M7120A 型卧轴矩台平面磨床。

（3）选择砂轮：平面磨削应采用硬度软、粒度粗、组织疏松的砂轮。所选砂轮的特性为 WAF46KSV 的平形砂轮。

（4）量具准备：外径千分尺、样板直尺、百分表。

4. 加工步骤

（1）修整砂轮。

（2）检查磨削余量。批量加工时，可先将毛坯尺寸粗略测量一下，按尺寸大小分类，并按序排列在台面上。

（3）擦净电磁吸盘台面，清除工件毛刺、氧化皮。

（4）将工件装夹在电磁吸盘上，接通电源。

（5）起动液压泵，移动工作台行程挡铁位置，调整工作台行程距离，使砂轮越出工件表面 20mm 左右(图 4.54)。

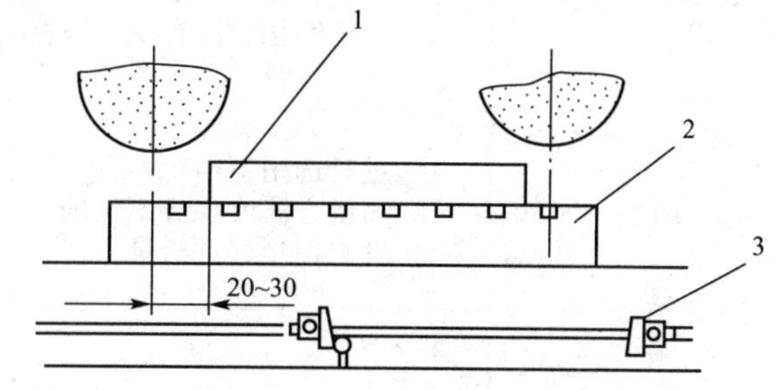

图 4.54　工作台行程距离的调整

1—工件；2—电磁吸盘；3—挡铁

（6）先磨尺寸为 50mm 的两平面。降低磨头高度，使砂轮接近工件表面，然后起动砂轮，作垂向进给，先从工件尺寸较大处进刀，用横向磨削法粗磨 B 面，磨出即可。

（7）翻身装夹，装夹前清除毛刺。

（8）粗磨另一平面，留 0.06～0.08mm 精磨余量，保证平行度误差不大于 0.015mm。

（9）精修整砂轮。

（10）精磨平面，表面粗糙度值在 $Ra0.8\mu m$ 以内，保证另一面磨余量为 0.04～0.06mm。

（11）翻身装夹，装夹前清除毛刺。

（12）精磨另一平面。保证厚度尺寸为 50mm ± 0.01mm，平行度误差不大于 0.015mm，表面粗糙度值在 $Ra0.8\mu m$ 以内。

（13）重复上述步骤，磨削尺寸为 100mm 的两面至图样要求。

特别提示

(1) 装夹工件时，应将工件定位面毛刺去除，并清理干净；擦净电磁吸盘台面，以免影响工件的平行度和划伤工件表面。

(2) 在磨削平行面时，砂轮横向进给应选择断续进给，不能选择连续进给；砂轮在工件边缘越出砂轮宽度的1/2距离时应立即换向，不能在砂轮全部越出工件平面后换向，以免产生塌角。

(3) 粗磨第一面后应测量平面度误差，粗磨一对平行面后应测量平行度误差，以及时了解磨床精度和平行度误差的数值。

(4) 加工中应经常测量尺寸。尺寸测量后工件重放台面时，必须将台面和工件基准面擦干净。

5. 精度检查

加工完成的产品零件需进行的精度检验如下：

(1) 尺寸精度用外径千分尺测量。

(2) 平面度误差用样板直尺目测。

(3) 平行度误差用外径千分尺或千分表测量。

6. 误差分析

平行面磨削中常见误差产生原因和消除方法如表4-9所列。

表4-9 平行面磨削中常见误差的产生原因和消除方法

误差项目	产生原因	消除方法
表面粗糙度不符合要求	① 砂轮垂向或横向进给量过大 ② 冷却不充分 ③ 砂轮钝化后没有及时修整 ④ 砂轮修整不符合磨削要求	① 选择合适的进给量 ② 保证磨削时充分冷却 ③ 磨削中要及时修整砂轮，使砂轮经常保持锋利
尺寸超差	① 量具选用不当 ② 测量方法或手势不正确 ③ 没有控制好进给量	① 选用合适的量具 ② 掌握正确的测量方法和手段 ③ 磨削中测量出剩下余量后，应仔细控制进给量，并经常测量
平面度超差	① 工件变形 ② 砂轮垂向或横向进给量过大 ③ 冷却不充分	① 采取措施减少工件变形 ② 选择合理的磨削用量，适当延长无进给磨削时间 ③ 经常保持砂轮锋利，提高砂轮磨削性能 ④ 保持充分冷却，减少热变形
工件边缘塌角	砂轮越出工件边缘太多	正确选择砂轮换向时间，使砂轮越出工件边缘约为(1/3～1/2)砂轮宽度
平行度超差	① 工件定位面或工作台面不清洁 ② 工作台面或工件表面有毛刺，或工件本身平面度已超差 ③ 砂轮磨损不均匀	① 加工前做好清洁、修毛刺工作 ② 做好工件定位面的精度检查，如平面度超差应及时修正 ③ 重新修整砂轮

4.2.4 拓展训练

磨削加工图4.55所示六方体零件。材料为45#钢，件数为10件。试编制加工步骤。

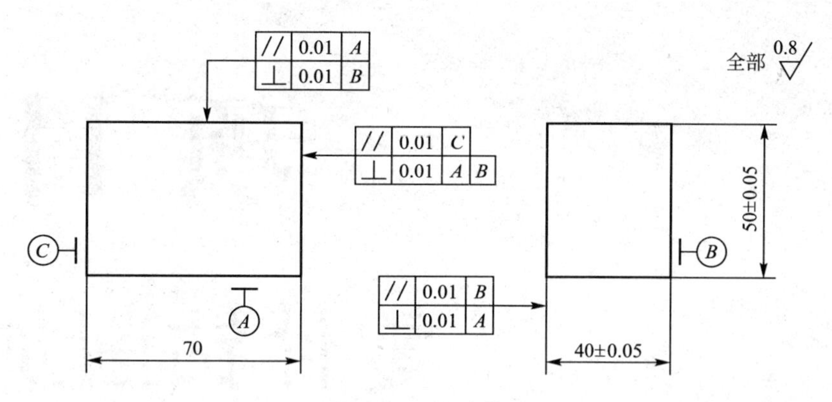

图 4.55　六方体

加工要点分析

工件除有平行度要求之外，还有垂直度要求，磨平行面时用电磁吸盘装夹，磨削垂直面时用精密角铁(图 4.56)或精密平口钳装夹。装夹时根据加工要求找正。六面体工件磨削时，磨削顺序不能颠倒，一般先磨厚度最小的两平行面，其次磨厚度较大的垂直平面，最后磨厚度最大的垂直平面，以保证磨削精度和提高效率。采用横向磨削法，由于工件尺寸精度和位置精度有较高的要求，需反复装夹与找正，并需划分粗、精加工。在平行面磨好后，准备磨削垂直面时，应清除毛刺，以保证定位精度，在电磁吸盘上磨削一 70mm 平面时，由于高度较高，要放置挡铁，挡铁高度不得小于工件高度的2/3，挡铁与台面接触面积要大，以保证磨削的安全。

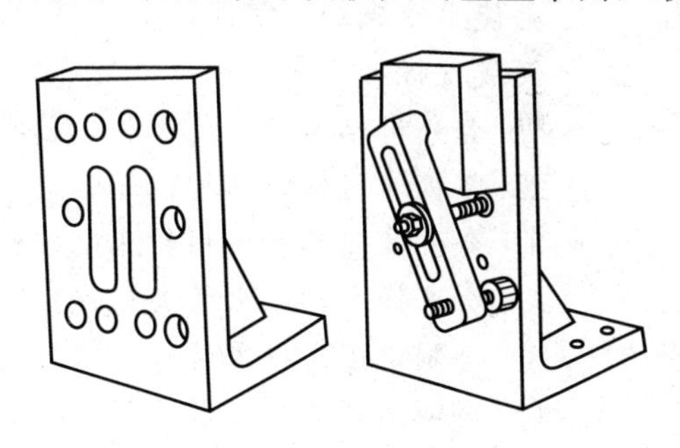

图 4.56　精密角铁

4.2.5　练习与思考

1. 填空题

(1) 平面磨削的方式有________法和________法，________磨法适于精磨。工件通过________装夹到工作台上。

(2) 平面磨床有________、________、________、________。

(3) 平面磨削常用的方法有________、________、________。

2. 简述题

(1) 平面磨削的装夹方法有哪几种？各适用于什么场合？

(2) 在电磁吸盘上如何装夹窄而高的零件？

(3) 简述磨削平行平面的操作步骤。

(4) 平面工件的精度检验包括哪些内容？

(5) 简述磨削垂直面的特点。

项目 5

零件钻削加工

教学目标

最终目标：

会使用钻床加工零件。

促成目标：

1. 会分析钻削工艺范围和工艺特点；
2. 掌握麻花钻的结构；
3. 会安装刀具和使用钻床附件；
4. 会选择在钻床上装夹工件；
5. 会制定固定板零件加工工艺；
6. 会使用摇臂钻床和立式钻床。

引言

孔是各种机器零件上出现最多的几何表面之一。钻削加工是孔加工工艺中最常用的方法，在钻床上加工孔的方法如图 5.1 所示。

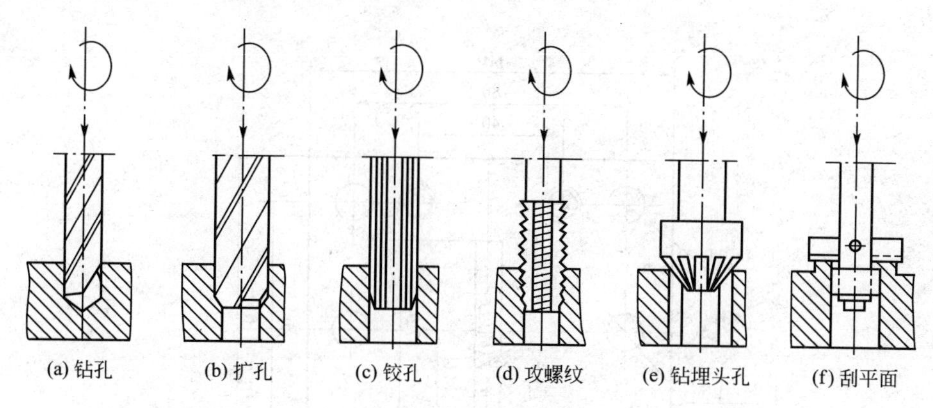

图 5.1　钻削加工方法

钻孔是在实体材料上加工孔的工序，钻孔加工的孔精度低，表面较粗糙；对已有的孔眼(铸孔、锻孔、预钻孔等)再进行扩大，以提高其精度或降低其表面粗糙度的工序为扩孔；锪孔是在钻孔孔口表面上加工出倒棱、平面或沉孔的工序，锪孔属于扩孔范围；铰孔是利用铰刀对孔进行半精加工和精加工的工序；孔的加工按照它和其他零件之间的连接关系来区分，可分为非配合孔加工和配合孔加工。前者一般在毛坯上直接钻、扩出来；而后者则必须在钻孔、扩孔等粗加工的基础上，根据不同的精度和表面质量的要求，以及零件的材料、尺寸、结构等具体情况，做进一步的铰、锪等加工。总之，在加工条件相同的情况下，加工一个孔的难度要比加工外圆的难度大得多。

任务　钻削固定板孔

任务导入

钻削加工图 5.2 所示的固定板上的孔。该零件为冲槽模具上固定冲头的固定板。外形、内部槽形已加工完成，现要求加工固定板上的各孔。材料为 Q235A；生产数量为 1 件。

相关知识

1. 钻床

1）台式钻床

台式钻床简称台钻(图 5.3)，是一种体积小巧，操作简便，通常安装在专用工作台上使用的小型孔加工机床。台式钻床钻孔直径一般在 13mm 以下。其主轴变速一般通过改变三角带在塔型带轮上的位置来实现，主轴进给靠手动操作。由于最低转速较高，不适于铰孔和锪孔。

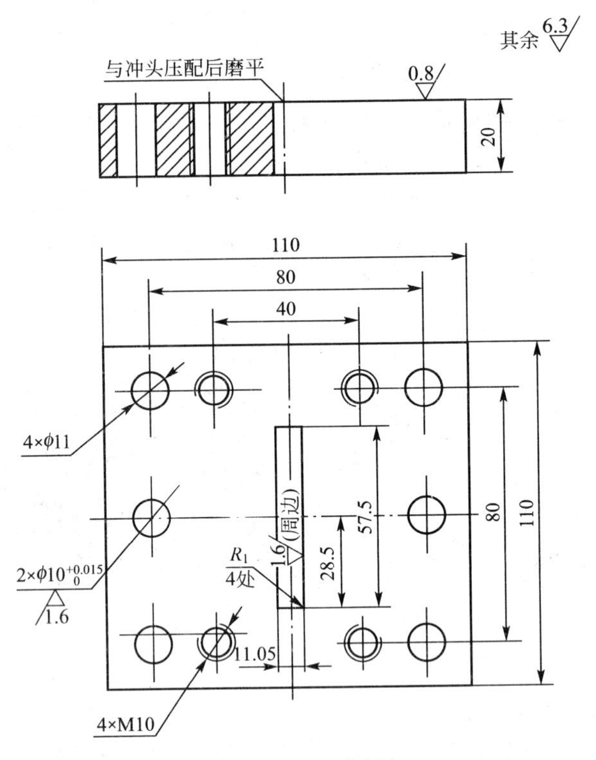

图 5.2　固定板

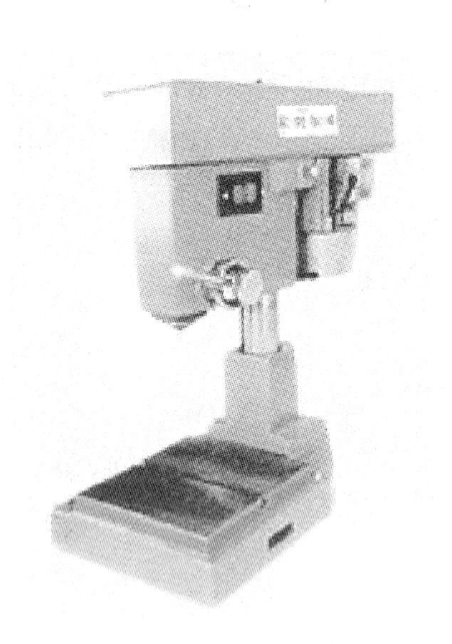

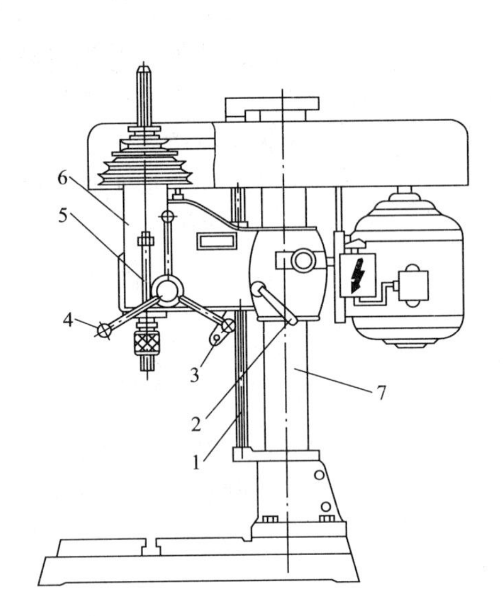

图 5.3　台钻

1—丝杆；2—紧固手柄；3—升降手柄；4—进给手柄；5—标尺杆；6—头架；7—立柱

2）立式钻床

立式钻床又分为圆柱立式钻床、方柱立式钻床和可调多轴立式钻床 3 个系列。图 5.4 所示为一方柱立式钻床(简称立钻)，机床的主轴垂直布置，并且其位置固定不动，被加工孔位置的找正，必须通过工件的移动。

立式钻床主要有主轴2、变速箱4、进给箱3、立柱5、工作台1和底座6等部件组成。加工时，工件直接或利用夹具安装在工作台1上，主轴既旋转(由电动机经变速箱4传动)又作轴向进给运动。进给箱3、工作台1可沿立柱5的导轨调整上下位置，以适应加工不同高度的工件。

主轴回转方向的变换靠电动机的正反转来实现。钻床的进给量常用主轴每转一转时，主轴的轴向位移来表示，单位为mm/r。

工作台在水平面内既不能移动，也不能转动。因此，当钻头在工件上钻好一个孔而需要钻第二个孔时，就必须移动工件的位置，使被加工孔的中心线与刀具回转轴线重合。

图5.4　方柱立式钻床

1—工作台；2—主轴；3—进给箱；4—变速箱；5—立柱；6—底座

立式钻床生产效率不高，大多用于单件小批生产的中小型工件加工，钻孔直径为ϕ16～80mm，常用的机床型号有Z5125A、Z5132A和Z5140A等

3）摇臂钻床

对于体积和质量都比较大的工件，若用移动工件的方式来找正其在机床上的位置，则非常困难，此时可选用摇臂钻床进行加工。

图5.5所示为一摇臂钻床。主轴箱4装在摇臂上，并可沿摇臂3上的导轨作水平移动。摇臂3可沿立柱2作垂直升降运动，设计这一运动的目的是为了适应高度不同的工件需要。此外，摇臂还可以绕立柱轴线回转。为使钻削时机床有足够的刚性，并使主轴箱的位置不变，当主轴箱在空间的位置调整好后，应对立柱、摇臂和主轴箱快速锁紧。

在摇臂钻床(基本型)上钻孔的直径为ϕ25～125mm，一般用于单件和中小批生产时在大中型工件上钻削，常用的型号有Z3035B、Z3040×16、Z3063×20等。

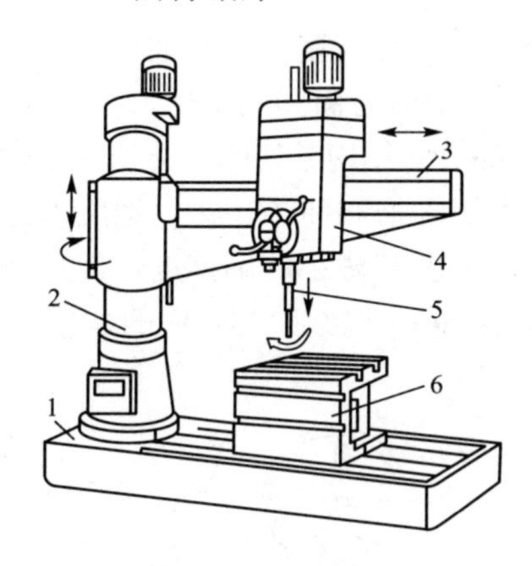

图5.5　摇臂钻床

1—底座；2—立柱；3—摇臂；4—主轴箱；5—主轴；6—工作台

2. 孔加工刀具

孔加工刀具结构样式很多，按用途可分为两大类：一类是从实心材料上加工出孔的刀具，如麻花钻、扁钻、中心钻及深孔钻等；另一类是对已有孔进行再加工的刀具，如扩孔钻、锪钻、铰刀及镗刀等。

1）麻花钻

麻花钻目前是孔加工中应用最广泛的刀具。它主要用于实体材料上钻削直径为0.1～80mm的孔，应用最广，约占钻头使用量的70%，是孔粗加工的主要刀具，适用于加工精度较低和表面较粗糙的孔，以及加工质量要求较高的孔的预加工。有时也把它代替扩孔钻使用：其加工精度一般在IT11左右，表面粗糙度为Ra12.5～6.3μm。其特点是允许重磨

次数多，使用方便、经济。

(1) 麻花钻的结构。麻花钻的结构主要由柄部、颈部及工作部分组成，如图 5.6 所示。

柄部是钻头的夹持部分，用以传递扭矩和轴向力。柄部有直柄和锥柄两种形式，钻头直径小于 13mm 时制成直柄，如图 5.6(b)所示；钻头直径大于 13mm 时制成莫氏锥度的圆锥柄，如图 5.6(a)所示。锥柄后端的扁尾可插入钻床主轴的长方孔中，以传递较大的扭矩。

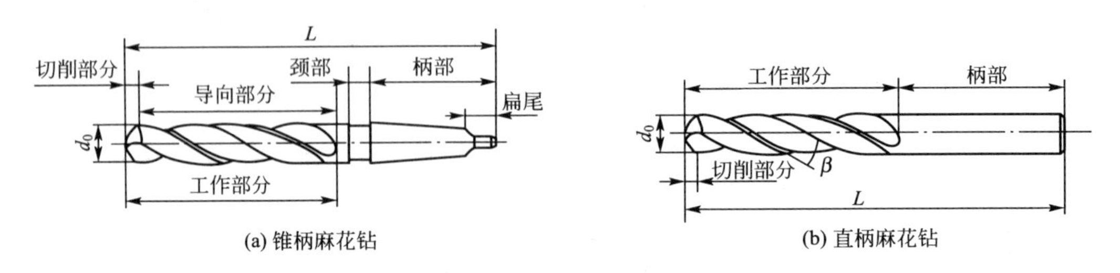

图 5.6　麻花钻的结构

颈部是柄部和工作部分的连接部分，是磨削柄部时砂轮的退刀槽，也是打印商标和钻头规格的地方。直柄钻头一般不制有颈部。

钻头的工作部分包括切削部分和导向部分。切削部分担负主要切削工作，如图 5.7 所示，切削部分由两条主切削刃、两条副切削刃、一条横刃及两个前刀面和两个后刀面组成。螺旋槽的一部分为前刀面，钻头的顶锥面为主后刀面。导向部分的作用是切削部分切入工件后起导向作用，也是切削部分的后备部分。导向部分有两条螺旋槽和两条棱边，螺旋槽起排屑和输送切削液作用，棱边起导向、修光孔壁作用。导向部分有微小的倒锥度，即从切削部分向柄部每 100mm 长度上钻头直径 d_0 减少 0.03～0.12mm，以减少与孔壁的摩擦。

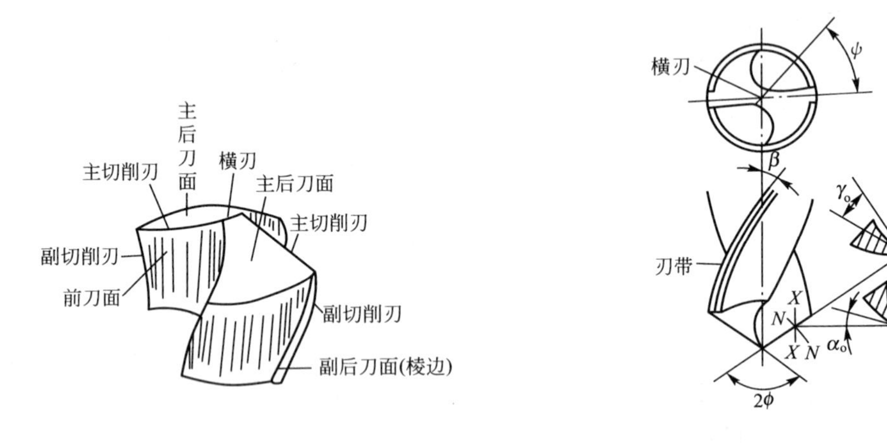

图 5.7　麻花钻的切削部分

麻花钻的主要几何角度有顶角 2ϕ、螺旋角 β、前角 γ_o、后角 α_o 和横刃斜角 Ψ 等。这些几何角度对钻削加工的性能、切削力大小，排屑情况等都有直接的影响，使用时要根据不同加工材料和切削要求来选取。

(2) 麻花钻的刃磨：

① 刃磨要求。刃磨时要求顶角 2ϕ 为 $118°\pm2°$；两个 ϕ 角相等；两条主切削刃要对称，长度一致。图 5.8 所示为刃磨得正确和不正确的钻头对孔加工的影响。图 5.8(a)所示为刃磨正确；图 5.8(b)所示为两个 ϕ 角磨得不对称；图 5.8(c)所示为主切削刃长度不一致；图 5.8(d)所示为两 ϕ 角不对称，主切削刃长度也不一致。刃磨不正确的钻头在钻孔时都将使钻出的孔扩大或歪斜，同时，由于两主切削刃所受的切削抗力不均衡，造成钻头很快磨损。

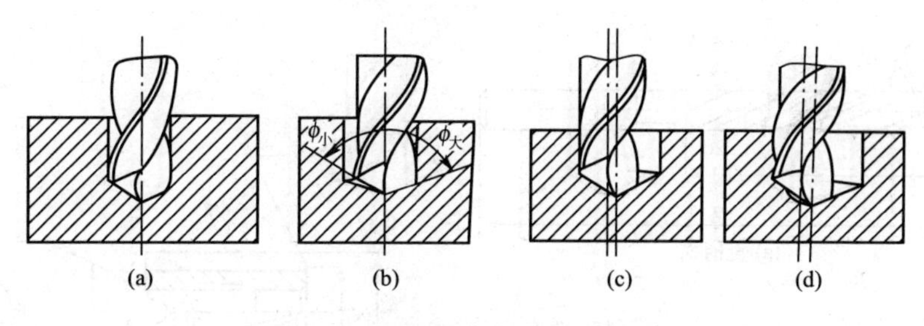

图 5.8　刃磨钻头对孔加工的影响

② 刃磨方法。刃磨时用两手握住钻头，右手缓慢地使钻头绕自身的轴线由下向上转动，同时施加适当的刃磨压力，左手配合右手作缓慢的同步下压运动，以便磨出后角，如图 5.9 所示。刃磨过程中要经常蘸水冷却，以防钻头因过热退火，降低硬度。

③ 刃磨检验。刃磨过程中，可用角度样板检验刃磨角度，也可以用钢直尺配合目测进行检验。图 5.10 所示为检验顶角 2ϕ 时的情形。

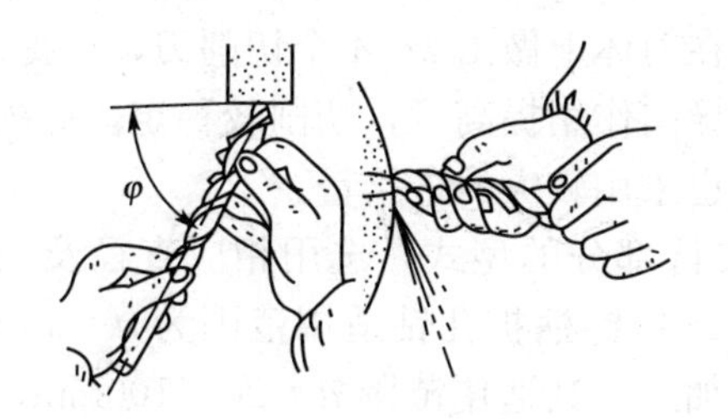

图 5.9　刃磨方法

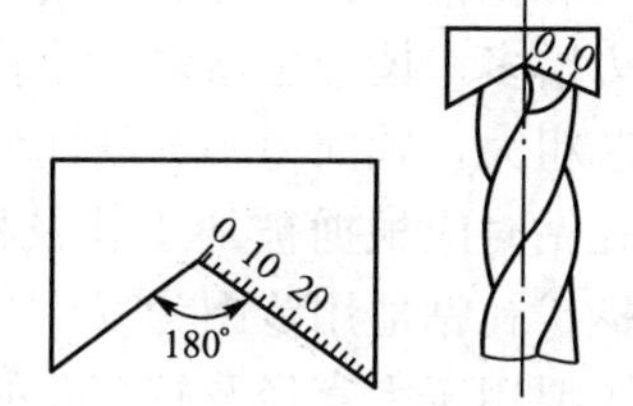

图 5.10　麻花钻顶角的检验

特别提示

麻花钻虽然是孔加工的主要刀具，长期以来被广泛使用，但是由于麻花钻在结构上存在着比较严重的缺陷，致使钻孔的质量和生产率受到很大影响，这主要表现在以下几方面。

(1) 钻头主切削刃上各点的前角变化很大，钻孔时，外缘处的切削速度最大，而该处的前角最大，刀刃强度最薄弱，因此钻头在外缘处的磨损特别严重。

(2) 钻头横刃较长，横刃及其附近的前角为负值，达$-55°\sim-60°$。钻孔时，横刃处于挤刮状态，轴向抗力较大。同时横刃过长，不利于钻头定心，易产生引偏，致使加工孔的孔径增大，孔不圆或孔的轴线歪斜等。

(3) 钻削加工过程是半封闭加工。钻孔时，主切削刃全长同时参加切削，切削刃长，切屑宽，而各点切屑的流出方向和速度各异，切屑呈螺卷状，而容屑槽又受钻头本身尺寸的限制，因而排屑困难，切削液也不易注入切削区域，冷却和散热不良，大大降低了钻头的使用寿命。

2）扩孔钻

扩孔是指用扩孔钻对工件上已钻出、铸出或锻出的孔进行大加工。扩孔可在一定程度上校正原孔轴线的偏斜，扩孔属于半精加工。扩孔常用做铰孔前的预加工，对于质量要求不高的孔，扩孔也可作孔加工的最终工序。

扩孔用的扩孔钻结构型式分为带柄和套式两类。如图 5.11 所示，带柄的扩孔钻由工作部分及柄部组成；套式扩孔钻由工作部分及 1∶30 锥孔组成。

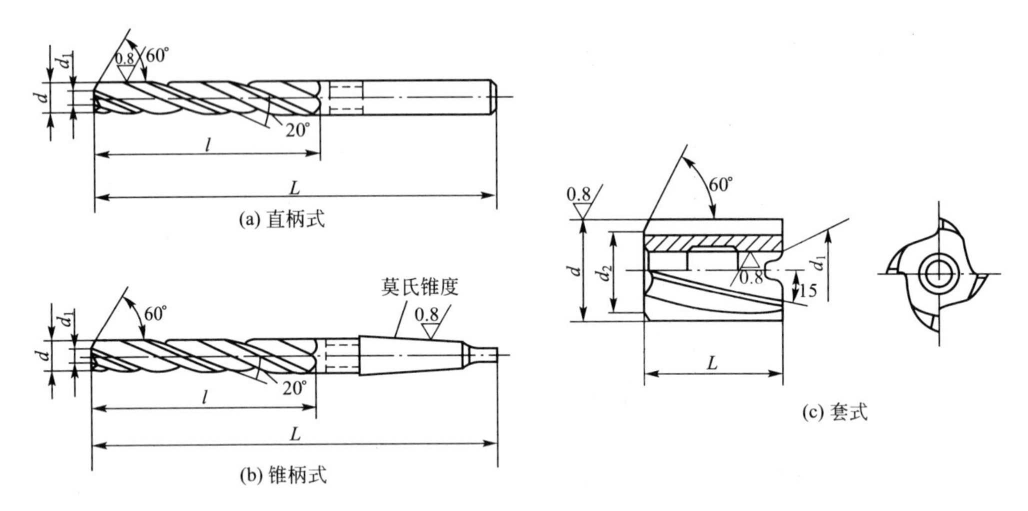

图 5.11　扩孔钻的结构

扩孔钻与麻花钻相比，容屑槽浅窄，可在刀体上做出 3～4 个切削刃，可提高生产率。同时，切削刃增多，棱带也增多，使孔钻的导向作用提高了，切削较稳定。此外，孔钻没有横刃，钻芯粗大，轴向力小，刚性较好，也采用较大的进给量。

选用扩孔钻时应根据被加工孔及机床夹持部分的型式，选用相应直径及型式的扩孔钻。通常直柄扩孔钻适用范围为 d=3～20mm；锥柄扩孔钻适用范围为 d=7.5～50mm，套式扩孔钻主要用于大直径及较深孔的扩孔加工，其适用范围 d=20～100mm，扩孔余量一般为 0.5～4mm(直径值)。

3）锪钻

如图 5.12 所示，锪削是指在已加工的孔上加工圆柱形沉头孔、锥形沉头孔和端面凸台。锪削时加工用的刀具统称锪钻。锪钻大多用高速钢制造，只有加工端面凸台的大直径端面锪钻用硬质合金制造，采用装配式结构。硬质合金刀片与刀体之间的连接采用镶齿式或机夹可转位式，如图 5.12(d)所示。图 5.12(d)所示的平底锪钻，其圆周和端面上各有 3～4 个刀齿。在已加工好的孔内有一导柱，其作用为控制被锪沉头孔与原有孔的同轴度误差。导柱一般制成可卸式，以便于锪钻端面刀齿的制造和重磨，而且同一直径的沉头孔，可以有数种不同直径的导柱。锥面锪钻的锥度有 60°、90°和 120°这三种。

图 5.12(d)所示的硬质合金可转位平底锪钻用于直径大于 15mm 的孔。导柱 1 与原有孔之间采取间隙配合，故可减小两者之间的摩擦。螺钉 2 的作用只是防止导柱从刀体中滑出。

垫片 6 的作用是保护刀片不受损坏。锁销式刀柄 4 具有快速装卸的功能。锪钻直径大于 8mm 时，采用三个刀齿；小于 8mm 时，采用单齿。

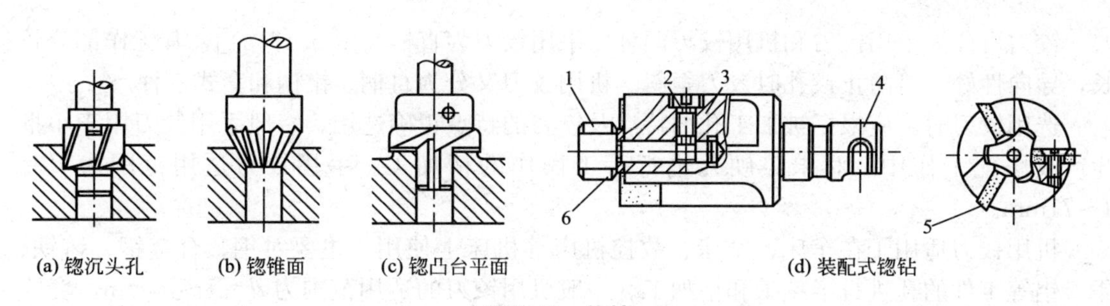

图 5.12　锪钻

1—导柱；2—螺钉；3—刀体；4—锁销式刀柄；5—刀齿；6—垫片

这种锪钻结构简单，制造方便，切削平衡，加工质量好，生产率高，刀具寿命长，生产成本低，是近年来出现的一种新产品。

4）铰刀

用铰刀从被加工孔的孔壁上切除微量金属，使孔的精度和表面质量得到提高的加工方法，称为铰孔。铰孔是应用较普遍的对中小直径孔的进行精加工的方法之一，它是在扩孔或半精镗孔的基础上进行的。根据铰刀的结构不同，铰孔可以加工圆柱孔、圆锥孔；可以用手操作，也可以在机床上进行。

铰刀的结构如图 5.13 所示，铰刀由柄部、颈部和工作部分组成。工作部分包括切削部分和修光部分(标准部分)。切削部分为锥形，担负主要切削工作。修光部分起校正孔径，修光孔壁和导向作用。为减少修光部分刀齿与已加工孔壁的摩擦，并防止孔径过大，修光部分的后端为倒锥形状。

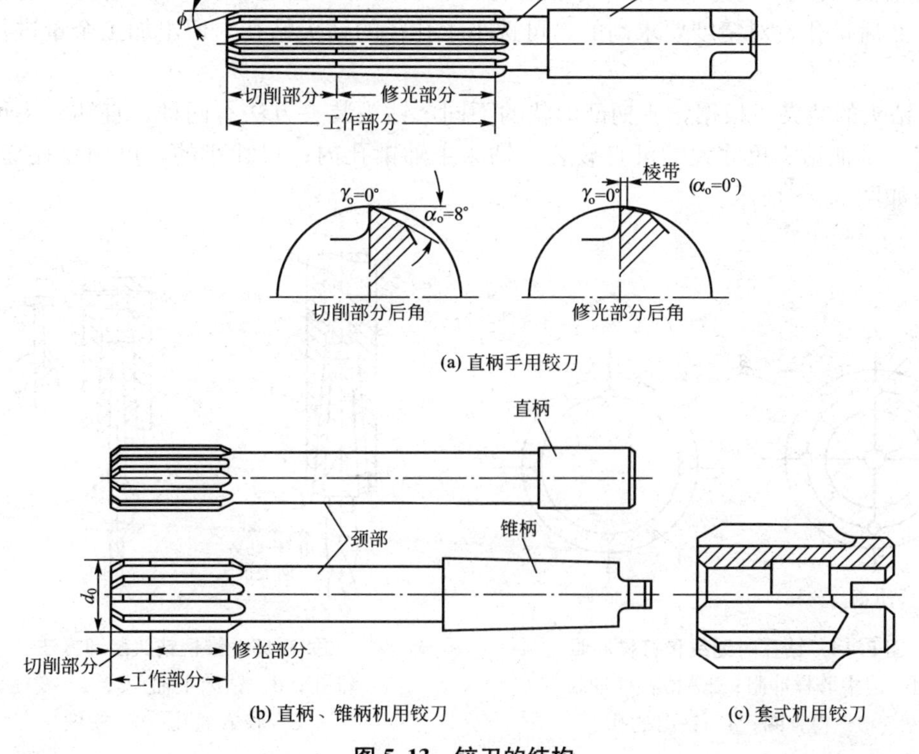

图 5.13　铰刀的结构

铰刀可分为手用铰刀和机用铰刃两种。手用铰刀为直柄［图 5.13(a)］，其工作部分较长，导向性好，可防止铰孔时铰刀歪斜。机用铰刀又分为直柄、锥柄和套式三种。

选用铰刀时，应根据被加工孔的特点及铰刀的特点正确选用。一般手用铰刀用于小批生产或修配工作中，对未淬硬孔进行手工操作的精加工。手用铰刀适用范围为 $d=1\sim71$mm。

机用铰刀适用于在车床、钻床、数控机床等机床上使用，主要对钢、合金钢、铸铁、铜、铝等工件的孔进行半精工和精加工。一般机用铰刀的适用范围为 $d=1\sim50$mm，套式机用铰刀适合于较大孔径的加工，其范围为 $d=23.6\sim100$mm。

另外，铰刀分为三个精度等级，分别用于不同精度孔的加工(H7、H8、H9)。在选用时，应根据被加工孔的直径、精度和机床夹持部分的型式来选用相应的铰刀。

铰孔生产率高，容易保证孔的精度和表面粗糙度，但铰刀是定值刀具，一种规格的铰刀只能加工一种尺寸和精度的孔，且不宜铰削非标准孔、台阶孔和盲孔。对于中等尺寸以下较精密的孔，钻——扩——铰是生产中经常采用的典型工艺方案。

3. 钻孔基本技能

1）钻孔前的准备

(1) 工件划线。钻孔前需按照孔的位置、尺寸要求，划出孔的中心线和圆周线，并上样冲眼。对精度要求较高的孔还要划出检查圆，如图 5.14 所示。

(2) 钻头的选择。钻削时要根据孔径的大小和精度等级选择合适的钻头。钻削直径小于 30mm 的孔，对于精度要求较低的，可选用与孔径相同直径的钻头一次钻出；对于精度要求较高的，可选用小于孔径的钻头钻孔，留出加工余量进行扩孔或铰孔。

钻削直径在 30～80mm 的孔，对于精度要求较低的，应选 0.6～0.8 倍孔径的钻头进行钻孔，然后扩孔；对精度要求高的，可选小于孔径的钻头钻孔，留出加工余量进行扩孔和铰孔。

(3) 钻头的装夹。根据钻头柄部形状的不同，钻头装夹方法有两种。直柄钻头可用钻夹头装夹。锥柄钻头尺寸大的可直接装入钻床主轴锥孔内；尺寸小的，可用变径套连接。装卸方法如图 5.15 所示。

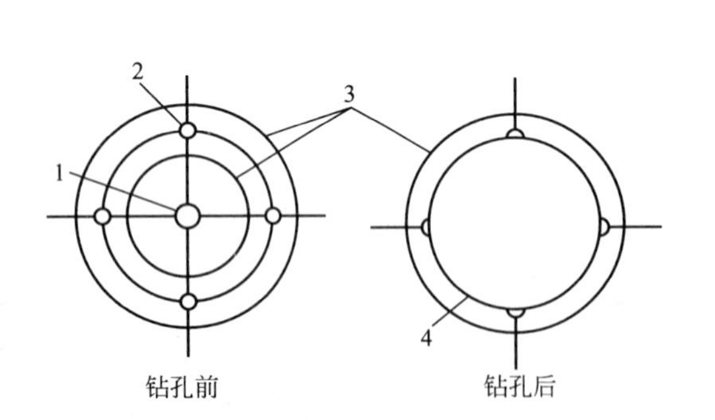

图 5.14 钻孔时划线和打样冲眼

1—定中心样冲眼；2—检查样冲眼；
3—检查圈；4—钻出的孔

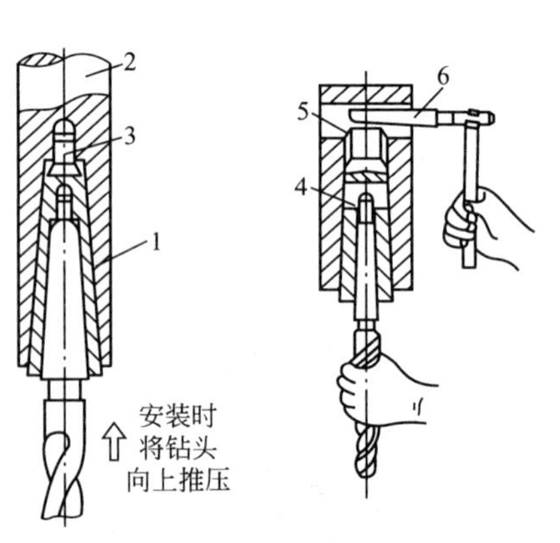

图 5.15 锥柄钻头装卸方法

1—锥孔；2—钻床主轴；3、4—变径套；
5—长方通孔；6—楔铁

钻头装夹时应先轻轻夹住，开车检查有无偏摆，无摆动后停车夹紧，开始工作；若有摆动，则应停车重新装夹，纠正后再夹紧。

(4) 工件的装夹。工件钻孔时应保证被钻孔的中心线与钻床工作台面垂直，为此可以根据工件大小、形状选择合适的装夹方法。

小型工件或薄板工件可以用手虎钳夹持，如图 5.16(a)所示。

对中、小型形状规则的工件，应用机床用平口虎钳装夹，如图 5.16(b)所示。

在圆柱面上钻孔时，用 V 形铁装夹如图 5.16(c)所示。

较大的工件或形状不规则的工件，可以用压板螺栓直接装夹在钻床工作台上，如图 5.16(d)所示。

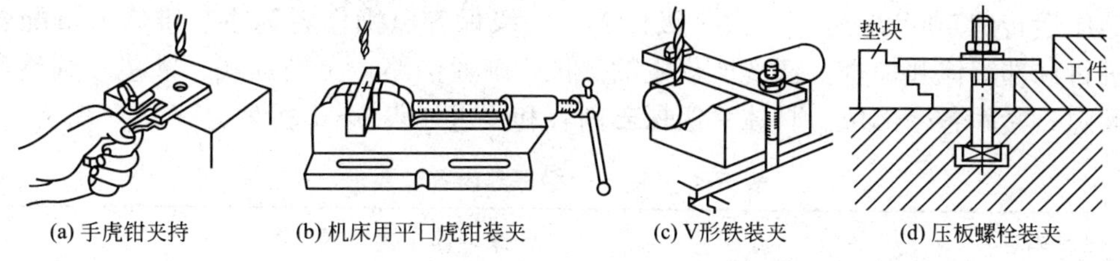

(a) 手虎钳夹持　(b) 机床用平口虎钳装夹　(c) V形铁装夹　(d) 压板螺栓装夹

图 5.16　钻床钻孔时的工件装夹

2) 起钻与纠偏

开始钻孔时，应进行试钻，即用钻头尖在孔中心上钻一个浅坑(坑径约占孔径的 1/4 左右)，检查坑的中心是否与检查圆同心一致，如有偏位应及时纠正。偏位较小时可用样冲重新打样冲眼纠正中心位置后再钻；偏位较大时可采用窄錾将偏斜相反的一侧錾低一些，将偏位的坑矫正过来，如图 5.17 所示。

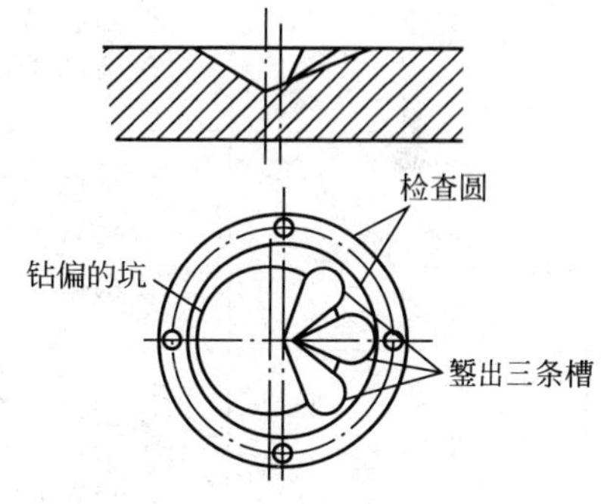

图 5.17　钻偏时的纠正

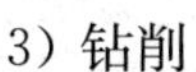

3) 钻削

(1) 钻削通孔。将钻头钻尖对准预先打好的样冲眼，开始钻削时要用较大的力向下进给(手动进给时)，避免钻尖在工件表面晃动而不能切入；快钻透时压力应逐渐减小，防止钻头在钻通的瞬间抖动，损坏钻头，影响钻孔质量及安全。

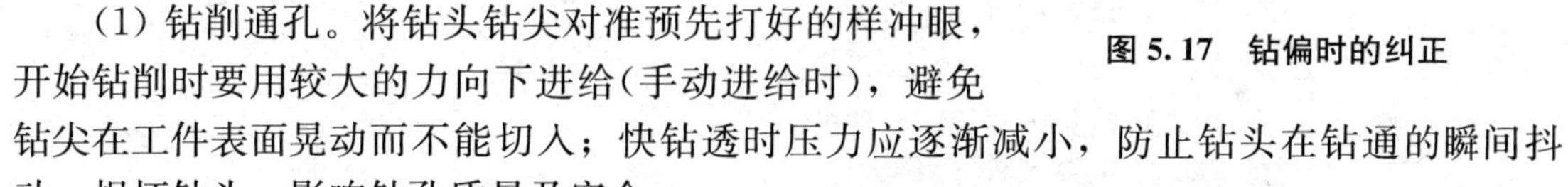

(2) 钻削不通孔。要注意掌握钻削深度，以免将孔钻深了出现质量事故。控制钻削深度的方法有：调整好钻床上深度标尺挡块；安置控制长度量具或用粉笔作标记等。

(3) 钻削深孔。当孔的深度超过孔径三倍时，即为深孔。钻深孔时要经常退出钻头及时排屑和冷却，否则容易造成切屑堵塞或使钻头过度磨损甚至折断。

(4) 钻削大直径孔。钻孔直径 $D>30$mm 应分两次钻削，即第一次用$(0.6\sim0.8)D$的钻头先钻孔，然后再用所需直径的钻头将孔扩大到所要求的直径。这样分两次钻削既有利于提高钻头寿命，也有利于提高钻削质量。

特别提示

钻削注意事项

(1) 尽量避免在斜面上钻孔。若必须在斜面上钻孔，应用立铣刀在钻孔的位置先铣出一个平面，使

之与钻头中心线垂直。钻半圆孔则必须另找一块同样材料的垫块与工件拼夹在一起钻孔。

(2) 钻削时，应使用切削液对加工区域进行冷却和润滑。一般钢件采用乳化液或全损耗系统用油；铝合金工件多用乳化液、煤油；冷硬铸铁工件可用煤油。

4. 钻床的维护与保养

在使用机床设备时，要达到减少设备事故、延长机床使用和提高设备完好率等目的。除了按照操作规程合理使用机床外，还必须认真做好机床设备的维护保养工作。钻床在使用前后，操作者要认真检查、擦拭钻床各部位和注油保养，使钻床保持润滑：发生事故要及时排除，并做一定记录。

钻床运转满500h应进行一次一级保养，一级保养以操作者为主、维修人员配合，对钻床进行局部解体和检查。清洗所规定的部位，疏通油路，更换油线、油毡，调整各部位配合间隙，紧固各个部位。具体一级保养内容和要求如表5－1所列。

表5－1　钻床一级保养内容和要求

保养内容	保　养　要　求
外保养	① 外表清洁，无锈蚀，无污秽 ② 检查补齐螺钉，手球，手柄 ③ 清洁工作台丝杠、齿条、锥齿轮
润　滑	① 油路畅通，清洁无铁屑 ② 清洗油管、油孔、油线、油毡 ③ 检查油质、保持良好，油表正常、油位标准、油窗明亮
冷　却	① 清洗水泵和过滤器 ② 清洗全部冷却液槽 ③ 根据情况调换冷却液
电　器	① 清扫电器箱、电动机 ② 电器装置固定整齐

5. 钻削安全操作规程

(1) 使用前要检查钻床各部件是否正常。

(2) 钻头与工件必须装夹紧固，不能用手握住工件，以免钻头旋转引起伤人事故以及设备损坏事故。

(3) 集中精力操作，摇臂和拖板必须锁紧后方可工作，装卸钻头时不可用手锤和其他工具物件敲打，也不可借助主轴上下往返撞击钻头，应用专用钥匙和扳手来装卸，钻夹头不得夹锥形柄钻头。

(4) 钻薄板需加垫木板，钻头快要钻透工件时，要轻施压力，以免折断钻头损坏设备或发生意外事故。

(5) 钻头在运转时，禁止用棉纱和毛巾擦拭钻床及清除铁屑。工作后钻床必须擦拭干净，切断电源，零件堆放及工作场地保持整齐、整洁，认真做好交接班工作。

任务实施

1．图样分析

固定板上共有10个孔需要加工，其中四个ϕ11mm的螺栓孔，表面粗糙度Ra6.3μm，钻孔可达到要求；四个M10mm的螺纹孔，表面粗糙度Ra6.3μm，钻孔、攻螺纹达到要求；两个ϕ10mm的固定销孔，表面粗糙度Ra1.6μm，钻孔后需要扩孔、铰孔，才能达到要求。

2．工艺过程

下料——划线——钻孔——扩孔——攻螺纹——铰孔——检验。

3．工艺准备

（1）材料准备：Q235A预制件。
（2）设备准备：Z35钻床。
（3）刃具准备：ϕ8.5、ϕ11、ϕ9.8麻花钻，M10丝锥，ϕ10H7铰刀。
（4）量具准备：游标卡尺，内径千分尺，M10螺纹塞规。
（5）辅具准备：划针、样冲、锤子、平口钳等。

4．加工步骤

钻削加工固定板步骤如表5-2所列。

表5-2　钻削加工固定板步骤

步骤	加工内容	加工简图	刀具
1	划4×ϕ11mm螺栓孔，4×M10螺纹孔和2×ϕ10mm销孔中心线，并在孔中心打上样冲眼		划针、样冲
2	钻4×ϕ11mm螺栓孔，钻6×ϕ8.5mm螺纹底孔和销孔	4×ϕ11 6×ϕ8.5	ϕ11mm、ϕ8.5mm麻花钻

（续）

步骤	加工内容	加工简图	刀具
3	扩销孔尺寸到 2×ϕ9.8mm	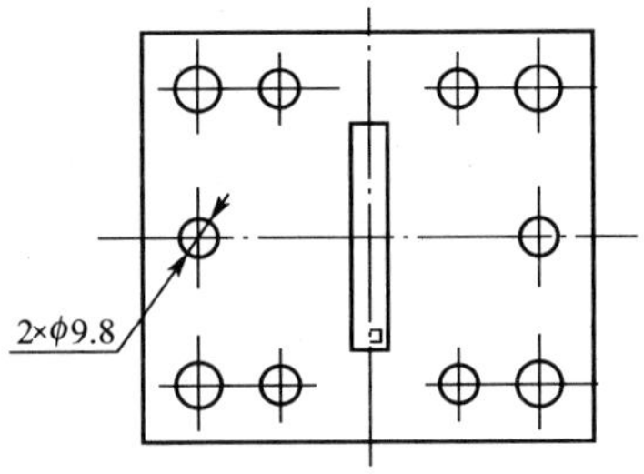 2×φ9.8	ϕ9.8mm 麻花钻
4	攻 4×M10 螺纹孔	4×M10	M10 丝锥
5	铰 2×ϕ10mm 销孔	2−$\phi 10^{+0.015}_{0}$ 1.6	ϕ10H7 铰刀

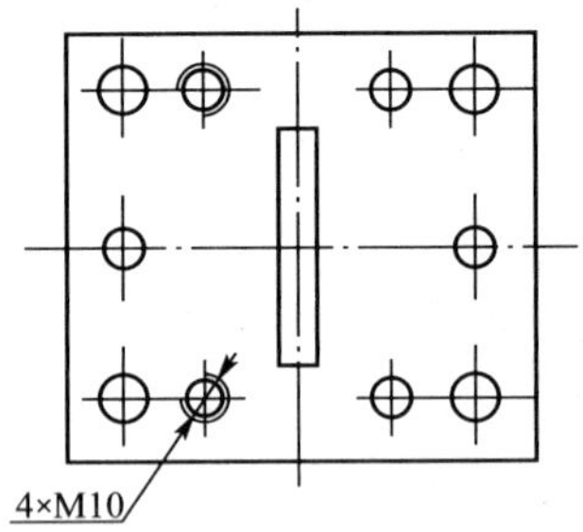

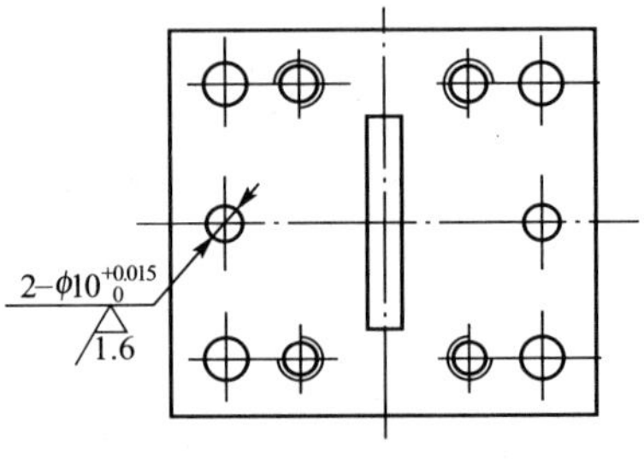

5. 精度检查

(1) 孔径用游标卡尺、内径千分尺检验。

(2) 孔距用游标卡尺检验。

(3) 螺纹用螺纹塞规检验。

(4) 表面粗糙度用目测法，即用表面粗糙度样块与被测表面进行比较来判断。

6. 误差分析

钻削加工误差分析如表 5－3 所列。

表 5－3　钻削加工误差分析

问　　题	产生原因	改进措施
孔径扩大和轴线偏斜	① 钻头左、右两条切削刃刃磨得不对称 ② 工件待钻孔处的平面不平整，工件安装时位置不正确 ③ 钻头的横刃太长，导致进给力很大	① 钻孔前先加工工件端面，使端面与钻头轴线垂直 ② 钻孔前先用中心钻钻出一个凹坑 ③ 刃磨麻花钻时，务必使左、右两条切削刃保持对称

（续）

问　　题	产 生 原 因	改 进 措 施
钻头崩刃和折断	① 进给量和钻削力的大起大落，导致钻头的崩刃或折断 ② 切屑对钻头的缠绕和在容屑槽中的堵塞 ③ 对硬质合金钻头施加切削液时，应做到连续均匀。而对钻头的间断性的不充分冷却，往往导致钻头崩刃或炸裂 ④ 钻头的磨损超过了磨损极限 ⑤ 工件或刀具夹持欠牢固，在钻削过程中产生松动	① 钻头按规定的耐用度进行及时刃磨，且在刃磨时将磨损部分全部磨掉 ② 修磨横刃，使其长度大幅度减小 ③ 改善断屑、排屑条件 ④ 采用分级进给方式，切入时采用较大进给量；切出时则相反。在孔将要钻通时，甚至可改用手动进给 ⑤ 减小工艺系统的弹性变形，改进定位夹紧方法，增加工件和夹具的刚度，增加二次进给
孔表面的粗糙度值大	① 铰削余量太大或太小 ② 铰刀的切削刃不锋利，刃口崩裂或有缺口 ③ 不用切削液，或用了不适当的切削液 ④ 退出铰刀时反转或容屑槽被切屑堵塞	① 选用合适的铰削余量 ② 保证铰刀质量 ③ 使用合适的切削液

拓展训练

在四方体垫板上完成图 5.18 所示的钻、铰圆柱孔工作。

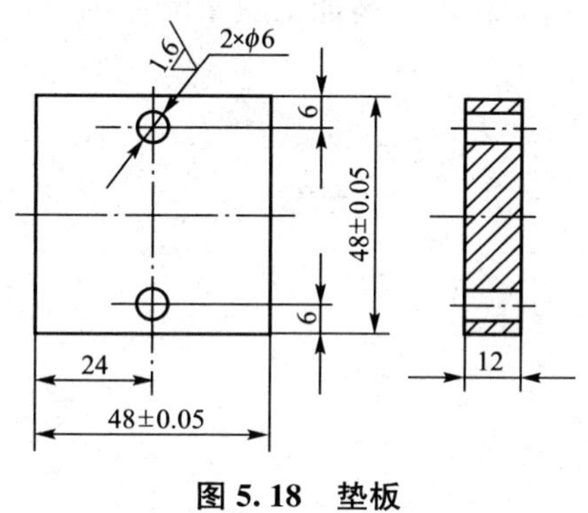

图 5.18　垫板

加工要点分析

在工件上按图样要求划出各孔位置加工线，钻孔，孔口倒角 $C0.5$，铰削圆柱孔。

练习与思考

1. 选择题

(1) 钻孔时的背吃刀量是(　　)。

A. 钻孔的深度　　B. 钻头的直径　　C. 钻头直径的一半

(2) 麻花钻横刃太长，钻削时会使(　　)增大。

A. 主切削力　　B. 轴向力　　C. 径向力

（3）钻孔的公差等级一般可达（　　）级。

A. IT7～IT9　　B. IT11～IT12　　C. IT13～IT15

（4）手用与机用铰刀相比，其铰削质量（　　）。

A. 好　　B. 差　　C. 一样

（5）铰刀的柄部是用来装夹和（　　）用的。

A. 传递转矩　　B. 传递功率　　C. 传递速度

（6）铰刀铰孔的精度一般可达到（　　）。

A. IT7～IT9　　B. IT11～IT12　　C. IT4～IT5

2. 填空题

（1）举例几种孔加工刀具：________、________、________。

（2）在台式钻床上适于________孔，不适于________孔。

（3）在摇臂钻床可进行钻孔、________、________、________等。

（4）钻床的主要类型有________、________、________、________。

3. 简述题

（1）钻孔、扩孔和铰孔有什么区别？

（2）麻花钻由哪几部分组成？

（3）简述钻削加工中的常见问题及解决办法。

（4）铰刀比麻花钻和扩孔钻能获得较高加工质量的原因是什么？

项目6

零件加工综合训练

教学目标

最终目标：

运用所学知识、技能，分析、加工出合格的零件。

促成目标：

1. 能正确分析零件的工艺性；
2. 能正确编制零件的工艺文件；
3. 能正确选用、使用工艺装备；
4. 能规范地操作机床，加工出合格零件；
5. 能使用量具，进行零件检验。

引言

本项目是在学习零件车削、铣削、刨削、磨削、钻削的基础上，通过典型零件加工任务的完成，对学生的普通机床加工、夹具使用、加工工艺规程设计及实施、加工零件的检验、加工现场协调等各种机械加工技能的综合提高和训练。

任务 6.1 加工高压油管螺母

6.1.1 任务导入

加工某企业零件——高压油管螺母(图 6.1)。毛坯材料为 45# 钢，批量为 60 件。

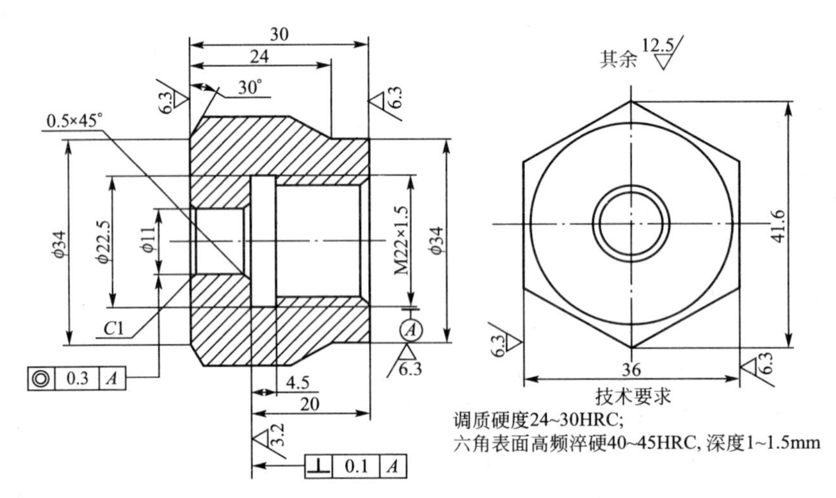

图 6.1 高压油管螺母

6.1.2 任务实施

1. 图样分析

高压油管螺母图样分析如表 6－1 所列。

表 6－1 高压油管螺母图样分析

项　　目		分　　析	结　　论
一、零件功用及材料		高压油管螺母；材料 45# 钢	承受高压且密封，螺纹精度高
二、结构形体尺寸		外圆、内孔、六方，最大直径 41.6mm，总长 36mm	加工方法：车、铣
三、技术要求	尺寸精度	自由公差	精度要求较低
	表面粗糙度	最高为 3.2μm	所有表面精度要求较低，其中内沟槽端面要求最高
	形位公差	同轴度、垂直度	最好一次装夹加工完成各内孔加工
	其他	硬度要求	调质、表面高频淬硬

2. 工艺过程

高压油管螺母加工过程如表6-2所列。

表6-2　高压油管螺母加工过程卡片

<table>
<tr><td colspan="3">机械加工过程卡片</td><td colspan="3">零(部)件名称</td><td colspan="2">高压油管螺母</td></tr>
<tr><td>材料牌号</td><td>45#钢</td><td>毛坯种类　圆钢</td><td>毛坯外形尺寸</td><td colspan="2">φ45×360mm</td><td>每毛坯可制件数　60</td><td>备注</td></tr>
<tr><td rowspan="2">工序号</td><td rowspan="2">工序名称</td><td rowspan="2">工序内容</td><td rowspan="2">施工车间</td><td rowspan="2">设备</td><td colspan="3">工艺设备</td></tr>
<tr><td>夹具</td><td>刀具</td><td>量具</td></tr>
<tr><td>10</td><td>热</td><td>调质：24～30HRC</td><td></td><td></td><td></td><td></td><td></td></tr>
<tr><td>20</td><td>车</td><td>夹外圆车端面，车外圆φ41.6，车外圆φ34及30°倒角，钻内孔φ11，扩M22螺纹底孔为φ20.4，车空倒槽φ22.5×4.5，孔口倒角1×45°，内圆倒角1×45°，攻M22×1.5-6H螺纹，切断至总长30.5mm</td><td>机加工</td><td>C6140</td><td>三爪卡盘</td><td>45°弯头车刀、60°外圆车刀、成形车刀、A2型中心钻、φ11麻花钻、φ20.4麻花钻、4.5mm内孔车槽刀、45°内孔车刀、M22×1.5丝锥、4mm切断刀</td><td>游标卡尺、钢板尺、内径千分尺、螺纹塞规、百分表</td></tr>
<tr><td>30</td><td>车</td><td>调头齐端面至总长，孔口倒角1×45°，外圆倒角φ34×30°</td><td>机加工</td><td>C6140</td><td>三爪卡盘，螺纹心轴装夹</td><td>45°弯头车刀、60°外圆车刀</td><td>游标卡尺</td></tr>
<tr><td>40</td><td>铣</td><td>铣六角至对边尺寸36mm</td><td>机加工</td><td>X5032</td><td>选用F11125型万能分度头，三爪自卡盘，螺纹心轴装夹</td><td>φ25锥柄立铣刀</td><td>游标卡尺</td></tr>
<tr><td>50</td><td>钳</td><td>去毛刺，锐边倒角</td><td>机加工</td><td></td><td></td><td></td><td></td></tr>
<tr><td>60</td><td>热</td><td>六角表面高频淬火：40～45HRC，深度1～1.5mm</td><td></td><td></td><td></td><td></td><td></td></tr>
<tr><td>备注</td><td>班级</td><td>设计人</td><td>编制日期</td><td>审核日期</td><td>会签日期</td><td>标准化日期</td><td>批准</td></tr>
<tr><td></td><td></td><td></td><td></td><td></td><td></td><td></td><td></td></tr>
</table>

3. 工艺准备

(1) 材料准备：参照机械加工过程卡片进行准备。
(2) 设备准备：参照机械加工过程卡片进行准备。
(3) 刃具准备：参照机械加工过程卡片进行准备。
(4) 量具准备：参照机械加工过程卡片进行准备。

4. 加工步骤

高压油管螺母加工步骤如表 6-3 所列。

表 6-3 高压油管螺母加工步骤(机加工部分)

工序号	工序名称	加工内容	示意图
20	车	三爪自定心卡盘装夹 ① 夹外圆车端面 ② 车外圆 ϕ41.6，ϕ34 ③ 车 30°倒角 ④ 钻中心孔，钻内孔 ϕ11，扩 M22 螺纹底孔为 ϕ20.4 ⑤ 车空倒槽 ϕ22.5×4.5，孔口倒角 1×45°，内圆倒角 1×45° ⑥ 攻 M22×1.5-6H 螺纹 ⑦ 切断至总长 30.5mm	30.5 20 4.5
30	车	三爪自定心卡盘借助专用螺纹心轴装夹 调头齐端面至尺寸，孔口倒角 1×45°，外圆倒角 ϕ34×30°	30 工件 车刀 车刀
40	铣	万能分度头上安装三爪卡盘，并借助螺纹心轴装夹 对刀——试铣两对边——预检六方对边尺寸——准确调整铣削位置——粗铣六方——精铣六方至对边尺寸 36mm	铣刀 工件 24 30
50	钳	去毛刺	

图 6.2 高压油管螺母

5. 精度检查

加工完成的高压油管螺母如图 6.2 所示。精度检查步骤如下：
(1) 测量内外径尺寸用游标卡尺，螺纹测量用螺纹塞规。
(2) 长度测量可选用游标卡尺或钢板尺。
(3) 垂直度、同轴度用百分表检测。
(4) 目测法检验表面粗糙度。

任务6.2　加工传动轴

6.2.1　任务导入

加工图6.3所示传动轴，材料为45#钢，毛坯为棒料，生产数量为1件，淬火后40～45HRC。

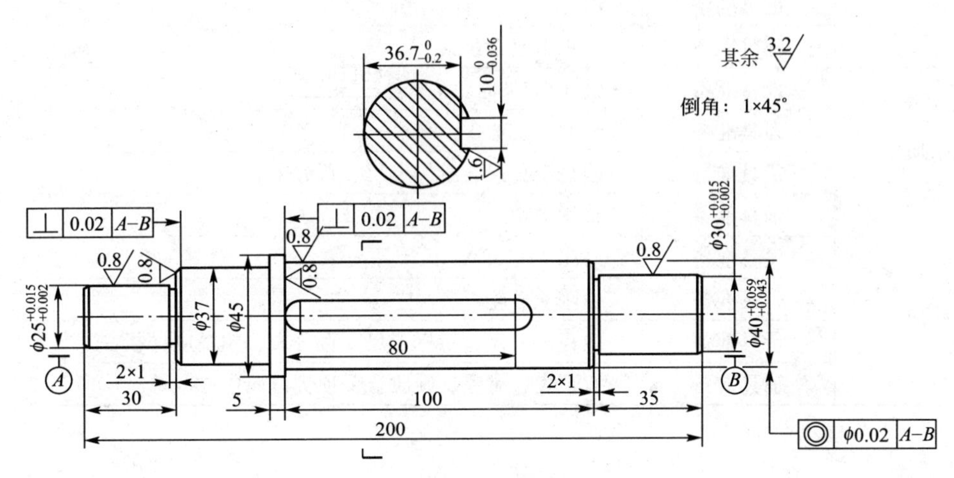

图6.3　传动轴

6.2.2　任务实施

1．图样分析

(1) 结构分析：轴类零件。

(2) 材料及毛坯分析：45#钢、棒料。

(3) 精度分析：主要表面为三个外圆表面，三个外圆表面尺寸精度为IT6，φ35mm外圆对基准A、B(轴心线)的同轴度公差为0.02mm；三个外圆表面与3的表面粗糙度均为Ra0.8μm。要达到这些表面尺寸精度和表面粗糙度的要求，对该传动轴车削完成后，还需要进行磨削。φ35mm轴段上键槽尺寸精度为IT9，需要铣削加工。

2．工艺过程

(1) 下料。

(2) 粗车端面，打中心孔，粗车外圆，半精车外圆，退刀槽、倒角。

(3) 调头粗车端面，打中心孔，粗车外圆，半精车外圆，退刀槽、倒角。

(4) 铣键槽。

(5) 淬火。

(6) 修研中心孔。

(7) 粗磨三处外圆表面。

(8) 精磨三处外圆表面。

(9) 检测。

3. 工艺准备

传动轴工艺准备如表 6-4 所列。

表 6-4 传动轴工艺准备

车削加工	材料准备	45# 圆钢 ϕ45×205 棒料
	设备准备	车床 C6132
	刀具准备	B 型中心钻、45°车刀、90°车刀、宽度为 2mm 的切断刀
	量具准备	游标卡尺、外径千分尺
	辅具准备	三爪卡盘、顶尖
铣削加工	设备准备	铣床 X5032
	刀具准备	ϕ10 键槽铣刀
	量具准备	内径千分尺、游标卡尺、百分表
	辅具准备	轴用虎钳
磨削加工	设备准备	磨床 M1432A
	刀具准备	白刚玉砂轮
	量具准备	内径千分尺、游标卡尺、百分表、粗糙度样板
	辅具准备	双顶尖、尾座、硬质合金顶尖修研中心孔

4. 加工步骤

台阶轴加工步骤(机加工部分)如表 6-5 所列。

表 6-5 台阶轴加工步骤(机加工部分)

工序号	工序名称	加 工 内 容	示 意 图
10	下料	ϕ45×205 棒料，材料为 45# 钢	
20	车	调头，三爪自定心卡盘装夹 ① 粗车端面 ② 钻中心孔 B3 一夹一顶装工件 ① 粗车外圆 ϕ45 到尺寸 ② 粗车外圆 ϕ40，留半精车余量 0.8mm ③ 粗车外圆 ϕ30，留半精车余量 0.8mm ④ 车空刀槽 2×1 ⑤ 车 1×45°倒角 ⑥ 精车外圆 ϕ40，留磨余量 0.3mm ⑦ 精车外圆 ϕ30，留磨余量 0.3mm	
30	车	三爪自定心卡盘装夹 ① 粗车端面 ② 钻中心孔 B3 一夹一顶装工件 ① 粗车外圆 ϕ37 到尺寸 ② 粗车外圆 ϕ25，留半精车余量 0.8mm ③ 车空刀槽 2×1 ④ 车 1×45°倒角 ⑤ 精车外圆 ϕ25，留磨余量 0.3mm	

（续）

工序号	工序名称	加　工　内　容	示　意　图
40	铣	① 预制件检验 ② 安装、找正轴用虎钳 ③ 装夹和找正工件 ④ 安装 $\phi10$ 键槽铣刀 ⑤ 选择铣削用量，进行铣床调整 ⑥ 对刀，垂向对刀采用擦边法，横向对刀采用切痕法，纵向对刀通过测量切痕到端面的距离，从而调整工作台位置。反向调整工作台纵向位置，使铣刀刀尖的回转圆弧与另一划线相切，在纵向刻度盘上作好铣削终点的刻度记号 ⑦ 垂向手动进给使铣刀缓缓切入工件，槽深切入尺寸为 40.05mm－36.7mm＋0.15mm＝3.5mm；然后采用纵向机动进给	
50	钳	去毛刺	
60	热	淬火：40～45HRC	
70	粗磨	① 用硬质合金顶尖修研中心孔，并检查 ② 检查工件加工余量，双顶尖装夹工件 ③ 粗修整砂轮外圆 ④ 调整工作台行程挡铁位置 ⑤ 粗磨 $\phi40$mm 外圆。用纵向磨削法磨削，外圆留余量 0.05mm ⑥ 粗磨 $\phi30$mm 外圆。用切入磨削法磨削，留余量 0.05mm ⑦ 调头装夹，粗磨 $\phi25$mm 外圆。用切入磨削法磨削，外圆留余量 0.05mm	
80	精磨	① 精修整砂轮外圆及端面 ② 精磨 $\phi25$mm 外圆及台阶面至尺寸要求，同轴度误差不大于 0.02mm，表面粗糙度为 $Ra0.8\mu m$；精磨的顺序与粗磨的顺序不同，这样可以减少装夹一次工件 ③ 调头装夹。精磨 $\phi40$mm 外圆及台阶面，$\phi30$mm 外圆，保证各加工面表面粗糙度均为 $Ra0.8\mu m$	

5. 精度检查

(1) 用游标卡尺测量轴的长度尺寸。

(2) 用千分尺测量外径尺寸。

(3) 用百分表测量形位公差。

(4) 比较法目测检查粗糙度。

任务 6.3 加工等高垫块

6.3.1 任务导入

加工图 6.4 所示等高垫块，材料为 45# 钢，毛坯为钢板，生产数量为 4 件，淬火后 40～45HRC。

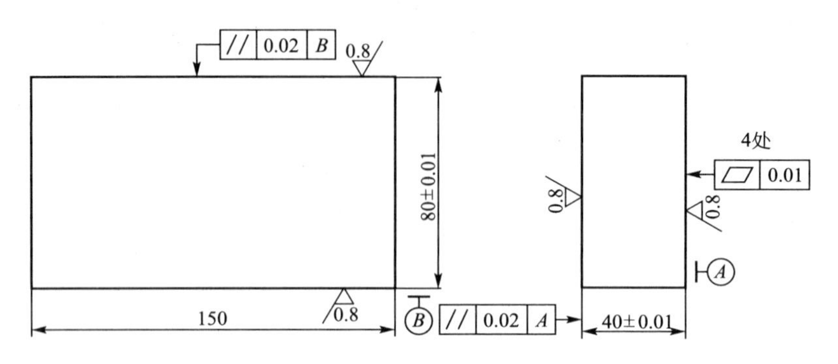

图 6.4 等高垫块

6.3.2 任务实施

1. 图样分析

(1) 结构分析：矩形零件。

(2) 材料及毛坯分析：45# 钢，毛坯为钢板，切割下料。

(3) 精度分析：主要表面为四个，两对应平行面尺寸分别为 40mm±0.01mm 和 80mm±0.01mm，平行度公差为 0.02mm，四个面的平面度公差为 0.01mm，表面粗糙度 *Ra*0.8μm。热处理淬火硬度为 40～45HRC，所以铣削后，四个重要面必须进行磨削。

2. 工艺过程

(1) 下料：45mm×85mm×155mm 的板料。

(2) 粗铣外形各尺寸。

(3) 半精铣外形各尺寸，留磨余量 0.3～0.5mm。

(4) 淬火。

(5) 粗磨 *A* 平面及对面；粗磨 *B* 面及对面。

(6) 精磨各面。

(7) 检验。

3. 工艺准备

等高垫块工艺准备如表 6-6 所列。

表 6-6　等高垫块工艺准备

铣削加工	材料准备	$45^{\#}$钢，45mm×85mm×155mm 的板料
	设备准备	铣床 X5032
	刀具准备	$\phi100\times\phi32\times12$ 套式面铣刀
	量具准备	外径千分尺、游标卡尺
	辅具准备	机用平口虎钳
磨削加工	设备准备	磨床 M7120A 卧轴矩台平面磨床
	刀具准备	WAF46KSV 的平形砂轮
	量具准备	外径千分尺、样板直尺、百分表、粗糙度样板
	辅具准备	电磁吸盘

4. 加工步骤

等高垫块加工步骤(机加工部分)如表 6-7 所列。

表 6-7　等高垫块加工步骤(机加工部分)

工序号	工序名称	加　工　内　容	示　意　图
10	下料	55mm×105mm×185mm 的板料	
20	铣	(1) 对刀 (2) 粗铣平面 ① 纵向退刀后，按铣削层深度 2.5mm 上升工作台，用对称逆铣方式粗铣平面 *A* ② 将平面 *A* 与机用虎钳定位面贴合，粗铣平面 *B*，留余量 1mm。在加工垂直面时，应在 *A* 的对面与活动钳口之间加一根圆棒，以使平面 *A* 能紧贴定钳口 ③ 工件翻转 180°，平面 *B* 与平行垫块贴合，粗铣平面 *B* 的对面 ④ 将工件转过 90°，将平面 *A* 与平行垫块贴合，粗铣平面 *A* 的对面，留余量 1mm ⑤ 找正 *B*、*A* 面，*A* 面与虎钳定钳口贴合，*B* 面用 90°角尺找正，铣削一侧端面 ⑥ 工件翻转 180°，铣削另一侧端面，保证尺寸 150mm (3) 半精铣 *A*、*B* 面及其对应面，留加工余量 0.3～0.5mm	
30	钳	去毛刺	
40	热	淬火：40～45HRC	

（续）

工序号	工序名称	加 工 内 容	示 意 图
50	磨	① 修整砂轮 ② 检查磨削余量，将工件装夹在电磁吸盘上，接通电源 ③ 起动液压泵，移动工作台行程挡铁位置，调整工作台行程距离，使砂轮越出工件表面 20mm 左右 ④ 先磨尺寸为 40mm 的两平面。降低磨头高度，使砂轮接近工件表面，然后起动砂轮，作垂向进给，先从工件尺寸较大处进刀，用横向磨削法粗磨 *A* 面，磨出即可 ⑤ 翻身装夹，装夹前清除毛刺 ⑥ 粗磨另一平面，留 0.06～0.08mm 精磨余量，保证平行度误差不大于 0.015mm ⑦ 精修整砂轮 ⑧ 精磨平面，表面粗糙度值在 $Ra0.8\mu m$ 以内，保证另一面磨余量为 0.04～0.06mm ⑨ 翻身装夹，精磨另一平面。保证厚度为 40mm±0.01mm，平行度误差不大于 0.015mm，表面粗糙度值在 $Ra0.8\mu m$ 以内	
60	磨	重复上述步骤，磨削尺寸为 80mm±0.01mm 的两面至图样要求	

5. 精度检查

(1) 两平行面尺寸用外径千分尺测量。

(2) 平面度误差用样板直尺目测。

(3) 平行度误差用外径千分尺或千分表测量。

任务 6.4 拓展任务

(1) 加工图 6.5 所示轴套零件。该零件材料为 45# 钢，生产批量较大。因为直径尺寸相差较大，壁薄，刚性差，易变形，采用模锻件毛坯较好。

(2) 加工图 6.6 所示减速箱传动轴零件。该零件材料为 45# 钢，件数为 10 件。热处理淬火硬度为 40～45HRC，考虑该零件在一般工作条件下工作，可以采用棒料毛坯。

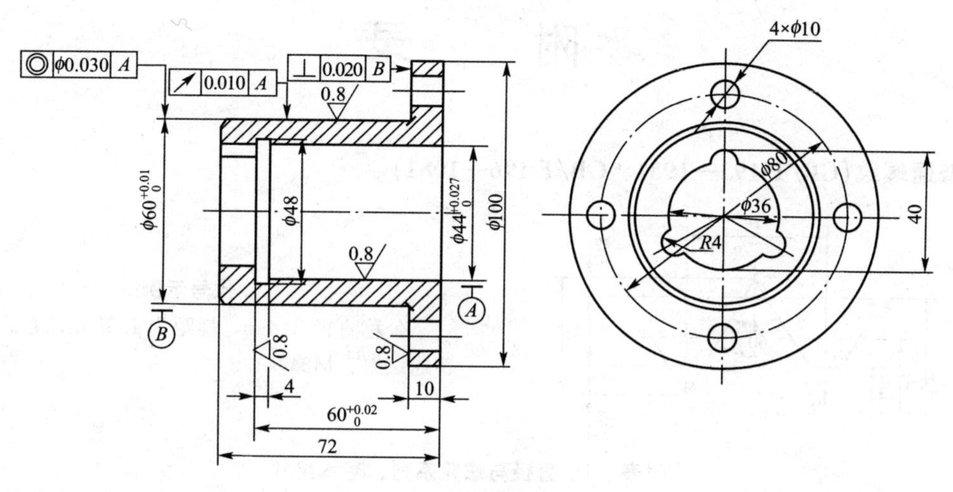

图 6.5　轴套

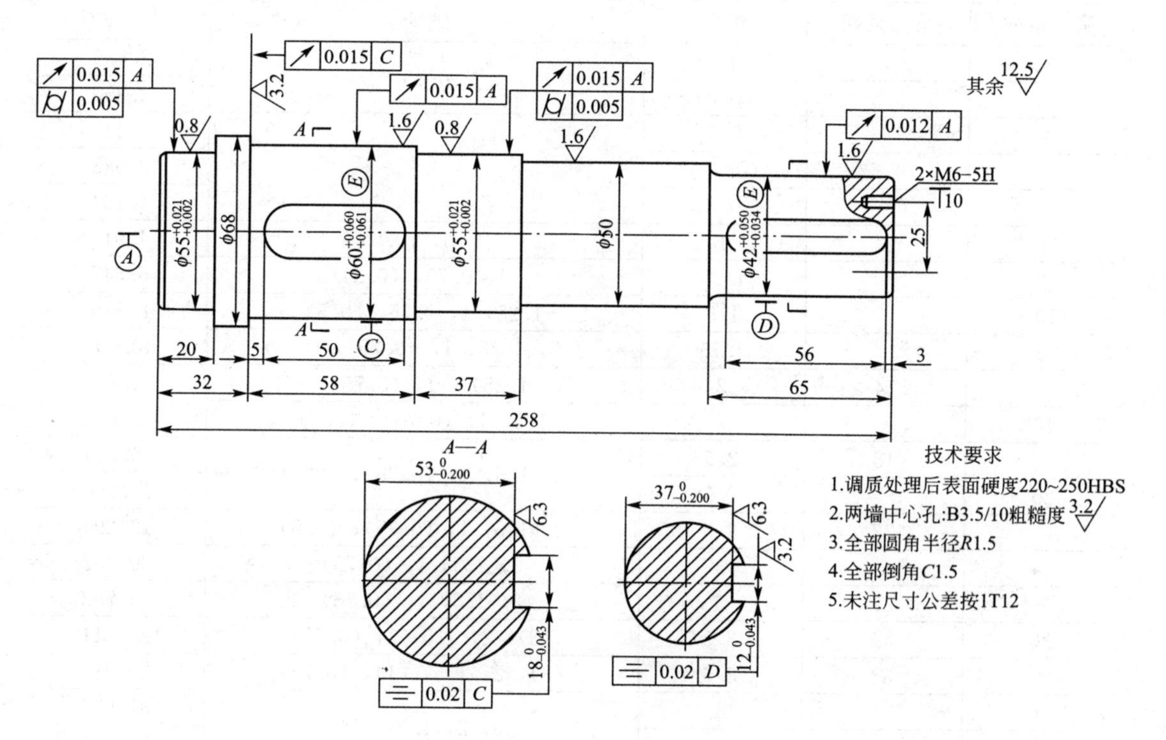

图 6.6　传动轴

附　　录

普通螺纹(GB/T 193—1981、GB/T 196—1981)

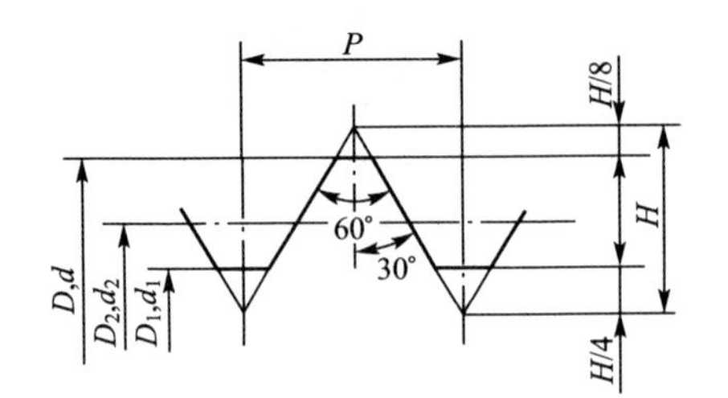

代号示例

公称直径24mm，螺距为1.5mm，右旋的细牙普通螺纹：M24×1.5

附表1-1　直径与螺距系列、基本尺寸　　mm

公称直径 D、d		螺距 P		粗牙小径 D_1、d_1
第一系列	第二系列	粗牙	细牙	
3		0.5	0.35	2.459
	3.5	(0.6)		2.850
4		0.7	0.5	3.242
	4.5	(0.75)		3.688
5		0.8		4.134
6		1	0.75，(0.5)	4.917
8		1.25	1，0.75，(0.5)	6.647
10		1.5	1.25，1，0.75，(0.5)	8.376
12		1.75	1.5，1.25，1，(0.75)，(0.5)	10.106
	14	2	1.5，(1.25)*，1，(0.75)，(0.5)	11.835
16		2	1.5，1，(0.75)，(0.5)	13.835
	18	2.5	2，1.5，1，(0.75)，(0.5)	15.294
20		2.5		17.294
	22	2.5	2，1.5，1，(0.75)，(0.5)	19.294
24		3	2，1.5，1，(0.75)	20.752
	27	3	2，1.5，1，(0.75)	23.752
30		3.5	(3)，2，1.5，1，(0.75)	26.211
	33	3.5	(3)，2，1.5，(1)，(0.75)	29.211
36		4	3，2，1.5，(1)	31.670
	39	4		34.670
42		4.5	(4)，3，2，1.5，(1)	37.129
	45	4.5		40.129
48		5		42.587
	52	5		46.587
56		5.5	4，3，2，1.5，(1)	50.046

注：1. 优先选用第一系列，括号内尺寸尽可能不用。
2. 公称直径 D、d 第三系列未列入。
3. *M14×1.25 仅用于火花塞。
4. 中径 D_2、d_2 未列入。

参考文献

[1] 金福昌. 车工(初级) [M]. 北京：机械工业出版社，2005.
[2] 机械工业职业教育研究中心组编. 车工技能实战训练 [M]. 北京：机械工业出版社，2004.
[3] 胡家富. 铣工(初级) [M]. 北京：机械工业出版社，2005.
[4] 机械工业职业教育研究中心组编. 铣工技能实战训练 [M]. 北京：机械工业出版社，2004.
[5] 杜可可. 机械制造技术基础 [M]. 北京：人民邮电出版社，2007.
[6] 王洪光. 车工 [M] 北京：化学工业出版社，2007.
[7] 乔世民. 机械制造基础 [M]. 北京：高等教育出版社，2003.
[8] 薛源顺. 磨工(初级) [M]. 北京：机械工业出版社，2006.

北京大学出版社高职高专机电系列规划教材

序号	书号	书名	编著者	定价	出版日期
1	978-7-301-12181-8	自动控制原理与应用	梁南丁	23.00	2012.1 第 3 次印刷
2	978-7-5038-4869-8	设备状态监测与故障诊断技术	林英志	22.00	2013.2 第 4 次印刷
3	978-7-301-13262-3	实用数控编程与操作	钱东东	32.00	2013.8 第 4 次印刷
4	978-7-301-13383-5	机械专业英语图解教程	朱派龙	22.00	2013.1 第 5 次印刷
5	978-7-301-13582-2	液压与气压传动技术	袁　广	24.00	2013.8 第 5 次印刷
6	978-7-301-13662-1	机械制造技术	宁广庆	42.00	2010.11 第 2 次印刷
7	978-7-301-13574-7	机械制造基础	徐从清	32.00	2012.7 第 3 次印刷
8	978-7-301-13653-9	工程力学	武昭晖	25.00	2011.2 第 3 次印刷
9	978-7-301-13652-2	金工实训	柴增田	22.00	2013.1 第 4 次印刷
10	978-7-301-14470-1	数控编程与操作	刘瑞已	29.00	2011.2 第 2 次印刷
11	978-7-301-13651-5	金属工艺学	柴增田	27.00	2011.6 第 2 次印刷
12	978-7-301-12389-8	电机与拖动	梁南丁	32.00	2011.12 第 2 次印刷
13	978-7-301-13659-1	CAD/CAM 实体造型教程与实训(Pro/ENGINEER 版)	诸小丽	38.00	2012.1 第 3 次印刷
14	978-7-301-13656-0	机械设计基础	时忠明	25.00	2012.7 第 3 次印刷
15	978-7-301-17122-6	AutoCAD 机械绘图项目教程	张海鹏	36.00	2011.10 第 2 次印刷
16	978-7-301-17148-6	普通机床零件加工	杨雪青	26.00	2013.8 第 2 次印刷
17	978-7-301-17398-5	数控加工技术项目教程	李东君	48.00	2010.8
18	978-7-301-17573-6	AutoCAD 机械绘图基础教程	王长忠	32.00	2013.8 第 2 次印刷
19	978-7-301-17557-6	CAD/CAM 数控编程项目教程(UG 版)	慕　灿	45.00	2012.4 第 2 次印刷
20	978-7-301-17609-2	液压传动	龚肖新	22.00	2010.8
21	978-7-301-17679-5	机械零件数控加工	李　文	38.00	2010.8
22	978-7-301-17608-5	机械加工工艺编制	于爱武	45.00	2012.2 第 2 次印刷
23	978-7-301-17707-5	零件加工信息分析	谢　蕾	46.00	2010.8
24	978-7-301-18357-1	机械制图	徐连孝	27.00	2012.9 第 2 次印刷
25	978-7-301-18143-0	机械制图习题集	徐连孝	20.00	2011.1
26	978-7-301-18470-7	传感器检测技术及应用	王晓敏	35.00	2012.7 第 2 次印刷
27	978-7-301-18471-4	冲压工艺与模具设计	张　芳	39.00	2011.3
28	978-7-301-18852-1	机电专业英语	戴正阳	28.00	2013.8 第 2 次印刷
29	978-7-301-19272-6	电气控制与 PLC 程序设计(松下系列)	姜秀玲	36.00	2011.8
30	978-7-301-19297-9	机械制造工艺及夹具设计	徐　勇	28.00	2011.8
31	978-7-301-19319-8	电力系统自动装置	王　伟	24.00	2011.8
32	978-7-301-19374-7	公差配合与技术测量	庄佃霞	26.00	2013.8 第 2 次印刷
33	978-7-301-19436-2	公差与测量技术	余　键	25.00	2011.9
34	978-7-301-19010-4	AutoCAD 机械绘图基础教程与实训(第 2 版)	欧阳全会	36.00	2013.1 第 2 次印刷
35	978-7-301-19638-0	电气控制与 PLC 应用技术	郭　燕	24.00	2012.1
36	978-7-301-19933-6	冷冲压工艺与模具设计	刘洪贤	32.00	2012.1
37	978-7-301-20002-5	数控机床故障诊断与维修	陈学军	38.00	2012.1
38	978-7-301-20312-5	数控编程与加工项目教程	周晓宏	42.00	2012.3
39	978-7-301-20414-6	Pro/ENGINEER Wildfire 产品设计项目教程	罗　武	31.00	2012.5
40	978-7-301-15692-6	机械制图	吴百中	26.00	2012.7 第 2 次印刷
41	978-7-301-20945-5	数控铣削技术	陈晓罗	42.00	2012.7
42	978-7-301-21053-6	数控车削技术	王军红	28.00	2012.8
43	978-7-301-21119-9	数控机床及其维护	黄应勇	38.00	2012.8
44	978-7-301-20752-9	液压传动与气动技术(第 2 版)	曹建东	40.00	2012.8
45	978-7-301-18630-5	电机与电力拖动	孙英伟	33.00	2011.3
46	978-7-301-16448-8	Pro/ENGINEER Wildfire 设计实训教程	吴志清	38.00	2012.8
47	978-7-301-21239-4	自动生产线安装与调试实训教程	周　洋	30.00	2012.9
48	978-7-301-21269-1	电机控制与实践	徐　锋	34.00	2012.9
49	978-7-301-16770-0	电机拖动与应用实训教程	任娟平	36.00	2012.11
50	978-7-301-20654-6	自动生产线调试与维护	吴有明	28.00	2013.1
51	978-7-301-21988-1	普通机床的检修与维护	宋亚林	33.00	2013.1
52	978-7-301-21873-0	CAD/CAM 数控编程项目教程(CAXA 版)	刘玉春	42.00	2013.3
53	978-7-301-22315-4	低压电气控制安装与调试实训教程	张　郭	24.00	2013.4
54	978-7-301-19848-3	机械制造综合设计及实训	裘俊彦	37.00	2013.4
55	978-7-301-22632-2	机床电气控制与维修	崔兴艳	28.00	2013.7
56	978-7-301-22672-8	机电设备控制基础	王本轶	32.00	2013.7
57	978-7-301-22678-0	模具专业英语图解教程	李东君	22.00	2013.7
58	978-7-301-22917-0	机床电气控制与 PLC 技术	林盛昌	36.00	2013.8
59	978-7-301-22916-3	机械图样的识读与绘制	刘永强	36.00	2013.8
60	978-7-301-22959-0	电子焊接技术实训教程	梅琼珍	24.00	2013.8

北京大学出版社高职高专电子信息系列规划教材

序号	书号	书名	编著者	定价	出版日期
1	978-7-301-12180-1	单片机开发应用技术	李国兴	21.00	2010.9 第 2 次印刷
2	978-7-301-12386-7	高频电子线路	李福勤	20.00	2013.8 第 3 次印刷
3	978-7-301-12384-3	电路分析基础	徐　锋	22.00	2010.3 第 2 次印刷
4	978-7-301-13572-3	模拟电子技术及应用	刁修睦	28.00	2012.8 第 3 次印刷
5	978-7-301-12390-4	电力电子技术	梁南丁	29.00	2010.7 第 2 次印刷
6	978-7-301-12383-6	电气控制与 PLC(西门子系列)	李　伟	26.00	2012.3 第 2 次印刷
7	978-7-301-12387-4	电子线路 CAD	殷庆纵	28.00	2012.7 第 4 次印刷
8	978-7-301-12382-9	电气控制及 PLC 应用(三菱系列)	华满香	24.00	2012.5 第 2 次印刷
9	978-7-301-16898-1	单片机设计应用与仿真	陆旭明	26.00	2012.4 第 2 次印刷
10	978-7-301-16830-1	维修电工技能与实训	陈学平	37.00	2010.7
11	978-7-301-17324-4	电机控制与应用	魏润仙	34.00	2010.8
12	978-7-301-17569-9	电工电子技术项目教程	杨德明	32.00	2012.4 第 2 次印刷
13	978-7-301-17696-2	模拟电子技术	蒋　然	35.00	2010.8
14	978-7-301-17712-9	电子技术应用项目式教程	王志伟	32.00	2012.7 第 2 次印刷
15	978-7-301-17730-3	电力电子技术	崔　红	23.00	2010.9
16	978-7-301-17877-5	电子信息专业英语	高金玉	26.00	2011.11 第 2 次印刷
17	978-7-301-17958-1	单片机开发入门及应用实例	熊华波	30.00	2011.1
18	978-7-301-18188-1	可编程控制器应用技术项目教程(西门子)	崔维群	38.00	2013.6 第 2 次印刷
19	978-7-301-18322-9	电子 EDA 技术(Multisim)	刘训非	30.00	2012.7 第 2 次印刷
20	978-7-301-18144-7	数字电子技术项目教程	冯泽虎	28.00	2011.1
21	978-7-301-18519-3	电工技术应用	孙建领	26.00	2011.3
22	978-7-301-18770-8	电机应用技术	郭宝宁	33.00	2011.5
23	978-7-301-18520-9	电子线路分析与应用	梁玉国	34.00	2011.7
24	978-7-301-18622-0	PLC 与变频器控制系统设计与调试	姜永华	34.00	2011.6
25	978-7-301-19310-5	PCB 板的设计与制作	夏淑丽	33.00	2011.8
26	978-7-301-19326-6	综合电子设计与实践	钱卫钧	25.00	2013.8 第 2 次印刷
27	978-7-301-19302-0	基于汇编语言的单片机仿真教程与实训	张秀国	32.00	2011.8
28	978-7-301-19153-8	数字电子技术与应用	宋雪臣	33.00	2011.9
29	978-7-301-19525-3	电工电子技术	倪　涛	38.00	2011.9
30	978-7-301-19953-4	电子技术项目教程	徐超明	38.00	2012.1
31	978-7-301-20000-1	单片机应用技术教程	罗国荣	40.00	2012.2
32	978-7-301-20009-4	数字逻辑与微机原理	宋振辉	49.00	2012.1
33	978-7-301-20706-2	高频电子技术	朱小祥	32.00	2012.6
34	978-7-301-21055-0	单片机应用项目化教程	顾亚文	32.00	2012.8
35	978-7-301-17489-0	单片机原理及应用	陈高锋	32.00	2012.9
36	978-7-301-21147-2	Protel 99 SE 印制电路板设计案例教程	王　静	35.00	2012.8
37	978-7-301-19639-7	电路分析基础(第 2 版)	张丽萍	25.00	2012.9
38	978-7-301-22362-8	电子产品组装与调试实训教程	何　杰	28.00	2013.6
39	978-7-301-22546-2	电工技能实训教程	韩亚军	22.00	2013.6
40	978-7-301-22390-1	单片机开发与实践教程	宋玲玲	24.00	2013.6
41	978-7-301-14453-4	EDA 技术与 VHDL	宋振辉	28.00	2013.8 第 2 次印刷
42	978-7-301-22923-1	电工技术项目教程	徐超明	36.00	2013.8